Thomas Schmidt

Real Life Training

Wie Sie die Realität in den Seminarraum holen

Methodenhandbuch für erfolgreiche Management-Trainings

managerSeminare Verlags GmbH, Edition Training aktuell

Thomas Schmidt
Real Life Training
Wie Sie die Realität in den Seminarraum holen
Methodenhandbuch für erfolgreiche Management-Trainings

Endenicher Str. 41, D-53115 Bonn
Tel: 0228-977910, Fax: 0228-9779199
info@managerseminare.de
www.managerseminare.de/shop

Printed in Germany

ISBN: 978-3-941965-50-8

Herausgeber der Edition Training aktuell:
Ralf Muskatewitz, Jürgen Graf, Nicole Bußmann
Lektorat: Ralf Muskatewitz, Michael Busch, Vera Sleeking

Cover: Claudia Dewald, istockphoto
Druck: Kösel GmbH und Co. KG, Krugzell

Inhalt

I. Real Life Training: Praxisorientierte Personalentwicklung

II. Real Life Opening: Wie Sie mit Soziometrie praxisnah ins Seminar einsteigen

III. Real Life Exercises: Wie Sie das Seminarthema lebendig werden lassen

IV. Real Life Coaching: Wie Sie individuelle Anliegen erfolgreich bearbeiten

V. Real Life Scenarios: Wie Sie maßgeschneiderte Rollenspiele entwickeln

VI. Real Life Development: Wie Sie Personalentwicklung nachhaltig gestalten

Zum Schluss

I. Real Life Training

Schnellfinder

I. Real Life Training: Praxisorientierte Personalentwicklung

I. Real Life Training: Praxisorientierte Personalentwicklung

Worum es in diesem Buch geht

Wie holen Sie die (Arbeits-)Welt dort draußen in das Seminar[1] da drinnen?

Das ist die Leitfrage dieses Buches.

Wie schaffen Sie es, möglichst nah an der *Realität* Ihrer Teilnehmer[2] zu arbeiten? Wie können Sie sicherstellen, dass Lernen „aus der Praxis für die Praxis" stattfindet? Was können Sie tun, damit die Teilnehmer jene Kompetenzen, die im Seminar trainiert werden, auch in ihrem Alltag umsetzen können?

Methoden für maßgeschneiderte Seminare

Ich möchte Ihnen Methoden an die Hand geben, mit denen Sie Ihre Seminare, Workshops oder Beratungen so praxisnah, realitätsgerecht und lebendig gestalten können, dass sie für Ihre Teilnehmer maßgeschneidert sind. Sie sollen spüren, dass sie kein „08/15-Training" erhalten, sondern eines, das ihnen ermöglicht, passgenaue Lösungen für ihre Realität zu finden.

1 Wenn von „Seminar" gesprochen wird, so gelten die Ausführungen gleichzeitig auch für andere Settings, in denen Lernen ermöglicht wird, wie etwa Workshops, Beratungen etc.

2 Ich verwende meistens die herkömmliche, männlich geprägte Sprachform, um den Text lesbar zu gestalten. Es sind jedoch stets beide Geschlechter gemeint.

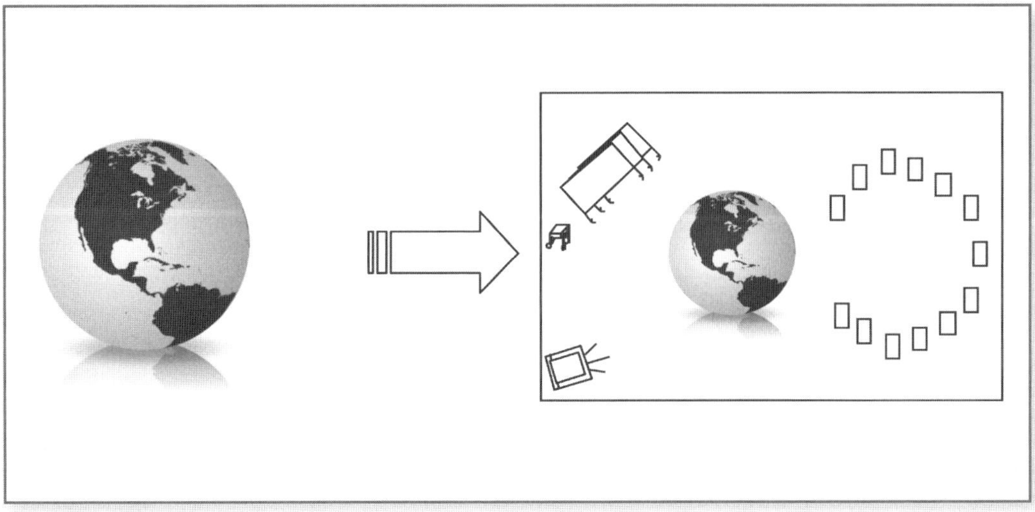

Abb.: Die Leitfrage des Buches: Wie gelingt es, die (Arbeits-)Realität in den Trainingsraum zu holen? (Bildquelle: Stock.xchng)

Das ist keine leichte Aufgabe. Denn anders als in meinen „Seminarfahrplänen" zum Leiten von Konfliktmanagement- und Kommunikationstrainings (Schmidt 2011, 7. Auflage; Schmidt 2011, 3. Auflage), stelle ich in diesem Werk keinen Leitfaden vor, an dem Sie sich unmittelbar orientieren können. Vielmehr geht es hier um individualisiertes, passgenaues Lernen mit Gruppen, Individuen und Organisationen, mit denen Sie es zu tun haben – die ich jedoch nicht kenne.

Dennoch bin ich zuversichtlich, Ihnen mit diesem Buch hilfreiche Herangehensweisen vorzustellen, die Ihre Suche nach individuell passenden Lernformen erleichtert und verbessert. Denn dieses Buch bietet Ihnen einen Überblick über eine Vielfalt geeigneter Methoden, um realitätsgerechtes, lebendiges Lernen – „Real Life Training" – zu ermöglichen.

Was heißt Real Life Training?

Die Grundidee ist sehr einfach: Es geht darum, Schlüsselsituationen aus dem Arbeitsalltag zu simulieren, um daraus zu lernen. Im Einzelnen stehen dahinter die folgenden Prinzipien:

- **Praxisbezogenes Lernen:** Je stärker es Ihnen gelingt, einen Bezug zur realen Praxis Ihrer Teilnehmer herzustellen, desto rascher erkennen diese, dass ihnen das Lerngeschehen nutzt. Dadurch lassen sie sich leichter auf das Seminar ein und können das Gelernte später besser in ihrem Alltag umsetzen. Der größtmögliche Praxisbezug garantiert somit den optimalen Transfer für die Seminarteilnehmer und damit den maximalen Mehrwert für das investierende Unternehmen.

- **Die Realität im Seminarraum abbilden:** Wie stellen Sie den Bezug zur Praxis Ihrer Teilnehmer her? – Indem Sie die subjektive Realität der Teilnehmer ins Seminar holen und mit ihr arbeiten. Die Realität kann dabei direkt, gewissermaßen im 1:1-Maßstab abgebildet werden. Dies geschieht etwa in Rollenspielen, in der Arbeit mit Case Studies und Szenarios. Statt der äußeren kann aber auch die innere Realität im Seminarraum widergespiegelt werden, etwa anhand des „Inneren Teams" (Seite 289 ff.), der Stuhlarbeit (Seite 276 ff.) oder der Tetralemma-Methode (Seite 260 ff.). Darüber hinaus kann die Realität auch in symbolisch verdichteter Form wiedergegeben werden, z.B. bei Teamskulpturen (Seite 231 ff.) oder Organisationsaufstellungen (Seite 248 ff.).

- **Handlungsorientiertes Lernen:** *„Sage es mir und ich vergesse es; zeige es mir und ich erinnere mich; lass es mich tun und ich behalte es"*, lautet ein bekanntes Zitat von Konfuzius. In der Tat belegen zahlreiche Forschungsergebnisse, dass Lernen besser gelingt, wenn Kompetenzen, die erlernt werden sollen, praktisch erprobt und geübt werden. Nur wenn Ihre Teilnehmer aktiv werden und Verantwortung für das eigene Lernen übernehmen, kann ihre Weiterbildung gelingen. Die hier vorgestellten Methoden sind darauf ausgerichtet, die Teilnehmer dazu zu bewegen, in Aktion zu treten, Handlungsoptionen zu erproben und zu reflektieren (vgl. hierzu Kolb 1984).

Lust am Experiment wecken

- **Experimentelles Lernen:** Damit sich die Teilnehmer darauf einlassen, Erfahrungen offen auszutauschen und neue Handlungswege zu erproben, bedarf es eines Klimas, das von Wertschätzung, Vertrauen und Experimentierfreude geprägt ist. Gelingt es Ihnen, eine solche Atmosphäre zu schaffen, lassen sich die meisten Menschen gerne motivieren, etwas von sich preiszugeben. Sie bringen die eigenen Anliegen ein und arbeiten an ihnen. Sie spüren, dass es sich lohnt, im Seminar die eigene „Komfortzone" zu verlassen und Neues zu wagen, um anschließend bereichert in den Alltag zurückzukehren. Mit Steve de Shazer gesprochen, können sie dann die Rollen des „Besuchers" oder des „Klagenden" hinter sich lassen und die Haltung des „Kunden" einnehmen, der Zeit und Geld investiert, um die eigenen Kompetenzen gezielt weiterzuentwickeln.

Lernen auf Augenhöhe mit dem Trainer

- **Erwachsenes Lernen:** In einem verhaltensorientierten Training geht es selten um Fähigkeiten, die der Trainer den Teilnehmern einfach „beibringen" kann. Sicher, es gibt Grundlagen, die gelehrt werden können und Techniken, die der Trainer den Teilnehmern vermitteln kann. Es gibt Grundregeln der Visualisierung und Präsentation, Kommunikationsmodelle, um Gespräche besser steuern zu können, Leitfäden zum Führen von Verhandlungen oder Mitarbeitergesprächen. Doch letztlich sind dies nur grobe Orientierungshilfen, vereinfachte Landkarten einer weitaus komplexeren Realität, die für jeden Teilnehmer anders aussieht und auch von jedem anders gesehen und gedeutet wird. Deshalb müssen die Teilnehmer auf eine „erwachsene" Weise lernen können. Das heißt: im Dialog miteinander, gemeinsam experimentierend, interaktiv, auf Augenhöhe mit dem Trainer (vgl. Arnold/Siebert 2006).

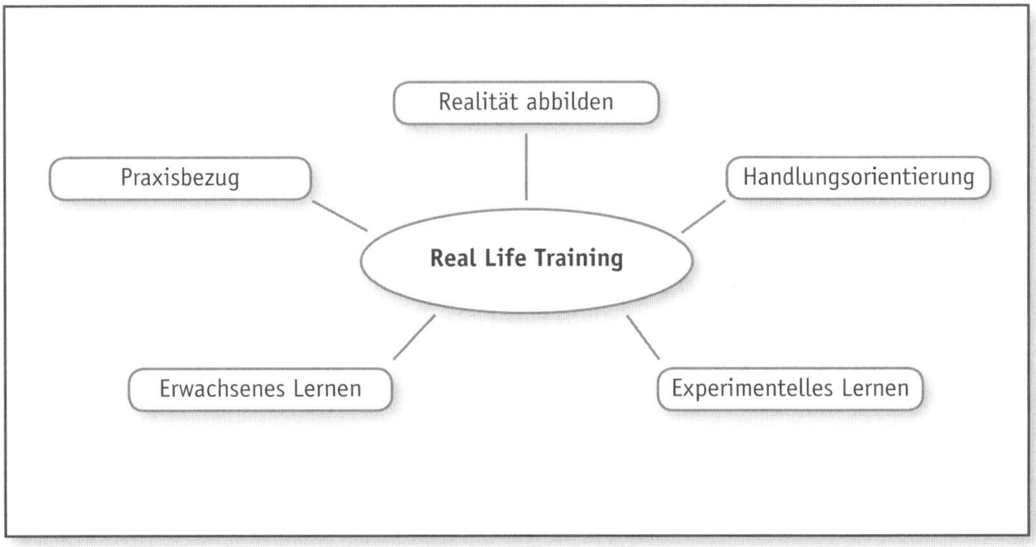

Abb.: Die Prinzipien des Real Life Training

Warum Real Life Training?

Die wichtigste Wurzel des hier vorgestellten Ansatzes ist das Psychodrama nach Jacob Levy Moreno (1889-1974). *„Handeln ist heilender als Reden"*, hat Moreno für den Bereich der Psychotherapie formuliert. Für die Personal- und Organisationsentwicklung lässt sich analog postulieren: Handeln ist hilfreicher als Reden. Vor diesem Hintergrund überrascht es nicht, dass der handlungsorientierte Ansatz für den Bereich der Personal- und Organisationsentwicklung viel zu bieten hat.

Abb.: Jacob Levy Morenos viel zitierter Ausspruch „Handeln ist heilender als Reden" lässt sich – leicht variiert – auf den Bereich der Personal- und Organisationsentwicklung übertragen.

Psychodrama: Lernen durch Handeln

Einen ersten Hinweis hierfür gibt bereits die Deutung des Begriffs. „Psycho" und „Drama" stammen jeweils aus dem Griechischen. „Psycho" bedeutet „Seele", „Drama" heißt „Handlung". Demzufolge ist Psychodrama in der Psychotherapie die Methode, welche die *„Wahrheit der Seele durch Handeln ergründet"*, so Moreno (1959, S.77). Psychodrama in der Erwachsenenbildung heißt nichts anderes als handlungsorientiertes, praxisbezogenes Training. Analog zu Morenos Definition lässt sie sich für das Training als Methode beschreiben, die Lernen durch Handeln ermöglicht.

Psychodrama: im Business-Kontext

In einem betrieblichen Training geht es darum, Handlungskompetenzen zu erlernen oder zu vertiefen – zum Beispiel Präsentationen zu halten, Mitarbeitergespräche zu führen, Kunden zu beraten, Produkte zu verkaufen oder Projekte zu managen. Stets geht es um Fähigkeiten, die innerhalb eines konkreten beruflichen Umfeldes erforderlich sind. Dabei fangen die Teilnehmer in aller Regel nicht bei null an. Sie können bereits präsentieren, führen, beraten, verkaufen oder managen, bevor sie ins Seminar kommen. Nur: Vermutlich könnten sie es auch anders, besser, effizienter. Was sie hierzu benötigen, ist ein Rahmen, in dem sie ihre Fähigkeiten erproben, Feedback und neue Impulse erhalten und diese anschließend umsetzen können. Das ist es, was ein gutes Training leisten soll. Und genau das leistet Psychodrama: Das eigene Handeln erproben zu können, zu reflektieren und neue Handlungsstrategien einzuüben.

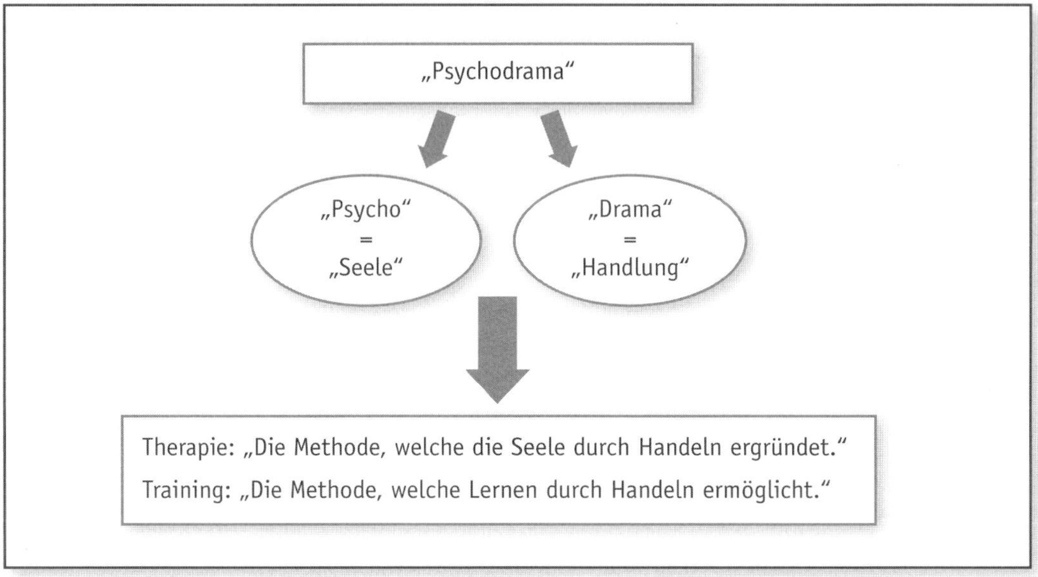

Abb.: Psychodrama lässt sich sowohl in der Therapie als auch im Training anwenden, hat jedoch jeweils unterschiedliche Zielrichtungen.

Obwohl das Psychodrama für das Management-Training eine potente Methode darstellt, ist der Begriff selbst wenig brauchbar. Wer möchte schon im Job mit „Psycho"-Themen zu tun haben? Und dazu noch „Drama"! Das klingt nach allem, was im hoch organisiserten Geschäftsleben bitteschön nichts zu suchen hat. Um Akzeptanz im Business-Kontext zu erreichen, erfordert die psychodramatisch fundierte Personalentwicklung eine neue Begrifflichkeit.

Real Life Training – handlungs- und praxisorientiertes Lernen

Gleichzeitig ist das Psychodrama für handlungs- und praxisorientiertes Training, wie es in diesem Buch vorgestellt wird, zwar eine sehr wichtige, aber bei Weitem nicht die einzige Quelle. Aus der Gestaltarbeit, der Kommunikationspsychologie Schulz von Thuns, der systemischen Beratung, der Theaterpädagogik und zahlreichen anderen Strömungen gibt es ebenso wertvolle Impulse, die praxisgerechtes und handlungsorientiertes Lernen ermöglichen. Deshalb verwende ich „Real Life Training" als Oberbegriff für handlungs- und praxisorientierte Lernformen, wie sie in diesem Buch behandelt werden. Denn er bringt die Gemeinsamkeit der hier vorgestellten Methoden auf den Punkt: Das reale (Arbeits-)Leben der Teilnehmer steht im Mittelpunkt des Lernens. Es ist die Quelle für die Inhalte des Trainings und Maßstab für dessen Erfolg. Nur das, was sich anschließend im „echten Leben" der Teilnehmer als nützlich erweist, hat die Berechtigung, im Training behandelt zu werden.

Mir ist bewusst, dass der Begriff nicht jedem gefallen wird. Mancher wird denken, dass er fürchterlich „Denglisch" klingt. Andererseits ist die Business-Sprache der globalisierten Welt englisch, daher halte ich es für zweckmäßig, einen englischen Begriff zu wählen. Oft habe ich im Kontakt mit meinen Kollegen aus anderen Ländern den Eindruck, dass die deutsche Trainer-Szene relativ abgeschottet ist und sich wenig in den internationalen Diskurs einbettet, was ich für problematisch halte. Schließlich arbeiten die meisten Kunden von Trainings mittlerweile in international agierenden Unternehmen. Darüber hinaus gibt es eben keinen deutschen Begriff, der handlungs- und praxisorientiertes Lernen im Management-Training wirklich gut auf den Punkt zu bringen vermag.

Alter Wein in neuen Schläuchen?

Die Methoden, die hier vorgestellt werden, sind zum Großteil nicht neu, sondern verbinden unterschiedliche, sehr gute Quellen[3]. Neu ist ihre Zusammenstellung und Aufbereitung. Erstmals werden systematisch all jene Methoden vorgestellt, die handlungs- und praxisorientiertes Lernen im Business-Training ermöglichen. Und sie werden so dargestellt, dass Sie als Trainer diese Methoden direkt in Ihre eigene Praxis umsetzen können.

Dazu soll Ihnen das Buch als Leitfaden und Inspirationsquelle dienen.

Was Sie in diesem Buch finden

In diesem Buch finden Sie Leitlinien zur erfolgreichen Gestaltung von Seminaren. Sie erhalten einen Methodenkoffer, der es Ihnen ermöglicht, Ihre Trainings auf die Bedürfnisse Ihrer Teilnehmer zuzuschneiden.

In **Kapitel I, „Real Life Training"**, erfahren Sie, wie Sie bereits vor Seminarbeginn die Weichen stellen, um maßgeschneiderte Seminare zu konzipieren. Es wird behandelt, wie Sie vor dem Training Befragungen von Teilnehmern und ihren Stakeholdern durchführen können, um Material für die Trainingskonzeption zu sammeln.

In **Kapitel II, „Real Life Opening"**, finden Sie eine Reihe soziometrischer Methoden, die es Ihnen gleich zu Beginn des Seminars erlauben, die Realität der Teilnehmer und das Thema in den Seminarraum zu holen.

3 Eine wichtige Quelle, insbesondere zum Kapitel Real Life Coaching, sind die Bücher „Beratung in Aktion" von Karl Benien und „Praxisberatung in Gruppen" von Schulz von Thun.

Anschließend geht es im **Kapitel III, „Real Life Exercises"**, um die Frage, wie Sie das jeweilige Seminarthema lebendig werden lassen. Eine Fülle unterschiedlicher Methoden wird Ihnen vorgestellt, mit denen Sie die Seminargruppe motivieren, sich mit dem Thema handelnd auseinanderzusetzen.

Herzstück des Buches: Methoden zur Fallarbeit

In **Kapitel IV, „Real Life Coaching"**, werden Ihnen 15 Methoden vorgestellt, um Coaching-Sequenzen im Seminar anzuleiten. Dieses Kapitel zur Fallarbeit liegt mir besonders am Herzen. Denn in Seminaren werden Sie es immer wieder erleben, dass Ihr „Standardrepertoire" an Inputs und Übungen nicht ausreicht, um konkrete Fragen und Anliegen Ihrer Teilnehmer ausreichend beantworten zu können.

Bei Fragestellungen wie „Was kann ich tun, um mich besser abzugrenzen?", „Wie soll ich den Konflikt mit meinem Kollegen ansprechen" oder „Wie kann ich mit meinem Chef besser klarkommen?", gibt es keine Patentrezepte. Als Trainer werden Sie keine Wunderlösung anbieten können, und wenn Sie es doch versuchen, sitzen Sie bereits in der Falle. Vielmehr sind Sie als Prozessbegleiter gefragt, dem Teilnehmer eine Struktur und einen methodischen Rahmen anzubieten, damit er seine individuellen Anliegen mithilfe der Seminargruppe selbst finden kann. Um dies zu erreichen, benötigen Sie ein differenziertes Methodenrepertoire, das Ihnen hier an die Hand gegeben wird.

Jenseits der individuellen Fragestellungen gibt es in Trainings stets bestimmte Handlungskompetenzen, die alle Teilnehmer erlernen oder vertiefen sollen. Daher ist es wichtig, Übungen zu entwickeln, in denen diese Fähigkeiten punktgenau trainiert werden. Diese sollten unmittelbar auf den Arbeitsalltag zugeschnitten sein. Die Teilnehmer müssen das Gefühl haben, dass es im Seminar „wie im echten Leben" zugeht. Deshalb geht es in **Kapitel V, „Real Life Scenarios"**, um die Frage, wie komplexe Rollenspiele erfolgreich konstruiert und eingesetzt werden können.

Das **Kapitel VI, „Real Life Development"**, schließt mit dem Thema ab, wie das Gelernte so im Alltag umgesetzt werden kann, dass ein Training nicht nur eine singuläre Maßnahme bleibt, sondern im Unternehmensalltag verankert und gelebt wird.

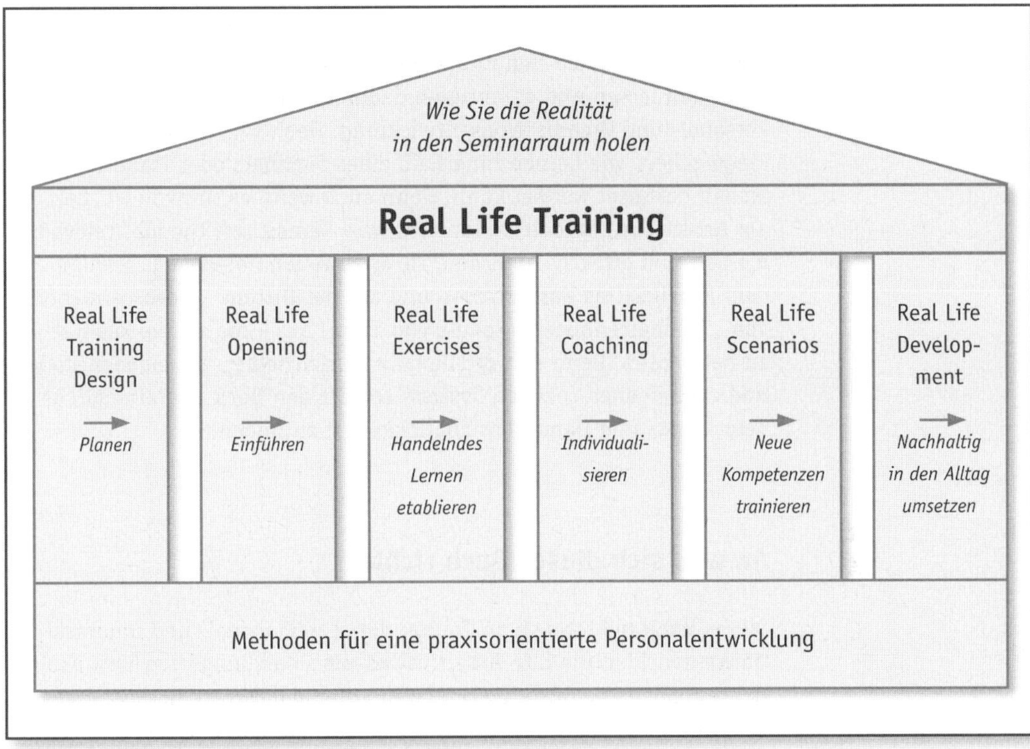

Abb.: Die Inhalte des Buchs im Überblick

Was Sie in diesem Buch nicht finden

Das Buch vermittelt Methoden für praxisorientiertes Lernen. Theoretische Inputs finden Sie allenfalls „nebenbei". Auch Methoden, die nicht dazu beitragen, die Realität in den Seminarraum zu holen und handlungsorientiert lernen zu können, werden nicht berücksichtigt. So werden etwa Case Studies dann nicht behandelt, wenn sie „nur" zur Diskussion eingesetzt werden.

Des Weiteren werden verschiedene Ansätze des On-the-job- und Near-the-job-Trainings, wie beispielsweise Mentoring, Buddying, Einzelcoaching oder Action Learning[4] nicht dargestellt. Nicht, weil ich sie

4 Action Learning ist eine organisationsgebundene Methode, bei der ein Team an einem konkreten, für die Organisation bedeutsamen Projekt arbeitet und gleichzeitig über den Lernprozess reflektiert, den das Team und die einzelnen Mitglieder während der Projektarbeit durchlaufen. Dahinter steht die Annahme, dass Menschen am besten anhand konkreter Herausforderungen lernen. Dadurch entsteht ein doppelter Nutzen, für die Entwicklung der einzelnen Teammitglieder und für das Projekt.

nicht für gut halten würde. Im Gegenteil, viele dieser Methoden haben den Vorteil, dass sie sich unmittelbar in die Praxis eines Unternehmens einbetten lassen und garantieren dadurch einen hohen Nutzen für die Personal- und Organisationsentwicklung. Doch soll es hier nur um die Frage gehen, wie Lernen innerhalb eines Seminars oder Trainings praxisnah gestaltet werden kann. Denn auch wenn es sinnvoll ist, Lernen am Arbeitsplatz gezielt zu fördern, wird Lernen „off the job" relevant bleiben. Um effektiv zu lernen, ist es zuweilen notwendig, bewusst aus dem Arbeitsalltag auszusteigen und aus der Distanz – gewissermaßen vom „Feldherrenhügel" (Schulz von Thun) aus – die eigene Realität zu betrachten. Denn erst die Distanz zu sich selbst, zur eigenen Rolle und zum eigenen sozialen System, schärft den Blick und ermöglicht es, neue Denk- und Handlungsmöglichkeiten zu finden.

An wen sich dieses Buch richtet

Dieses Buch richtet sich an Trainer, Berater, Personal- und Organisationsentwickler, die ihre Arbeit praxis- und handlungsorientiert ausrichten möchten. Es stellt dem Leser einen Fundus an Methoden zur Verfügung, sodass sich die Lektüre für unterschiedliche Zielgruppen lohnen sollte. Im Einzelnen richtet sich das Buch an:

- *Erfahrene Trainer,*
  die ihr Methodenrepertoire für die Konzeption und Gestaltung handlungs- und praxisorientierter Trainings erweitern möchten.
- *Junge Trainer und Referenten,*
  die sich Unterstützung dabei wünschen, ihre Seminare praxisnah und interaktiv zu gestalten. Die Lektüre des Buches ersetzt eine fundierte Ausbildung nicht, kann aber zur Anregung und Vertiefung der im Rahmen einer systematischen Qualifikation erworbenen Kompetenzen dienen.
- *Interne Personalentwickler,*
  die einen konzeptionellen Bezugsrahmen und Methoden für die Entwicklung und Umsetzung praxisorientierter Personalentwicklungs-Programme suchen.
- *Supervisoren und Coachs,*
  die mit Gruppen arbeiten und ihr Methodenrepertoire erweitern wollen.
- *Business-Coachs,*
  die bislang eher im Einzelsetting gearbeitet haben und ihre Coaching-Kompetenzen gerne auf die Arbeit mit Gruppen ausweiten möchten.

- *Psychodramatiker,*
  die bislang in anderen Bereichen tätig waren und ihre Kompetenzen auf den Bereich des Management-Trainings übertragen möchten.
- *Führungskräfte,*
  die eine Kultur des praxisorientierten Lernens schaffen wollen und sich hierfür methodische Anregungen wünschen.

Wie Sie sich zurechtfinden

Methoden-Schema

Das Buch bietet Ihnen einen Methodenkoffer mit zahlreichen Seminarbausteinen. Damit Sie sich leicht orientieren können, werden diese in der Regel nach dem folgenden Schema beschrieben:

Indikation:	(*optional*) Wann ist diese Methode indiziert?
Ziele:	Was sind die Lernziele?
Zeit:	Wie lange dauert dieser Baustein ungefähr?
Material:	Welche Materialien werden benötigt? Was muss vorbereitet werden?
Überblick:	Was sind die wichtigsten Schritte?
Erläuterung:	Wie ist der theoretische Hintergrund dieser Methode? In welchem Kontext steht sie?
Vorgehen:	Wie kann der Trainer konkret vorgehen? Wie kann er die Methode genau anleiten?
Hinweise:	Worauf muss der Trainer achten? Was sind häufige Reaktionen der Teilnehmer? Welche typischen Stolpersteine gibt es?
Varianten:	(*optional*) Welche methodischen Alternativen gibt es gegebenenfalls?
Literatur:	(*optional*) Welche Bücher sind empfehlenswert?

Wie Sie dieses Buch am besten nutzen

Das Buch lässt sich mit einem Kochbuch vergleichen. Mit einem Kochbuch, in dem Sie – so hoffe ich – nahrhafte und gut bekömmliche Rezepte finden. Die Rezepte sind klar und übersichtlich strukturiert und die Zubereitung so detailliert formuliert, dass Sie das Gericht anschließend selbst zubereiten können. Damit Sie jeden einzelnen Schritt nachvollziehen können, habe ich zahlreiche Abbildungen eingefügt, sodass Sie mir beim „Kochen" (beziehungsweise beim Seminarleiten) über die Schulter schauen und das Hinzufügen jeder wichtigen Zutat nachvollziehen können. Natürlich sind Sie herzlich eingeladen, die eine oder andere Zutat wegzulassen oder hinzuzufügen – ganz wie es Ihnen und Ihren Teilnehmern beliebt.

Eigene Kreationen entwickeln

Sie müssen nicht immer die gesamte „Kochanleitung" durchlesen, denn Sie erhalten zur Orientierung am Anfang stets einen Überblick mit den wichtigsten Schritten. Überfliegen Sie als Nächstes am besten die einzelnen Überschriften, Seitenkommentare und Abbildungen – dann haben Sie bereits einen guten Überblick. Und wenn Sie dann Appetit bekommen haben, empfehle ich Ihnen, die ausführliche Anleitung inklusive der Variationsmöglichkeiten und Hinweise durchzulesen, um zu sehen, wie es der Autor macht – und zu entscheiden, was Sie für Ihre eigenen Kreationen übernehmen möchten.

Eines möchte ich allerdings auch klar und deutlich sagen: Das Lesen dieses Buches alleine reicht *nicht*, um Trainings lebendig und praxisorientiert zu leiten. Es kann eine entsprechende Ausbildung nicht ersetzen. Eigene Selbstreflexion und Selbsterfahrung ist unerlässlich, um anschließend Teilnehmer auf ihrem Lernweg zu begleiten und – unbeeinflusst von eigenen Übertragungen und Projektionen – an den Themen der Teilnehmer arbeiten zu können.

www.tsbt.de

Wenn Sie Interesse an einer fundierten Weiterbildung zum realitätsorientierten Lernen haben, sind Sie herzlich zu einem der „Train the Trainer"-Seminare eingeladen, welches ich als Lehrtrainer am „Moreno-Institut Stuttgart" anbiete. Weitere Informationen finden Sie auf meiner Website: *www.tsbt.de*

Trainingsdesign: Maßgeschneiderte Seminare entwickeln

Um Seminare konsequent praxisbezogen durchführen zu können, muss der Trainer im Vorfeld Material für maßgeschneiderte Case Studies, Szenarios und Rollenspiele sammeln.

Wie kommt man zu den erforderlichen Informationen?

Das wichtigste Mittel, die nötigen Informationen zu sammeln, sind Befragungen. Idealerweise durch Gespräche oder – wo dies nicht möglich ist – per standardisiertem Fragebogen.

Wer ist zu befragen?

Die Teilnehmer befragen

In allererster Linie natürlich die Teilnehmer des Seminars. Denn sie wollen oder sollen etwas lernen. Sie sind verantwortlich für ihr Lernen. Wenn also Führungskräfte oft als „erste Personalentwickler vor Ort" bezeichnet werden, so ist das eigentlich nicht ganz richtig. Der erste Personalentwickler ist stets der Mitarbeiter selbst.[5] Den Mitarbeiter selbst zu befragen, bedeutet, ihn ernst zu nehmen und die Hauptverantwortung für seine Entwicklung beim Teilnehmer selbst zu belassen. Ein positiver Nebeneffekt des Teilnehmerkontakts vor dem Training ist, dass dieser sich vorab Gedanken über die eigenen Lernziele macht und dadurch zielorientierter und fokussierter ins Seminar kommt.

Führungskräfte einbeziehen

Darüber hinaus macht es Sinn, die Führungskräfte miteinzubeziehen. Sie haben die Aufgabe, ihren Mitarbeitern Feedback zu geben, sie zu unterstützen und weiterzuentwickeln. Daher sind sie – wenn schon nicht die ersten – auf jeden Fall die „zweiten Personalentwickler vor Ort". Insofern gilt es, sie in den Lernprozess zu integrieren, wo es nur möglich ist. Dies kann Folgendes umfassen:

- Informieren der Führungskräfte über die Inhalte und Ziele des Seminars.
- Vorbefragung der Führungskräfte, um sie bei der Gestaltung des Seminars miteinbeziehen zu können. Die Akzeptanz vonseiten der Führungskräfte ist höher, wenn ihre Vorstellungen berücksichtigt werden. Außerdem wird so erreicht, dass das, was im Seminar vermittelt wird, auch von den Vorgesetzten der Teilnehmer mitgetragen wird.

5 Idee: Michael Böttcher – Lufthansa Personalentwicklung, mündliche Mitteilung.

- Vor- und Nachgespräche mit den Teilnehmern: Idealerweise führt der Vorgesetzte vor der Seminarteilnahme ein Gespräch mit dem Mitarbeiter, in dem Selbst- und Fremdbild miteinander abgeglichen werden und der Mitarbeiter ein Feedback dazu erhält, wo der Vorgesetzte Entwicklungsbedarf sieht. Nach dem Seminar kann ein Gespräch helfen, den Transfer zu unterstützen und geplante Entwicklungsmaßnahmen umzusetzen.

Unternehmensleitung befragen

Weiterhin gilt es, die Unternehmensleitung beziehungsweise ihre Repräsentanten miteinzubeziehen. Denn die Personalentwicklungsstrategie muss, um erfolgreich zu sein, immer eng an die Unternehmensstrategie gekoppelt sein. Personalentwicklung soll nicht nur jene Fähigkeiten fördern, die aktuell benötigt werden. Es geht auch darum, jene Kompetenzen zu trainieren, die in Zukunft erforderlich sein werden, um die Unternehmensstrategie umsetzen zu können. Liegt der Schwerpunkt auf der Steigerung der Kundenzufriedenheit, sind die erforderlichen Kompetenzen andere, als wenn der Fokus auf der Gewinnung von Neukunden liegt und wieder andere, wenn es vor allem um die Entwicklung innovativer neuer Produkte geht. Deshalb ist es für die Konzeption von Seminaren von entscheidender Bedeutung zu wissen, wie die Unternehmensstrategie aussieht und welche Implikationen sie für die Personalentwicklung hat.

Wo es nicht möglich ist, die Unternehmensleitung zu befragen, gilt es, Repräsentanten zu kontaktieren: Bereichs- oder Abteilungsleiter oder die Personal- bzw. Personalentwicklungsabteilung. Ziel ist es herauszufinden, wo die Differenzen zwischen dem Anforderungsprofil der Zukunft und dem Ist-Zustand liegen und diese möglichst konkret zu fassen.

Die Perspektive des Kunden berücksichtigen

Schließlich ist es sinnvoll, die Personengruppe zu befragen, um die es letztlich immer geht: die Kunden. Wenn der Trainer etwa Daten und Befragungsergebnisse dazu hat, wie das Unternehmen gegenüber dem Wettbewerb abschneidet, können daraus unmittelbar Handlungsfelder und Trainingsinhalte abgeleitet werden. Eine weitere Möglichkeit besteht darin, die Perspektive des Kunden selbst einzunehmen, etwa durch anonyme Anrufe (bei Call-Centern oder Beratern mit telefonischem Kundenkontakt) oder Undercover-Termine (in Verkauf und Beratung). Allerdings ist dies natürlich ein sehr sensibles Unterfangen und muss entsprechend eng mit der Personalentwicklungsabteilung und ggf. dem Betriebsrat abgesprochen sein. Nicht zu unterschätzen ist die Gefahr, dass die Trainer dann als „Spione" angesehen werden und das Vertrauensverhältnis zerstört ist, bevor es sich entwickeln konnte.

Wie sollte man befragen?

Ein persönliches bzw. telefonisches Gespräch ist sicherlich die beste Möglichkeit, um Informationen zu gewinnen und ein Gespür dafür zu erhalten, wo der größte Entwicklungsbedarf ist und wo „der Schuh drückt". Außerdem hilft das Gespräch, bereits im Vorfeld eine Beziehung zu den Teilnehmern aufzubauen, Vertrauen zu schaffen und mögliche Bedenken und Vorbehalte zu entkräften. Allerdings ist diese persönliche Art der Vorbefragung sehr zeitaufwendig. Selbst wenn man sich nur eine Viertelstunde Zeit für jeden Interviewpartner nimmt, benötigt man für ein Seminar mit 12 Teilnehmern mindestens 3 Stunden alleine für die Gespräche mit den Teilnehmern. Hinzu kommt der Zeitbedarf für die Auswertung all dieser Gespräche. Ganz zu schweigen von dem Koordinationsbedarf. Gespräche fallen aus, müssen neu terminiert werden, verzögern sich usw. Will man dann noch alle Vorgesetzte und einige weitere Stakeholder (Unternehmensleitung, Kunden) sprechen, dauern die Vorbefragungen bald genauso lange wie das Seminar.

Deshalb ist die Kombination aus einigen Vorgesprächen (insbesondere bei Neukonzeptionen) und einer standardisierten Fragebogen-Befragung aus meiner Sicht die realistischste Lösung, die immer noch sehr ergiebig sein kann. *Vorlagen* zur Befragung der Seminarteilnehmer per Fragebogen und Interview (am Beispiel eines Führungskräfte-Trainings zum Thema „Kommunikation und Führung") finden Sie in den Download-Ressourcen zum Buch.

Die Vorlagen finden Sie in den Download-Ressourcen (der Link befindet sich in der Umschlagklappe)

Welche weiteren Quellen gibt es?

Es gibt eine Reihe weiterer möglicher Informationsquellen, die bei der Trainingskonzeption hilfreich sein können:

- *Beurteilungskriterien*
  Nach welchen Kriterien werden die Seminarteilnehmer im Unternehmen beurteilt? Welche Kriterien sind für das Seminarthema relevant? Wie können sie berücksichtigt werden, können etwa die Kriterien in Rollenspielen und anderen Beobachtungen mit den Beurteilungskriterien in Einklang gebracht werden?

- *Zielvereinbarungen*
  Gibt es Zielvereinbarungen im Unternehmen und wenn ja, gibt es Ziele, die für das Seminarthema von Belang sind?

- *360°-Feedback-System*
  Gibt es ein 360°-Feedback-System im Unternehmen? Welche Kriterien gibt es? Welche Überschneidungen gibt es mit den Seminar-

themen und Inhalten? Wie können diese Kriterien berücksichtigt werden?

- *Kernkompetenzen*
  Gibt es Kernkompetenz-Modelle, die für die Seminarteilnehmer von Belang sind? Wenn ja, wie können diese berücksichtigt und ins Seminar integriert bzw. abgebildet werden?

- *Unternehmensleitbilder/Werte*
  Welche offiziellen Unternehmensleitbilder und -werte gibt es? Wie werden diese gelebt und nachgehalten?

- *Führungsleitlinien/Führungsgrundsätze*
  Wenn es sich um ein Seminar für Führungskräfte handelt, welche Führungsleitlinien oder -grundsätze gibt es? Wie werden sie gelebt und nachgehalten? Wie können diese im Seminar berücksichtigt werden?

- *Mitarbeiterbefragungen*
  Welche Mitarbeiterbefragungen gibt es? Welche Ergebnisse sind für das Seminar relevant?

Wie werden aus den Informationen Szenarien und Rollenspiele?

Mit Fragebögen, Interviews und Informationen aus anderen Quellen kann der Trainer eine Fülle an Material generieren. Die Schwerpunkte des Trainings werden dadurch ebenso klarer wie die Kriterien, die in Bezug auf das Seminarthema relevant sind. Aus den kritischen Situationen, die per Fragebogen und telefonischem Interview erhoben werden, lassen sich oft direkt Fallstudien und Szenarios entwickeln. Wichtig ist es nur dafür zu sorgen, dass die Fälle anonymisiert und so verändert werden, dass Rückschlüsse auf reale Personen nicht mehr möglich sind.

„Sparringspartner“

Fragebogen sind sicher der effizienteste Weg, Informationen zu generieren. Allerdings ist die Bereitschaft, einen standardisierten Fragebogen ausführlich zu beantworten, bei den meisten Seminarteilnehmern begrenzt. Daher braucht der Trainer, insbesondere wenn er vorher noch nicht mit dem Unternehmen zusammengearbeitet hat, dringend „Sparringspartner“, die ihm helfen, die notwendigen branchen- und unternehmensspezifischen Informationen zu erhalten. Sind diese Sparringspartner (Personalentwickler vor Ort, einige Teilnehmer oder ihre Stakeholder) gefunden, ist die Konzeption von Case Studies und Szenarios ein iterativer Prozess: Ein erster Entwurf wird erstellt, ge-

gengelesen, ergänzt und korrigiert; der zweite Entwurf sowie weitere Versionen folgen wenn nötig und werden so lange überarbeitet, bis die Szenarien aus Sicht des Trainers und der Sparringspartner stimmig sind. Weitere Hinweise zur Konzeption von Rollenspielen finden Sie im *fünften Kapitel*.

Was kann man im Vorfeld noch tun?

Das Grundprinzip des Real Life Trainings ist es, erfolgskritische Situationen im Seminar abzubilden und aus ihnen lernen. Das heißt auch: alles andere – theoretische Inhalte, Hintergrundwissen etc. – so weit wie möglich aus dem Training herauszuhalten. Dadurch kann der Fokus auf handlungsorientiertes, praxisbezogenes Lernen gelegt werden.

Inhalte outsourcen

Nun kann es dennoch nützlich sein, Hintergrundwissen zu erwerben und relevante Theorien zu kennen. Natürlich kann und sollte dies auch im Seminar seinen Platz haben, sofern es für den Lernerfolg dienlich ist. Aber: Die Vermittlung des breiten, theoretischen Wissens sollte auf ein Minimum reduziert werden, um aus der Praxis für die Praxis lernen zu können. Daher gilt es zu überlegen, welche Inhalte man aus dem Präsenz-Training „outsourcen" kann. Dazu gibt es folgende Möglichkeiten:

- *E-Learning vor dem Präsenztraining*
  Erforderliches Wissen und relevante Theorien werden in einem E-Learning-Modul vor Seminarbeginn vermittelt. Damit dies funktioniert, sollte überprüft und nachgehalten werden können, dass alle Teilnehmer das Modul absolviert haben. Moderne Learning-Management-Systeme gewährleisten dies heute in der Regel. Wichtig ist auch bei E-Learning-Modulen, dass sie interaktiv gestaltet sind und den aktiven Wissenserwerb mit integrierten Tests überprüfen. Mit moderner E-Learning-Software wie „Articulate" oder „Captivate" lassen sich E-Learning-Module zunehmend einfach selbst entwickeln.

- *Smart Sessions/Virtual Classrooms*
  Wissen kann auch in einer kurzen Session vor dem eigentlichen Training in kompakter Form vermittelt werden. Teilnehmer, die aus verschiedenen Regionen kommen, können hierfür einen „Virtual Classroom" nutzen. Sowohl Seminarteilnehmer als auch Trainer können hierbei an ihrem Arbeitsplatz bleiben. Von dort kommunizieren sie zu vorher festgesetzten Zeiten online über Inter- oder Intranet. Über ihre Headsets hören die Teilnehmer den Moderator in Echtzeit und können selbst zu allen anderen Teilnehmern sprechen. Bei angeschlossenen Webcams sehen sich die Personen sogar unter-

Technologie als „Lernbeschleuniger"

einander. Die entsprechende Software ermöglicht es, Informationen zu vermitteln und zu visualisieren, also beispielsweise Folien gemeinsam zu zeigen und zu diskutieren. Ebenso können die Teilnehmer etwa per Voting Tool Feedback geben, Evaluationen ausfüllen oder auf dem sog. „Whiteboard“ wie auf einer Pinnwand im Seminarraum gemeinsam ihre Gedanken notieren.

- *Lektüre*
  Selbstverständlich gibt es auch die „klassische“ Möglichkeit, vor dem Seminar Lektüre an die Teilnehmer zu versenden, in der die relevanten Informationen zu finden sind. Allerdings ist es hier kaum möglich sicherzustellen, dass diese von allen Teilnehmern auch gelesen wird. In der Praxis haben meist manche Teilnehmer die jeweiligen Dokumente gelesen und mehr oder minder intensiv studiert, während andere nicht dazu gekommen sind, sodass die jeweiligen Inhalte dann im Seminar ohnehin noch einmal vermittelt werden müssen.

Ein Beispiel: Seminarfahrplan „Kommunikation & Führung“

Leitfaden für ein dreitägiges Führungsseminar

Auf der folgenden Seiten sehen Sie einen beispielhaften Seminarfahrplan für ein Führungskräfte-Training zum Thema „Kommunikation und Führung“. In diesem finden Sie zahlreiche Methoden des vorliegenden Buches in strukturierter Form wieder. Der Leitfaden soll Ihnen als Anregung dienen, wie Sie die vielfältigen Methoden in ein Trainingskonzept umsetzen können.

Literatur

- Arnold/Siebert: Konstruktivistische Erwachsenenbildung: Von der Deutung zur Konstruktion von Wirklichkeit. Schneider Verlag Hohengehren, 2006, 5. Auflage.
- von Ameln/Gerstmann/Kramer: Psychodrama. Springer, Berlin, Heidelberg, 2004.
- von Ameln/Kramer: Organisationen in Bewegung bringen – Handlungsorientierte Methoden für die Personal-, Team- und Organisationsentwicklung. Springer, Berlin Heidelberg, 2006.

Das Führungskräfte-Training „Kommunikation & Führung" im Überblick

	1. Tag	2. Tag	3. Tag
9.00 12.30	▶ Begrüßung, Vorstellung Trainer ▶ Kennenlernen und Einstieg ins Thema – Soziometrie (ab Seite 47) ▶ Lernziele und Anliegen erheben (ab Seite 131) ▶ Szenische Reflexion zum Thema Kommunikation & Führung (ab Seite 54)	▶ Fragetechniken – Input und Übung (s. Schmidt 2011, 7. Aufl., S. 119-123) ▶ Aktives Zuhören – Demo-Übung (ab Seite 59), Input und vertiefende Übung mit Mini-Cases (ab Seite 79) ▶ Umgang mit Kritik: Konflikt-Aikido (ab Seite 68) ▶ 2. Coaching-Sequenz – idealerweise zum Thema „Umgang mit Feedback, Kritik und Emotionen"	▶ Kommunikation in Gruppen: „Rohrbombe" (siehe Schmidt 2011 Konflikte-Buch, Seite 76) ▶ Gruppendiskussion und Auswertung (ab Seite 353 bzw. Online-Ressource) ▶ Bei Teamkonflikten intervenieren: Soziometrie (ab Seite 73) ▶ 4. Coaching-Sequenz – idealerweise zum Thema „Teamkonflikte"
13.30 17.00	▶ Stakeholder-Analyse zur Rolle der Führungskraft (ab Seite 92) ▶ Coaching: Das GROW-Modell (ab Seite 137) ▶ 1. Coaching-Sequenz ▶ Ich- und Du-Botschaften: Demo-Übung (ab Seite 64), Input und vertiefende Übung mit Mini-Cases (ab Seite 79) ▶ Abschlussrunde	▶ Gesprächsleitfaden – Input (siehe Schmidt 2011, S. 196-199) ▶ Rollenspiel „Kritikgespräch" in Kleingruppen (Online-Ressource) ▶ 3. Coaching-Sequenz – idealerweise zum Thema „Kritikgespräch" ▶ Delegieren: Forum-Theater (ab Seite 100) und vertiefende Übung mit Mini-Cases ▶ Abschlussrunde: „Was ist noch offen?"	▶ 5. Coaching-Sequenz: Kollegiales Coaching (ab Seite 316) ▶ Feedback-Übung (vgl. Schmidt 2011, S. 322-325) ▶ Offene Fragen und Themen ▶ Abschlussrunde

II. Real Life Opening

Schnellfinder

II. Real Life Opening: Wie Sie mit Soziometrie praxisnah ins Seminar einsteigen

II. Real Life Opening:
Mit Soziometrie praxisnah ins Seminar einsteigen

Kontakt herstellen

Zu Beginn eines Trainings wird der Grundstein für den Erfolg der Zusammenarbeit gelegt. Die Teilnehmer kommen mit Gefühlen der Unsicherheit und Ängstlichkeit auf der einen und Neugier auf der anderen Seite ins Seminar. Die Anspannung ist groß und die Fokussierung auf den Leiter stark. In diesen Momenten kommt es darauf an, einen guten Kontakt zu den Teilnehmern herzustellen – schon bevor das Seminar beginnt. Bereiten Sie daher den Seminarraum frühzeitig vor, um sich voll auf die Teilnehmer konzentrieren zu können, sobald diese den Seminarraum betreten.

What's in it for me?

Wenn das Seminar dann offiziell beginnt, geht es darum, rasch das Interesse am Seminar zu wecken. Entscheidend ist, die Frage nach dem „What's in it for me?" („Was habe ich davon?") glaubwürdig beantworten zu können. Eine Antwort, die die Teilnehmer oft überzeugt, ist der Hinweis, dass die Kompetenzen, um die es im Seminar geht, entscheidend für den beruflichen Erfolg sind. Es empfiehlt sich, hinzuzufügen, dass es *nicht* darum geht, den Teilnehmern diese Kompetenzen „beizubringen". Vielmehr, so sollte bereits in der Einleitung deutlich werden, geht es darum, anhand von Case Studies, praxisnahen Übungen und Fallbeispielen voneinander zu lernen.

Wichtig ist hierbei, bereits in der Einleitung einen Bezug zur Arbeitswelt der Teilnehmer herzustellen. Es muss klar werden, wie der Nutzen für die Teilnehmer konkret aussehen kann. Je mehr Kenntnis der Trainer von der Branche, der Firma und den Aufgaben der Teilnehmer hat, desto glaubwürdiger kann er dies tun – auch deshalb sind Vorab-Befragungen so wichtig (vgl. *Kapitel I*). Gleichzeitig darf die Einleitung nicht zu lange dauern. Sie darf nicht dazu führen, dass die Teilnehmer sich zurücklehnen und das aus früheren Lernsituationen altbekannte Gefühl der Passivität vermittelt bekommen. Stattdessen sollten sie rasch dazu gebracht werden, selbst aktiv zu werden.

Interaktiver Einstieg

Diese Aktivierung kann unterschiedlich aussehen. Ich möchte Ihnen die Methode der Soziometrie vorstellen, mit der Sie das Kennenlernen und den Einstieg in das Thema interaktiv gestalten können.

Soziometrie

Indikation

- Zu Seminarbeginn
- Als Auswertung erlebnisorientierter Übungen
- Zur Erfassung von Einstellungen
- Um Entscheidungen im Seminar herbeizuführen

Ziele soziometrischer Methoden zum Seminarbeginn

- Die Teilnehmer lernen sich besser kennen.
- Die Gruppe wird für das Thema angewärmt.
- Der Bezug zur Arbeitswelt der Teilnehmer wird hergestellt.
- Wichtige Aspekte der Gruppenstruktur werden deutlich.

Zeit

30-45 Minuten – abhängig von Gruppengröße und Anzahl der Fragen

Material

Genügend Platz im Raum und ggf. vorbereitete Moderationskarten

Überblick

- Der Trainer fordert die Teilnehmer auf, Stühle und andere Gegenstände an den Rand zu räumen.
- Die Teilnehmer stellen sich im Raum nach unterschiedlichen Kriterien auf und werden vom Seminarleiter interviewt, zunächst nach persönlichen (z.B. Name, Bekanntheit untereinander, Wohnort etc.) und anschließend nach inhaltlichen Aspekten (z.B. Erfahrungen mit dem Thema, Selbsteinschätzung etc.).

Erläuterung

Die Soziometrie ist eine von Jakob Levy Moreno (1890-1974), dem Begründer des Psychodramas, entwickelte Methode zur Erfassung von Gruppenstrukturen. Der Begriff leitet sich aus dem Lateinischen „Socius“ = Mitmensch und dem Griechischen „metrein“ = messen, ab. Moreno hatte bei der Entwicklung der Soziometrie den Anspruch, die Beziehungsstrukturen innerhalb von Gruppen, Organisationen und Gesellschaften messbar und beeinflussbar zu machen. Er untersuchte etwa die sozialen Strukturen in Arbeitsgruppen, Heimen, Flüchtlingslagern und Schulen.

Im Bereich der Personal- und Organisationsentwicklung können soziometrische Methoden in Workshops zur Teamentwicklung eingesetzt werden, um die persönlichen Beziehungen der Teammitglieder zueinander aufdecken und bearbeiten zu können. Im Trainingsbereich lässt sich die Soziometrie hingegen unter anderem als lebendiger, praxisbezogener Einstieg ins Seminar nutzen. Hierbei werden jene Aspekte, die für das Seminarthema und für die Zusammenarbeit der Seminargruppe relevant sind, im Raum abgebildet. So werden wichtige Fragen, die sich sonst nur mühsam erschließen lassen, konkret sichtbar – zum Beispiel welche Seminarteilnehmer sich bereits kennen oder welchen Bezug sie zum Thema haben. Durch die bei der Soziometrie entstehende räumliche Nähe wird eine inhaltliche und emotionale Verbindung der Teilnehmer untereinander ausgedrückt und bekräftigt. Diese Verbindungen fördern die Kohäsion der Gruppe. Außerdem kommen die Teilnehmer „in Bewegung“, indem sie sich jeweils in anderen Konstellationen zusammenstellen. Dadurch stellen sie sich bereits auf eine aktive, handlungsorientierte Arbeitsweise ein.

Beziehungsebene kommt vor Sachebene

Grundsätzlich sollten die Teilnehmer bei der Soziometrie zum Seminareinstieg immer zunächst auf der persönlichen Ebene „abgeholt“ und miteinander in Kontakt gebracht werden. Hierzu bieten sich folgende Aspekte an: Name, Bekanntheit untereinander, Wohnort, Arbeitsplatz, Berufsrolle, Firmenzugehörigkeit oder auch Hobbys. Anschließend können dann themenbezogene Fragen ermittelt werden, etwa Erfahrungen mit dem Thema oder eine Selbsteinschätzung bezüglich wichtiger Aspekte des Seminarthemas.

Vorgehen (am Beispiel eines Führungstrainings)

Damit die soziometrische Übung ihre Ziele erfüllt, kommt es vor allem darauf an, die passenden Kriterien auszuwählen. Welche Kriterien „passend“ sind, hängt von der Zusammensetzung der Gruppe und auch vom Thema ab.

Im Folgenden wird der soziometrische Seminareinstieg anhand eines firmeninternen Führungskräftetrainings zum Thema „Kommunikation und Führung" exemplarisch dargestellt.

Bei der Anleitung der Soziometrie muss der Trainer zunächst dafür sorgen, dass genügend Platz zur Verfügung steht: *„Nun möchte ich Sie zu einer Übung einladen, bei der es zum einen darum geht, sich kennenzulernen und zum anderen darum, ins Thema einzusteigen. Ich möchte das nicht in Form einer konventionellen Vorstellungsrunde machen, sondern etwas offener gestalten. Dazu möchte ich Sie bitten, aufzustehen, Ihren Stuhl und eventuell Ihre Taschen, Kaffeetassen usw. an die Wand zu schieben."*

Der Trainer erhebt sich, schiebt selbst seinen Stuhl und seine Unterlagen an die Wand und wartet, bis alle Teilnehmer seinem Beispiel gefolgt sind.

1. Namenskette

Namen der Teilnehmer

Dann leitet er die Soziometrie an. Sofern sich die Teilnehmer noch nicht untereinander kennen, führt er die **erste soziometrische Übung** zur namentlichen Vorstellung durch: *„Ich weiß, dass Sie sich zum Großteil noch nicht kennen. Deshalb geht es im ersten Schritt darum, die Namen der anderen kennenzulernen. Dazu möchte ich Sie bitten, sich hier einen imaginären Halbkreis vorzustellen und sich darauf in alphabetischer Ordnung aufzustellen. A wie Antons wäre am Anfang des Halbkreises, also hier in der Nähe der Tür ..."*

Der Trainer zeigt, wo der Anfang ist und macht dann deutlich, wo sich das Ende befindet: *„Und hier am Fenster wäre das Z, hier ist also das Ende des Halbkreises. Sprechen Sie sich ab, damit die Reihenfolge stimmt."*

Auch der Trainer sucht sich „seinen" Platz im alphabetisch geordneten Halbkreis. Dann leitet er die Vorstellung an. Dies kann er kombinieren mit einer Übung nach dem Prinzip des Spiels „Koffer packen", damit sich die Teilnehmer die Namen der anderen Gruppenmitglieder einprägen können: *„Ich möchte Sie einladen, sich kurz in alphabetischer Reihenfolge namentlich vorzustellen. Damit Sie alle die Namen der anderen behalten können, möchte ich Sie außerdem bitten, auch die Namen der Personen zu wiederholen, die sich vor Ihnen vorgestellt haben.*
Herr Antons, würden Sie bitte anfangen? Sie haben es am einfachsten, Sie brauchen nur Ihren eigenen Namen zu sagen."

Abb.: Der Trainer instruiert die erste Soziometrie zu den Namen der Teilnehmer.

Falls der Trainer eher am Anfang der Reihe dran ist, kann er zum Schluss noch einmal alle Namen wiederholen, um sich die Namen gut einzuprägen – und um den anderen Gelegenheit zu geben, dies ebenfalls zu tun. Für die Teilnehmer ist dies ganz angenehm, weil sie sich dann entspannt die Namen merken können, während sie den Trainer dabei beobachten, wie er sich abmüht, alle Namen zu rekapitulieren.

2. Netzwerk

Verbindungen in der Gruppe

Anschließend geht der Trainer zum **zweiten Aspekt der Soziometrie** über. Wenn davon auszugehen ist, dass teilweise bereits Verbindungen unter den Teilnehmern bestehen, ist es hilfreich, dieses soziale Netzwerk offenzulegen. Sowohl für den Trainer als auch für die Teilnehmer ist dies eine interessante Information zur Struktur der Gruppe. Deshalb fragt der Trainer nun die sozialen Verknüpfungen der Teilnehmer untereinander ab. Dazu legt er Moderationskarten mit den Zahlen von „0" bis „6 oder mehr" aus.

„Als Nächstes interessiert mich, wie viele von Ihnen sich schon kennen, oder besser gesagt, vor Seminarbeginn bereits kannten. Stellen Sie sich bitte zu ‚0', wenn Sie noch niemand kannten, zur ‚1', wenn Sie eine Person kannten usw.[6]"

6 Klassischerweise wird diese Übung so durchgeführt, dass die Teilnehmer der Person, die sie am längsten kennen, die rechte Hand auf die Schulter legen und der Person, die sie am zweitlängsten kennen, die linke Hand auf die Schulter legen. Meine Erfahrung ist jedoch, dass viele Menschen Berührungen im Business-Kontext als unangemessen empfinden. Deshalb habe ich die Übung so abgewandelt, dass sich die Teilnehmer nicht „zu nahe kommen" müssen.

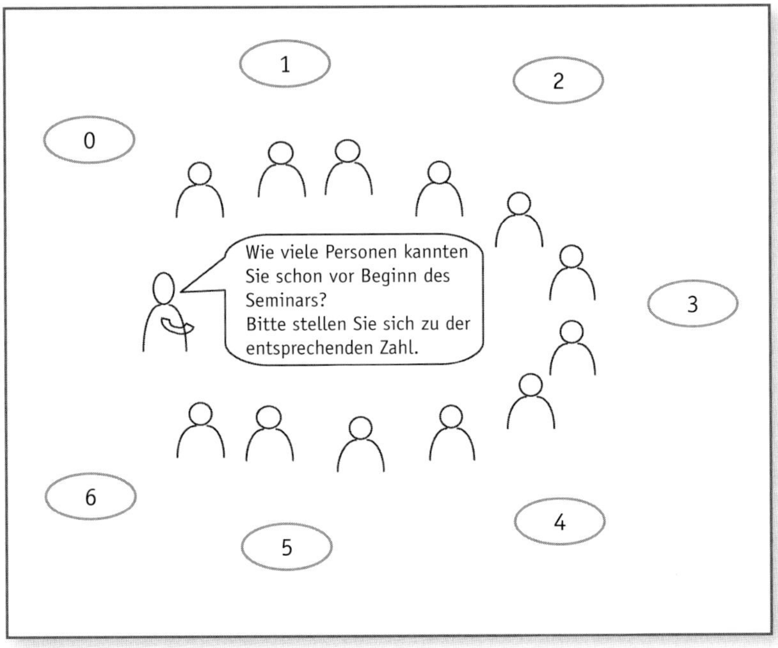

Abb.: Der Trainer instruiert die zweite Soziometrie zu der Frage, wie viele Teilnehmer sich bereits untereinander kennen.

Der Trainer interviewt die Teilnehmer dann kurz und beginnt bei den Personen mit den wenigsten sozialen Kontakten: *„Frau Jung, Sie kannten vor dem Seminar noch niemand. Wie Sie sehen, sind Sie nicht alleine. Auch für Sie, Herr Schulz und für Sie, Frau Meier, waren am Anfang des Seminars alle anderen unbekannt. Stimmt das?"*

Anschließend wendet er sich den Teilnehmern zu, die bereits jemand kennen. *„Herr Mark und Frau Müller, Sie kennen jeweils eine Person. Nämlich wen und woher?"*

Bei Gruppen mit vielen sozialen Kontakten muss der Trainer darauf achten, dass die Ausführungen nicht zu ausführlich gehalten werden.

Ein Hinweis: Diese Übung macht selbstverständlich nur dann Sinn, wenn es bereits Teilnehmer gibt, die sich untereinander kennen, aber nicht alle miteinander bekannt sind. Falls sich alle kennen, kann man die Teilnehmer stattdessen fragen, wer wen am längsten kennt und sie auffordern, den Namen dieser Person auf eine Moderationskarte zu schreiben und vor sich hinzulegen, um dann zu fragen, wie der Kontakt zustande kam. Falls man weiß, dass es nur eine Person gibt, die niemand kennt oder es gar einen Außenseiter gibt, sollte diese Übung nicht durchgeführt werden.

3. Landkarte

Wenn die Teilnehmer aus unterschiedlichen Regionen kommen, kann der Trainer als **dritten Aspekt** der Soziometrie eine „Landkarte" im Raum aufbauen.

Regionale Verteilung

„Sie alle kommen ja aus ganz unterschiedlichen Gebieten und sind in unterschiedlichen Orten tätig. Mich interessiert daher, wer wo arbeitet.[7] *Stellen Sie sich dazu vor, dieser Raum wäre eine Landkarte: Dort oben ist Norden."*

Der Trainer zeigt in die Richtung, die er als Norden definiert: *„Links ist Westen, rechts Osten und dort unten ist Süden. Und hier in der Mitte ist Frankfurt"* (wenn das Seminar in Frankfurt stattfindet).

Der Trainer kann Moderationskarten, auf denen die Himmelsrichtungen stehen, zur Orientierung auf den Boden legen. *„Bitte stellen Sie sich dort hin, wo Sie arbeiten."*

Abb.: Der Trainer instruiert die dritte soziometrische Runde zu der Frage, wo die Teilnehmer arbeiten.

7 Alternativ kann der Trainer auch fragen, wo die Teilnehmer wohnen. Damit zielt er auf den privaten Bereich und kann Fragen bezüglich Hobbys o.Ä. anschließen. Dies ermöglicht, dass sich die Teilnehmer auch persönlich besser kennenlernen und dadurch Vertrauen und Offenheit gefördert werden. Bei dem hier geschilderten Vorgehen fokussiert der Trainer dagegen mehr auf den beruflichen Bereich.

Dann fordert der Trainer die Teilnehmer auf, kurz zu sagen, wo ihr Arbeitsplatz ist. Dabei können sie auch kurz etwas zu ihrer Rolle im Unternehmen sagen – und bei Bedarf ihren Namen wiederholen.

„Fangen wir im Norden an. Sagen Sie kurz, wo Sie arbeiten und wie Ihre Rolle im Unternehmen ist."

Falls die meisten Teilnehmer am gleichen Ort arbeiten, kann hier der „Maßstab verändert" werden und etwa die verschiedenen Gebäudeteile oder Stockwerke auf dem Boden ausgelegt werden. Damit sich die Teilnehmer noch orientieren können, sind Moderationskarten hilfreich.

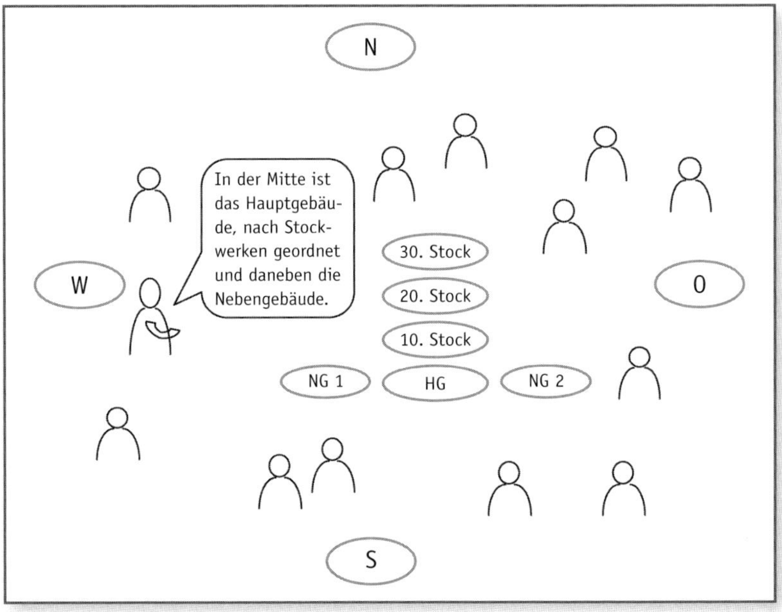

Abb.: Die Arbeitsplätze werden so abgebildet, dass sich alle Teilnehmer gut vorstellen können, wer wo arbeitet. So werden etwa das Hauptgebäude (HG), das Nebengebäude (NG) und die Stockwerke mit Karten gekennzeichnet.

Ein Hinweis: Wenn genügend Zeit vorhanden ist und das Kennenlernen intensiviert werden soll, kann auf der Landkarte auch der Wohnort, Geburtsort, Studienort etc. eruiert werden.

4. Thematischer Einstieg: Führungserfahrung

Erfahrung in der Führungsrolle

Mit der **vierten soziometrischen Frage** sollte der Trainer allmählich zum Thema übergehen. In unserem Beispiel geht es um ein Führungstraining zum Thema „Kommunikation und Führung". Hier bietet es sich an, zunächst die Erfahrung mit der Führungsrolle zu thematisieren.

„Nun möchte ich gerne zu unserem Seminarthema überleiten. Zunächst interessiert mich, wie lange Sie bereits eine Führungsrolle innehaben. Wenn Sie sich dazu eine Art Zeitstrahl auf dem Boden vorstellen, der von null Jahren über ein Jahr bis zu fünf oder mehr Jahren reicht, dann stellen Sie sich bitte so auf, dass diejenigen, die am neuesten in der Führungsrolle sind, rechts stehen und diejenigen, die am längsten Führungskraft sind, links stehen."

Der Trainer legt wieder Moderationskarten im Raum aus.

Abb.: Der Trainer instruiert die erste thematisch orientierte Fragestellung. In einem Grundlagenseminar zum Thema „Führung" kann sich diese etwa auf die Erfahrung in der Führungsrolle beziehen.

Anschließend befragt der Trainer einige Teilnehmer hierzu kurz, um die genaue Dauer der Führungstätigkeit zu erfahren. Auch kann er den Teilnehmern Raum geben, um einander Fragen zu stellen, falls zum Beispiel die „neueren" Führungskräfte Fragen an die „alten Hasen" haben – oder umgekehrt.

5. Anzahl der Mitarbeiter

Größe der Führungsspanne

Im Führungskräftetraining kann es relevant sein, zu erfahren, wie groß die Führungsspanne der einzelnen Teilnehmer ist. Dies wird in der **fünften soziometrischen Frage** thematisiert.

„Nun möchte ich gerne wissen, wie viele Mitarbeiter Sie haben."

Auch hierzu verteilt der Trainer Moderationskarten, sodass sich die Teilnehmer zuordnen können, beispielsweise indem er die vier Ecken des Raumes nutzt.

„Wenn Sie weniger als fünf Mitarbeiter haben, gehen Sie nach links, bei fünf bis neun Mitarbeitern nach oben, bei 10 bis 15 nach rechts und bei mehr als 15 nach unten. Stellen Sie sich in der entsprechenden Reihenfolge auf, sodass diejenigen mit mehr Mitarbeitern weiter rechts stehen."

Abb.: Im Führungsseminar ist die Frage nach der Führungsspanne relevant.

Der Trainer fragt auch hier einige Teilnehmer kurz nach der Anzahl ihrer Mitarbeiter.

6. Selbst- und Fremdeinschätzung

Reflexion der Führungsrolle

Mit der abschließenden **sechsten Frage** wärmt der Trainer die Teilnehmer für die anschließende Klärung ihrer Lernziele an und bereitet somit den Arbeitskontrakt für das Seminar vor. Dabei geht es um Selbstreflexion.

„Die nächste Frage bezieht sich darauf, wie zufrieden Sie mit sich selbst in Bezug auf Ihre Führungsrolle sind und was Sie noch dazulernen möchten. Stellen Sie sich dazu vor, Sie hätten auf dem Boden eine Skala liegen, die von ‚überhaupt nicht zufrieden' bis ‚sehr zufrieden' reicht."

Der Trainer legt auf der einen Seite des Seminarraums Moderationskarten hin, auf denen „Eigene Zufriedenheit" sowie ein „Plus" und ein „Minus" stehen. Dabei legt er die Karten am Rand hin, damit er im nächsten Schritt ein Koordinatensystem aufbauen kann.

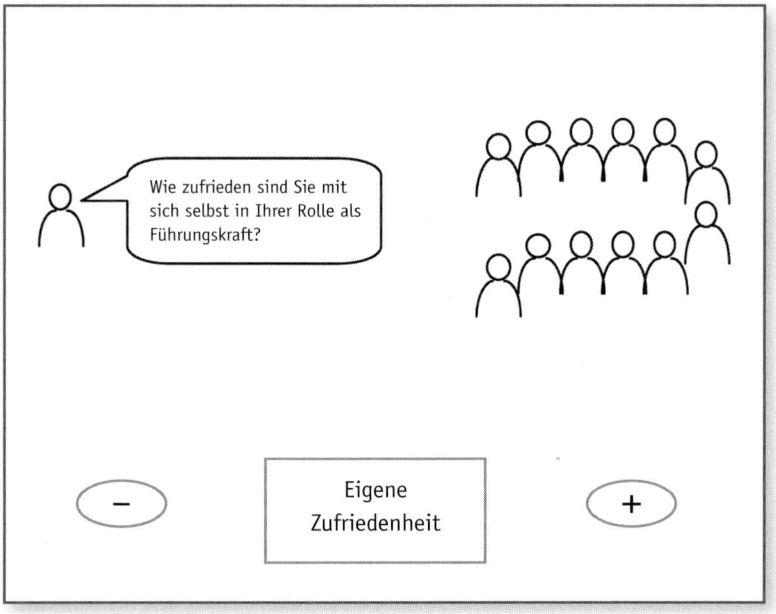

Abb.: Der Trainer leitet den ersten Schritt der soziometrischen Selbstreflexion an.

Falls sich – was nicht selten geschieht – eine Tendenz zur Mitte ergibt oder die Teilnehmer zögerlich erscheinen, interveniert der Trainer: *„Trauen Sie sich ruhig, falls Sie wirklich mit sich zufrieden sind, sich nach rechts zu stellen oder falls Sie momentan unzufrieden sind, nach links zu gehen. Sie haben daraus keine Vor- oder Nachteile, es geht einfach darum, ehrlich Bilanz zu ziehen."*

Wenn sich die Teilnehmer endgültig positioniert haben, wird die Skala um eine weitere Dimension erweitert, sodass die Teilnehmer reflektieren können, wie sie von anderen wahrgenommen werden. Hier kann zunächst mittels einer zirkulären Frage die Perspektive der Mitarbeiter berücksichtigt werden. Der Trainer legt dazu die zusätzlichen Moderationskarten „Zufriedenheit Mitarbeiter" und „Plus" so auf den Boden, dass eine zweite Achse entsteht (siehe Abbildung).

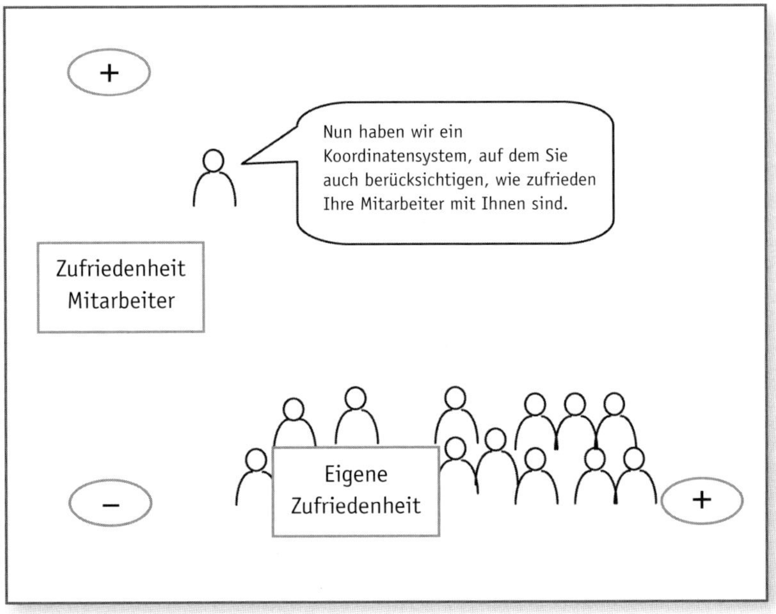

Abb.: In der soziometrischen Selbstreflexion können auch die Perspektiven Dritter berücksichtigt werden.

Die Teilnehmer werden nun eingeladen, einen imaginären Rollentausch mit den Mitarbeitern zu machen: *„Auf der zweiten Achse geht es nun darum, einzuschätzen, wie Ihre Mitarbeiter mit Ihnen als Führungskraft zufrieden sind. Wir haben nun also ein Koordinatensystem, auf dem Sie zusätzlich deren Einschätzung einbeziehen – die Sie natürlich nur vermuten können."*

Der Trainer gibt den Teilnehmern Hilfestellung, um sich auf dem imaginären Koordinatensystem zu orientieren: *„Wenn Sie selbst nicht sehr zufrieden sind, aber vermuten, dass Ihre Mitarbeiter recht zufrieden sind, stehen Sie ungefähr hier ..."*

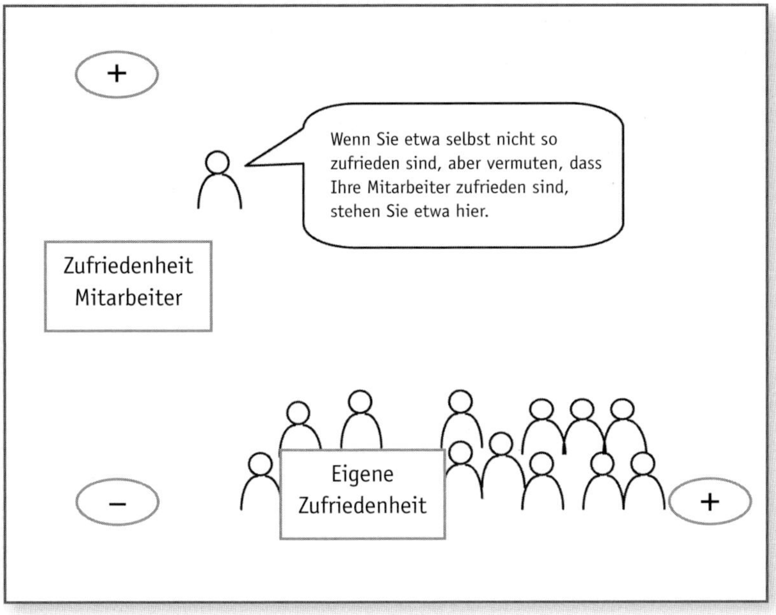

Abb.: Der Trainer gibt den Teilnehmern Hilfestellung zur Orientierung im Koordinatensystem.

Wenn alle Teilnehmer ihren Platz gefunden haben, kann noch ein weiterer Schritt hinzugefügt werden: Der Rollentausch mit dem Vorgesetzten. Dabei ersetzt der Trainer die Moderationskarte „Zufriedenheit Mitarbeiter“ durch „Zufriedenheit Vorgesetzter“.

„Neben der Perspektive der Mitarbeiter ist für Sie und für Ihren beruflichen Erfolg auch die Einschätzung Ihres Vorgesetzten wichtig. Was vermuten Sie, wie zufrieden Ihr Vorgesetzter damit ist, wie Sie Ihre Führungsrolle ausfüllen? Die Dimension ‚Zufriedenheit der Mitarbeiter‘ ersetzen wir durch die Dimension ‚Zufriedenheit des Chefs‘. Die Dimension ‚Eigene Zufriedenheit‘ bleibt bestehen.[8] Finden Sie erneut den für Sie passenden Platz.“

8 Alternativ kann der Trainer diese Soziometrie auch nur anhand der Dimensionen „Zufriedenheit der Mitarbeiter“ und „Zufriedenheit des Vorgesetzten“ aufbauen, sodass dieses Spannungsfeld zweier wichtiger „Stakeholder“-Gruppen deutlich wird. Auch andere relevante Bezugsgruppen, insbesondere die Kunden, wären hier interessant. Mir erscheint es aber besonders wichtig, die eigene Selbsteinschätzung abzubilden, weil dies der Ausgangspunkt für die Bestimmung der individuellen Lernziele und damit für den Arbeitskontrakt im Seminar ist.

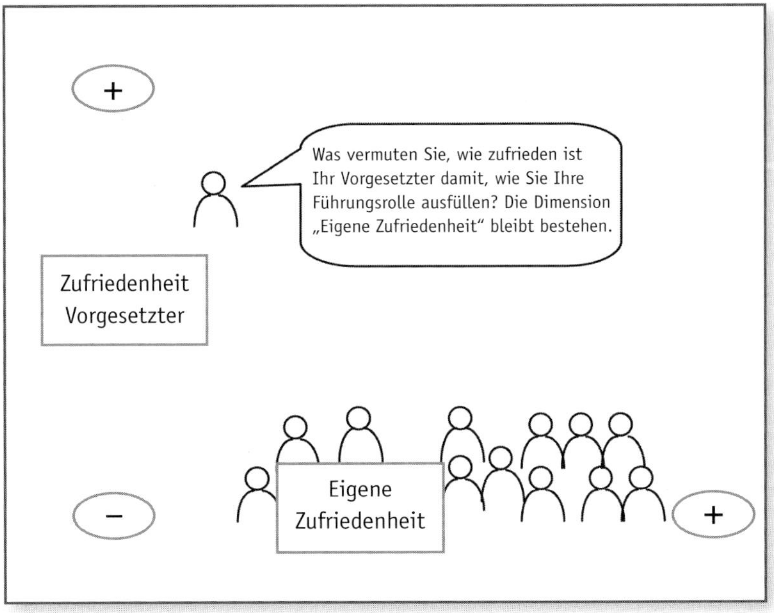

Abb.: Auch die Einschätzung des Vorgesetzten kann berücksichtigt werden.

Mit den beiden zirkulären Fragen werden die Teilnehmer zur Selbstreflexion aufgefordert. Diese soll im anschließenden Interview verbalisiert werden: *„Mich interessiert nun, warum Sie dort stehen, auch warum sich evtl. die Einschätzung von Mitarbeitern und Chef unterscheidet. Außerdem würde ich gerne wissen, was passieren müsste, damit Sie auf der Dimension ‚Eigene Zufriedenheit' noch weiter nach rechts rücken. Am einfachsten ist es, wenn Sie die beiden folgenden Satzanfänge ergänzen:*

- *‚Ich stehe hier, weil ...'*
- *‚Um als Führungskraft künftig noch zufriedener zu sein, möchte ich ...'"*

Der Trainer lässt alle Teilnehmer zu Wort kommen. Falls ein Teilnehmer einen Punkt vergisst, hakt er nach.

7. Weitere interessante Fragestellungen beim Seminareinstieg im Führungstraining

Spezielle Reflexion der Führungsrolle

- *Stärken und Schwächen als Führungskraft*
  Anstatt die Teilnehmer nach einer allgemeinen Selbsteinschätzung zu fragen, kann der Trainer auch differenzierter Stärken und Schwächen thematisieren. Dazu kann er verschiedene Führungsaufgaben (Delegieren, Motivieren, Entscheiden, Informieren, Kontrol-

lieren, Ziele vereinbaren etc.) auf Moderationskarten schreiben und die Teilnehmer bitten, sich nach den eigenen Stärken zu positionieren. Ein paar Karten kann er dabei unbeschrieben hinzulegen, sodass die Teilnehmer eigene Punkte einbringen können, die ihnen wichtig sind. Nachdem die Teilnehmer in Bezug auf ihre Stärken befragt worden sind, kann der Trainer sie bitten, sich in Bezug auf jene Punkte zu positionieren, an denen sie arbeiten möchten.

Nach eigenen Stärken positionieren

- *Einstieg in die Führungsfunktion*
  Für die Beziehung der Führungskräfte zu ihren Mitarbeitern ist es eine wichtige Frage, welches Verhältnis sie vor der Übernahme der Führungsfunktion zu ihnen hatten: ob sie zuvor Kollegen waren oder ob sie die Funktion von außen übernahmen. Hier fordert der Trainer die Teilnehmer auf, sich gemäß dieser Fragestellung auf zwei Seiten des Raumes zu verteilen.

- *Bezug zum Thema Führung*
  In einem Führungstraining finden sich meist Teilnehmer mit sehr unterschiedlichen Bezügen und Vorerfahrungen zum Thema „Führung". Manche haben bereits viel Führungserfahrung gesammelt oder sich vielleicht auch theoretisch intensiv mit dem Thema beschäftigt, etwa im Studium, durch Lektüre oder in Fortbildungen. Um zu erfahren, auf welchem Wissens- und Reflexionsstand man als Trainer ansetzt, ist es hilfreich, dies in der Soziometrie zu thematisieren. Dazu legt der Trainer eine Karte mit der Aufschrift „Führung" in die Mitte und bittet die Teilnehmer, sich je nach ihrem Bezug zum Thema zu dieser Karte zu positionieren. *„Wenn Sie einen engen Bezug zum Thema haben, zum Beispiel weil Sie sich schon sehr intensiv theoretisch mit ‚Führung' befasst haben oder weil Sie lange Führungserfahrung haben und auch schon viele Fortbildungen zu dem Gebiet besucht haben, dann stellen Sie sich bitte nahe zu dem Begriff. Falls Sie sich mit dem Thema bislang kaum beschäftigt haben, stellen Sie sich weiter weg."*

- *Fragen der Teilnehmer aufstellen*
  Zum Abschluss kann der Trainer – sofern die Soziometrie noch nicht zu lange gedauert hat – den Teilnehmern die Möglichkeit geben, eigene Fragen einzubringen: *„Was möchten Sie noch voneinander wissen?"*

Auch hier sollte der Trainer versuchen, die Fragen der Teilnehmer soziometrisch zu erfassen, indem er sie im Raum abbildet (vgl. die Übersicht auf Seite 48).

8. Einsatz der Soziometrie im weiteren Seminarverlauf

Im weiteren Seminarverlauf kann Soziometrie in verschiedenen Situationen eingesetzt werden. Zwei Beispiele:

- *Verhältnis von Fach- und Führungsaufgaben*
  Der Trainer baut eine Skala auf, die das Verhältnis von Fach- und Führungsaufgaben in der täglichen Arbeit der Teilnehmer repräsentiert. Diese werden aufgefordert, sich entsprechend zu positionieren: *„Wie hoch ist der Anteil der Fach- und Führungsaufgaben an Ihrer täglichen Arbeit? Wenn Sie vor allem fachliche Aufgaben erledigen, stehen Sie weiter rechts, wenn der Anteil der Führungsaufgaben überwiegt, weiter links."*

  Anschließend kann der Trainer auch eine weitere Dimension aufmachen und die Teilnehmer fragen, wie das Idealverhältnis aus ihrer Sicht wäre.

- *Führungsstil*
  Auch beim Thema „Führungsstil" lässt sich hervorragend mit Soziometrie arbeiten und etwa eine Selbsteinschätzung bezüglich des eigenen Führungsstils vornehmen. Diese kann sich etwa auf das „Managerial Grid" nach Blake & Mouton beziehen, das die Kombinationsmöglichkeiten von Mitarbeiter- und Sachaufgabenorientierung im Management aufzeigt.

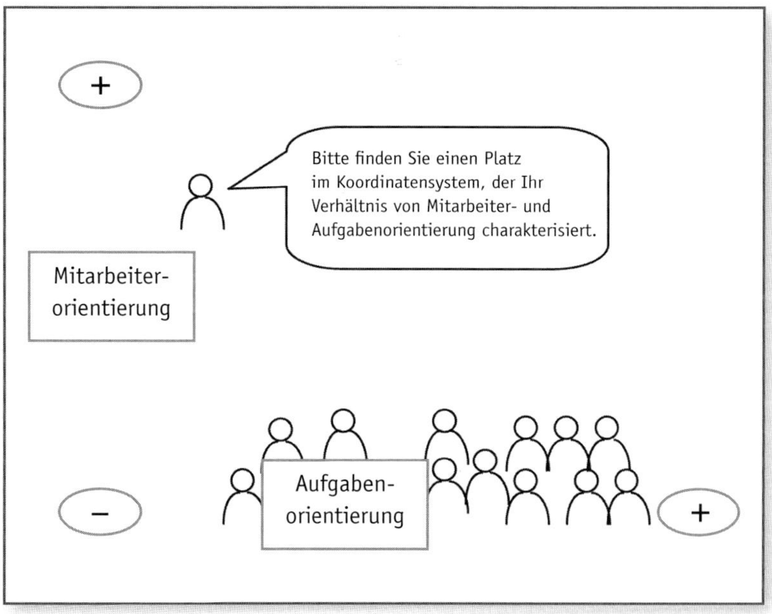

Abb.: Das „Managerial Grid" wird mittels Soziometrie erfasst.

„Führungsstile wurden in wissenschaftlichen Untersuchungen häufig anhand zweier Dimensionen unterschieden: Der Orientierung am Mitarbeiter und der Orientierung an den Aufgaben. Mitarbeiterorientierte Führungskräfte kümmern sich stark um jeden Mitarbeiter, achten auf Wohlergehen, fragen nach und hören aufmerksam zu, während aufgabenorientierte Führungskräfte klare Ziele definieren, klare Strukturen vorgeben und die Aufgabenerledigung konsequent nachhalten und kontrollieren. Bitte finden Sie einen Platz im Koordinatensystem, der Ihr Verhältnis von Mitarbeiter- und Aufgabenorientierung charakterisiert."

9. Soziometrische Methoden im Überblick

Soziometrische Vorgehensweisen

Soziometrische Methoden lassen sich im Grunde bei allen Seminarthemen einsetzen. Methodisch lassen sie sich folgendermaßen unterscheiden:

- *Eindimensionale Skala*
  Im Raum wird eine – imaginäre oder mit Moderationskarten angedeutete – Skala abgebildet, auf der sich die Teilnehmer platzieren sollen, zum Beispiel bezüglich ihrer Führungserfahrung (S. 38 f.), Betriebszugehörigkeit o.Ä. Eine Variante der Skala ist die „soziometrische Kette", bei der die Skala gewissermaßen zum Halbkreis „gebogen" wird, wie bei der Namensabfrage (S. 34 f.).

- *Zweidimensionales Koordinatensystem*
  Hier wird eine zweite Dimension eingebaut, also zusätzlich zur X-Achse eine Y-Achse, wie etwa bei der Landkarte (S. 37 f.) oder bei einer Einschätzung bezüglich zwei Dimensionen (S. 39 f.).

- *Unipolare Darstellung*
  Hier werden Nähe und Distanz zu einem Thema durch den Abstand zu einem Punkt im Raum dargestellt (siehe S. 41 f.).

- *Multipolare Darstellung*
  Hier stellen sich die Teilnehmer in Bezug auf mehrere Kriterien auf. Zum Beispiel wird gefragt, wie viele Teilnehmer sie vor Seminarbeginn bereits kannten (S. 35 f.) oder welche Stärken sie in Bezug auf das Seminarthema haben (S. 45 f.).

Im Folgenden finden Sie eine Übersicht von Kriterien, die zum Seminareinstieg mit Soziometrie aufgestellt werden können:

Kriterium	Methode
Name	„Soziometrische Kette“: Eindimensionale, „gebogene“ Skala von A bis Z in Form eines Halbkreises (siehe Seite 34).
Verbindungen untereinander	Multipolar: Moderationskarten mit Zahlen (siehe Seite 35).
Arbeisplatz, Wohnort, Geburtsort, Studienort etc.	Landkarte (siehe Seite 37).
Hobbys und Interessen	Multipolar: Hier tauschen sich die Teilnehmer aus und stellen sich, gruppiert nach ähnlichen Vorlieben, zusammen.
Häufigkeit bisheriger Seminarteilnahmen im Unternehmen	Skala von „Nie“ bis „Sehr häufig“.
Betriebszugehörigkeit	Skala: Zeitstrahl mit Moderationskarten, auf denen Jahreszahlen stehen.
Zuordnung nach Bereichen, Abteilungen oder Berufsgruppen	Multipolar, ggf. mit Moderationskarten oder offen, indem die Teilnehmer in Kontakt treten.
Motivation zur Seminarteilnahme	Hier gibt der Trainer einige Beispiele auf Moderationskarten vor (z.B. „Interesse am Thema“, „wurde geschickt“ etc.) und legt zusätzlich leere Karten aus.
Erfahrung mit dem Thema	Skala von „Keine“ bis „Sehr viel“.
Bezug zum Thema	Unipolar: Eine Moderationskarte wird in die Mitte gelegt, die Teilnehmer stellen sich näher oder weiter zu dieser Karte.
Selbsteinschätzung, zum Beispiel bzgl. der eigenen Zufriedenheit oder der Zufriedenheit anderer (z.B. Kunden)	Skala oder Koordinatensystem (bei der Kombination von zwei Kriterien).
Selbsteinschätzung in Bezug auf zwei Teilaspekte des Themas, z.B.: Wie zufrieden sind Sie mit a) Ihrem Vortragsstil? und b) mit Ihren Visualisierungen? Oder: „Wie gut gelingt es Ihnen a) den Bedarf des Kunden zu ermitteln und b) zum Abschluss zu kommen?“	Koordinatensystem mit zwei Dimensionen.
Stärken und Schwächen in Bezug auf das Thema	Multipolar: Der Trainer gibt einige Beispiele auf Moderationskarten vor und legt zusätzlich leere Karten aus.
Herausforderungen in Bezug auf das Thema	Multipolar: Der Trainer gibt einige Beispiele auf Moderationskarten vor und legt zusätzlich leere Karten aus.
Interaktionspartner in Bezug auf das Thema, z.B.: „Vor bzw. mit wem halten Sie Präsentationen, Besprechungen, Verhandlungen?“	Multipolar: Der Trainer gibt einige Beispiele auf Moderationskarten vor und legt zusätzlich leere Karten aus.

Hinweise

- Die Soziometrie sollte nicht zu lange dauern, da das lange Stehen und Zuhören die Teilnehmer nach einer Weile ermüdet. Der Trainer dagegen ist durch seine Anleitungen und Interviews die gesamte Zeit aktiv, sodass die Gefahr besteht, dass er die Ermüdung der Teilnehmer nicht bemerkt. Die Interviews sind daher möglichst kurz und prägnant zu halten. Die Übung sollte maximal 30 bis 45 Minuten dauern.

- Wenn das Seminar von zwei Trainern geleitet wird, so sollte der Trainer, der nicht anleitet, sich Notizen machen und festhalten, wer sich hinsichtlich der relevanten Fragen wie positioniert hat.

- Wenn bei der Soziometrie kontroverse Diskussionen entstehen, so sollte der Trainer diesen hier nur wenig Raum geben und stattdessen die Themen und Fragestellungen besser in einem „Themenspeicher" auf Flipchart oder Pinnwand notieren. Schließlich geht es an dieser Stelle „nur" um das Warm-up – das Kennenlernen und den Einstieg ins Thema.

Die Bedeutung des „Anwärmens"

- Die Wichtigkeit der „Anwärmung" sollte allerdings nicht unterschätzt werden. Ähnlich wie beim Sport nicht direkt „losgelegt" werden sollte und die Muskeln erst aufgewärmt werden müssen, muss in der Gruppe zunächst Kontakt entstehen, damit sich die Teilnehmer darauf einlassen, offen und vertrauensvoll miteinander zu interagieren. Auch hinsichtlich des Themas müssen die Teilnehmer erst Gelegenheit erhalten, einen Bezug herzustellen, sind sie doch zu Seminarbeginn gedanklich noch mit ganz anderen Themen beschäftigt. Gleichwohl ist zu berücksichtigen, dass die Notwendigkeit des „Warm-ups" den Teilnehmern nicht unbedingt einleuchtet und sie rasch ungeduldig werden können, wenn es zu lange „nur" ums Kennenlernen geht. Daher sollte das Kennenlernen möglichst bald mit dem thematischen Einstieg kombiniert werden.

- Durch den Einstieg mit soziometrischen Methoden werden die Teilnehmer meist gut für das Seminarthema „angewärmt". Gleichzeitig kann die Methode nur bedingt Raum zum Austausch bieten, da dies im Plenum zu lange dauert. Deshalb sollte im nächsten Schritt ein Austausch in Kleingruppen oder Paaren ermöglicht werden. Dies kann durch vertiefende Reflexionsfragen unterstützt werden, die dazu hinführen, Lernziele und Anliegen zu formulieren (vgl. Seite 54 ff.).

- Auch wenn die soziometrischen Übungen eher spielerisch und harmlos erscheinen, können sie dennoch eine starke Wirkung auf die Teilnehmer haben. Gerade Selbstreflexionsfragen führen dazu, dass intensive Erinnerungen, Emotionen und Konflikte angestoßen werden können, welche die Teilnehmer stark beschäftigen. Daher ist es für den Leiter wichtig, die Teilnehmer gut im Blick zu haben und ihnen anschließend – etwa bei der Vereinbarung von Lernzielen – Gelegenheit zu geben, zu artikulieren, was sie bewegt.

Wertschätzender Umgang – jeder Teilnehmer soll sich integriert fühlen

- Ein Risiko der Soziometrie ist es, dass durch die physische Offenlegung sozialer Faktoren Teilnehmer sich im wahrsten Sinne des Wortes „alleine" fühlen können – etwa wenn sie als Einzige in der Landkarte außerhalb Deutschlands stehen oder als Einzige keine Person kennen. Wichtig ist, dass der Trainer dies im Blick hat und damit offen und wertschätzend umgeht. So kann er etwa, wenn eine Person noch niemand kennt, einen Bezug zum Seminarthema herstellen und fragen, wie die Teilnehmer in ihrer Rolle als Führungskräfte damit umgehen, wenn etwa jemand neu in ein Team kommt. So kann das Thema aufgegriffen, reflektiert und daraus gelernt werden.

Literatur

- Gellert, Manfred: Lebendige Soziometrie in Gruppen und Organisationen. In: Bosselmann/Lüffe-Leonhardt/Gellert: Variationen des Psychodramas. Limmer Verlag, 1996, 2. Auflage.
- Moreno, Jacob Levy: Die Grundlagen der Soziometrie. Wege zur Neuordnung der Gesellschaft. Leske & Budrich, 1996, 4. Auflage.
- von Ameln/Gerstmann/Kramer: Psychodrama. Springer, 2004.

III. Real Life Exercises

Schnellfinder

III. Real Life Exercises: Wie Sie das Seminarthema lebendig werden lassen

III. Real Life Exercises:
Wie Sie das Seminarthema lebendig werden lassen

Bevor mit den individuellen Anliegen der Teilnehmer (*Kapitel IV*) oder komplexen Rollenspielen gearbeitet wird (*Kapitel V*), empfiehlt es sich, die Teilnehmer mit der handlungsorientierten Arbeitsweise des Real Life Trainings in „dosierter Form" vertraut zu machen. Dafür sind einige der nun vorgestellten Methoden gut geeignet. Sie holen relevante Schlüsselsituationen in pointierter Form in den Seminarraum und ermöglichen es den Teilnehmern, sich aktiv einzubringen, ohne allzu viel von sich preisgeben zu müssen (mit Ausnahme des Playback-Theaters, welches ermöglicht, persönliche Szenen aus dem beruflichen Alltag miteinander zu teilen).

Das Material für die „Real Life Exercises" kann sich aus zwei Quellen speisen:

- Aus Beispielen der Teilnehmer, die im Seminar ad hoc gewonnen werden. Dies ist insbesondere bei eng gefassten Fragestellungen gut möglich und wird bei folgenden Methoden genutzt: *Reflexionsaufgaben, Demo-Übungen, Beispiele der Teilnehmer, Soziodrama, Playback-Theater*.

- Aus exemplarischen Szenarios, die durch eine Bedarfsabfrage (siehe *Kapitel I*) vorab gewonnen werden: *Demo-Übungen, Mini-Cases, Forumtheather*.

1. Reflexionsaufgaben szenisch einsetzen

Indikation

- Zum Beginn oder Abschluss eines Themas.
- Bei Teilnehmergruppen, die offen für szenisches Arbeiten sind.

Ziele

- Reflexion eigener Erfahrungen
- Herstellung eines gemeinsamen Bezugsrahmens (indem etwa Modelle guter/schlechter Führung o.Ä. sichtbar und diskutierbar werden)

Zeit

45-90 Minuten – abhängig von Gruppengröße und Thema

Material

Kleingruppenräume oder ausreichend großer Seminarraum

Überblick

- Einzelarbeit: Beispiele für positives und negatives Führungsverhalten sammeln.
- Austausch in Kleingruppen und Sammeln der wesentlichen Aspekte auf Flipchart.
- Kurze Szene vorbereiten, in der die wichtigsten Punkte in einem positiven oder negativen Beispiel verdichtet werden.
- Szenen im Plenum darstellen, anschließend Reflexion der Zuschauer und dann Ergänzen fehlender Aspekte durch die Darsteller.

Erläuterung

Reflexionsaufgaben sind geeignet, um in Seminarthemen erlebnisorientiert einzusteigen und die subjektive Realität der Teilnehmer „in den Seminarraum zu holen".

Beispiele für Reflexionsaufgaben sind etwa:

- Kundenservice: Welche Erfahrungen habe ich als Kunde gesammelt? Welche Erfahrungen von besonders gutem/schlechtem Kundenservice fallen mir spontan ein?

- Führung: Welche Führungskräfte habe ich selbst erlebt? Welches Führungsverhalten haben sie gezeigt? Was waren besonders positive/negative Erfahrungen?

Reflexionsaufgaben in Kleingruppen bearbeiten

Bei Reflexionsaufgaben dieser Art empfiehlt es sich, die Teilnehmer in Kleingruppen arbeiten zu lassen. Die wichtigsten Ergebnisse werden später im Plenum zusammengetragen, klassischerweise indem die Ergebnisse auf Moderationskarten vorgetragen werden (als Präsentation/Vernissage etc.). Um hierbei bereits ins aktionsorientierte Vorgehen einzuführen, können die Kleingruppen auch instruiert werden, ihre Arbeitsergebnisse szenisch darzustellen, indem sie ein typisches Beispiel in Form einer kurzen Szene präsentieren. Dies empfiehlt sich nur dann, wenn die Teilnehmer einer solchen Arbeitsform offen gegenüberstehen (siehe *Hinweise*). Ansonsten kann der Einsatz dieser Methode gerade zu Beginn einer Veranstaltung leicht als unangenehm und peinlich erlebt werden. Alternativ kann die szenische Form von Reflexionsaufgaben gut zum Ende einer Session eingesetzt werden, wenn die Teilnehmer bereits miteinander vertraut geworden sind (siehe *Varianten*).

Szenische Darstellung der Ergebnisse

Vorgehen

Beispiel aus einem Führungskräfte-Entwicklungsprogramm

Im Folgenden wird der erlebnisorientierte Einsatz von Reflexionsaufgaben anhand eines Ausschnitts aus einem Führungskräfte-Entwicklungsprogramm beschrieben. Hier handelt es sich um das dritte Seminarmodul eines mehrteiligen Programms, die Teilnehmer sind bereits miteinander vertraut. Die Methode wird zum Einstieg in das Thema „Personalführung" eingesetzt. Die Teilnehmer haben aktuell noch keine Führungsrolle inne, sollen aber darauf vorbereitet werden.
Im ersten Schritt instruiert der Trainer eine kurze Einzelarbeit.

1. Einzelarbeit zur Reflexion

„Jetzt geht es darum, in das Thema ‚Führung' einzusteigen. Zu Beginn möchte ich Sie einladen, sich zu eigenen Erfahrungen auszutauschen, die Sie selbst im Umgang mit Führungskräften gesammelt haben. Nehmen Sie sich etwas Zeit, Revue passieren zu lassen, welche Führungspersonen Sie im Laufe Ihres Lebens kennengelernt haben. Dabei können Sie sowohl an Führungspersonen im Beruf, aber auch in anderen Bereichen wie Schule, Ausbildung, Studium oder Freizeit denken. Bitte nehmen Sie sich – zunächst jeder für sich – ein paar Minuten Zeit, um sich Notizen zu folgenden zwei Aspekten zu machen:

- *Welche positiven Beispiele von Führung habe ich erlebt? Wer ist für mich in dieser Hinsicht ein Vorbild? Was haben diese Personen getan bzw. nicht getan? Nennen Sie bitte konkrete Beispiele für positives Führungsverhalten.*
- *Welche negativen Beispiele von Führung habe ich erlebt? Wer ist für mich in dieser Hinsicht ein abschreckendes (gerne anonymes!) Beispiel? Was haben diese Personen getan bzw. nicht getan? Bitte nennen Sie konkrete Beispiele für negatives Führungsverhalten."*

Der Trainer zeigt hierzu das Flipchart mit der entsprechenden Aufgabenstellung.

Abb.: Flipchart „Führung – Reflexion eigener Erfahrungen"

2. Kleingruppenarbeit

Nachdem alle Teilnehmer Gelegenheit hatten, sich Notizen zu machen (ca. 3-5 Minuten), leitet der Trainer die Gruppenarbeit an.

„Tauschen Sie sich nun in Kleingruppen zu jeweils vier Personen dazu aus und sammeln Sie auf einem Flipchart die wichtigsten Punkte für positives und negatives Führungsverhalten. Anschließend verdichten Sie Ihre wichtigsten Aspekte in einer kurzen, maximal dreiminütigen Szene, damit sich die anderen ein Bild davon machen können, welche Punkte für Sie am wichtigsten sind und welche Beispiele Sie vor Augen haben.

Dabei können Sie entweder ein Worst-Case- oder ein Best-Case-Szenario vorführen, also besonders positives oder besonders negatives Führungsverhalten demonstrieren. Eine Person stellt die Führungskraft und die anderen die Mitarbeiter dar. Ziel ist es, den Kolleginnen und Kollegen ein prägnantes Bild davon zu vermitteln, was Sie unter guter bzw. schlechter Führung verstehen."

Der Trainer gibt den Kleingruppen etwa 20 Minuten Zeit für diese Aufgabe und geht fünf Minuten vor Ablauf der Zeit herum, um den Gruppen bei Bedarf Unterstützung anbieten zu können und ggf. zusätzliche Zeit einzuräumen.

3. Präsentation

Bei der Präsentation kann der Trainer folgendermaßen vorgehen:

- Darstellung der Szene
- Applaus!
- Reflexion: Welche Aspekte sind den Zuschauern aufgefallen?
- Ergänzung der Darsteller: Welche Punkte waren zusätzlich noch wichtig? (Kurze Präsentation des Flipcharts, ohne die Aspekte noch zusätzlich zu erläutern)

Es empfiehlt sich, zunächst die Zuschauer nach ihren Beobachtungen zu fragen, bevor die Darsteller ihr eigenes „Werk" erklären. Oft nehmen die Zuschauer andere Aspekte wahr, als jene, die von den Darstellern als zentral erachtet werden. Wichtig ist hierbei, dass beide Sichtweisen nebeneinander stehen bleiben können und nicht gegeneinander ausdiskutiert werden müssen.

Überhaupt ist es bei der Präsentation wichtig darauf zu achten, dass die Inhalte nicht „zerredet" und keine längeren Diskussionen durchgeführt werden. Die Darstellung der Szenen sollte im Fokus stehen. Falls zentrale Fragen der Personalführung auftauchen und kontrovers diskutiert werden, sollte der Trainer diese auf einem Flipchart notieren und zurückstellen, bis alle Kleingruppen ihre Präsentationen beendet haben.

Hinweise

- Ich würde diese Methode nur bei Gruppen einsetzen, bei denen ich mir sicher bin, dass sie einer solch spielerischen Arbeitsweise offen gegenüberstehen – etwa bei Train-the-Trainer-Veranstaltungen oder bei Seminargruppen, die mit szenischem Arbeiten bereits vertraut sind. Ansonsten ist die Gefahr groß, dass die „Schauspielerei" als kindisch und peinlich erlebt wird. Damit würde man Gefahr laufen, eventuelle Widerstände gegen handlungsorientiertes Arbeiten noch zu verstärken. Falls diese Gefahr droht, würde ich die Ergebnisse der Reflexionsaufgabe eher „klassisch" mit Flipchart oder Karten präsentieren lassen (oder in einer „Vernissage" ausstellen).

- Im Anschluss an diese Sequenz bietet es sich an, die Führungsleitlinien oder -grundsätze des Unternehmens vorzustellen und abzugleichen, inwiefern diese mit den erarbeiteten Kriterien der Teilnehmer übereinstimmen.

Auch unterschiedliche Führungstheorien lassen sich auf der Basis dieser Sequenz gut behandeln.

Varianten

Reflexionsaufgaben mit szenischer Darstellung können auch gut zum Ende einer Session eingesetzt werden, wenn die Teilnehmer bereits miteinander und mit der handlungsorientierten Arbeitsweise vertraut sind. Die Aufgabe kann hier beispielsweise darin bestehen, die wichtigsten Aspekte zum Seminarthema (zum Beispiel „Führung") zu sammeln und in einer Szene zu verdichten. Die Kleingruppen können hierbei unterschiedliche Schwerpunkt-Themen bearbeiten (Delegieren, Motivieren, Entscheiden, Kommunizieren etc.). Bezüglich der Darstellungsform können unterschiedliche Formate zur Auswahl gestellt werden (Szene, Skulptur, Pantomime etc.).

Literatur

Von Ameln/Gerstmann/Kramer: Psychodrama. Springer, 2009.

2. Demo-Übungen

Bei Demo-Übungen demonstriert der Trainer eine bestimmte Handlungskompetenz, die im Seminar trainiert werden soll, zum Beispiel Coaching, Delegation, Feedback oder Aktives Zuhören. Dies kann insbesondere als Einstieg in ein Thema hilfreich sein. Die Teilnehmer erhalten hierdurch die Gelegenheit, „am Modell“ zu lernen. Das Lernen am Modell ist, wie bereits die lernpsychologischen Studien von Albert Bandura (1976) zeigten, eine sehr bedeutsame Lernform. Neuere neurobiologische Studien zu den sogenannten „Spiegelneuronen“ untermauern diesen Befund. Nervenzellen werden in gleicher Weise aktiviert, wenn wir eine Handlung beobachten, wie wenn wir diese selbst durchführen. Diese Forschungsergebnisse erklären, warum Lernen durch Beobachtung und Nachahmung so effektiv funktioniert.

In der Regel wird der Trainer versuchen, im Rahmen einer Demo-Übung die betreffende Kompetenz „vorbildlich“ zu zeigen – was bedeutet, dass er diese hervorragend beherrschen sollte – vgl. Abschnitt 2. a). Eine andere Möglichkeit besteht aber auch darin, ein „abschreckendes Beispiel“ zu geben, bzw. ein positives und ein negatives Beispiel zu demonstrieren, wie dies im Abschnitt 2. b) geschieht.

Nachdem die Teilnehmer eine bestimmte Kompetenz im Rahmen einer Demo-Übung beobachtet haben, muss dies anschließend reflektiert und selbst praktiziert werden können, um nachhaltige Kompetenzentwicklung zur Folge zu haben.

2. a) Aktives Zuhören

Indikation

Demo-Übungen zu sozialen Kompetenzen wie dem Aktiven Zuhören sind zum Einstieg in die jeweilige Session gut geeignet.

Ziele

Die Teilnehmer beobachten und reflektieren die Technik des Aktiven Zuhörens.

Zeit

15 Minuten (10 Min. Demonstration, 5 Min. Reflexion)

Material

- Flipchart zur Auswertung
- Plakat des Anliegens eines Teilnehmers

Überblick

- Der Trainer demonstriert die Technik des Aktiven Zuhörens an einem Teilnehmer-Anliegen.
- Dabei schildert der Teilnehmer sein Anliegen und der Trainer hört aktiv zu.
- Die anderen Teilnehmer erhalten die Aufgabe, mitzuschreiben, was der Trainer sagt und macht.
- In der Reflexion werden die Interventionen des Trainers und ihre Wirkung analysiert.

Erläuterung

In der folgenden Übung demonstriert der Trainer die Technik des Aktiven Zuhörens. Hierbei bietet es sich an, ein Teilnehmer-Anliegen als Grundlage zu nehmen und den entsprechenden Teilnehmer zu bitten, seine Situation zu schildern. Da die Anliegen in der Regel emotional besetzt sind, ist es für den Trainer meist erforderlich, nicht nur auf der inhaltlichen, sondern auch auf der emotionalen Ebene aktiv zuzuhören. Selbstverständlich sollte der Trainer diese Gesprächsführungstechnik sehr gut beherrschen und idealerweise eine entsprechende Ausbildung in Gesprächsführung oder Gesprächspsychotherapie nach Carl Rogers absolviert haben.

Vorgehen

„Im nächsten Abschnitt geht es um die Gesprächsführungstechnik des Aktiven Zuhörens, die für Führungskräfte besonders wichtig ist, um sicherzustellen, dass sie sich optimal auf ihre Mitarbeiter einstellen können. Zunächst möchte ich Ihnen diese Technik gerne demonstrieren, bevor Sie dann die Gelegenheit erhalten, sie selbst zu trainieren und zu überlegen, in welchen Situationen Sie sie am besten einsetzen können."

Der Trainer wendet sich an einen Teilnehmer, dessen Anliegen er auswählen möchte, um das Aktive Zuhören anzuwenden – etwa weil er bereits einen guten Bezug zum Thema und zum Teilnehmer entwickelt hat: *„Herr Mey, ich könnte mir vorstellen, dass Ihr Anliegen gut geeignet ist, um die Methode des Aktiven Zuhörens zu demonstrieren."*

Wenn dies für den Teilnehmer in Ordnung ist (und das ist es in der Regel), kann der Trainer den Teilnehmer nach vorne bitten und ihn auffordern, das Plakat mit seinem Anliegen sichtbar auf einem Flipchart oder einer Pinnwand zu befestigen.

In der Zwischenzeit instruiert er die Beobachter: *„Ihre Aufgabe ist es, sich Notizen dazu zu machen, was ich genau mache und sage – und welche Auswirkungen das auf das Gespräch hat, damit wir anschließend analysieren können, was Aktives Zuhören bedeutet und welche Wirkungen es hat. Aus didaktischen Gründen werde ich versuchen, das Aktive Zuhören möglichst häufig einzusetzen – was übertrieben erscheinen mag, aber dazu dient, die Technik möglichst deutlich zu veranschaulichen."*

Der Teilnehmer schildert sein Anliegen

Dann kann die Demo-Übung beginnen. Trainer: *„Herr Mey, bitte schildern Sie Ihr Anliegen."* Anschließend hakt der Trainer immer wieder ein, um das Aktive Zuhören zu demonstrieren. Hier das Beispiel einer Anfangssequenz:

Teilnehmer: *„Mein Anliegen bezieht sich auf eine Situation, die eigentlich schon lange zurückliegt und mich in der Vergangenheit sehr beschäftigt hat. Es geht um einen Vorfall mit meinem Vorgesetzten, der mich in der Anfangsphase unserer Zusammenarbeit auf das Übelste zusammengefaltet hat, sodass man schon Zweifel haben musste, wie das hier weitergehen würde."*

Trainer: *„Sie haben sich damals richtig Sorgen gemacht um Ihren Arbeitsplatz."*

Teilnehmer: *„Ja, das kann man schon sagen, das war ja noch mitten in der Probezeit. Das hat sich dann zwar alles in Wohlgefallen aufgelöst, sodass ich nichts mehr dazu gesagt habe, aber vielleicht hätte man doch früher noch mal darüber reden müssen."*

Trainer: *„Sie bereuen es, diesen Vorfall nicht mehr thematisiert zu haben."*

Teilnehmer: *„Manchmal schon. Aber mittlerweile ist eben viel Gras drüber gewachsen und deshalb lohnt es sich eigentlich nicht mehr, das Thema noch mal aufzugreifen."*

Trainer: *„Aber es ist für Sie auch nicht wieder in Ordnung gekommen und steht einer guten Zusammenarbeit im Weg."* Usw.

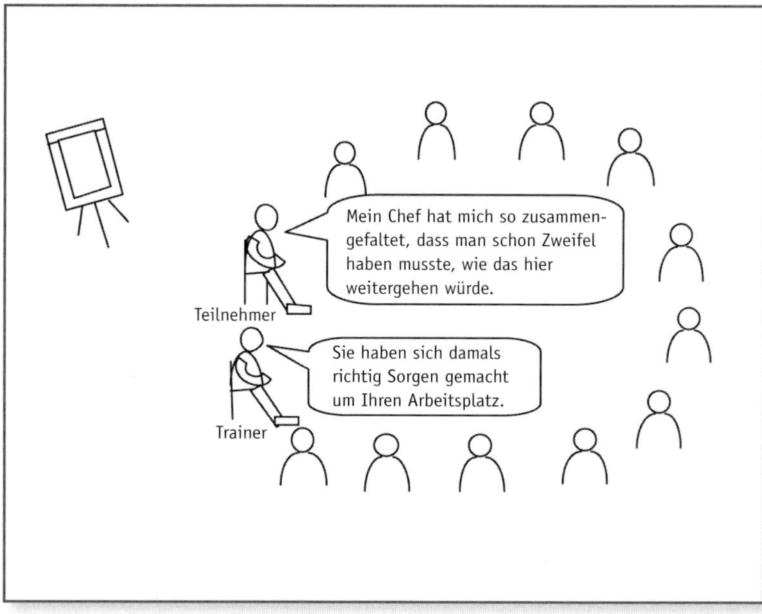

Abb.: Der Trainer demonstriert das Aktive Zuhören anhand des Anliegens eines Teilnehmers.

Wenn der Trainer den Eindruck hat, alle Facetten des Aktiven Zuhörens demonstriert zu haben, kann er die Übung beenden und zur *Reflexion* übergehen. Hierbei fragt der Trainer zunächst den Teilnehmer, der das Anliegen eingebracht hat: *„Herr Mey, wie haben Sie das Gespräch erlebt?"*

Dann wendet sich der Trainer an die Beobachter: *„Was ist Ihnen aufgefallen? Was haben Sie beobachtet? Was habe ich genau gemacht bzw. gesagt und wie waren die Auswirkungen auf das Gespräch mit Herrn Mey?"*

Hierbei kann der Trainer einen Teilnehmer bitten, die Punkte auf Flipchart festzuhalten – wenn das Seminar nicht zu zweit geleitet wird.

Abschließend kann besprochen werden, in welchen Situationen das Aktive Zuhören sinnvoll und in welchen Situationen es weniger passend ist, bevor es dann mit einem Input und Übung vertieft wird.

Hinweise

- Der Trainer verbalisiert in diesem Beispiel ausschließlich die Gefühle und Bedürfnisse des Teilnehmers, die zwischen den Zeilen mitschwingen. Er demonstriert also das Aktive Zuhören auf der emotionalen Ebene. Er sollte aber auch auf der inhaltlichen Ebene

Kernaussagen paraphrasieren sowie einfaches aufmerksames Zuhören durch Nicken und bestätigende Laute wie „Mhm“ signalisieren, um alle Ebenen des Aktiven Zuhörens zu demonstrieren.

- Bei der Auswertung benötigt der Trainer zuweilen ein dickes Fell, wenn die Teilnehmer daran Gefallen finden, sein Verhalten zu kritisieren. „Das war ja total übertrieben“, „Sie haben ja ständig alles nachgeplappert“, „Das ist ja Wellness-Kommunikation“ oder „Sie haben genickt wie ein Wackel-Dackel“ sind nur einige der Rückmeldungen, die ich mir im Anschluss an diese Übung anhören durfte.
- Bei dieser Übung ist es besonders hilfreich, wenn man sie zu zweit anleiten kann, sodass sich ein Trainer ganz auf die Demonstration des Aktiven Zuhörens konzentrieren kann, während der andere Trainer die Übung anleitet und auswertet.
- Im Anschluss an die Demo-Übung sollte der Trainer die Technik des Aktiven Zuhörens genauer erläutern und den Teilnehmern dann die Gelegenheit geben, sie selbst zu üben (siehe Seite 59).

Literatur

- Bandura, Albert: Lernen am Modell. Klett-Cotta, 1976.
- Bauer, Joachim: Warum ich fühle, was du fühlst. Intuitive Kommunikation und das Geheimnis der Spiegelneurone. Hoffmann und Campe, 2005.

2. b) Ich- und Du-Botschaft

Indikation

Die Übung eignet sich in Trainings zu Kommunikation, Konfliktmanagement und Führung, um in die Themengebiete Feedback bzw. Ansprechen von Konflikten einzusteigen. Sie löst in der Regel einen „Aha-Effekt" zur unterschiedlichen Wirkung von Ich- und Du-Botschaften aus.

Ziele

- Die Teilnehmer erleben exemplarisch Du- und Ich-Botschaften.
- Sie reflektieren die Wirkungen von Du- und Ich-Botschaften.

Zeit

15 Minuten (10 Min., 5 Min. Puffer)

Materialien

Drei Stühle, die der Trainer bereitgestellt hat

Überblick

- Der Trainer trägt einem freiwilligen Teilnehmer jeweils eine Du- und eine Ich-Botschaft vor; dieser schildert dann, wie die beiden Sätze auf ihn gewirkt haben.
- Es gibt drei Durchgänge mit verschiedenen Beispielen.
- Anschließend wertet der Trainer die Übung mit der Gruppe aus.

Erläuterung

Die folgende Übung findet sich auch in meinem Buch „Kommunikationstrainings erfolgreich leiten" (S. 124 ff.), sodass ich sie an dieser Stelle nur kurz skizzieren möchte. Sie macht die Wirkung von Du- und Ich-Botschaften eindrucksvoll erlebbar.

Vorgehen

„Es geht um das Thema ‚Kritik konstruktiv formulieren'. Ich möchte Sie dazu zu einem kleinen Experiment einladen."

Der Trainer positioniert die drei Stühle, die er zuvor bereitgestellt hat. Zwei Stühle stellt er nebeneinander in Richtung der Teilnehmer auf, einen Stuhl stellt er in etwa zwei Meter Abstand den beiden Stühlen gegenüber und mit dem Rücken zu den Teilnehmern auf (s. Abbildung).

„Es geht nun darum, dass Sie zwei grundlegend unterschiedliche Formen, Kritik zu äußern, kennenlernen. Dazu möchte ich einen von Ihnen bitten, sich zwei Sätze anzuhören und anschließend zu sagen, wie diese Sätze auf ihn gewirkt haben.
Wer möchte das machen?"

Sobald sich ein Freiwilliger findet, was manchmal einen Moment dauern kann, fährt der Trainer fort. Der Freiwillige setzt sich auf den Stuhl, der mit dem Rücken zu den Teilnehmern steht.

Erstes Beispiel

„Ich erkläre Ihnen kurz die Situation, um die es geht und sage Ihnen dann zwei Sätze. Sie hören sich zunächst beide Sätze an und achten darauf, welches Gefühl sie in Ihnen auslösen und wie Sie darauf reagieren würden. O.K.?

Stellen Sie sich vor, wir sind Kollegen und ich habe Ihnen neulich etwas Privates erzählt. Ich habe zwar nicht ausdrücklich gesagt, dass Sie das für sich behalten sollen, habe es aber stillschweigend vorausgesetzt. Nun habe ich aber erfahren, dass Sie Kollegen davon erzählt haben."

Der Trainer steht von seinem eigenen Stuhl auf und setzt sich auf den ersten der beiden Stühle, die er für die Demonstrations-Übung nebeneinandergestellt hat.

„Satz 1: Immer müssen Sie alles weitertratschen! Ihnen kann man nichts anvertrauen. Sie sind echt die letzte Plaudertasche!" Satz 1

Der Trainer lässt den Satz einen Moment wirken und setzt sich dann auf den zweiten Stuhl.

„Satz 2: Ich habe mitbekommen, dass die Kollegen von der Sache erfahren haben, die ich neulich erzählt habe. Mir ist das sehr peinlich, dass sie davon etwas mitbekommen haben." Satz 2

Der Trainer steht auf, setzt sich auf seinen eigenen Stuhl, der etwas am Rand steht und fragt den Teilnehmer: *„Wie haben Sie innerlich reagiert auf Satz 1 und wie auf Satz 2?"*

Abb.: Der Trainer demonstriert anhand des ersten Beispiels die unterschiedliche Wirkung von Du- und Ich-Botschaften.

Wie auch immer der Teilnehmer reagiert, der Trainer nimmt die Äußerung wertschätzend entgegen und geht dann zum zweiten Beispiel über.

Zweites Beispiel

„Vielen Dank. Wer hört sich als Nächstes zwei Sätze an?“ Es kann manchmal einen Moment dauern, bis sich jemand bereit erklärt, aber schließlich findet sich stets jemand, der sich auf den Stuhl in der Mitte setzt. *„Die Situation ist diesmal folgendermaßen: Wir beide diskutieren lebhaft miteinander und im Eifer des Gefechts haben Sie mich ein paar Mal unterbrochen.“*

Der Trainer setzt sich auf den ersten Stuhl.

Satz 1

„Satz 1: Müssen Sie immer dazwischenreden?! Sie sollten mal in einen Diskutierkurs gehen!“

Der Trainer lässt den Satz einen Moment wirken und setzt sich dann auf den zweiten Stuhl.

Satz 2

„Satz 2: Mir ist aufgefallen, dass ich schon mehrfach meinen Gedanken nicht zu Ende formulieren konnte. Ich habe jetzt den Faden verloren und bin mir unsicher, ob es Sie interessiert, was ich sagen möchte.“

Dann steht der Trainer auf und setzt sich wieder auf seinen eigenen Stuhl: *„Wie ging es Ihnen bei den beiden Sätzen?“*

Wieder nimmt der Trainer die Reaktion des Teilnehmers entgegen und geht dann zum dritten Beispiel über.

Drittes Beispiel

„Stellen Sie sich vor, wir arbeiten in einem Team zusammen und haben gerade eine Besprechung. Sie machen einen Vorschlag und ich reagiere darauf mit den Worten ...“

Der Trainer setzt sich auf den ersten Stuhl.

„Satz 1: Ihr Vorschlag ist doch völlig unbrauchbar. Sie sollten erst denken und dann reden.“ *Satz 1*

Wieder lässt der Trainer den Satz einen Moment wirken und wechselt dann auf den zweiten Stuhl.

„Satz 2: Ich bin da anderer Meinung.“ *Satz 2*

Der Trainer steht wieder auf, nimmt auf seinem Stuhl Platz und fragt den Teilnehmer: *„Wie war Ihr Gefühl bei Satz 1 und wie bei Satz 2?“*

Nachdem der Trainer die Antwort entgegengenommen hat, bedankt er sich auch bei diesem Teilnehmer fürs Mitmachen.

Auswertung der Übung

Anschließend fragt der Trainer ins Plenum: *„Was war nun jeweils der Unterschied zwischen Satz 1 und Satz 2?“*

Hier wird oft angemerkt, dass die Sätze auf dem ersten Stuhl aggressiver gewesen seien als auf dem zweiten Stuhl. Manche Teilnehmer benennen den entscheidenden Punkt, dass beim ersten Satz der Gesprächspartner angegriffen wurde, während der Sprecher beim zweiten Satz sein eigenes Erleben schilderte.

Nun stellt der Trainer das Konzept der Ich- und Du-Botschaften vor (vgl. Schmidt 2011, S. 129 ff.).

3. Beispiele der Teilnehmer verwenden

Fälle und Beispielsituationen der Teilnehmer können nicht nur mit einer – meist komplexen – Fallarbeit bearbeitet werden. Man kann sie auch für kürzere Übungssequenzen gezielt erheben und nutzen. Zwei mögliche Vorgehensweisen werden im Folgenden exemplarisch beschrieben.

3. a) Konflikt-Aikido

Indikation

In Rhetorik- oder Konfliktmanagement-Trainings kann das Thema „Umgang mit Angriffen" mit dieser Übung trainiert werden. Sie kann im Laufe eines Seminars gut auch mehrfach eingesetzt werden, macht den Teilnehmern viel Spaß und vermittelt gleichzeitig eine hilfreiche Technik, um mit destruktiven Äußerungen umzugehen.

Ziele

Die Teilnehmer trainieren ihre Fähigkeit, schlagfertig auf kritische Äußerungen und „Killerphrasen" zu reagieren.

Zeit

15 Minuten

Material

Keines

Überblick

- Die Gruppe stellt sich im Kreis auf.
- Jeder Teilnehmer überlegt sich eine destruktive Äußerung.
- Der Trainer erläutert kurz das Grundprinzip des Aikido, bei einem Angriff die Energie des Gegners anzunehmen und zurückzuleiten.
- Ein Teilnehmer erhält einen Ball und wirft diesen einer Person zu, an die er seine destruktive Äußerung richtet.
- Die andere Person hat die Aufgabe, auf den Angriff spontan zu reagieren und den Angriff – gemäß des Prinzips des Aikido – nicht eskalierend zu beantworten.

- Dies wird fortgesetzt, bis alle Teilnehmer an der Reihe waren.
- In der Reflexion wird herausgearbeitet, welche Reaktionen besonders effektiv waren.

Erläuterung

Die Methode „Konflikt-Aikido“ erlaubt es Seminarteilnehmern, ihre Schlagfertigkeit zu trainieren. Es geht darum, spontan und flexibel auf Angriffe zu reagieren. Hierzu wird das Prinzip der betont defensiven japanischen Kampfsportart Aikido genutzt: Der Angriff des Gegners wird „willkommen geheißen“ und die Energie des Angriffs für die eigene Reaktion gebraucht. Diese Methode habe ich von meinem Freund und Kollegen Dr. Johannes Löhr, Geschäftsführer von Löhr, Kolb & Partner, gelernt. Mit ihr kann auf spielerische Art ein weit verbreitetes Anliegen von Teilnehmern in Kommunikations- oder Rhetorik-Seminaren bearbeitet werden: Mit unerwarteten Angriffen souverän umgehen zu können.

Vorgehen

Der Trainer erläutert Ziel und Nutzen der Übung: *„In der folgenden Sequenz geht es darum, möglichst schlagfertig auf Angriffe von anderen reagieren zu können. Jeder von uns kennt Situationen, in denen man von einer kritischen Bemerkung, einem zynischen Spruch oder einem Totschlag-Argument überrascht wird. Oft ist man dann erst einmal perplex und sprachlos. Hinterher ärgert man sich, dass man dem Angriff nichts entgegenhalten konnte. Natürlich fallen einem, wenn der Angreifer längst von der Bildfläche verschwunden ist, die besten Erwiderungen ein. Aber dann ist es zu spät. Deshalb geht es jetzt darum, die eigene Spontaneität und Flexibilität im Umgang mit solchen Angriffen zu trainieren, um sofort handlungsfähig zu sein und auf Angriffe schlagfertig reagieren zu können. Bitte stehen Sie dazu auf und bilden Sie einen Kreis.“*

Eine destruktive Äußerung überlegen

Im nächsten Schritt muss sich jeder Teilnehmer ein Beispiel ausdenken: *„Nehmen Sie sich jetzt einen Moment Zeit, sich eine destruktive Äußerung zu überlegen. Vielleicht eine, die Ihnen mal an den Kopf geschleudert wurde oder eine, die Sie mal gehört haben. Oder eine, die Sie selbst mal gedacht, aber lieber doch nicht ausgesprochen haben. Es können typische Killerphrasen sein wie ‚Das haben wir noch nie gemacht‘, ironische Sticheleien wie ‚Wie lange sind Sie eigentlich dabei, dass Sie* *glauben, hier mitreden zu können?' – oder direkte Angriffe wie ‚Denken Sie doch erst mal nach bevor Sie reden.'"*

Manchmal kann es etwas dauern, bis alle Teilnehmer ein Beispiel gefunden haben. In dem Fall kann der Trainer dennoch fortfahren, wenn er darauf hinweist, dass ihnen wahrscheinlich noch ein Beispiel einfallen wird, sobald die Übung läuft (was fast immer der Fall ist).

Grundprinzip: Die Energie zurückleiten

Im nächsten Schritt geht es darum, das Grundprinzip des Aikido und die Vorgehensweise bei der Übung zu erläutern: *„Gleich werden Sie die Aufgabe haben, auf die Angriffe spontan zu reagieren. Dafür kann es hilfreich sein, wenn Sie ein Prinzip aus dem Aikido anwenden. Aikido ist eine japanische Kampfsportart, die sich auf die Abwehr von Angriffen spezialisiert hat. Im Aikido gibt es keine Angriffstechniken, sondern lediglich Techniken zur Verteidigung gegen einen Angriff. Dabei wird die Energie des Angriffs für die eigene Reaktion genutzt, um sie auf den Angreifer zurückzuleiten, ohne ihn zu verletzen. Statt den Angriff an sich abprallen zu lassen – sich also ‚hart' zu machen – weicht man erst einmal zurück und heißt den Angriff sogar innerlich willkommen. Dann nutzt man die Energie des Angriffs für die eigene Reaktion.*

Für den Umgang mit verbalen Angriffen heißt dies: Ich akzeptiere den Angriff, statt mich aufzuregen. Statt mich anzuspannen, atme ich erst einmal durch, bleibe gelassen und gebe beim Ausatmen eine Replik auf den Angriff. Das kann eine Gegenfrage sein. Man kann eine humorvolle Bemerkung machen, mit der man sich selbst oder auch den Angreifer ‚auf den Arm nimmt'. Oder man gibt eine kurze, prägnante, bewusst sachliche Erwiderung zurück.

Abb.: Der Trainer instruiert das Konflikt-Aikido.

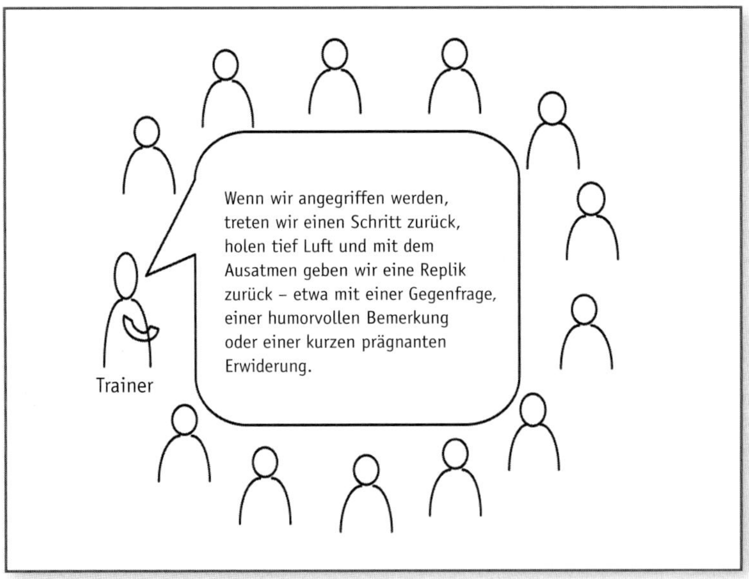

Bei dieser Übung setzen wir dieses Prinzip auch körperlich um, um es zu verinnerlichen und zu üben: Wenn wir angegriffen werden, treten wir einen Schritt zurück, holen tief Luft und mit dem Ausatmen geben wir eine Replik zurück."

Ein Beispiel geben

Es kann hilfreich sein, das Vorgehen anhand eines Beispiels zu erläutern: *„Mal angenommen, ich erhalte die Botschaft ‚Das haben wir noch nie gemacht'. Statt mich zurückzuziehen oder aggressiv zu werden, reagiere ich folgendermaßen: Ich trete zunächst einen Schritt zurück und atme ein. Dann trete ich wieder nach vorne, atme aus und gebe eine Antwort, zum Beispiel ‚Wie schön, dann ist es jetzt ja das erste Mal'. Oder ich sage einfach ‚Na und?'. Es geht also nicht darum, eine besonders brillante Erwiderung zu geben, sondern darum, auf die eigene spontane Reaktion zu vertrauen."*

Abb.: Der Trainer erläutert das Vorgehen anhand eines Beispiels.

Ball zur Strukturierung einsetzen

Um die Übung zu strukturieren, kann der Trainer einen Ball einsetzen, damit klar ist, wer jeweils an der Reihe ist: *„Wer den Ball hat, kann seine destruktive Kritik äußern. Anschließend wirft er den Ball jemandem zu, der darauf reagieren muss."*

Dann kann der Trainer das „Spiel" eröffnen. Dazu kann er entweder selbst seinen „Angriff" starten und einem Teilnehmer den Ball zuwerfen. Oder er kann die Eröffnung einem Teilnehmer überlassen: *„Wer mag mit einer destruktiven Bemerkung beginnen?"*

Der Trainer übergibt den Ball und achtet darauf, dass der „Angreifer" zunächst den Satz sagt und dann den Ball dem Empfänger zuwirft.

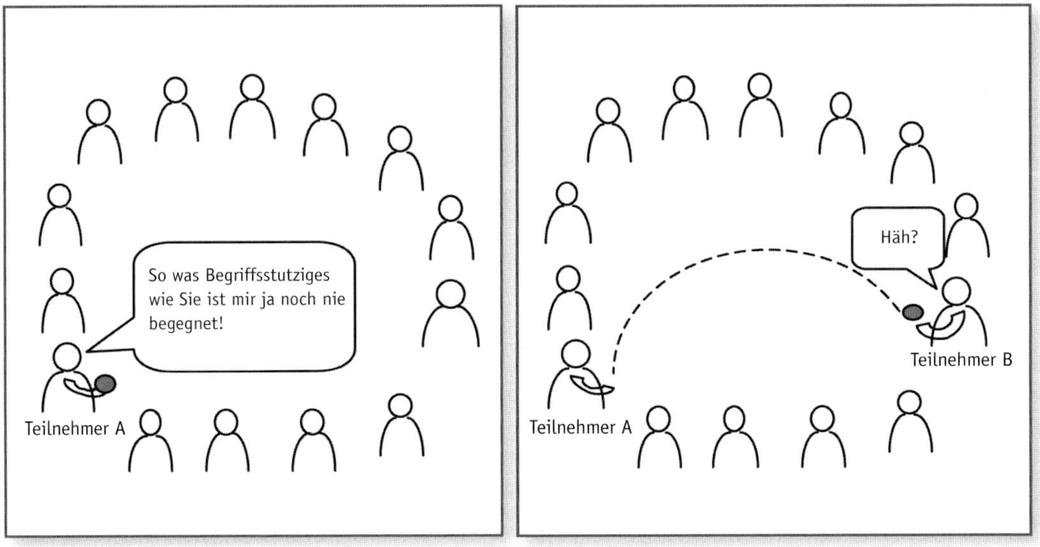

Abb.: Teilnehmer A macht die destruktive Äußerung und wirft dann den Ball Teilnehmer B zu, der auf die Äußerung reagieren muss.

Der Empfänger darf sich bei seiner Replik bewusst Zeit lassen. Der Trainer achtet darauf, dass der Empfänger die „Regeln" einhält: Schritt zurücktreten, einatmen, dann ausatmen und antworten.

Dem ersten Impuls vertrauen

Falls sich Teilnehmer mit der Replik des Angriffs schwertun, kann der Trainer sie ermuntern: *„Es geht einfach darum, irgend etwas zu erwidern. Bleiben Sie ruhig bei dem ersten Impuls, den Sie haben. Es muss überhaupt nichts Besonderes sein."*

Im Laufe der Übung kann es schwer werden, den Überblick darüber zu behalten, wer schon an der Reihe war. Dann kann der Trainer folgendermaßen für Klarheit sorgen: *„Wenn Sie den Ball schon bekommen haben, verschränken Sie Ihre Arme bitte auf dem Rücken."*

Wenn alle Teilnehmer an der Reihe waren, leitet der Trainer zur Reflexion über, etwa mit folgenden Fragen:

- Was ist Ihnen aufgefallen?
- Welche Reaktionen waren besonders effektiv? Warum?
- Was können wir schlussfolgern für den Umgang mit Angriffen?

Die wichtigsten Punkte können gegebenenfalls auf Flipchart festgehalten werden.

Hinweise

Fehlerfreundliche Kultur schaffen

- Bei dieser Übung ist es wichtig zu betonen, dass es keine „falschen" Reaktionen gibt. Ansonsten entsteht schnell ein Leistungsdruck, besonders originell oder schlagfertig sein zu müssen, was mögliche Handlungsblockaden nur verstärkt. Stattdessen geht es darum, dem ersten Impuls zu vertrauen – ein Prinzip, das auch im Improvisationstheater und im Theatersport eine wichtige Rolle spielt.
- Die Übung kann gut auch mehrfach innerhalb eines Seminars als Auflockerungsübung eingesetzt werden. Sie macht den Teilnehmern meist viel Spaß – sicher auch deshalb, weil sie erlaubt, sich mal „richtig destruktiv" verhalten zu können.

3. b) Soziometrie zur Konflikt-Intervention

Indikation

In Konfliktmanagement-Trainings für Führungskräfte ist diese Übung geeignet, um eine Klärung der eigenen Rolle in Teamkonflikten zu thematisieren. Darauf aufbauend können Kompetenzen zur Konfliktmoderation trainiert werden.

Ziele

- Die Teilnehmer reflektieren ihre Rolle als Führungskraft in Konfliktsituationen.
- Sie entwickeln ein klares Verständnis darüber, wann sie in Konfliktsituationen eingreifen möchten.

Zeit

60 Minuten

Material

- Notizblöcke und Stifte für die Teilnehmer
- Flipchart „Intervenieren bei Konflikten"

Überblick

- In Einzelarbeit werden Fälle gesammelt, in denen sich die Frage stellt, ob die Führungskraft intervenieren sollte.

- In Kleingruppen tauschen sich die Teilnehmer aus und wählen ein Fallbeispiel für das Plenum.
- Soziometrie: Diejenigen, die intervenieren würden, gehen auf die eine Seite des Raumes; diejenigen, die nicht intervenieren würden, stellen sich auf die andere Seite.
- Die Teilnehmer werden interviewt, welche Beweggründe hinter ihrem Standpunkt stehen.
- Auf Flipchart werden allgemeine Prinzipien zu der Frage gesammelt, wann Führungskräfte bei Konflikten intervenieren sollten.

Erläuterung

Bei der nun beschriebenen Methode werden Fallsituationen gesammelt, bei denen es darum geht, sich bezüglich einer strittigen Frage zu positionieren. Diese Positionierung wird in der Soziometrie ganz wörtlich genommen und im Raum abgebildet. Die Teilnehmer werden aufgefordert, sich entsprechend ihrer Einstellung im Raum zu positionieren. Im hier beschriebenen Beispiel geht es um eine Sequenz aus einem Konfliktmanagement-Training für Führungskräfte. Es wird die Frage thematisiert, wann Führungskräfte in Konflikte eingreifen sollten und wann dies nicht ihre Aufgabe ist. Gerade, wenn das Thema von den Teilnehmern selbst eingebracht wird, bietet es sich an, es anhand ihrer Beispiele zu bearbeiten.

Vorgehen

„Einige von Ihnen haben ja die Frage eingebracht, wann es eigentlich Ihre Aufgabe als Führungskraft ist, bei Konflikten im Team oder in der Abteilung zu intervenieren. Das muss durchaus nicht immer notwendig sein. Grundsätzlich haben Sie es mit erwachsenen Menschen zu tun, bei denen Sie davon ausgehen können, dass sie in der Lage sind, Differenzen selbst zu klären. Gleichwohl wissen wir alle, dass das nicht immer gelingt. Unbestritten gibt es Konflikte, bei denen es erforderlich ist, dass Führungskräfte nicht wegschauen, sondern beherzt eingreifen. Wichtig für Sie ist es, sich darüber im Klaren zu sein, wann es Ihre Aufgabe ist, zu intervenieren und wann nicht.

Erster Schritt: Einzelarbeit

Daher möchte ich Sie im ersten Schritt bitten, sich zu überlegen, in welchen Situationen Sie diese Entscheidung als schwierig erlebt haben. Das kann sich auf eigene Erfahrungen beziehen oder auf Beobachtungen, die Sie bei anderen gemacht haben. Vielleicht fällt Ihnen auch eine Situati-

on ein, die Sie nicht erlebt haben, die aber leicht passieren könnte und aus Ihrer Sicht knifflig wäre. Machen Sie sich hierzu ein paar Notizen anhand der folgenden Fragen:

- *Worum geht es?*
- *Wer sind die Beteiligten?*
- *Was sind ihre Interessen?*
- *Wie ist der Verlauf des Konflikts?*
- *An welchem Punkt stellt sich die Frage nach dem Eingreifen in den Konflikt?"*

Abb.: Flipchart zur Erhebung von Teilnehmer-Fällen zum Thema „Intervention bei Konflikten".

Der Trainer gibt den Teilnehmern ein paar Minuten Zeit, um sich Notizen zu machen. Wenn einigen Teilnehmern hierzu nichts einfallen sollte, ist dies nicht weiter problematisch – es sei denn, dies würde die überwältigende Mehrheit der Teilnehmer betreffen. Für diesen Fall sollte der Trainer immer vorbereitete Case Studies in der Hinterhand haben (siehe *Hinweise*).

Zweiter Schritt: Kleingruppenarbeit

Dann leitet der Trainer den zweiten Schritt an, der dazu dient, einen Austausch in Kleingruppen zu ermöglichen und Fälle für die Soziometrie auszuwählen: *„Bilden Sie nun bitte Dreiergruppen und stellen Sie einander Ihre Beispiele vor. Diskutieren Sie jeweils kurz, ob Sie in dem jeweiligen Fall intervenieren sollten oder nicht. Wählen Sie dann den interessantesten oder kontroversesten Fall aus, damit wir ihn im Plenum besprechen können."*

Dafür kann der Trainer den Kleingruppen etwa 10-15 Minuten Zeit geben. Wenn die Kleingruppen jeweils ein Beispiel ausgewählt haben, kann im Plenum fortgefahren werden. *„Welche Gruppe mag als erste ihren Fall schildern?"*

Dritter Schritt: Soziometrie

Der Trainer gibt Gelegenheit, Fragen zum Fall zu klären. Dann leitet er die Soziometrie an. Dazu steht er auf und legt eine Moderationskarte mit der Aufschrift „Intervenieren" an ein Ende des Seminarraums und eine mit der Aufschrift „Nicht intervenieren" an das andere Ende. Dafür muss der Trainer im Vorfeld ausreichend Platz schaffen.

„Ich möchte Sie jetzt bitten, Stellung zu beziehen – im wahrsten Sinne des Wortes. Bitte gehen Sie auf die rechte Seite des Raumes, wenn Sie hier intervenieren würden und auf die linke Seite, wenn Sie hier nicht eingreifen würden."

Abb.: Die Teilnehmer werden aufgefordert, Stellung zu beziehen.

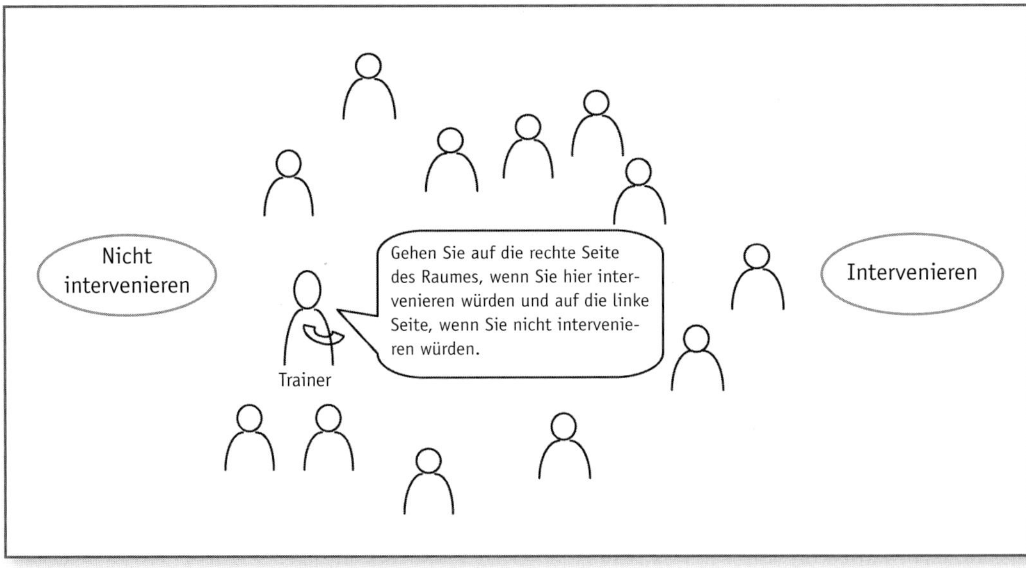

Wenn sich alle Teilnehmer verteilt haben, interviewt der Trainer Vertreter beider Gruppen, wobei er bei der kleineren Gruppe – also bei der

„Minderheitsmeinung" – beginnt, um dieser Gruppe den Rücken dabei zu stärken, ihre von der Gruppennorm abweichende Position zu vertreten.

Vierter Schritt: Interview

Im Folgenden geht es darum, von den Positionen wegzukommen und die dahinter liegenden Werte und Grundsätze zu explorieren. Um die Statements hierzu kurz und prägnant zu halten, hat es sich bewährt, einen Einleitungssatz anzubieten: *„Ich möchte nun wissen, welche Beweggründe hinter Ihrer Position stehen. Deshalb würde ich gerne von beiden Gruppen ein paar Stimmen hierzu hören. Am besten geht das, wenn Sie den folgenden Satz vervollständigen: ‚Ich stehe hier, weil ...'"*

Abb.: Der Trainer gibt einen Satzanfang vor, um die hinter den jeweiligen Positionen stehenden Werte und Motive herauszuarbeiten.

Der Trainer holt nun einige Statements beider Gruppen ein und achtet darauf, dass die Hintergründe der unterschiedlichen Positionen deutlich werden und verschiedene Auffassungen nebeneinander stehen dürfen. Ebenso verfährt er mit den weiteren Fällen der Teilnehmer.

Fünfter Schritt: Reflexion der Soziometrie

Abschließend kann der Trainer auf Flipchart oder Pinnwand allgemeingültige Prinzipien zur Konfliktintervention mit den Teilnehmern zusammentragen.

Hinweise

- Die zentrale Funktion der Interviews ist es, die Polarisierung in zwei unterschiedliche „Lager" zu überwinden und die Werte und Bedürfnisse offenzulegen, die hinter den Positionen stehen. Dadurch wird meist ein gegenseitiges Verständnis erreicht und eine differenzierte Meinungsbildung ermöglicht. Es wird klar, unter welchen Bedingungen und in welcher Weise eine Intervention bei Konflikten angemessen ist.
- Die Schwierigkeit bei der Soziometrie liegt darin, Meinungsäußerungen zuzulassen, sie aber auch zu begrenzen. Leicht kann es passieren, dass es zu langwierigen Diskussionen kommt, die dann als ermüdend erlebt werden – gerade durch das lange Stehen. Deshalb muss der Trainer hier immer wieder strukturierend eingreifen und hervorheben, dass unterschiedliche Standpunkte willkommen sind.
- Im Anschluss an diese Sequenz zur Intervention bei Konflikten kann gegebenenfalls mit den Fällen der Teilnehmer weitergearbeitet werden. Hier kann es dann darum gehen, wie jeweils interveniert werden muss – etwa mit Einzelgesprächen oder einer Konfliktmoderation. Dies kann dann anhand einer Methode der Fallarbeit oder des Rollenspiels weiter bearbeitet werden.

Varianten

Statt mit den Fällen der Teilnehmer, kann der Trainer auch mit vorab konzipierten Case Studies arbeiten. Dies ist die weniger „maßgeschneiderte" Variante, denn die Fallstudien stammen nicht direkt aus der Realität der Teilnehmer, sodass der emotionale Bezug geringer ist. Andererseits ist dieses Vorgehen kürzer und es besteht nicht die Gefahr, dass keine brauchbaren Situationen gefunden werden. Daher sollte der Trainer eigene Fallbeispiele zumindest in der „Hinterhand" haben. Beispiele finden Sie in meinem Buch „Konfliktmanagement-Trainings erfolgreich leiten" (Schmidt 2011, z.B. Seite 166).

4. Mini-Cases vorbereiten und einsetzen

Spezifische Handlungskompetenzen trainieren

Mit dem Begriff „Mini-Case“ sind kurze Fallstudien gemeint, die aus einer sehr prägnant dargestellten Situationsbeschreibung oder sogar nur einem Satz bestehen. Im Unterschied zu klassischen Case Studies, die üblicherweise theoretisch diskutiert werden, setzt man diese Mini-Cases handlungsorientiert ein. Die Teilnehmer werden also in irgendeiner Form dazu aufgefordert, sich auf ein kurzes Rollenspiel einzulassen. Im Unterschied zum „richtigen“ Rollenspiel (Seite 164 ff.), gibt es jedoch keine längere Interaktion. Vielmehr wird nur ein Ausschnitt aus einer Interaktion herausgegriffen, um spezifische Handlungskompetenzen isoliert trainieren zu können.

Die Mini-Cases müssen vor Beginn des Trainings auf der Basis von Befragungen der Teilnehmer und ihrer Stakeholder gewonnen werden (vgl. *Kapitel I*). Sie bilden kritische Situationen ab, die für die Teilnehmer relevant sind. Im Folgenden finden Sie hierfür zwei Beispiele. Im ersten Fall geht es um etwas komplexere Situationen zum Thema „Feedback geben“, während im zweiten Fall zum Thema „Auf den Gesprächspartner eingehen“ nur einzelne Sätze verwendet werden.

4. a) Konstruktiv Feedback geben

Indikation

Diese Übung kann in Kommunikations-, Konfliktmanagement- und Führungstrainings eingesetzt werden, um anhand fiktiver Situationen die Feedback-Kompetenzen der Teilnehmer zu verbessern. Sie eignet sich insbesondere, wenn sich die Teilnehmer scheuen, eigene Fälle einzubringen.

Ziele

Die Teilnehmer trainieren die Fähigkeit, kritisches Feedback konstruktiv anzubringen.

Zeit

40 Minuten (10 Min. Instruktion, 15 Min. Kleingruppenarbeit, 10 Min. Auswertung, 5 Min. Puffer)

Material

- 3 Fallstudien
- Flipchart mit Instruktionen

Überblick

- Der Trainer erarbeitet mit den Teilnehmern Kriterien konstruktiven Feedbacks und stellt einen entsprechenden Leitfaden vor (WWW-Modell).
- Die Teilnehmer finden sich in Kleingruppen zu dritt zusammen (A, B und C) und erhalten ein Arbeitsblatt mit drei Mini-Case-Studies.
- A gibt das Feedback, B empfängt es und C beobachtet und strukturiert die Auswertung, anschließend Wechsel, bis alle Teilnehmer jede Rolle einmal übernommen haben.

Erläuterung

Die folgenden Mini-Cases dienen dazu, die Feedback-Kompetenzen der Teilnehmer zu trainieren. Sie beziehen sich auf Situationen, in denen Feedback in alle Richtungen gegeben werden muss (zu Mitarbeitern, Kollegen und zum Vorgesetzten). Dadurch können anschließend auch Unterschiede zum Führen nach „Unten", „Oben" und zu „Peers" thematisiert werden. Diese Szenarios eignen sich insbesondere für die Arbeit mit Führungskräften der unteren und mittleren Ebene.

Vorgehen

Bevor die Mini-Case-Studies eingesetzt werden, ist es hilfreich, zunächst Kriterien konstruktiven Feedbacks zu sammeln: *„Was macht aus Ihrer Sicht konstruktives Feedback aus? Wie muss eine Rückmeldung gegeben werden, damit sie hilfreich ist?"*

WWW-Modell

Dies kann entweder in Kleingruppen oder im Plenum auf dem Flipchart gesammelt werden. Die von den Teilnehmern genannten Punkte kann der Trainer durch einen praktischen Leitfaden ergänzen, wie etwa das „WWW-Modell" (Wahrnehmung, Wirkung, Wunsch):

Das WWW-Modell

Wahrnehmung

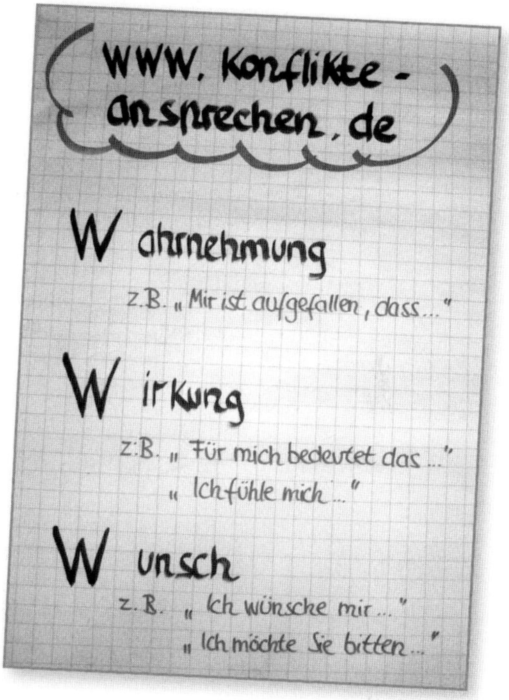

Um konstruktiv Feedback zu geben, ist es hilfreich, mit der eigenen Wahrnehmung, der eigenen Sichtweise, zu beginnen und möglichst konkret – ohne Verallgemeinerungen und ohne Bewertungen – zu beschreiben, was man gesehen und gehört hat. Wenn sich die Führungskraft etwa darüber ärgert, dass der Mitarbeiter stets zu einer sehr frühen Uhrzeit die Firma verlässt und dadurch für Kundenanrufe, die sich nach dieser Zeit häufen, nicht mehr zur Verfügung steht, kann sie den Einstieg folgendermaßen wählen: *„Mir ist aufgefallen, dass Sie meistens um 16 Uhr nach Hause gehen.“*

Wirkung

Anschließend ist es sinnvoll, die Wirkung auf die eigene Person oder ggf. auch auf andere deutlich zu machen. Dies kann sowohl Sachverhalte umfassen als auch Gefühle der eigenen Person. Hier geht es darum, transparent zu machen, welche Beeinträchtigungen durch den Konflikt hervorgerufen werden. Die Führungskraft in unserem Beispiel könnte etwa sagen: *„Für die Kunden bedeutet das, dass sie Sie nicht erreichen können und ihr Anliegen nicht gelöst wird. Viele Anrufe werden dann an mich weitergeleitet, allerdings kann ich den Kunden oft nicht weiterhelfen und bekomme dann den Ärger der Kunden ab. Das ist für mich frustrierend und für die Kunden auch.“*

Wunsch

Schließlich geht es darum, die eigenen Wünsche und Bedürfnisse zu formulieren, etwa *„Mir ist wichtig, dass Sie künftig länger bleiben“.* Im nächsten Schritt muss der Monolog zum Dialog werden. Es geht darum, die Sichtweise des anderen zu erfragen und zu verstehen, bevor eine Lösung gefunden werden kann.

Dann kann die eigentliche Übung beginnen. Dazu werden Kleingruppen á drei Personen gebildet – etwa durch Abzählen (bei zwölf Teilnehmern muss entsprechend bis vier durchgezählt werden, um vier Gruppen mit jeweils drei Personen zu erhalten). Wenn sich die Kleingruppen zusammengefunden haben, teilt der Trainer die Szenarios aus und leitet die Übung an:

„Im nächsten Schritt gebe ich Ihnen ein paar kurze Szenarios an die Hand, in denen es darum geht, konstruktives Feedback zu geben. Sie können dazu den WWW-Feedback-Leitfaden verwenden. Sie werden in Kleingruppen zu dritt arbeiten. A ist der Feedback-Geber, B der Empfänger und C der Beobachter."

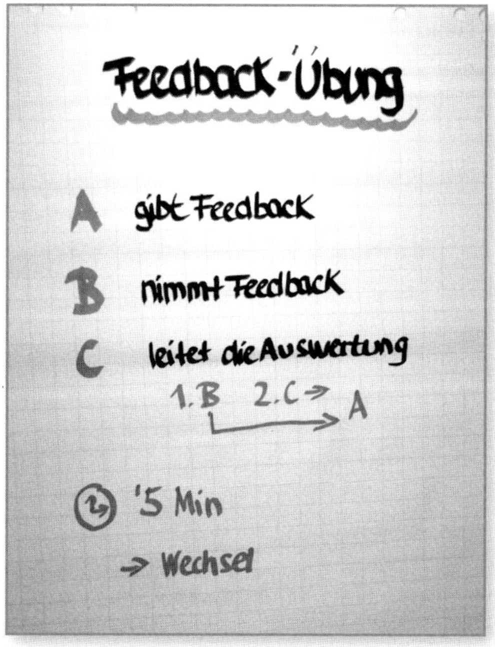

Abb.: Das Flipchart zeigt die Instruktionen zur Feedback-Übung mit Mini-Cases.

Kritisches Feedback konstruktiv formulieren

„Auf Ihrem Arbeitsblatt finden Sie drei Szenarios, in denen es darum geht, kritisches Feedback konstruktiv zu formulieren. Für jedes Szenario haben Sie fünf Minuten Zeit. Jeder übernimmt einmal die Rolle von A, B und C. A gibt das Feedback und adressiert es an B, der sich in die Lage des Feedback-Empfängers versetzt. B kann in dieser Rolle nachfragen oder kurz reagieren. Allerdings soll kein längerer Dialog entstehen. Es geht im Wesentlichen darum, das Feedback anzusprechen. Dabei kann A das WWW-Schema verwenden, das ich gerade vorgestellt habe.

Anschließend leitet C die Auswertung an. Dabei hat zunächst B Gelegenheit zu sagen, wie das Feedback angekommen ist und wie er oder sie darauf reagiert hätte. Dann kann C seine Beobachtungen schildern; also gewissermaßen Feedback zum Feedback geben. C hat außerdem die Aufgabe, auf die Zeit zu achten. Nach fünf Minuten gebe ich Ihnen ebenfalls ein Signal, zu wechseln."

Wenn keine Fragen bestehen, verteilt der Trainer die Szenarios und lässt die Übung laufen. Er achtet darauf, dass die Teilnehmer die Übungen tatsächlich durchführen und nicht nur über die Situationen sprechen. Nach fünf Minuten gibt er das Signal, die Rollen zu wechseln.

Beispiele für Mini-Case-Studies zum Thema „Feedback geben"

Fall 1: Feedback an einen Kollegen

Sie haben kürzlich Ihrem Kollegen Stefan (Stefanie) Stumm erzählt, dass Sie in drei Monaten eine neue Stelle in Asien übernehmen werden. Mit Ihrem Kollegen verbindet Sie ein vertrauensvolles Verhältnis, deshalb haben Sie nur ihm diese Neuigkeit anvertraut – und Ihrem Chef, der selbstverständlich informiert ist. Sie waren fest davon ausgegangen, dass diese Information von Ihrem Kollegen vertraulich behandelt wird. Schließlich möchten Sie den Kollegen, mit denen Sie eng zusammengearbeitet haben, selbst Bescheid geben. Da Sie momentan ein wichtiges Projekt zum Abschluss bringen müssen, wäre es Ihnen nicht recht, wenn sich Ihr baldiger Abschied herumspricht. Schließlich könnte es dann leicht passieren, dass Sie an Autorität einbüßen und Ihre Anweisungen nicht mehr ohne Weiteres befolgt werden. Nun sprach Sie jedoch Frau Schwatz heute morgen darauf an und gratulierte Ihnen zum neuen Job. Sie waren völlig perplex, zumal Frau Schwatz dafür bekannt ist, dass sie nichts für sich behalten kann. Sie sind enttäuscht, dass Ihr Kollege seinen Mund offensichtlich nicht halten konnte.

Fall 2: Feedback an einen Mitarbeiter

Herr Marko (Frau Maria) Maurer ist eigentlich ein leistungsstarker Mitarbeiter, der fachlich sehr versiert ist, strukturiert und gewissenhaft seine Arbeit erledigt. Defizite stellen Sie dagegen in puncto Kundenservice fest. Herr Maurer wirkt am Telefon manchmal kurz angebunden und verwendet des Öfteren Reizformulierungen wie „Da hätten Sie sich früher melden sollen" oder „Das habe ich Ihnen doch vorhin schon erklärt", die nicht dem Standard entsprechen, den Ihr Unternehmen im Kundenservice bieten möchte. Außerdem wickelt er Kundenanfragen häufig lieber schriftlich ab, statt Kunden anzurufen, was nachgewiesenermaßen die Kundenbindung stärkt und deshalb das bevorzugte Medium im Umgang mit Kunden sein sollte. Das alles ist längst in einer Policy geregelt, die für alle Mitarbeiter verbindlich gilt. Hier möchten Sie ihm ein klares Feedback geben und eine Verhaltensänderung bewirken.

Fall 3: Feedback an den Vorgesetzten

In Ihrer aktuellen Tätigkeit stimmen Sie sich regelmäßig mit Ihrer Chefin, Frau Heike (Herr Heiko) Hoch, ab. Grundsätzlich kommen Sie auch sehr gut mit ihr klar, zumal sie einen kooperativen Führungsstil pflegt und Sie in viele Projekte und Entscheidungen miteinbezieht. In letzter Zeit ärgert Sie jedoch zunehmend, dass Ihre Chefin bei den Gesprächen nie ganz bei der Sache zu sein scheint. Häufig ist es so, dass sie Sie um eine Rücksprache in ihr Büro bittet. Wenn Sie dann kommen, arbeitet sie häufig noch am PC oder ist am telefonieren, sodass Sie zunächst einmal einige Minuten warten müssen. Hinzu kommt, dass sie es immer wieder versäumt, das Telefon umzustellen. Dabei wäre es kein Problem, auf ihren Stellvertreter umzustellen. So aber werden Sie immer wieder im Gespräch unterbrochen und sitzen untätig herum. Das ist gerade bei dem enormen Arbeitsdruck, der im Moment herrscht, ärgerlich. Sie haben ohnehin schon viele Überstunden und möchten nicht noch zusätzliche Zeit durch Warten vergeuden. Außerdem bekommen Sie so den Eindruck, dass Ihre Arbeit wohl aus Sicht Ihrer Chefin nicht so wichtig ist. Sie sind darüber enttäuscht, da sie früher immer betont hatte, wie bedeutend Ihre Funktion für die Abteilung sei.

4. b) Auf den Gesprächspartner eingehen

Indikation

Die Übung kann in Trainings zu den Themenbereichen Kommunikation, Konfliktmanagement und Führung eingesetzt werden, wenn die Teilnehmer das Konzept des Aktiven Zuhörens verstanden und idealerweise die Technik bereits erprobt haben.

Ziele

Die Teilnehmer trainieren ihre Fähigkeit, aktiv zuzuhören und auf die Gefühle und Bedürfnisse ihrer Gesprächspartner einzugehen.

Zeit

25 Minuten (5 Min. Instruktion, 15 Min. Übung im Plenum, 5 Min. Puffer)

Material

- Flipchart „Aktives Zuhören"
- Mini-Cases mit prägnanten Sätzen auf jeweils einem Zettel

Überblick

- Der Trainer erläutert die Technik des Aktiven Zuhörens.
- Anhand eines Beispiels übt er das Aktive Zuhören zusammen mit der Gruppe.
- Die Teilnehmer stellen sich im Kreis auf; jeder erhält einen Zettel, auf dem eine kritische Äußerung eines Mitarbeiters steht.
- Ein Teilnehmer liest jeweils eine Äußerung vor, auf die ein anderer aktiv zuhörend reagieren muss.

Erläuterung

Die Übung dient dazu, die Fähigkeit zum Aktiven Zuhören zu trainieren. Beim Aktiven Zuhören geht es darum, die Kernaussagen des Gesprächspartners so zusammenzufassen, dass sich dieser verstanden fühlt. Die höchste und anspruchsvollste Ebene des Aktiven Zuhörens ist die des „Empathischen Verstehens", bei dem Gefühle und Bedürfnisse, die nicht explizit geäußert werden, „zwischen den Zeilen" herausgehört und so zurückgespiegelt werden, dass sich der Gesprächspartner emotional verstanden fühlt. Die Technik des Aktiven Zuhörens geht auf den Begründer der Gesprächspsychotherapie, Carl Rogers, zurück. Sie ist für alle Berufsgruppen hilfreich, bei denen die Empathiefähigkeit eine große Rolle spielt, wie etwa bei Beratern mit Kundenkontakt oder bei Führungskräften.

Vorgehen

Die Übung „Auf den Gesprächspartner eingehen" stellt am Beispiel eines Führungskräfte-Trainings die Technik des Aktiven Zuhörens kurz vor, bevor sie dann anhand von Szenarios trainiert wird.

„Die Fähigkeit, die Gefühle und Bedürfnisse Ihrer Mitarbeiter zu verstehen, ist für Sie als Führungskraft besonders wichtig. Denn nur, wenn Sie diese richtig einschätzen, werden Sie in der Lage sein, angemessen auf sie zu reagieren. Gerade negative Gefühle gegenüber der Führungskraft werden von Mitarbeitern oft nicht direkt angesprochen, wie viele Befragungen zeigen. Mitarbeiter befürchten, dass sich dies bei der nächsten Beurteilung oder Gehaltsverhandlung rächen könnte. Selbst, wenn das Verhältnis positiv ist, wird Kritik meist nicht geäußert. Daher können Sie sich im Grunde freuen, wenn Sie auf kritische Äußerungen stoßen – sind sie doch ein Beweis, dass der Mitarbeiter Vertrauen gefasst hat, dass Sie mit Kritik umgehen können. Entscheidend ist dann, mit Kritik auch tatsächlich konstruktiv umzugehen. Hierbei ist das Aktive Zuhören äußerst hilfreich."

Der Trainer zeigt das Flipchart „Aktives Zuhören".

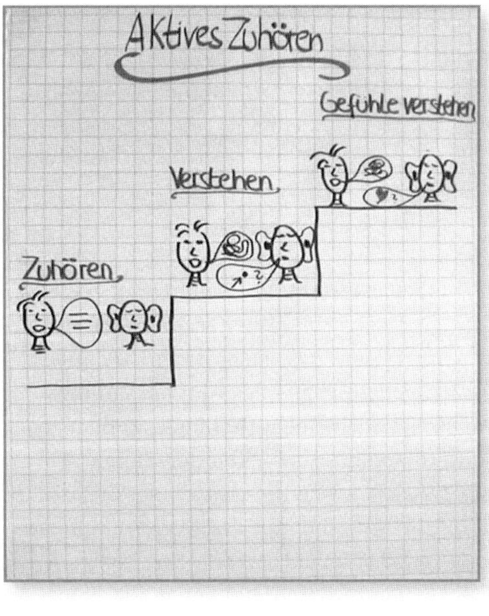

Abb.: Das Flipchart „Aktives Zuhören". In der folgenden Übung wird die dritte Ebene „Gefühle verstehen" trainiert.

Ein Beispiel zum Aktiven Zuhören

„Es gibt drei Stufen des Aktiven Zuhörens. Auf der ersten Stufe höre ich dem Gesprächspartner aufmerksam zu und signalisiere ihm das durch Blickkontakt, Nicken oder durch Laute wie ‚Mhm', Ja', ‚Ah' usw.

Auf der zweiten Stufe geht es darum, zu überprüfen, ob ich das Gehörte inhaltlich richtig verstanden habe. Hier fasse ich den Kern des Gehörten in eigenen Worten zusammen. Das dient nicht nur meinem Verständnis. Es hilft auch dem Gesprächspartner, seine Gedanken zu klären. Ich helfe ihm, auf den Punkt zu kommen.

Drittens – und das ist jetzt unser Thema – geht es darum, die Gefühle und Bedürfnisse des anderen zu verstehen und widerzuspiegeln.
Dazu ein Beispiel: Angenommen, mein Kollege hat mir etwas anvertraut. Mir war nicht klar, dass ich das für mich behalten sollte und ich habe anderen Kollegen davon erzählt. Nun ist er sehr verärgert und sagt mir das sehr deutlich mit den Worten: ‚Sag mal, warum musstest Du das denn weitererzählen? Kannst Du nichts für Dich behalten?' Die Gefahr ist groß, dass ich mich rechtfertige, nach dem Motto: ‚Das hättest Du ja auch mal sagen können, dass das geheim sein soll. Woher soll ich das denn wissen?' Wenn es mir dagegen gelingt, aktiv zuzuhören, könnte ich etwa sagen: ‚Dir ist es richtig unangenehm, dass die Kollegen das erfahren haben?' – oder: ‚Du bist ganz schön sauer, dass ich das weitererzählt habe.' Wahrscheinlich wird der Kollege das bejahen und – auch wenn er möglicherweise nach wie vor verärgert ist – zumindest das Gefühl haben, dass ich verstanden habe, worum es ihm geht."

Der Trainer wartet ab, ob es Fragen oder Anmerkungen gibt. Anschließend leitet er zu einem Beispiel über, das er mit allen Teilnehmern erarbeitet, um die Gruppe auf die anschließende Übung vorzubereiten:

Abb.: Anhand eines Beispiels übt der Trainer das Aktive Zuhören zusammen mit der Gruppe.

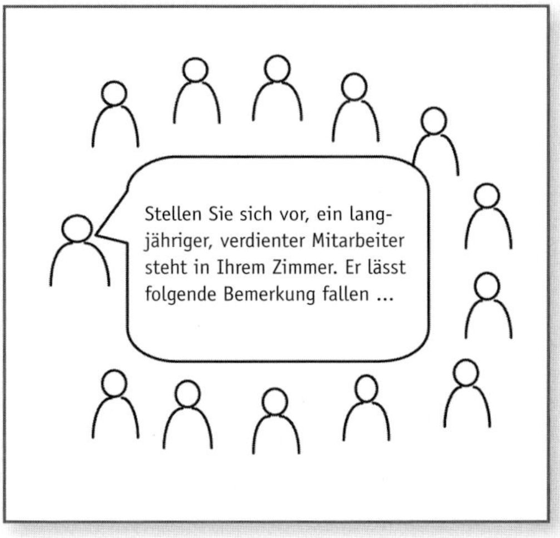

„Stellen Sie sich vor, ein langjähriger, verdienter Mitarbeiter steht in Ihrem Zimmer. Er lässt folgende Bemerkung fallen: ‚Bei Ihnen werden auch nur neue Mitarbeiter gefördert! Bei uns Älteren ist es ja selbstverständlich, was man leistet.' Wie könnten Sie nun aktiv zuhören und seine Gefühle und Bedürfnisse spiegeln?"

Der Trainer sammelt einige Beispiele und diskutiert anschließend, welche Reaktionen stimmig sind: *„‚Sie sind enttäuscht', ist eine Möglichkeit, weil sie das Gefühl des Mitarbeiters vermutlich auf den Punkt bringt. ‚Sie wünschen sich, besser gefördert zu werden', wäre auch passend, weil man damit auf die Wünsche und Bedürfnisse des Mitarbeiters eingeht."*

Dann leitet der Trainer zur Übung „Aktives Zuhören" über: *„Lassen Sie uns nun einen Schritt weitergehen. Ich möchte Sie einladen, anhand von möglichen Äußerungen von Mitarbeitern Ihre Fähigkeit, aktiv zuzuhören zu trainieren. Wie im Alltag auch, sind Sie gefordert, spontan zu reagieren und die Gefühle und Bedürfnisse herauszuhören und zurückzuspiegeln. Dazu möchte ich Sie bitten, aufzustehen und sich im Kreis aufzustellen."*

Sobald dies geschehen ist, erhält jeder Teilnehmer einen Zettel, auf dem eine kritische Äußerung eines Mitarbeiters steht (siehe Seite 89).

Nun instruiert der Trainer die Übung: *„Ich möchte Sie nun bitten, nacheinander Ihren Satz vorzulesen und sich in die Rolle des Mitarbeiters zu versetzen, der diesen Satz sagt. Vergegenwärtigen Sie sich, welche Gefühle und Bedürfnisse Sie in dieser Rolle haben und bringen Sie das in der Art und Weise, wie Sie Ihren Satz sagen, zum Ausdruck. Wenn Sie den Satz vorgelesen haben, fordern Sie einen anderen Teilnehmer auf, darauf mit Aktivem Zuhören zu reagieren. Anschließend geben Sie ein Feedback, inwiefern Sie sich richtig verstanden gefühlt haben. Wenn Sie sich nicht optimal verstanden fühlen, können andere einen weiteren Versuch wagen. Alles klar?"*

Dann kann es losgehen. Der erste Seminarteilnehmer liest seinen Satz vor und wählt dann jemanden aus, der darauf reagieren soll (Teilnehmer 2).

Abb.: Bei der Übung „Auf den Gesprächspartner eingehen" trägt ein Teilnehmer ein Mini-Case vor (in diesem Fall nur einen Satz), in dem eine Emotion mitschwingt. Ein anderer Teilnehmer hat die Aufgabe, diese Emotion herauszuhören und zurückzuspiegeln.

Falls Teilnehmer 1 das Aktive Zuhören als nicht (oder nicht völlig) stimmig empfindet, können andere Teilnehmer weitere Versuche unternehmen, die Gefühle von Teilnehmer 1 zu spiegeln. Sobald sich Teilnehmer 1 „emotional verstanden" fühlt, geht es weiter. Teilnehmer 2 sagt seinen Satz und bittet den nächsten Teilnehmer, darauf einzugehen. Dies wird so lange fortgesetzt, bis alle Teilnehmer an der Reihe waren.

Beispielsätze und mögliche Lösungen für die Mini-Case-Übung „Auf den Gesprächspartner eingehen"

Beispielsätze	Mögliche Lösungen
Manchmal frage ich mich schon, warum eigentlich ständig in meine Kompetenzen eingegriffen wird. Meine Arbeit muss wohl so schlecht sein, dass man mich nichts alleine machen lässt.	Sie fühlen sich kontrolliert; Sie wünschen sich mehr Vertrauen; Sie haben den Eindruck, dass ich Ihre Arbeit nicht zu schätzen weiß.
Es wäre ja schön, auch mal ein Feedback zu bekommen, aber solange nicht gemeckert wird, gehe ich mal davon aus, dass schon alles in Ordnung ist.	Ihnen fehlt die Wertschätzung; Sie sind unsicher, was ich von Ihrer Arbeit halte; Sie wünschen sich regelmäßigere Rückmeldung.
Es mag vielleicht nicht nachvollziehbar sein, was für eine Arbeit in diesem Konzept steckt. Das kann man sich wahrscheinlich nicht vorstellen, wie aufwendig das ist, wenn man sich nicht selbst damit beschäftigt hat.	Niemand scheint zu bemerken, wie hart Sie eigentlich gearbeitet haben; Sie haben sich so sehr engagiert und haben das Gefühl, keinerlei Anerkennung dafür zu bekommen.

Beispielsätze	Mögliche Lösungen
Es kommt immer mehr und mehr Arbeit dazu, aber wie wir das noch schaffen sollen, interessiert keinen.	Sie fühlen sich völlig überlastet. Sie haben den Eindruck, dass ich Ihre Arbeitsbelastung gar nicht wahrnehme.
Bei uns verlaufen solche Initiativen ohnehin immer im Sande. Da ist es ja vergebliche Liebesmüh, sich in dieser Sache zu engagieren.	Sie sind frustriert, dass Sie sich vergeblich so sehr engagiert haben; Sie wünschen sich mehr Unterstützung.
Es wäre ja schön, wenn man in den Besprechungen auch mal was sagen könnte.	Sie möchten sich aktiv beteiligen können; Sie sind ärgerlich, dass Sie kaum zu Wort kommen.
Es wäre ja schön gewesen, wenn man auch mal mit eingebunden wird, aber offensichtlich ist das hier nicht gefragt.	Sie fühlen sich übergangen; Sie sind frustriert, dass Sie sich nicht einbringen konnten; Sie möchten künftig mit einbezogen werden.
Wenn mal was schiefläuft, ist hier gleich der Teufel los, aber dass meistens alles perfekt funktioniert, bemerkt nie jemand.	Sie finden die Kritik überzogen und haben das Gefühl, dass das Positive gar nicht wahrgenommen wird; Sie wünschen sich, dass ich anerkenne, was Sie und die Kollegen hier leisten.
Nie hat jemand Zeit. Erklärt bekomme ich nichts, aber wehe, wenn was schiefgeht!	Sie fühlen sich im Stich gelassen; Sie finden die Kritik ungerecht, weil Sie gar nicht richtig eingearbeitet wurden; Ihnen fehlt ein Ansprechpartner.
Wenn Sie mich gefragt hätten, wäre das nicht passiert. Aber wer fragt mich schon?	Sie fühlen sich übergangen; Sie möchten sich stärker einbringen können; Ihre Expertise wird nicht genutzt.
Es wäre ja schön, wenn sich mal jemand für uns einsetzen würde und nicht alle nur dem Chef nach dem Mund reden würden. Aber für uns setzt sich ja nie jemand ein. Wir dürfen immer nur umsetzen.	Sie fühlen sich im Stich gelassen; Sie wünschen sich mehr Rückendeckung von mir gegenüber dem Chef.
Es wäre ja schön, wenn man auch mal persönlich informiert werden würde. Aber das hält wohl niemand für nötig.	Sie fühlen sich außen vor gelassen; Sie sind enttäuscht, dass ich Sie nicht informiert habe.
Immer werden nur die einfachsten Tätigkeiten an mich delegiert und die interessanten Projekte bekommen andere.	Sie fühlen sich unterfordert; Sie wünschen sich mehr Verantwortung.
Sie sind ja ständig unterwegs. Für die trivialen Aufgaben, die mich beschäftigen, haben Sie ja keine Zeit! Dazu sind Sie immer zu beschäftigt. Es gibt offenbar Wichtigeres zu tun.	Sie fühlen sich alleine gelassen; Sie wünschen sich mehr Unterstützung.

Hinweise

- Da bei dieser Übung leicht ein erheblicher Leistungsdruck entstehen kann, sollte der Trainer versuchen, diesen zu mindern, zum Beispiel mit den folgenden Worten: „Auch wenn Sie mit dem Aktiven Zuhören falsch liegen, macht das nichts, weil der andere dies dann korrigieren kann und auch dadurch eine Klärung stattfindet."
- Ein Input, der im Zusammenhang mit dieser Übung hilfreich sein kann, bezieht sich auf die NLP-Technik des „Pacing". Pacing lässt sich übersetzen als „in gleichem Schritt mit jemand gehen". Dabei geht es darum, sich beim Zuhören voll auf den anderen und dessen Energie-Level einzustellen und dieses auch nonverbal zu spiegeln. Durch dieses Angleichen wird es noch wahrscheinlicher, dass sich der andere – auch emotional – verstanden fühlt.
- Die Übung findet sich in ähnlicher Form bereits in „Konfliktmanagement-Trainings erfolgreich leiten" (Schmidt 2011, 3. Auflage). Im vorliegenden Buch habe ich sie um weitere Mini-Cases und um Beispiele passenden Aktiven Zuhörens für jedes Szenario ergänzt.

Literatur

- Gordon, Thomas: Managerkonferenz. Heyne Verlag, 1993, 10. Auflage.
- Schmidt, Thomas: Konfliktmanagement-Trainings erfolgreich leiten. Der Seminarfahrplan. managerSeminare, 2011, 3. Auflage.
- Weisbach, Christian-Rainer: Professionelle Gesprächsführung. Dtv, 2008, 7. Auflage.

5. Mit Soziodrama arbeiten – Beispiel Stakeholder-Analyse

Indikation

Soziodrama eignet sich für Seminare mit Führungskräften, um eine Klärung der eigenen Rolle zu ermöglichen.

Ziele

- Reflexion der Erwartungen an die eigene Person bzw. Rolle
- Klärung der eigenen Rolle und der eigenen Prioritäten

Zeit

100 Minuten

Material

Moderationskarten, Arbeitsblatt „Stakeholder-Analyse“, Stifte, Stoppuhr

Überblick

- Der Trainer verteilt Plakate mit den Überschriften „Kunden“, „Mitarbeiter“, „Vorgesetzte“ und „Sonstige“ in den vier Ecken des Raumes
- Die Teilnehmer teilen sich gleichmäßig in Kleingruppen á vier Personen auf und begeben sich jeweils in eine Ecke des Raumes.
- Innerhalb der Kleingruppe arbeiten die Teilnehmer jeweils paarweise zusammen.
- A interviewt B im Rollentausch mit dem jeweiligen Stakeholder (4 Min.), dann Wechsel.
- Nach dem Interview im Rollentausch (2x4 Min.) notieren die Teilnehmer die wichtigsten Erwartungen ihrer Stakeholder auf einem Arbeitsblatt (2 Min.).
- Im Uhrzeigersinn wechseln die Kleingruppen zur nächsten Ecke des Raumes.
- Innerhalb der Kleingruppen arbeiten jeweils andere Personen zusammen.
- Die Übung läuft nach dem gleichen Prinzip weiter, bis alle Kleingruppen in allen vier Ecken des Raumes waren (insgesamt 40 Min.).
- Anschließend wertet jeder Teilnehmer in Einzelarbeit aus, welche Er-

wartungen wie wichtig sind, wo es Konflikte gibt und wie die Person mit diesen umgehen möchte (5 Min.).
- Reflexion in den Kleingruppen: Jede Person berichtet kurz, die anderen fragen nach (4x5 Min.).
- Auswertung im Plenum per Fish Bowl (3x5 Min.).

Erläuterung

Wie das Psychodrama und die Soziometrie, geht auch die Methode des Soziodramas auf die Arbeiten von Jacob Levy Moreno zurück. Im Soziodrama erforscht eine Gruppe (Lateinisch: „Socius" = Mitmensch, Gefährte) eine für sie relevante Fragestellung, indem sie sie durch gemeinsame Aktion (Griechisch: „Drama" = Handlung) simuliert. Die anschließende Reflexion bringt der Gruppe neue Erkenntnisse über das zu erforschende Thema und auch über sich selbst.

Als Instrument der Organisationsentwicklung können mithilfe des Soziodramas innerbetriebliche Abläufe optimiert werden. Im Training wird es eingesetzt, um sich gezielt in bestimmte Rollenträger wie Kunden, Kollegen, Konkurrenten oder andere „Stakeholder"[9] hineinzuversetzen. Dies dient dazu, die eigene Rolle bewusster und erfolgreicher zu gestalten. Im Folgenden wird die Methode am Beispiel eines Führungstrainings dargestellt. Mittels eines Rollentauschs versetzen sich die Teilnehmer in die Perspektive ihrer wichtigsten Stakeholder und entwickeln dann eine Strategie zum Umgang mit deren Erwartungen.

Vorgehen

Vor Beginn der Übung verteilt der Trainer Plakate oder Moderationskarten mit den Überschriften „Kunden", „Mitarbeiter", „Vorgesetzte" und „Sonstige" in den vier Ecken des Raumes.

---

9 Der Ausdruck „Stakeholder" stammt aus dem Englischen. „Stake" kann mit Einsatz, Anteil oder Anspruch übersetzt werden, „holder" mit Eigentümer. Der Stakeholder ist daher jemand, der einen legitimen Anspruch an die jeweilige Person bzw. ihre Rolle stellt. Die Stakeholder-Analyse ist eine Standardmethode des Projektmanagements.

„Trainer-Jargon" vermeiden

Dann leitet der Trainer die soziodramatische Übung ein. Dabei verwendet er nicht den Begriff des Soziodramas, da dieser im Kontext eines Management-Trainings nur für Irritation sorgen würde. Generell gilt es, „Trainer-Jargon" zu vermeiden und stattdessen die Sprache der Teilnehmer zu sprechen und den Nutzen einer Übung hervorzuheben (siehe Seite 31).

„Über Ihren Erfolg als Führungskraft entscheidet immer unter anderem, wie gut es Ihnen gelingt, die Erwartungen Ihrer wichtigsten ‚Stakeholder' zu antizipieren und zu ‚managen': Ihre Kunden, Vorgesetzten oder Mitarbeiter werden ihre Erwartungen oft nicht explizit aussprechen. Oft sind sie nur unterschwellig spürbar. Daher sind sie uns in der Regel nur zum Teil bewusst. Deshalb geht es nun darum, sich gezielt in die Perspektive der für Sie wichtigsten Stakeholder zu versetzen und sich darüber klar zu werden, welche Erwartungen diese an Sie haben. Anschließend stellt sich dann die Frage, wie Sie mit diesen Erwartungen umgehen wollen."

Wenn es keine Fragen gibt, fährt der Trainer fort: *„Die verschiedenen Stakeholder-Gruppen sehen Sie jeweils in den Ecken des Raumes: Kunden, Mitarbeiter, Vorgesetzte und ‚Sonstige' – Sonstige können Kollegen sein, Wettbewerber, die Geschäftsleitung, aber auch Personen aus Ihrem privaten Umfeld wie Ihr Partner, Ihre Kinder und so weiter, die ebenfalls Erwartungen an Sie haben, die mit anderen Erwartungen im Konflikt stehen können. Hier können Sie sich aussuchen, mit wem Sie sich auseinandersetzen möchten."*

Die Teilnehmer werden dann in Kleingruppen aufgeteilt: *„Bitte teilen Sie sich jetzt in drei Gruppen mit jeweils vier Personen auf. Gehen Sie dazu entweder zu den Kunden, den Vorgesetzten oder den Mitarbeitern. Die Ecke mit den*

Abb.: In Kleingruppen mit je vier Personen setzen sich die Teilnehmer jeweils mit einer Stakeholder-Gruppe im Rollentausch auseinander. Dann wird im Uhrzeigersinn gewechselt, bis sich alle Gruppen mit allen Stakeholdern befasst haben.

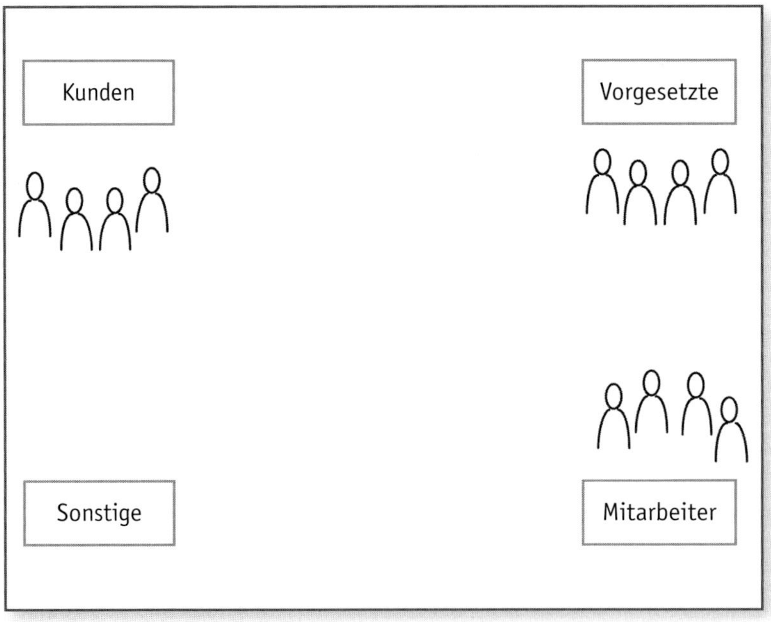

Sonstigen bleibt zunächst frei. Sie werden anschließend rotieren, sodass sich jeder von Ihnen mit allen vier Gruppierungen beschäftigen wird. Jetzt geht es nur darum, wer wo beginnt."

Sobald sich die Kleingruppen aufgeteilt haben, beginnt der Trainer, die Übung zu instruieren: *„Sie arbeiten jeweils zu zweit zusammen und werden sich dabei bei jeder Runde abwechseln. Einigen Sie sich bitte in Ihrer Kleingruppe, mit wem Sie zuerst zusammenarbeiten und wer jeweils A und B ist."*

Dann erklärt der Trainer den Ablauf der Übung anhand des vorbereiteten Flipcharts:

Identifikation statt Imitation

„A hat die Aufgabe, die Welt aus den Augen des jeweiligen Stakeholders zu sehen und aus dessen Perspektive herauszufinden, welche Erwartungen der Stakeholder an Sie als Führungskraft hat. Das gelingt am besten, wenn Sie als A versuchen, sich mit Haut und Haaren in diese Person hineinzuversetzen – die gleiche Körperhaltung einnehmen, die Mimik, Gestik und die Art zu sprechen, versuchen zu übernehmen. Es geht nicht darum, jemand zu imitieren oder zu schauspielern. Vielmehr ist das Ziel, sich voll und ganz mit der Person zu identifizieren und die Welt mit ihren Augen zu sehen. Dazu sprechen Sie aus ihrer Perspektive in der Ich-Form. Sie können dabei einfach spekulieren und Erwartungen formulieren, die der Stakeholder vielleicht nicht aussprechen würde, aber möglicherweise doch insgeheim hegt.

B hat die Aufgabe, A zu interviewen, nachzufragen und herauszuarbeiten, welche Erwartungen der Stakeholder an A hat, was er an ihm oder ihr gut findet und was A verändern sollte.

Wenn A eine Stakeholder-Gruppe haben sollte, die aus mehreren unterschiedlichen Personen besteht, kann er oder sie auch die Rolle wechseln – also erst Mitarbeiter X und dann Mitarbeiter Y sein.

Pro Durchgang haben Sie vier Minuten Zeit. Dann wird gewechselt und B nimmt die Rolle seines Stakeholders ein und wird von A interviewt. Ich gebe Ihnen das Signal zum Wechsel. Gibt es Fragen?"

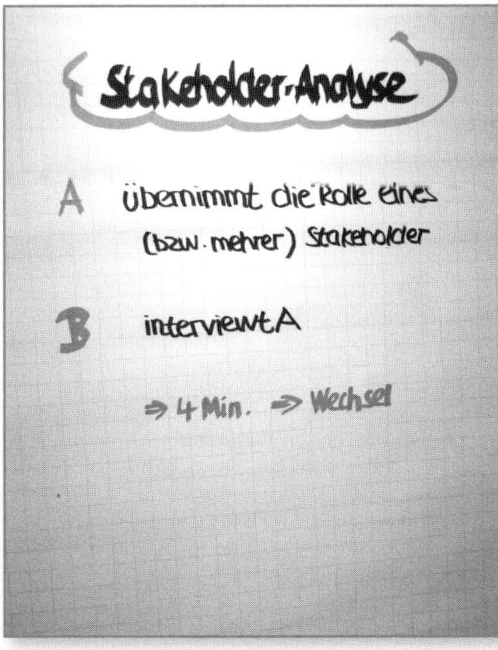

Abb.: Flipchart zum Vorgehen bei der Stakeholder-Analyse

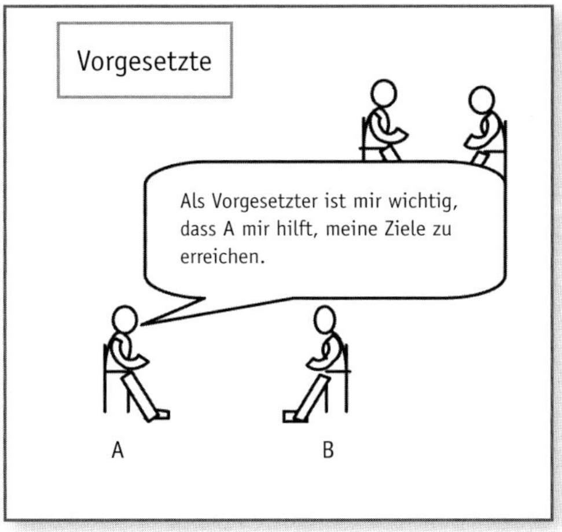

Abb.: In den Kleingruppen arbeiten die Teilnehmer jeweils paarweise zusammen. Dabei interviewt ein Teilnehmer (B) den anderen (A) im Rollentausch mit einem Stakeholder. Anschließend wird gewechselt.

Die Arbeitsblätter finden Sie im Download-Bereich

Der Trainer achtet genau auf die Zeit und ordnet nach 4 Minuten einen Wechsel an. Nach weiteren vier Minuten leitet er die Auswertung an. Dazu teilt er *die Arbeitsblätter zur Stakeholder-Analyse* aus. *„Bitte nehmen Sie sich jetzt zwei Minuten, um sich die wichtigsten Erwartungen des jeweiligen Stakeholders, in den Sie sich hineinversetzt haben, zu notieren. Die Auswertung erfolgt in Einzelarbeit."*

Arbeitsblatt zur Stakeholderanalyse

Stakeholder	Erwartung	Einschätzung/Strategie
1		
2		
3		
4		
5		

Dann wechseln die Kleingruppen: *„Bitte gehen Sie jetzt im Uhrzeigersinn weiter zur nächsten Ecke des Raumes."*

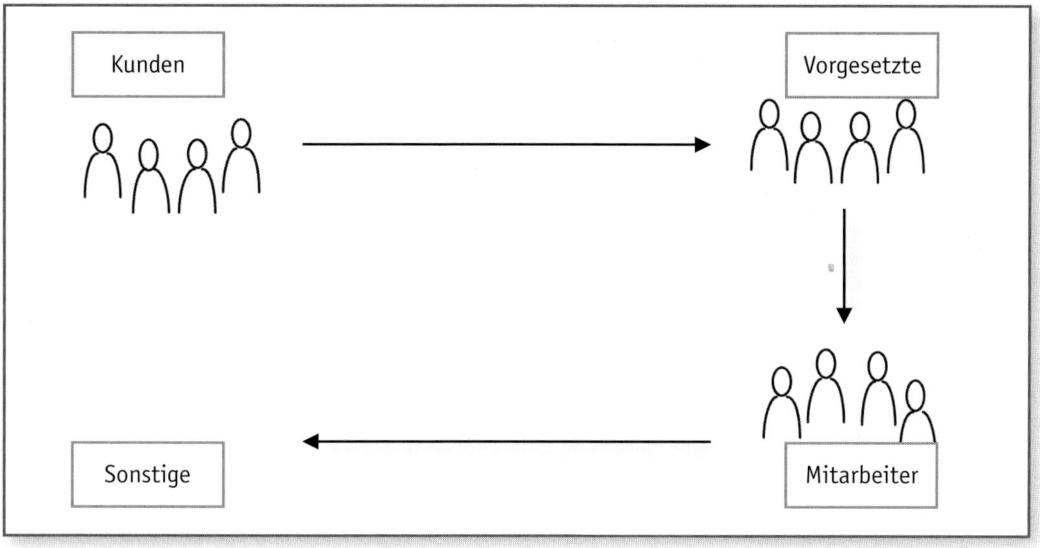

Abb.: Nach jedem Durchgang wechseln die Kleingruppen im Uhrzeiger-Sinn, bis sich alle Kleingruppen mit jeder Stakeholder-Gruppe befasst haben.

„Bitte arbeiten Sie jetzt wieder paarweise mit einer anderen Person zusammen, einigen sich wieder, wer A und wer B ist und führen Sie die Übung genauso wie eben durch, nur dass Sie sich jetzt in einen anderen Stakeholder hineinversetzen."

Reflexion in Einzelarbeit

Die Übung läuft nach dem gleichen Prinzip weiter, bis alle Kleingruppen in allen vier Ecken des Raumes waren. Dies dauert insgesamt gut 40 Minuten. Anschließend gibt es eine kurze Reflexion in Einzelarbeit:

„Nehmen Sie sich ein paar Minuten Zeit, um einzuschätzen, welche Erwartungen es gibt, welche die wichtigsten sind und wo es Konflikte gibt. Markieren Sie die wichtigsten Erwartungen mit einem Ausrufezeichen. Malen Sie einen Blitz, wo es einen Konflikt gibt, etwa weil Sie dieser Erwartung nicht entsprechen wollen oder weil zwei Erwartungen einander widersprechen. Tragen Sie dann in Ihrem Arbeitsblatt ein, wie Sie mit diesen Erwartungen umgehen wollen, sodass Sie ein klares Bild bekommen, wie Ihre Strategie im Umgang mit den verschiedenen Erwartungen ist."

Austausch in Kleingruppen

Nach maximal fünf Minuten erfolgt ein Austausch in den Kleingruppen: *„Berichten Sie innerhalb Ihrer Kleingruppe kurz, welche die für Sie* *wichtigsten Aspekte sind, die anderen können jeweils nachfragen und Ihnen gegebenenfalls Feedback geben. Dafür haben Sie pro Person fünf Minuten Zeit."*

Auch hier achtet der Trainer jeweils auf die Zeit und gibt Bescheid, wenn gewechselt werden soll.

Fish Bowl

Zum Abschluss gibt es eine kurze Auswertung im Plenum. Diese kann der Trainer etwa per „Fish Bowl" durchführen. Hierbei sitzen die Teilnehmer einer Kleingruppe im Innenkreis und reflektieren ihre Arbeit. Die anderen sitzen im Außenkreis und hören zu, wobei es keine Interaktion zwischen Innen- und Außenkreis gibt. Dies ermöglicht eine strukturierte und fokussierte Reflexion der Kleingruppen.

Der Trainer wendet sich an eine Kleingruppe: *„Nehmen Sie bitte Ihre Stühle und setzen sich in einem kleinen Kreis in der Mitte zusammen. Ich erkläre gleich, wie es weitergeht."*

Abb.: Bei der Auswertung im Fish Bowl setzen sich die Mitglieder einer Kleingruppe in die Mitte des Kreises und sprechen miteinander darüber, welche Erkenntnisse sie aus der Übung mitnehmen. Sie tun dabei so, als seien sie unter sich.

Wenn die Teilnehmer im Fish Bowl sitzen, fährt der Trainer fort: *„Ich möchte, dass Sie nun kurz innerhalb der Gruppe darüber sprechen, was für Sie die wichtigsten Themen waren, die bei Ihnen in der Gruppe aufgetaucht sind. Was waren die zentralen Erwartungen der verschiedenen Stakeholder-Gruppen, wo gibt es Konflikte und welche Strategien gibt es, damit umzugehen? Tun Sie dabei so, als wären wir außen gar nicht da."*

Meistens ist die Aufgabenstellung nicht gleich klar. Die Teilnehmer zögern dann oder sprechen den Trainer oder die anderen Teilnehmer außerhalb der Kleingruppe direkt an. Dann korrigiert der Trainer: *„Wir hier außen sind jetzt gar nicht da. Sprechen Sie miteinander."*

Wenn es noch Diskussionsbedarf gibt, kann zum Abschluss diskutiert werden, wie erfolgreiches Stakeholder-Management aussieht. Der Trainer kann die wichtigsten Punkte auf Flipchart sammeln.

Varianten

Im vorliegenden Beispiel werden innerhalb der Kleingruppen Paare gebildet, die sich gegenseitig interviewen. Dabei ist jeweils eine Person der Interviewer und die andere führt einen Rollentausch mit einem Stakeholder durch. Das hat den Vorteil, dass die Person, die den Rollentausch durchführt, sich voll auf diese Rolle konzentrieren kann. Der Interviewer hilft ihm, diese Perspektive zu explorieren. Alternativ kann man auf die Rolle des Interviewers verzichten und jeweils alle Mitglieder der Kleingruppe auffordern, gleichzeitig einen Rollentausch mit ihren Stakeholdern zu machen. Dann kann man die Teilnehmer etwa auffordern, sich aus der Rolle als Vorgesetzte (Mitarbeiter, Kunden etc.) am „Stammtisch" auszutauschen und über ihre Erwartungen an die Teilnehmer zu sprechen. Das funktioniert auch und macht den Teilnehmern oft sogar mehr Spaß als die sehr strukturierte Vorgehensweise mit Paarinterviews. Allerdings ist die Tiefe des Erkenntnisgewinns nach meiner Erfahrung geringer.

Literatur

- Schaller, Roger: Das große Rollenspiel-Buch. Grundtechniken, Anwendungsformen, Praxisbeispiele. Weinheim, Beltz, 2001.
- Wiener, Ron: Soziodrama praktisch. Soziale Kompetenz szenisch vermitteln. München, inScenario, 2001.

6. Forum-Theater

Indikation

Beim „Forum-Theater" werden die Teilnehmer einbezogen und können eine Szene aus dem beruflichen Alltag mitgestalten, ohne sich exponieren zu müssen. Daher ist die Methode hilfreich, um die Teilnehmer für interaktives Arbeiten anzuwärmen.

Ziele

- Die Teilnehmer erleben, wie sich unterschiedliche Arten zu handeln (hier: zu delegieren) auswirken.
- Sie erleben und reflektieren, welche Kriterien für erfolgreiches Handeln (hier: Delegieren) entscheidend sind.

Zeit

45 Minuten

Material

Zwei Stühle und ein Tisch

Überblick

- Die Trainer (bzw. ein Trainer und ein Teilnehmer) stellen eine Szene dar, in der eine kritische Situation zum Thema (hier: Delegation) dargestellt wird.
- Die Teilnehmer können die Szene jederzeit anhalten, indem sie „Stopp" rufen.
- Sie können dann Vorschläge machen, die der Trainer direkt umsetzt.
- Später bezieht der Trainer die Teilnehmer in die Szene ein und fordert sie auf, seine Rolle einzunehmen.
- In der Auswertung werden Erfolgsfaktoren zum Thema herausgearbeitet.

Erläuterung

Das Forum-Theater ist eine Methode des „Theaters der Unterdrückten" von Augusto Boal (1989). Der Brasilianer Boal entwickelte diesen Ansatz auf dem Hintergrund der Befreiungspädagogik von Paulo Freire, um Menschen zu befähigen, sich probehandelnd mit repressiven gesellschaftlichen Verhältnissen auseinanderzusetzen und diese zu verändern. Boal vertrat – ähnlich wie Moreno (1974) – die Auffassung, dass der Zuschauer im Theater nicht bloß passives Wesen und Objekt, sondern Akteur und Subjekt sein sollte, um sich spielerisch mit schwierigen sozialen Situationen auseinanderzusetzen und diese künftig besser bewältigen zu können. Beim Forum-Theater haben die Zuschauer deshalb die Möglichkeit, ins Theatergeschehen einzugreifen und die Szene zu beeinflussen. Die Methode wurde zunächst in den 1980er-Jahren in der politischen Erwachsenenbildung eingesetzt und später in unterschiedlichen Varianten auch auf die betriebliche Weiterbildung übertragen.

Die hier beschriebene Form des Forumtheaters habe ich bei den englischen Business-Theater-Anbietern „Steps Drama" und „Actors in Industry" kennengelernt. Sie arbeiten mit professionellen Schauspielern, die auf das Business-Training spezialisiert sind. Man kann die von ihnen verwendeten Methoden auch als Trainer ohne Schauspiel-Ausbildung einsetzen.

Teilnehmer: erst Regisseur, dann Akteur

In der beschriebenen Variante des Forum-Theaters übernehmen die beiden Trainer (A und B) die Rolle der „Schauspieler". Wenn kein zweiter Trainer zur Verfügung steht, kann der methodisch weniger wichtige Part (hier Trainer B zugeordnet) auch von einem Teilnehmer übernommen werden, wenn dieser vor Beginn entsprechend „gebrieft" wird. In unserem Beispiel geht es um das Thema „Delegation". Die beiden Trainer demonstrieren zunächst „problematisches" Delegationsverhalten und lassen sich dann von den Zuschauern „Tipps" geben, wie besser delegiert werden kann. Nachdem Trainer A in der Rolle der Führungskraft (oder des Projektleiters) zunächst nur Tipps der Teilnehmer aufgreift und umsetzt, lädt er schließlich Teilnehmer ein, ihre Vorschläge selbst in die Tat umzusetzen.

Vorgehen

In der Bedarfsabfrage hat der Trainer im Vorfeld erfolgskritische Situationen in Bezug auf das Thema Delegieren herausgearbeitet. Diese hat er zu einem Szenario verdichtet, welches eine typische, schwierige Delegations-Situation widerspiegelt.

Im folgenden Kasten finden Sie ein Beispiel für ein solches Szenario zum Thema „Delegieren", das allerdings noch auf die jeweilige Zielgruppe zugeschnitten werden muss. Der jeweilige fachliche Inhalt muss ergänzt werden, sodass die Teilnehmer ein „Déjà vu"-Gefühl haben, wenn sie die Szene sehen: Sie muss sich so oder ähnlich im echten Leben ereignen können. Dabei ist es wichtig, dass die beiden Trainer eine Szene darstellen, in der das Verhalten der „Hautperson" (z.B. der Führungskraft) zwar problematisch, aber nicht unrealistisch ist. Es dürfen nicht nur problematische, sondern auch positive Verhaltensweisen gezeigt werden.

Eine Szene: Delegation

Die folgende Szene stellt eine Situation dar, in der eine „seniore" Person (Frau Senior) Aufgaben an eine „juniore" Person (Frau Junior) delegiert. Dabei kann es sich um eine Interaktion zwischen einer Führungskraft und einem Mitarbeiter, einem Projektleiter und einem Projektmitarbeiter oder zwischen zwei Kollegen mit unterschiedlichem Erfahrungsniveau handeln – je nach Teilnehmerzielgruppe.

In dem Gespräch werden typische Schwierigkeiten dargestellt, die beim Delegieren im Alltag beobachtet werden können. In der Szene werden folgende Verhaltensweisen demonstriert:

- Senior leitet das Gespräch positiv ein und lobt Junior dafür, dass sie in der Vergangenheit gute Arbeit geleistet hat und dass sie gerne wieder mit ihr zusammenarbeiten möchte. Allerdings bleibt das Lob unspezifisch.
- Senior delegiert lediglich einfache Tätigkeiten, die Junior unterfordern und potenziell demotivieren (zum Beispiel Protokolle führen, Fotokopien tätigen, Termine koordinieren etc.)
- Senior delegiert einzelne Tätigkeiten, ohne die Rahmenbedingungen zu erläutern und zu erklären, wozu die einzelnen Tätigkeiten dienen.
- Senior delegiert auf den „letzten Drücker" und nur jene Aufgaben, die unmittelbar anstehen, sodass Junior wenig Gelegenheit zur eigenständigen Planung hat.
- Senior nennt keinen klaren Zeitrahmen, bis wann welche Aufgaben benötigt werden.
- Senior ist während des Gesprächs unkonzentriert und lässt sich ablenken, etwa indem sie auf den Bildschirm schaut und kurz auf eingehende E-Mails antwortet.
- Senior fragt Junior jeweils, ob sie mit den delegierten Aufgaben einverstanden ist, stellt aber kaum offene Fragen.
- Junior fühlt sich zwar sichtlich unwohl mit den delegierten Aufgaben, unternimmt aber nichts aktiv, um anspruchsvollere Aufgaben zu erhalten, den Auftrag zu klären oder zu konkretisieren.

Bei der Forum-Theater-Übung zum Thema „Delegieren" werden lediglich zwei Stühle und ein Tisch benötigt. Trainer A leitet die Übung ein.

„Wir kommen jetzt zum Thema ‚Delegieren'. Ihr Erfolg als Führungskraft (bzw. Projektleiter o.Ä.) hängt ja ganz zentral davon ab, wie es Ihnen gelingt, Aufgaben an Mitarbeiter zu delegieren, sodass diese sie erfolgreich erledigen können. Die Frage ist, was die Prinzipien erfolgreicher Delegation sind und wie es gelingt, diese umzusetzen.

Wir demonstrieren Ihnen hierzu ein exemplarisches Delegationsgespräch der Führungskraft ‚Senior' und Mitarbeiter ‚Junior'. Ich spiele die Rolle der Führungskraft und B die Rolle des Mitarbeiters.

Sie haben nun die Möglichkeit, jederzeit ‚STOPP' zu rufen und die Szene anzuhalten. Dann machen Sie mir einen Vorschlag, was ich anders machen könnte, und ich werde das dann umsetzen. Sie sind also der Regisseur der Szene und werden sehen, wie der Mitarbeiter auf das reagiert, was Sie mir zu tun geraten haben. Ist das verständlich?"

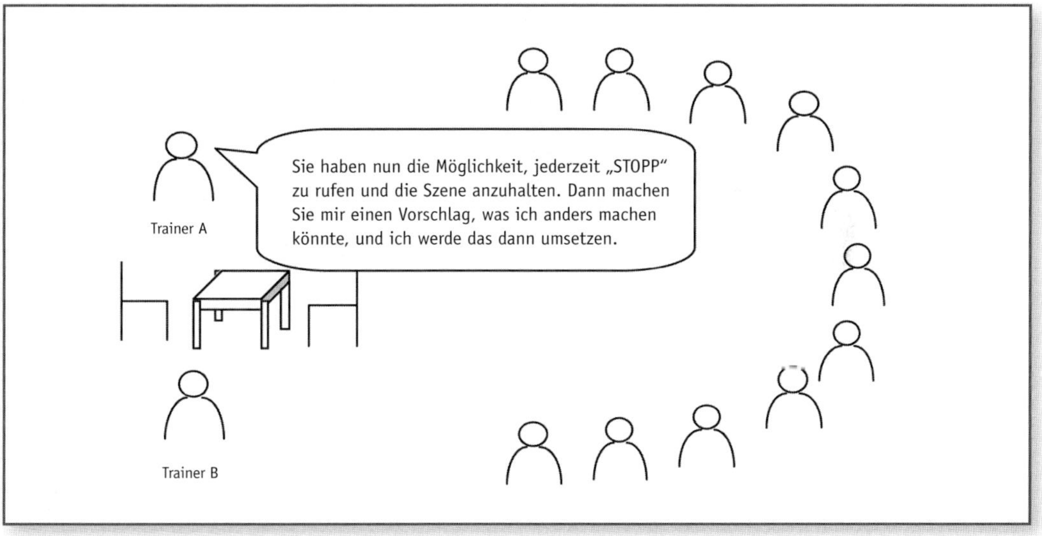

Abb.: Trainer A erklärt die Forum-Theater-Übung zum Thema „Delegieren". Die Teilnehmer haben die Möglichkeit, als „Regisseure" die Szene anzuhalten und die Trainer zu instruieren.

Wenn hier keine Fragen auftauchen, erläutert Trainer A die Situation: *„Heute beginnt die Arbeit an einem neuen wichtigen Projekt. Junior ist ein junger, vielversprechender Mitarbeiter, der noch nicht lange im Team ist. Er ist hoch motiviert und zeigt bereits gute Ansätze. Das Projekt ist strategisch höchst bedeutsam und daher ist es mir als Senior ungemein* *wichtig, dass alles perfekt läuft. Gleichzeitig ist das Projekt äußerst komplex und ich brauche dringend Unterstützung. Gleich morgen ist ein wichtiges Meeting mit dem Projekt-Sponsor und einigen wichtigen Stakeholdern. Ich stehe schon ziemlich unter Druck, weil ich noch wichtige Unterlagen herausschicken muss und diese vorab noch einmal kontrollieren will. Ich weiß, dass Junior noch in andere Aufgaben eingebunden ist und muss aber klarstellen, dass ich ihn in den nächsten Wochen für dieses Projekt brauche. Ich habe Junior zu mir ins Büro gebeten und mir kurz Zeit genommen, um mit ihm zu sprechen. Haben Sie Fragen?"*

Natürlich muss der Trainer auf Nachfrage weitere Details in der Hinterhand haben (Thema des Projekts, Ziel, Umfang, Teilprojekte, Deadlines, Meilensteine, Projekt-Team etc).

Das Gespräch kann nun beginnen. Die beiden Trainer demonstrieren ein bewusst „suboptimales", aber realistisches Delegationsgespräch. Wenn ein Teilnehmer „Stopp" ruft, halten sie das Gespräch an. Trainer A fragt dann, was er tun soll. Bei Bedarf fragt er nach, was er konkret sagen soll und setzt dies dann unmittelbar um.

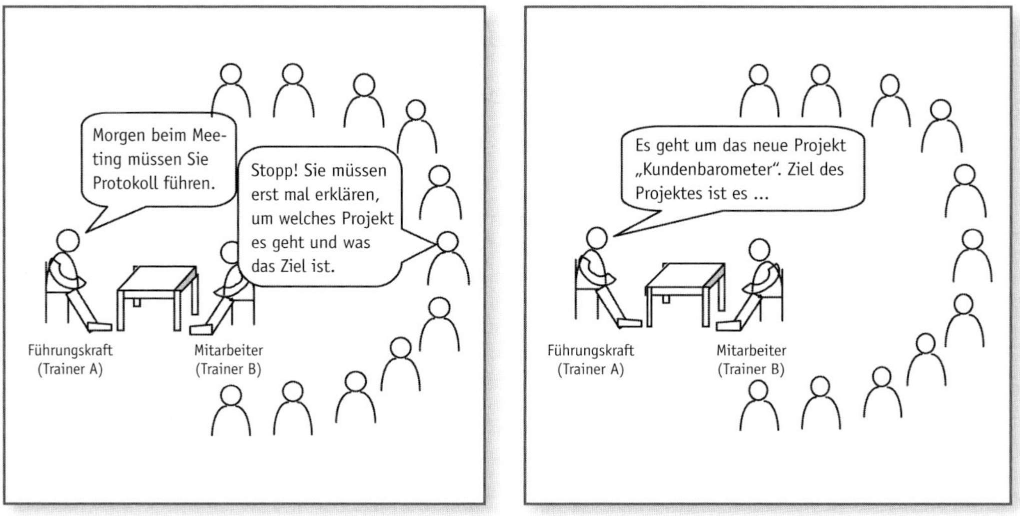

Abb.: Beim Forum-Theater dirigieren die Teilnehmer die Trainer. Diese setzen ihre „Regieanweisungen" unmittelbar um.

Falls die Teilnehmer zurückhaltend sein sollten, kann er auch nach einer Weile fragen, was die Teilnehmer vom Gespräch halten und ob er etwas besser machen könne.

Die Teilnehmer zum Mitspielen bringen

Nachdem die Teilnehmer vier- oder fünfmal Gelegenheit hatten, Instruktionen zu geben und diese von Trainer A umgesetzt wurden, kann Trainer A damit beginnen, die Teilnehmer in die Szene einzubeziehen.

Auf einen Vorschlag eines Teilnehmers erwidert er: *„Das klingt vernünftig. Hm – ich bin mir gar nicht sicher, wie ich das formulieren kann. Bei Ihnen klang das so gut ... Wissen Sie was, setzen Sie sich doch mal kurz auf meinen Stuhl und führen Sie das Gespräch weiter."*

An dieser Stelle muss der Trainer sehr klar und bestimmt sein. Er darf keinen Zweifel daran lassen, dass der Teilnehmer nun einspringen muss. Dazu steht er am besten von seinem Platz auf und fordert den Teilnehmer mit eindeutiger Körpersprache dazu auf, seinen Platz einzunehmen. Natürlich ist es dabei hilfreich, wenn er einen Teilnehmer auswählt, der sich auch bislang bereits aktiv eingebracht hat und dem der Trainer zutraut, diese Herausforderung selbstbewusst anzunehmen.

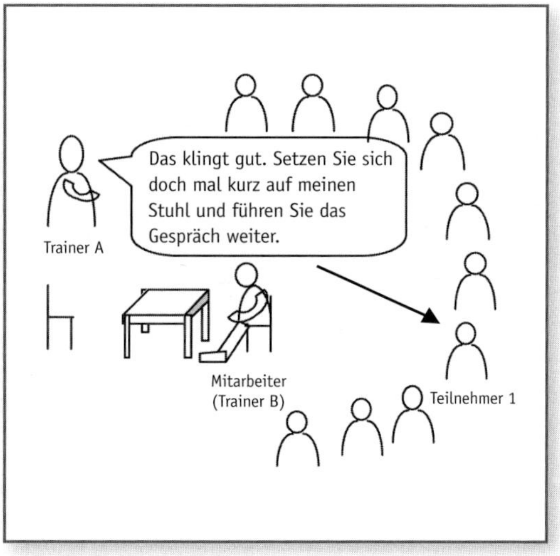

Abb.: Im nächsten Schritt bezieht der Trainer die Teilnehmer ein und fordert sie auf, in die Szene einzusteigen.

Bevor der Teilnehmer loslegt, gibt der Trainer sowohl dem Publikum als auch dem „Protagonisten" die Möglichkeit, die Szene anhalten zu können.

Trainer: *„Sie können natürlich weiterhin die Stopptaste drücken, sowohl Sie im Publikum als auch Sie auf dem ‚heißen Stuhl', um sich Input vom Publikum zu holen. Sie müssen einfach nur Stopp sagen."*

Trainer A lässt nun die Interaktion zwischen dem Teilnehmer und Trainer B laufen, sofern niemand die Szene unterbricht.

Wenn ein anderer Teilnehmer „Stopp" ruft und einen Vorschlag macht, fordert Trainer A ihn auf, nach vorne auf den „heißen Stuhl" zu kommen. Bevor der andere Teilnehmer Platz nimmt, ermöglicht Trainer A allerdings zunächst dem ersten Teilnehmer ein Feedback durch Trainer B.

Falls der erste Teilnehmer die Szene ohne Unterbrechung zu Ende spielen kann, leitet der Trainer dann die Auswertung an:

Trainer (zum Teilnehmer): *„Wie ist das Gespräch aus Ihrer Sicht gelaufen?"*

Anschließend wendet er sich an Trainer B und dann an die Beobachter und bittet sie jeweils um Feedback für den ersten Teilnehmer. Wenn von den Teilnehmern jemand Vorschläge macht, was der erste Teilnehmer anders hätte machen können, fordert der Trainer diesen ebenfalls auf, „in den Ring zu steigen". Idealerweise gibt es so mehrere Teilnehmer, die sich auf den „heißen Stuhl" begeben.

Zum Abschluss kann Trainer A fragen: *„Gibt es noch Ideen, was man noch anders machen könnte?"* Auch hier wird der Teilnehmer wieder aufgefordert, in die Szene einzusteigen und den Vorschlag umzusetzen.

Reflexion der Forum-Theater-Übung

Abschließend sollte das Forum-Theater ausgewertet werden, indem die zentralen Erkenntnisse zum Thema „Erfolgsprinzipien effektiver Delegation" auf Flipchart gesammelt werden. Alternativ können diese auch in Kleingruppen auf Moderationskarten gesammelt werden.

Vertiefende Übung zum Thema

Im Anschluss daran erhalten idealerweise alle Teilnehmer die Gelegenheit, die gewonnenen Erkenntnisse umzusetzen und zu üben. Dies kann in der folgenden Paarübung geschehen:

Vertiefende Übung „Delegieren"

- In Einzelarbeit überlegt sich jeder Teilnehmer eine Aufgabe, die er in nächster Zeit an einen Mitarbeiter delegieren könnte.
- A und B führen ein Delegationsgespräch, bei dem B den Mitarbeiter von A spielt.
- Vorab wird B von A gebrieft, indem sich A hinter B stellt und diesen in der Rolle des Mitarbeiters einweist, indem er diesen in der Ich-Form vorstellt („Einweisen durch Rollentausch", Seite 152 ff.).

- Das Gespräch wird fünf Minuten lang geführt, wobei B auf die Zeit achtet.
- Auswertung: Selbsteinschätzung von A, dann Feedback von B
- Wechsel
- Anmerkung: Diese Übung kann auch in Triaden geführt werden, was den Vorteil hat, dass ein Beobachter das Gespräch beobachten, auf die Zeit achten und Feedback von außen geben kann. Allerdings braucht man dafür mehr Zeit.

Hinweise

- Wichtig ist, dass das Szenario ausreichend klar ist, sodass die beiden „Darsteller" handlungsfähig sind. Es muss eine mittlere Komplexität aufweisen, sodass mehrere Aspekte erfolgreich gemeistert werden müssen, um in etwa 20-30 Minuten eine Lösung erzielen zu können.
- Falls der Trainer das Seminar alleine leitet, benötigt er einen Teilnehmer als „Sparringspartner". Dieser muss dazu bereit und fähig sein, eine Rolle zu übernehmen und darzustellen (zum Beispiel als Kunde, Mitarbeiter, Vorgesetzter etc). Der Trainer übernimmt dabei stets die Rolle der „Hauptperson", um die es geht (also beispielsweise die Führungskraft, die delegiert). Der Teilnehmer muss es dem Trainer angemessen schwierig machen (etwa als widerspenstiger Kunde oder unzufriedener Mitarbeiter), um die Szene herausfordernd zu gestalten. Dazu müssen sich Trainer und Teilnehmer in der Pause vor der Session sorgfältig absprechen.
- Die Effektivität dieses Vorgehens lässt sich auf dem Hintergrund jüngster Forschungen zu den sog. Spiegelneuronen gut erklären (vgl. Seite 337).

Literatur

- Bidlo, Tanja: Theaterpädagogik: Einführung. Oldib Verlag, 2006.
- Boal, Augusto: Theater der Unterdrückten: Übungen und Spiele für Schauspieler und Nicht-Schauspieler. Suhrkamp, 2007, 11. Auflage.
- Redlich, Alexander: Berufsbezogene Supervision in Gruppen. Band 19 der Materialien aus der Arbeitsgruppe Beratung und Training. Fachbereich Psychologie der Universität Hamburg, 1994.
- Spolin, Viola: Improvisationstechniken für Pädagogik, Therapie und Theater. Junfermann, 2005, 7. Auflage.

7. Playback-Theater

Indikation

„Playback-Theater" kann bei einer experimentier- und spielfreudigen Gruppe, die hohes Vertrauen zueinander hat, eingesetzt werden, um in die Arbeit an persönlichen Themen einzusteigen.

Ziele

Die Teilnehmer tauschen sich zu aktuellen Führungsthemen aus und werden für eine gemeinsame Fallarbeit „angewärmt".

Zeit

60 Minuten

Material

Keines

Überblick

Die Session besteht aus zwei Teilen: 1) Warm-up und 2) Fluid Sculpture:

1) Warm-up (10 Min.):

- Alle Teilnehmer stellen sich im Kreis auf.
- Jeder wählt sich ein Gegenüber.
- Je eine Person sagt, wie/mit welchem Gefühl sie heute zur Sitzung gekommen ist.
- Das Gegenüber spiegelt die Gefühle durch Geste, Bewegung und Ton bzw. Wort wider.

2) Fluid Sculpture (50 Min.):

- In Einzelarbeit definieren die Teilnehmer eine besondere („merk-würdige") Situation aus ihrem beruflichen (Führungs-)Alltag.
- Setting: Ein Erzähler- und ein Regisseur-Stuhl, genügend Platz gegenüber für vier bis fünf „Darsteller" und Sitzplätze am Rand für die Zuschauer.
- Jeweils ein Teilnehmer nimmt auf dem Erzählerstuhl neben dem Trainer (auf dem Regisseur-Stuhl) Platz und erzählt seine Situation.

- Der Trainer gibt eine „Regie-Anweisung“ in der er wesentliche Gefühle benennt, die er bei der Erzählung herausgehört hat.
- Jeder „Darsteller“ stellt ein Gefühl durch Bewegung, Geste und Wort oder Ton dar und friert dann ein, sodass am Ende eine „Skulptur“ entsteht.
- Der Erzähler kann Feedback dazu geben, inwiefern er sich in der Darstellung wiederfindet.
- Dann wird im Uhrzeigersinn gewechselt. Falls jemand keine Situation berichten möchte, geht er weiter.
- Die Sequenz ist beendet, wenn alle Teilnehmer Gelegenheit hatten, ihre Situation zu berichten.
- Anschließend kann an einer Situation anhand einer Fallarbeit vertiefend gearbeitet werden.

Erläuterung

Das Playback-Theater wurde ab den 1970er-Jahren von Jonathan Fox aus dem Psychodrama heraus entwickelt. Es handelt sich hierbei um ein interaktives Theater, bei dem die Zuschauer über persönliche Erfahrungen sprechen und diese dann von Schauspielern auf der Bühne in Szene gesetzt werden. Die Erzähler können also zusehen, wie ihre Erlebnisse von den Darstellern „zurückgespiegelt“ werden. Im Kontext des Management-Trainings ist das Playback-Theater aus meiner Sicht nur sehr eingeschränkt einsatzfähig, weil es eine hohe Bereitschaft zu „schauspielern“ erfordert, was den meisten Teilnehmer im Business-Training eher fremd ist. Von daher muss ein hohes Maß an Vertrauen und an Spiel- und Experimentierfreude in der Gruppe vorhanden sein, um Playback-Theater einsetzen zu können. Im Folgenden beschreibe ich mit der „Fluid Sculpture“ eine Methode aus dem Playback-Theater, die ich in fortlaufenden Coaching-Gruppen mit Führungskräften eingesetzt habe, wo diese Voraussetzungen erfüllt waren. Ziel der Sequenz ist es, allen Teilnehmern Gelegenheit zu geben, Themen aus dem Führungsalltag einzubringen und sie für eine gemeinsame Fallarbeit „anzuwärmen“.

Vorgehen

7. a) Warm-up: Playback-Übung

Die Teilnehmer fürs Playback-Theater „anwärmen"

Bevor mit dem eigentlichen Playback-Theater begonnen wird, müssen die Teilnehmer auf diese Art des Arbeitens eingestimmt werden. Dafür eignet sich die folgende Warm-up-Übung, die ebenfalls aus dem Playback-Theater stammt:

Alle Teilnehmer stellen sich im Kreis auf. Jeder wählt sich ein Gegenüber; bei ungerader Teilnehmerzahl hat eine Person zwei Gegenüber. Dann instruiert der Trainer die Übung.

„Ziel der folgenden Übung ist es, das Empathievermögen zu trainieren – eine Fähigkeit, die für jede Führungskraft von zentraler Bedeutung ist. Bitte überlegen Sie dazu – jeder für sich alleine – wie und mit welchem Gefühl Sie heute in unser Meeting gekommen sind. Bitte erzählen Sie dies gleich nacheinander kurz in einem oder zwei Sätzen. Wenn Sie fertig erzählt haben, hat Ihr Gegenüber die Aufgabe, die Gefühle, die Sie schildern, zurückzuspiegeln durch eine Geste, eine Bewegung, und eventuell einen Ton oder ein Wort. Als Erzähler können Sie dann sagen, ob Sie sich darin wiederfinden."

Abb.: Der Trainer instruiert die Playback-Übung zum Einstieg. Das Prinzip des „Zurückspiegelns" funktioniert genau wie bei der anschließenden Sequenz und „wärmt" die Teilnehmer daher optimal dafür an.

Wenn es keine Fragen gibt, kann es losgehen. Der Trainer legt keine Reihenfolge fest, sondern fragt, wer beginnen möchte. Um das Eis zu brechen, kann er auch sein Gegenüber bitten, zu beginnen und dessen Äußerungen zurückspiegeln – und damit vormachen, wie die Übung funktioniert.

Variante: Nachdem das jeweilige Gegenüber die Äußerungen nonverbal zurückgespielt hat, machen alle anderen Teilnehmer dies gleichzeitig nach. Nur der Erzähler schaut sich dies an. Damit wird dem jeweiligen Playback-Akteur das peinliche Gefühl genommen, sich alleine auf diese ungewöhnliche Weise exponieren zu müssen.

7. b) Fluid Sculpture

Die „Fluid Sculpture" ist eine Technik des Playback-Theaters, bei dem mehrere „Darsteller" jeweils eine Facette der Erzählung aufgreifen und diese mit einer Bewegung, Geste und einem Geräusch oder Wort darstellen und dann einfrieren, sodass eine „fließende/bewegliche Skulptur" entsteht. Hier sind die Teilnehmer bereits durch die vorangegangene Warm-up-Übung mit dem Grundprinzip vertraut gemacht worden, emotionale Inhalte mimisch auszudrücken.

Reflexionsübung als Vorbereitung

Zunächst leitet der Trainer eine kurze Reflexionsübung in Einzelarbeit an. Hierbei erhalten die Teilnehmer die Gelegenheit, Ereignisse zum Thema der Coaching-Reihe „Führung" Revue passieren zu lassen und damit Material für das Playback-Theater und für eine spätere Fallarbeit zu generieren.

„Unsere letzte Sitzung liegt nun einige Wochen zurück und ich möchte Ihnen Gelegenheit geben, sich dazu auszutauschen, was in Bezug auf Ihre Führungsrolle seit dem letzten Treffen passiert ist. Nehmen Sie sich ein paar Minuten Zeit, sich zu den folgenden Leitfragen ein paar Notizen zu machen:

- *Welche herausfordernden Situationen habe ich in meinem Führungsalltag erlebt?*
- *Was habe ich erfolgreich gemeistert?*
- *Wo bin ich unsicher oder unzufrieden?*
- *Welche Situation gab es, die besonders ‚merk-würdig' war? Was war das Thema? Wer war beteiligt? Was war das ‚Merk-würdige'? Wie ging es mir in der Situation?*

„Merk-würdiges"

Merk-würdig ist hier im doppelten Sinne gemeint: Merk-würdig im Sinne von seltsam, außergewöhnlich, eigenartig und merk-würdig im Sinne von

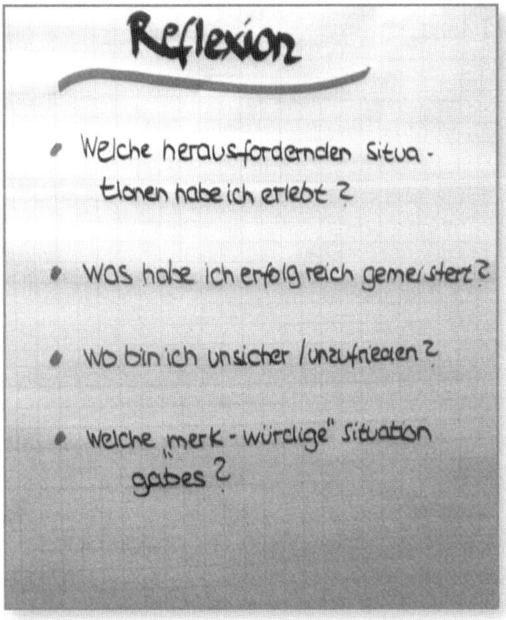

Abb.: Flipchart zur Reflexionsübung, welche die Teilnehmer auf die Playback-Übung „Fluid Sculpture" vorbereitet.

‚des Merkens würdig'. Das kann sowohl eine für Sie positive, als auch eine schwierige Situation sein. Auf jeden Fall geht es darum, eine Situation herauszugreifen und in wenigen Sätzen zu beschreiben."

Während die Teilnehmer sich Notizen machen, baut der Trainer einen Erzähler- und einen Regisseur-Stuhl auf.

Wenn alle Teilnehmer ihre Reflexionsübung beendet haben, sorgt der Trainer dafür, dass der Raum für die Playback-Übung aufgebaut wird und sich die Teilnehmer in Position bringen: *„Heute machen wir den Einstieg nicht als konventionelle Runde, in der jeder seine Situationen berichtet. Vielmehr sind Sie gefordert, eine Situation sehr kurz und pointiert zu berichten. Ihre Erzählung wird dann – ähnlich wie in der vorangegangenen Übung – von einigen Kollegen kurz dargestellt, sodass wir uns alle besser vorstellen können, wie diese Situation für Sie war."*

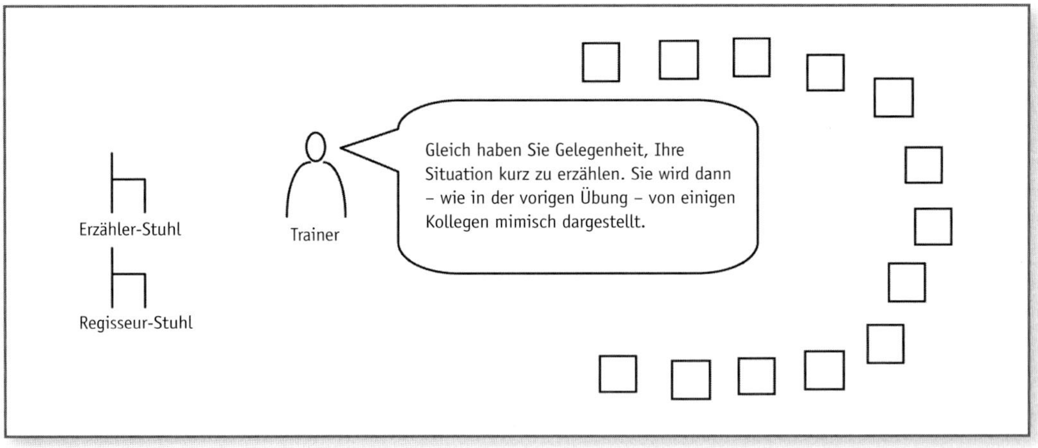

Abb.: Der Trainer hat die Vorbereitungen zur Übung „Fluid Sculpture" getroffen, indem er einen Erzähler- und einen Regisseur-Stuhl aufbaut. Er beginnt, die Übung zu instruieren.

Rasch in Aktion treten

Meist blickt der Trainer an dieser Stelle in verwunderte Gesichter. Daher muss er die Instruktion konkretisieren und die Teilnehmer rasch in Aktion bringen, bevor Skepsis und Widerwillen die Überhand gewinnen.

Er wählt die vier ersten „Darsteller" aus und nimmt hierfür Teilnehmer, die sich voraussichtlich auf diese Art des Arbeitens einlassen werden: *„Frau A und B, Herr C und D, bitte stellen Sie Ihre Stühle an die linke Seite und stellen Sie sich dort drüben an der Wand gegenüber von diesen beiden Stühlen auf. Alle anderen räumen ihre Stühle bitte auf die rechte Seite, sodass sie nebeneinander sitzen können."*

Abb.: Der Raumaufbau für die Playback-Übung.

Dann erklärt der Trainer das Vorgehen bei der „Fluid Sculpture":

- *„Bei dieser Übung gibt es jeweils einen Erzähler, der neben mir auf dem Stuhl Platz nimmt, vier Darsteller, die gegenüber stehen und sieben Zuschauer, die auf den Stühlen seitlich Platz nehmen können.*
- *Ihre Rollen wechseln bei jedem Durchgang, indem Sie jeweils einen Platz im Uhrzeigersinn weitergehen.*
- *Die Aufgabe der Darsteller ist es, ein Gefühl des Erzählers mit einer Bewegung, einer Geste und einem Ton oder Wort darzustellen – genau wie bei der vorigen Übung.*
- *Idealerweise spiegelt jeder von Ihnen vieren ein Gefühl wider. Damit die Reihenfolge klar ist, gehen Sie im Uhrzeigersinn vor.*
- *Wenn Sie beginnen, treten Sie einen Schritt nach vorne, machen eine Bewegung, Geste, Mimik und einen Ton und frieren dann gewissermaßen in dieser Körperhaltung ein, als seien Sie Teil einer Skulptur.*

- *Dann tritt im Uhrzeigersinn der Nächste nach vorne neben den ersten Darsteller, macht ebenfalls eine Bewegung, Geste, Mimik, Ton oder Wort und friert ebenfalls ein. Das geht so weiter, bis alle vier nebeneinander als Skulptur stehen.*
- *Idealerweise greift jeder Darsteller unterschiedliche Facetten auf, es kann aber auch der gleiche Aspekt mit unterschiedlichen Nuancen dargestellt werden.*
- *Damit es für Sie etwas leichter ist, fungiere ich als ‚Regisseur' und fasse einige Gefühle, die ich herausgehört habe, zusammen, sodass Sie diese dann aufgreifen können. Sie können aber auch einen anderen Aspekt darstellen, den ich vielleicht gar nicht wahrgenommen habe. Gibt es Fragen?"*

Wenn alle Fragen beantwortet sind, kann es losgehen. *„Am besten wir probieren das erst einmal aus. Wer mag als Erster seine Situation erzählen?"*

Der jeweilige Teilnehmer nimmt auf dem Erzähler-Stuhl Platz und berichtet seine Situation. Der Trainer hört aktiv zu, stellt Fragen, die auf das emotionale Erleben des Erzählers fokussieren und spiegelt (verbal) die Gefühle des Erzählers, zum Beispiel:

- Was ging Ihnen da durch den Kopf?
- Wie haben Sie innerlich darauf reagiert?
- Und da haben Sie sich mächtig geärgert (gefreut, waren überrascht, irritiert etc.)?
- Da hätten Sie am liebsten mal auf den Tisch gehauen?
- Da waren Sie richtig hin- und hergerissen.
- Was hätten Sie am liebsten getan?

Regieanweisung des Trainers

Wenn die Erzählung beendet ist, fasst der Trainer die Situation und die wichtigsten Emotionen zusammen, sodass die Teilnehmer eine Hilfestellung erhalten, was sie darstellen sollen. Eine solche Regieanweisung kann etwa folgendermaßen klingen: *„Wir sehen, wie Frau A verblüfft ist, dass ihr unfähigster Mitarbeiter eine Gehaltserhöhung fordert, obwohl er erst kürzlich eine schlechte Beurteilung bekommen hat. Frau A ist sprachlos über diese Unverfrorenheit und fragt sich aber auch, ob sie sich selbst für ihre eigenen Belange zu wenig einsetzt und zu wenig selbstbewusst ist oder ob Frauen einfach anders sind als Männer und man sich darüber nicht wundern sollte."*

Am Anfang kann er noch mal kurz die Darsteller instruieren: *„Bitte im Uhrzeigersinn vortreten, ein Gefühl darstellen und dann einfrieren."*

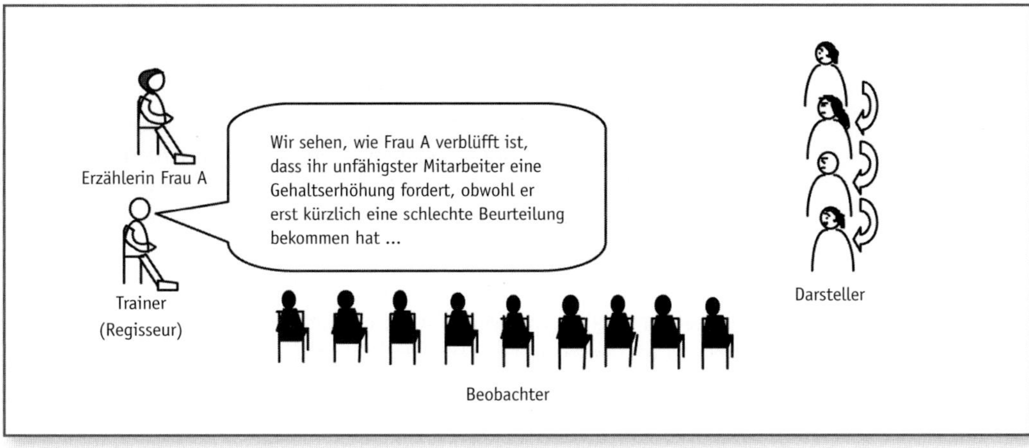

Abb.: Der Trainer gibt den Darstellern eine „Regie-Anweisung", die ihnen hilft, die Gefühle der Erzählerin mimisch darzustellen. Die Darsteller stellen – im Uhrzeigersinn – nacheinander je ein Gefühl dar und frieren dann ein.

Wenn die Skulptur beendet ist, fragt der Trainer die Erzählerin, ob sie die Darstellung als stimmig empfindet: *„Passt das so?"*

Dann werden die Plätze gewechselt: *„Jeder geht im Uhrzeigersinn weiter. Frau A, Sie gehen nun zu den Darstellern, Herr E in den Zuschauerraum, und alle Zuschauer rücken einen Platz auf. Wer am nächsten bei mir sitzt, kommt auf den Erzähler-Stuhl."*

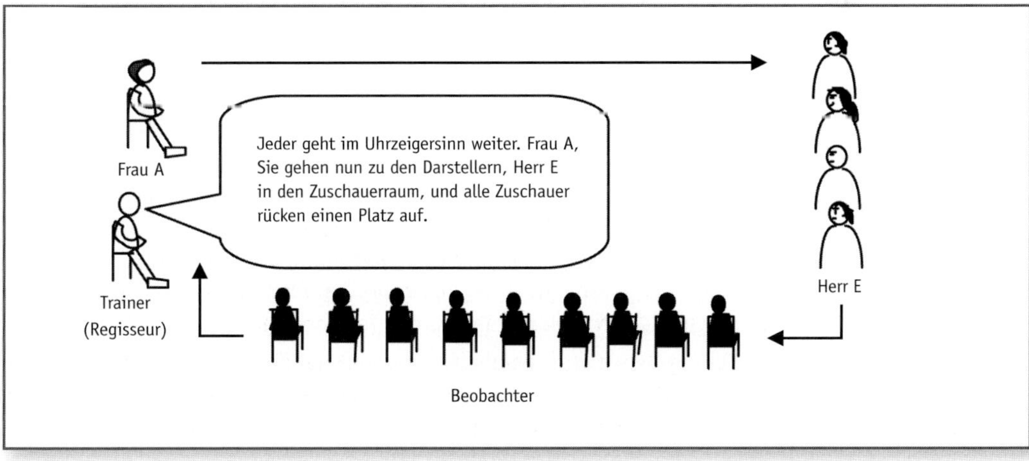

Abb.: Nach jedem Durchgang der Playback-Übung werden die Positionen im Uhrzeigersinn gewechselt, damit jeder weiß, welche Rolle er hat.

„Nachjustieren"

Oft muss der Trainer gerade am Anfang noch nachjustieren, bis alle Teilnehmer das Prinzip verstanden haben.

Insbesondere gilt es darauf zu achten, dass sich die Darsteller auf ein Gefühl fokussieren und nicht versuchen, die ganze Geschichte darzustellen. Außerdem vergessen viele Teilnehmer, am Ende „einzufrieren", sodass keine Skulptur entsteht. Auch dies ist wichtig, damit die „Fluid Sculpture" ihre Wirkung entfalten kann.

Nun verläuft die Übung weiter nach demselben Prinzip, bis alle Teilnehmer die Gelegenheit hatten, ihre Situation zu erzählen.

Dabei wird niemand dazu gezwungen, eine Situation zu berichten, daher gibt der Trainer den Teilnehmern einen entsprechenden Ausweg: *„Falls Ihnen keine Situation eingefallen ist, gehen Sie weiter zu den Darstellern, dann rücken auch alle anderen einen Platz auf."*

Hinweise

- Diese Übung setzt ein hohes Maß an Vertrauen und Vertrautheit voraus. Außerdem sollten die Teilnehmer bereits mit handlungsorientierten Methoden vertraut sein, sodass die Hemmschwelle für diese theaterähnliche Arbeit nicht zu groß ist.
- Jeder, der einmal an einer Playback-Theater-Sitzung aktiv teilgenommen hat, kann bestätigen, wie wohltuend es ist, die eigenen Emotionen von anderen auf eine mimische Weise gespiegelt zu sehen. Es tut der Seele gut, sich auf einer nonverbalen, emotionalen Ebene von anderen zutiefst verstanden zu fühlen. Dies wird beim Einsatz im Management-Training meist nur eingeschränkt der Fall sein können. Schließlich geht es weniger um Selbsterfahrung und Selbsterkenntnis, sondern vielmehr um erfolgreiches Rollenhandeln – letztlich darum, zu „funktionieren". Dennoch kann es in einer vertrauten Gruppe und in einem geschützten Rahmen vorkommen, auf diese – sehr intime – Weise miteinander zu arbeiten. Wo dies gelingt, potenziert es das Vertrauen der Teilnehmer zueinander.
- Aufbauend auf dieser Übung kann meistens sehr effektiv mit Coaching-Sequenzen gearbeitet werden, da die Teilnehmer durch das Playback-Theater sehr stark für die Arbeit an ihren persönlichen Themen „angewärmt" sind.

IV. Real Life Coaching

Schnellfinder

IV. Real-Life-Coaching: Wie Sie individuelle Anliegen erfolgreich bearbeiten

IV: Real Life Coaching
Wie Sie individuelle Anliegen erfolgreich bearbeiten

A) Einführung

Real Life Coaching, was heißt das?

Mit praxisorientierten Übungen, maßgeschneiderten Rollenspielen und passenden theoretischen Inputs kann meist ein Großteil der Lernziele der Seminarteilnehmer abgedeckt werden. Darüber hinaus kommen die Teilnehmer jedoch auch mit ihren ganz eigenen, persönlichen Fragestellungen ins Seminar:

- Warum setzt mein Mitarbeiter meine Anweisungen nicht um?
- Warum ist die Stimmung im Team so schlecht?
- Wie kann ich lernen, besser „Nein" zu sagen?
- Wie kann ich mehr Kunden akquirieren?
- Warum wirke ich auf andere immer so reserviert?
- Wie kann ich mich im Team besser durchsetzen?
- Wieso verliere ich so leicht meine Nerven?

Persönliche Anliegen aufgreifen

Diese ganz persönlichen Anliegen werden nicht immer ausdrücklich benannt. Sie sind den Teilnehmern nicht einmal unbedingt bewusst, wenn sie ins Seminar kommen. Doch wenn es gelingt, einen Rahmen zu schaffen, in dem diese persönlichen Anliegen exploriert und eingebracht werden können, so ist dies besonders wertvoll. Denn in der Regel lernt nicht nur derjenige, der seine Frage thematisiert, sondern auch alle anderen eine Menge aus einem solchen „Coaching im Seminar".[10] Denn das Arbeiten an einem konkreten Praxisfall wirft den Scheinwerfer unmittelbar aufs „pralle Leben" innerhalb des jeweiligen Unternehmens. Während Inputs und Übungen letztlich immer auch

Das „pralle Leben" ins Seminar holen

10 Ich verwende die Begriffe „Coaching im Seminar", „Praxisberatung" und „Fallarbeit" synonym.

allgemein bleiben (müssen), so wird hier am Einzelfall deutlich, was soziale Kompetenz ganz konkret im betreffenden systemischen Kontext bedeutet.

Im Coaching werden Lösungen gesucht, die – um es mit Schulz von Thun zu sagen – in doppelter Weise stimmig sein müssen: Sie müssen für die jeweilige Situation im Heimatsystem des Coachee[11] passend und angemessen sein. Und sie müssen zur Persönlichkeit des Coachee passen: Er/Sie muss etwas authentisch „so sagen" oder tun können, wie es im Coaching erarbeitet wird. Die anderen lernen daraus, weil sie sich mit der Hauptperson identifizieren, mit ihr zusammen nach Lösungen suchen – und gleichzeitig Parallelen zur eigenen Arbeitswelt entdecken und die im Coaching gemachten Erfahrungen auf die eigene Realität übertragen können.

Zeitbedarf: mind. 1 Stunde pro Coaching

Aus meiner Erfahrung ist in der Regel mindestens eine Stunde erforderlich, um ein Coaching innerhalb eines Seminars erfolgreich durchführen zu können. Dies liegt daran, dass es sich bei den Themen üblicherweise um komplexe Situationen und Fragestellungen handelt, auf die es selten einfache Lösungen gibt. Es erfordert Zeit, das System des Coachee zu erfassen, es abzubilden, Optionen zu entwickeln und schließlich eine passende Lösung herauszuarbeiten.

Was sind die Anforderungen an den Trainer?

Coach als Hebamme

Der Trainer hat nicht die Aufgabe, auf die Fragen des Coachee Antworten zu geben. Im Gegenteil: für das Finden der Lösung ist der Coachee selbst verantwortlich. Der Trainer ist nicht als Experte für die jeweiligen Themen gefragt, sondern als „Hebamme", die dem Teilnehmer hilft, seine eigenen Lösungen zu „gebären".

Die Herkunft des Begriffs „Coach" verdeutlicht dies: „Coach" stammt aus dem Englischen und bedeutet ursprünglich (Pferde-)Kutsche. Der Coach kann somit als ein Vehikel verstanden werden, ein Instrument, das es einem anderen – dem Coachee – ermöglicht, von einem Ort zum anderen zu gelangen; von der anfänglichen Fragestellung hin zu einer Lösung. Möglicherweise würde der Coachee sein Ziel auch ohne den Coach erreichen, aber in der Regel langsamer und beschwerlicher, möglicherweise nach einigen Um- und Irrwegen. Eine andere Metapher, welche die Dienstleistung des Coachs charakterisiert, ist die des Kata-

11 Mit „Coachee" ist der Teilnehmer gemeint, der seine Fragestellung einbringt.

lysators: Der Coach beschleunigt Prozesse, die auch ohne ihn ablaufen würden; aber eben nicht so schnell und effektiv wie unter seiner Mitwirkung.

Unterschiede zum Einzelcoaching

Im Unterschied zum Einzelcoaching steht dem Trainer im Seminar eine ganze Gruppe gegenüber. Das kann Fluch und Segen sein. Sie kann in der Coaching-Sequenz als Ressource genutzt werden, um Fragen, Ideen und Rückmeldungen zu generieren. Gleichzeitig stellt sie den Trainer aber auch vor zusätzliche Anforderungen. Sie muss jederzeit im Blick behalten und „gemanagt" werden. Dies erhöht die Komplexität für den Coach enorm. Er ist nicht nur gefordert, als Coach zu fungieren, zuzuhören, Fragen zu stellen und passende Interventionen vorzunehmen – er muss außerdem die Gruppe so integrieren, dass sie dem Coachee hilft, stimmige Lösungen zu finden. Leicht kann es jedoch geschehen, dass die Gruppe mehr Hindernis als Hilfe ist. Schließlich neigen die meisten Menschen – auch Seminarteilnehmer – dazu, in Beratungssituationen anderen gutgemeinte Ratschläge zu erteilen, die jedoch der ratsuchenden Person meist nicht weiterhelfen. Der Grund liegt darin, dass individuelle Fragestellungen im sozial-kommunikativen Bereich eine hohe Komplexität aufweisen, die ohne eine genaue Kenntnis des jeweiligen sozialen Systems kaum angemessen beantwortet werden können. Meistens versuchen die „Ratgeber" jedoch aufgrund ihrer eigenen Erfahrung, ihrer eigenen Realität, Lösungen anzubieten, die möglicherweise für sie selbst und ihre Realität gut passen, aber für die Situation und Person des „Ratsuchenden" nicht geeignet sind. Im Gegenteil: Jeder Ratschlag drückt auf der Beziehungsebene der Kommunikation stets aus, dass der Ratgeber dem Beratenden überlegen ist und im Gegensatz zu ihm weiß „wie's geht". Dabei können vorschnelle „Rat-Schläge" das Selbstwertgefühl des Coachee weiter unterminieren. Deshalb besteht eine wichtige Aufgabe des Coachs darin, vorschnelle Ratschläge aus der Gruppe zu unterbinden. Er muss stattdessen für eine Struktur sorgen, um die Fragestellung des Coachee so bearbeiten zu können, dass die Gruppe vielmehr als Ressource und Unterstützung genutzt werden kann. Eine solche Struktur bietet das GROW-Modell (siehe Seite 137 ff.).

Das Anliegen lebendig werden lassen

Zudem stellt ein Coaching im Seminar die Anforderung an den Trainer, das Anliegen des Coachee „lebendig" werden zu lassen, sodass es praxisnah und realitätsgerecht bearbeitet werden kann. Er muss einen Rahmen schaffen, in dem die Realität des Teilnehmers ins Hier und Jetzt des Seminarraums projiziert werden kann, sodass sich die anderen Gruppenmitglieder in seine Situation hineinversetzen und bei der Suche nach passgenauen Lösungen behilflich sein können. Die Rolle des Trainers ist dabei die des Prozessgestalters und Strukturgebers.

Dies stellt eine hohe Anforderung dar: Der Coach muss den Coachee, sein Thema, die Gruppe und den Bezug zum gesamten Seminarverlauf zugleich im Blick behalten, um steuernd eingreifen und die richtige Methode auswählen zu können. In Anlehnung an das TZI-Modell[12] lassen sich die Anforderungen an den Trainer in einem dynamischen Dreieck darstellen, das von einem Kreis umgeben ist:

Abb.: Der Leiter muss sowohl den Coachee und sein Thema als auch die Gruppe im Blick haben, um passende Interventionen zu wählen. Zudem muss er Ziele und Ablauf des Seminars im Hinterkopf haben, um zu gewährleisten, dass sein Vorgehen stimmig ist.

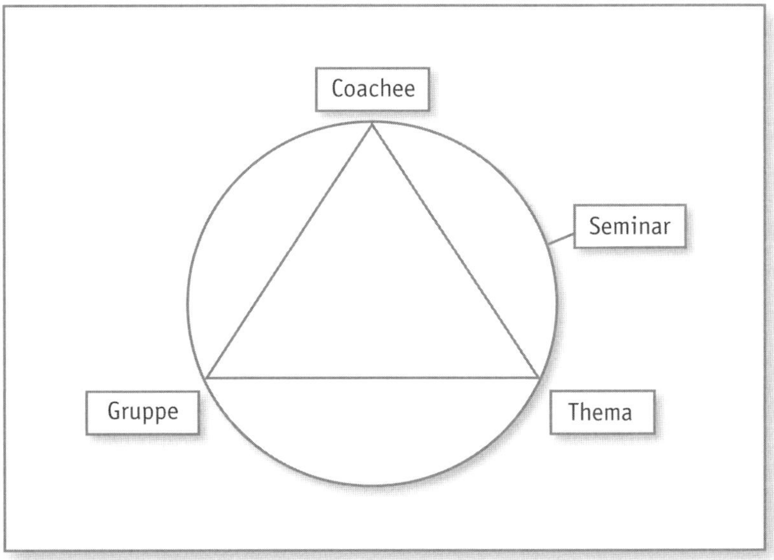

All dies ist äußerst anspruchsvoll, auch wenn es bei einem erfahrenen Trainer noch so einfach und spielend leicht aussehen mag.

Unerlässlich: An den eigenen Themen arbeiten

Es ist unerlässlich, dass der Trainer sowohl ein klares Verständnis für psychologische und zwischenmenschliche Dynamiken entwickelt als auch den strukturellen Kontext, in dem sich die Fragestellungen bewegen, einordnen kann. Vor allem aber ist es zwingend notwendig, dass der Trainer intensiv an seinen eigenen persönlichen – auch existenziellen – Themen gearbeitet hat, um weitgehend frei von Übertragungen und Projektionen leiten zu können. Um die erforderlichen Kompetenzen zu erwerben, bedarf es einer systematischen Ausbildung und fortlaufender Qualifizierung.

12 Die Themenzentrierte Interaktion (TZI) ist ein Konzept und eine Methode zur Arbeit in Gruppen. Ziel ist es, effektives Lernen zu fördern, in dem die Anforderungen des jeweiligen Themas und die Bedürfnisse der Gruppe und der Individuen in Einklang gebracht werden. TZI wurde seit Mitte der 1950er-Jahre von der Psychologin Ruth Cohn im Kontext der Humanistischen Psychologie entwickelt.

Schulz von Thun (1999, S. 211 ff.) nennt folgende Schritte, die der Trainer durchlaufen sollte, bevor er Coaching eigenständig im Seminar durchführt:

1. Eigene Selbsterfahrung in der Rolle des Coachee, um persönliche Themen und Anliegen bearbeiten zu können
2. Einübung einfacher Methoden der Fallarbeit in einem Ausbildungskontext
3. Fallarbeit im geschützten Rahmen unter Supervision
4. Fallarbeit im kollegialen Kreis einer Intervisionsgruppe
5. Co-Leitung unter Aufsicht eines erfahrenen Trainers
6. Fallarbeit alleine durchführen

Auch eine (Einzel-)Coaching-Ausbildung ist eine gute Grundlage, um Coaching im Seminar durchzuführen. Allerdings stellt das Coaching im Gruppenkontext besondere Anforderungen an den Leiter, sodass zusätzliche Weiterbildungen unerlässlich sind. Auch im weiteren Verlauf der Trainertätigkeit ist regelmäßige Supervision dringend zu empfehlen, um die Qualität der eigenen Arbeit zu überprüfen und fortlaufend zu verbessern.

Infos zur Ausbildung: www.Real-Life-Training.de

Was sind die Voraussetzungen für Coaching im Seminar?

Neben der erforderlichen Qualifikation des Leiters gibt es weitere Fragen, die es zu berücksichtigen gilt, um zu entscheiden, ob Coaching erfolgreich im Seminar durchgeführt werden kann.

- Ist genügend Raum und Zeit für die Arbeit an individuellen Themen? Wenn für ein Seminar mit einem Trainer und 16 Teilnehmern nur zwei Tage zur Verfügung stehen und zusätzlich noch eine Vielzahl vorgegebener Lernziele behandelt werden sollen, ergibt es wenig Sinn, individuelle Anliegen zu erheben, da diese nicht angemessen bearbeitet werden können.
- Sind die Teilnehmer dazu bereit, persönliche Fragestellungen einzubringen? Gibt es eine entsprechende Kultur in der Organisation, die es erlaubt, persönliche Themen zu äußern? Sind die Teilnehmer durch die Seminarausschreibung, vielleicht auch durch andere Seminare, Coachings etc. darauf vorbereitet, auf diese Art zu arbeiten?
- In welcher Beziehung stehen die Teilnehmer zueinander? Wenn sie direkte Teamkollegen sind, die möglicherweise sogar in einem Konkurrenzverhältnis stehen, werden sie sich kaum voreinander öffnen wollen und preisgeben, was sie im Innersten bewegt. Wenn gar

Vorgesetzter und Mitarbeiter gemeinsam im Seminar sitzen, ist ein Coaching in aller Regel nicht möglich.

- Wie ist das Klima im Seminar? Ist es dem Trainer gelungen, eine offene, vertrauensvolle Atmosphäre zu schaffen? Haben die Teilnehmer in den Trainer und zueinander genügend Vertrauen, sich zu öffnen?
- Kann Vertraulichkeit garantiert werden? Kann sich die Seminargruppe glaubhaft darauf verständigen, dass alles, was im Seminarraum besprochen wird, auch dort bleibt? Oder haben die Teilnehmer doch Angst, dass das, was sie über ihre Kollegen oder ihren Chef berichten, im Unternehmen „brühwarm" weitererzählt wird?
- Wo findet das Seminar statt? Wenn es in der Firma durchgeführt wird und die Teilnehmer in der Mittagspause ihren Kollegen und Vorgesetzten über den Weg laufen, werden sie sich weniger darauf einlassen, mögliche Konflikte mit eben diesen Personen zu thematisieren, als wenn das Seminar in einem externen Tagungshotel durchgeführt wird.
- Passt das Thema? In Seminaren zu den sogenannten „weichen" Themen wie Kommunikation oder Konfliktmanagement passt Fallarbeit besser als bei eher sachorientierten Themen.

Möglicherweise werden Sie als Trainer nicht immer alle Fragen vollständig mit „Ja" beantworten können und es kann trotzdem gelingen, Coaching im Seminar erfolgreich durchzuführen. So habe ich beispielsweise oft Fallarbeit in Trainings eingesetzt, die im Firmengebäude stattfanden und bei denen die Teilnehmer zuvor keinerlei Erfahrung mit dieser Art zu arbeiten gemacht hatten. Sind die Voraussetzungen nicht vollständig erfüllt, kann ein Coaching trotzdem funktionieren, aber dies ist dann schwieriger, bedarf besonders sorgfältiger „Anwärmung" – und die Anliegen können nicht immer mit der wünschenswerten Tiefe bearbeitet werden. Zudem stellt sich die Frage, ob der Trainer dann explizit dazu einlädt, persönliche Fragestellungen einzubringen oder ob er diese nur dann aufgreift, wenn sie im Verlauf des Seminars ohnehin auftauchen.

Welche Hindernisse gibt es?

Sozialisation von Führungskräften

Neben den eben beschriebenen Herausforderungen besteht eine grundsätzliche Schwierigkeit, Coaching in firmeninternen Trainings durchzuführen: Die meisten Mitarbeiter und insbesondere Führungskräfte sind dafür nicht sozialisiert. Sie sind sogar teilweise auf das genaue Gegenteil dessen ausgerichtet, was Fallarbeit erfordert:

- Coaching erfordert es, offen zu sein, auch eigene Schwächen und Probleme zugeben zu können. Führungskräfte sind hingegen darauf trainiert, sich selbst möglichst im positiven Licht darzustellen. Wer Erfolg haben will, sollte „Gutes tun und darüber reden" statt „nicht weiter zu wissen und um Rat zu fragen". Deshalb fällt es vielen Teilnehmern schwer, sich persönliche Fragestellungen überhaupt erst einzugestehen und öffentlich zu äußern. Wenn jedoch keine Anliegen eingebracht werden, fehlt die Grundlage für das Coaching.
- Oft kommen Teilnehmer mit der Erwartungshaltung ins Seminar, sich zunächst einmal zurücklehnen zu können und Expertentipps zu erhalten, anstatt selbst an eigenen Fragestellungen „arbeiten" zu müssen.
- *Kontrollverlust*

  Als Coachee ein Thema einzubringen heißt, sich dem Leiter und der Gruppe anzuvertrauen. Wenn der Trainer mit erlebnisaktivierenden Methoden arbeitet, ist es kaum möglich, neutral-distanziert den Überblick und die Kontrolle über das (innere) Geschehen zu behalten. Stattdessen begibt sich der Coachee auf unsicheres Terrain, Emotionen werden freigesetzt, die Kontrolle in einem gewissen Maße abgegeben und dem Leiter anvertraut. Dieser Kontrollverlust kann gerade von Führungskräften, die es sonst gewohnt sind, alles „im Griff" zu haben, als unangenehm, möglicherweise sogar als peinlich und bloßstellend empfunden werden.
- Während es im Unternehmensalltag in aller Regel um Sachthemen geht und Zahlen, Daten, Fakten im Fokus stehen, behandelt die Fallarbeit „weiche", wenig greifbare zwischenmenschliche Themen, die sich auf der Beziehungsebene abspielen. Dies ist für die meisten Führungskräfte und Fachexperten kein „Heimspiel", vielmehr bewegen sie sich auf unsicherem Terrain, auf Gebieten, für die es keine klaren Antworten gibt.
- Fachexperten und Führungskräfte sind darauf geeicht, schnell Lösungen für Probleme zu finden und rasch Entscheidungen zu treffen. Dafür werden sie bezahlt. In der Fallarbeit hingegen werden sie genötigt, eigene Lösungsvorschläge für das „Problem" des Coachee erst einmal zurückzuhalten und stattdessen nur Fragen zu stellen und zuzuhören. Diese „Lösungslosigkeit" auszuhalten, fällt vielen äußerst schwer. Gleichwohl ist es ein gutes Training gerade für Führungskräfte. Schließlich würden sich viele Mitarbeiter wünschen, ihr Chef hörte ihnen erst einmal zu, bevor er ihnen „Rat-Schläge" erteilt.

Führungskraft	Coachee
Tue Gutes und rede darüber!	Sei offen und ehrlich – steh zu Deinen Schwächen!
Behalte die Kontrolle!	Vertrau Dich anderen an!
Zahlen, Daten, Fakten zählen!	Beziehungen und Emotionen zählen!
Finde Lösungen!	Frage und höre zu; halte Lösungslosigkeit aus!

Abb.: Die impliziten Anforderungen an Führungskräfte und jene an „gute" Coachees stehen sich zum Teil diametral gegenüber.

Der Trainer als Reiseführer

Der Leiter muss bedenken, dass er die Teilnehmer in eine für sie eher fremde Welt entführt. Da gibt es vieles, was erklärt werden muss, damit sich die Gruppe auf das fremde Territorium wagt. Die Teilnehmer müssen vor allem verstehen können, was es dort Interessantes zu entdecken gibt und wie sie von diesen Entdeckungen vielleicht profitieren können. Zumal ihnen auch die Sprache und die Sitten in diesem „fremden Land" unbekannt sind. Daher tut der Trainer gut daran, ihre Sprache zu sprechen und sie nicht durch seltsame, esoterisch klingende Begriffe zu verschrecken. Stattdessen sollte er die Sitten und Gebräuche des fremden Landes sowie deren Sinn und Zweck in einfachen Begriffen schildern. Dann bestehen gute Chancen, dass die Gruppe ihm auf dieser Reise folgen wird.

Wie kann der Trainer geeignete Rahmenbedingungen schaffen?

Was kann der Trainer nun konkret tun, um geeignete Rahmenbedingungen für Coaching im Seminar zu schaffen?

- Für die Arbeit an persönlichen Fragestellungen ist es unabdingbar, dass die Teilnehmer zum Leiter und zueinander Vertrauen gefasst haben. Deshalb ist es zu Beginn des Seminars wichtig, den Teilnehmern Gelegenheit zu geben, sich untereinander kennenzulernen. Dabei muss der Trainer einen Balanceakt meistern: Er muss genügend Zeit einräumen, damit die Teilnehmer einen „Draht" zueinander entwickeln. Gleichzeitig muss er berücksichtigen, dass gerade Führungskräfte meist sehr effizienzorientiert sind. Ihnen erscheint ein intensives Kennenlernen rasch als Zeitverschwendung, da sie keinen klaren Nutzen erkennen können.
- Ein weiterer Balanceakt besteht darin, dass der Leiter einerseits etwas „von sich zeigen sollte", damit er für die Teilnehmer „greifbar"

wird und diese Vertrauen zu ihm fassen können. Die anfängliche Angst und Unsicherheit in der Gruppe reduziert sich deutlich, wenn der Trainer den Teilnehmern nicht nur freundlich und aufmerksam begegnet, sondern sich offen vorstellt, auch Persönliches über sich erzählt und womöglich gar eigene Schwächen selbstironisch zugestehen kann. „Wenn der Trainer schon nicht perfekt ist, muss ich es wohl auch nicht sein", ist die implizite Botschaft. Gleichzeitig ist der Trainer gefordert, Kompetenz, Vertrauen und Erfahrung auszustrahlen, um es den Teilnehmern zu erleichtern, sich seiner Leitung anzuvertrauen.

Vertrauen schaffen

- Für die Fallarbeit müssen die Teilnehmer sorgfältig vorbereitet – „angewärmt" – werden. Wie im Sport die Muskeln erst gelockert und gedehnt werden, bevor man sie einer intensiven Belastung aussetzt, so muss die Bereitschaft und Fähigkeit, sich auf das erlebnis- und handlungsorientierte Arbeiten in der Gruppe einzulassen, Schritt für Schritt aufgebaut werden. Dies gelingt etwa durch Soziometrie (siehe *Kapitel II*) und durch interaktive Übungen (siehe *Kapitel III*).
- Die meisten Fach- und Führungskräfte sind eher rational-analytisch ausgerichtet. Deshalb sollte der Trainer sie auf dieser Ebene erst einmal „abholen"[13] und ihr Bedürfnis nach Fakten und theoretischem Fundament befriedigen, bevor er sich den individuellen, eher emotionalen Themen zuwendet. Empirische Erkenntnisse und fundierte Theorien mit erkennbarer Relevanz für die Praxis sind geeignet, um den ersten Wissensdurst zu stillen und es skeptischen Teilnehmern zu ermöglichen, Vertrauen in die Kompetenz des Leiters zu fassen.

Die Teilnehmer „abholen"

Wenn die erste Coaching-Sequenz beginnt, sollten die Teilnehmer also bereits sorgfältig dafür „angewärmt" sein. Deshalb neige ich dazu, die erste Coaching-Sequenz in einem zwei- bis dreitägigen Seminar am Nachmittag des ersten Seminartages einzuplanen.

Was bringt Coaching im Seminar?

Allen Hindernissen zum Trotz: Gelungene Coaching-Sequenzen werden von den Teilnehmern oft als besondere Momente, manchmal sogar als „Sternstunden" des Seminars wahrgenommen. Und zwar nicht nur von den jeweiligen Coachees, auch wenn diese natürlich in besonderer

13 Er sollte allerdings niemals sagen, dass er sie „abholen" möchte :) – auch dies ein typischer Psycho-Begriff, der bestens geeignet ist, Teilnehmer abzuschrecken und die Kompetenzzuschreibung des Trainers zu unterminieren.

Weise von der Bearbeitung ihres Anliegens profitieren. Aber auch für die anderen Gruppenmitglieder kann die Fallarbeit sehr erhellend sein, weil ein abstraktes Thema wie Konfliktmanagement oder Führung auf einmal greifbar wird. Es wird deutlich, dass es keine einfachen Lösungen für komplexe zwischenmenschliche Probleme gibt, aber stets einen Handlungsspielraum, den es zu erkunden und zu erweitern gilt. Letztlich gibt es keine Alternative zum Coaching, um Antworten auf die individuellen Fragen der Teilnehmer zu finden. Von daher ist ein Seminar ohne Anliegenbearbeitung immer nur ein Standardtraining, eine 08/15-Veranstaltung, in der es kaum gelingen kann, der Individualität der Gruppe und des Einzelnen gerecht zu werden.

Welche Themen eignen sich für Coaching im Seminar?

Für Coaching-Sequenzen eignen sich persönliche, individuelle Anliegen. Allgemein-theoretische Fragestellungen hingegen lassen sich eher durch klassische Moderationsmethoden wie eine Kartenabfrage oder Kleingruppenarbeit bearbeiten. Im Folgenden sehen Sie eine Aufstellung von Beispielen für allgemeine und persönliche Fragestellungen:

Allgemeine Fragestellung	Persönliches Anliegen
Wie spricht man Konflikte konstruktiv an?	Wie kann ich den Konflikt mit meinem Kollegen konstruktiv ansprechen?
Was sind die Erfolgsfaktoren der Mitarbeiterkommunikation?	Wie kann ich meine Besprechungen effektiver führen?
Wie motiviert man frustrierte Mitarbeiter?	Wie kann ich meinen frustrierten Mitarbeiter A wieder motivieren?
Was ist Best Practice im Bereich des Zeitmanagements?	Wie kann ich meine Prioritäten besser setzen?
Wie behandelt man Einwände am effektivsten?	Wie kann ich mit den Einwänden meines Großkunden X am besten umgehen?

Merkmale geeigneter Coaching-Anliegen

Geeignete Coaching-Anliegen lassen sich durch folgende Merkmale charakterisieren:

- Es handelt sich um eine *offene Frage*
- Es kommt das Wort *„ich"* vor (z.B. „Wie kann ich …", „Was kann ich tun, um …")
- Die Frage enthält eine *positive Zielrichtung*, denn dadurch entsteht eine Motivation, das Problem zu lösen, statt es zu beklagen. So ist

zum Beispiel „Wie kann ich meine Prioritäten besser setzen" eine geeignetere Frage als „Warum verliere ich immer das Wesentliche aus dem Auge?".

- Die Lösung der Fragestellung liegt innerhalb des *Einflussbereichs* des Fragestellers. „Wie kann das Unternehmen seine Kommunikation nach außen verbessern", ist sicherlich ein interessantes Thema, aber für die meisten Mitarbeiter nur teilweise zu beeinflussen; es sei denn, der Fragesteller ist Vorstandsmitglied oder Pressesprecher des Unternehmens. „Was kann ich tun, um mein Unternehmen gegenüber meinen Kunden besser darzustellen?", ist hingegen von dem jeweiligen Fragesteller zu einem hohen Grad steuerbar.
- Die Frage ist möglichst *konkret* und bezieht sich am besten auf reale Situationen und Personen. So ist die Frage „Wie kann ich mit den Einwänden meines Großkunden X bezüglich des Angebots Y am besten umgehen?" leichter zu bearbeiten als „Wie gehe ich mit Einwänden von Kunden am besten um?"

Schnellfinder

IV. Real-Life-Coaching: Wie Sie individuelle Anliegen erfolgreich bearbeiten

IV: Real Life Coaching

Wie Sie individuelle Anliegen erfolgreich bearbeiten

B) Vorgehen

1. Coaching-Themen generieren

Ziele

- Die Teilnehmer erarbeiten ihre individuellen Lernziele und Anliegen.
- Der Trainer gewinnt einen Überblick über mögliche Anliegen.

Zeit

40 Minuten (5 Min. Instruktion, 10 Min. Bild malen, 20 Min. Bericht im Plenum, 5 Min. Puffer)

Material

- Flipchart mit Anleitung
- Ein leeres Flipchart-Papier für jeden Teilnehmer
- Moderationsstifte und eventuell Wachsmalkreide, Klebeband zum Aufhängen der Plakate

Überblick

- Die Teilnehmer schreiben ihre Lernziele und Anliegen auf Flipchart und illustrieren sie mit einem Bild.
- Sie präsentieren ihre Lernziele und Anliegen im Plenum.
- Die Bilder werden im Seminarraum aufgehängt.

Erläuterung

Idealerweise steht bereits in der Seminarausschreibung, dass im Training anhand realer Praxisfälle der Teilnehmer gearbeitet wird. Auch bei der Seminareinladung kann dieser Hinweis wiederholt und die Teilnehmer dazu aufgefordert werden, Praxisfälle einzubringen. In der Vorbefragung werden diese dann bereits zum ersten Mal abgefragt. Auch zu Seminarbeginn kann der Trainer darauf hinweisen, dass im Seminar an den Praxisfragen der Teilnehmer gearbeitet wird.

Nach dem Einstieg ins Seminar und dem Kennenlernen der Teilnehmer geht es darum, die Lernziele und Anliegen der Teilnehmer zu erheben. Diese werden zwar idealerweise schon vor dem Seminar per Interview oder Fragebogen erfragt, da sie sich aber jederzeit verändern können, muss in der Anfangsphase des Seminars ausdrücklich danach gefragt werden. Außerdem muss geklärt werden, welche Anliegen bearbeitet werden können und welche nicht. Es wird also der „Kontrakt" über die Zusammenarbeit geschlossen.

Vorgehen

Erhebung der Anliegen und Lernziele

Der Trainer kann die Erhebung der Anliegen und Lernziele auf folgende Weise anleiten: *„Die allgemeinen Ziele und Themen des Seminars habe ich Ihnen vorgestellt. Jetzt geht es darum, diesen allgemeinen Rahmen mit Leben zu füllen, indem Sie Ihre persönlichen Lernziele formulieren. Was möchten Sie hier lernen, erfahren oder üben? Was ist für Sie ganz persönlich wichtig? Welche persönlichen Fragen und Anliegen möchten Sie für sich klären?"*

An dieser Stelle kann der Trainer ein paar Beispiele geben, um zu erläutern, wie persönliche Anliegen aussehen. In einem Seminar zum Thema „Kommunikation und Führung" könnte dies etwa so klingen:

„Mit ‚persönlichen Anliegen' sind Fragestellungen gemeint, die Sie in Ihrem Führungsalltag beschäftigen und zu denen Sie sich gerne Feedback einholen möchten. Solche Anliegen können beispielsweise sein:
- *Wie kann ich meinen Mitarbeitern kritisches Feedback geben, ohne sie vor den Kopf zu stoßen?*
- *Wie gehe ich mit demotivierten Mitarbeitern um?*
- *Wie kann ich Unternehmensentscheidungen vermitteln, hinter denen ich selbst nicht immer stehe?*
- *Wie kann ich meine Besprechungen effektiver gestalten?*

Dies sind nur einige mögliche Beispiele. Natürlich sind auch andere Fragestellungen willkommen. Je konkreter sie sind, desto besser."

Es empfiehlt sich, nun die Vertraulichkeit der eingebrachten Anliegen als Spielregel zu vereinbaren: „*Damit diese Arbeit an persönlichen Themen funktioniert, ist es wichtig, dass alles, was hier besprochen wird, auch hier im Raum und bei den Leuten hier bleibt. Voraussetzung unserer Arbeit ist also die Vertraulichkeit hier im Seminar. Sind damit alle einverstanden?*“

Kein Kunstwerk

Dann erklärt der Trainer das methodische Vorgehen: „*Bitte schreiben Sie Ihre Anliegen und Lernziele auf ein Blatt Flipchart-Papier. Stifte und Papier habe ich für Sie bereitgelegt. Außerdem möchte ich Sie bitten, zu Ihrem wichtigsten Anliegen ein Bild zu zeichnen. Es soll kein großes Kunstwerk sein. Vielmehr geht es darum, mit einfachen Symbolen wie zum Beispiel Wolken, Sonne, Blitzen und mit Strichmännchen und Sprechblasen das Thema deutlich zu machen, damit sich die anderen im wahrsten Sinne des Wortes ein Bild davon machen und es sich besser vorstellen können.*“

Abb.: Flipchart zur Erhebung von Anliegen und Lernzielen

Anschließend werden die Lernziele im Plenum zusammengetragen. Der Trainer hört dabei sehr aufmerksam jedem Teilnehmer zu und fragt bei Bedarf nach. Wenn die Lernziele oder Anliegen unklar oder schwammig formuliert sind, kann der Trainer nachhaken, etwa mit folgenden Fragen:

- Woran würden Sie festmachen, dass Sie Ihr Ziel erreicht haben?
- Können Sie mir ein Beispiel geben?
- Welche Situation meinen Sie?
- Was genau meinen Sie mit „besser präsentieren“? Wie würde das konkret aussehen?

Nachdem alle Teilnehmer ihre Bilder vorgestellt haben, fasst der Trainer die Lernziele zusammen und gleicht diese mit dem Ablaufplan ab. Er macht auch klar, welche Lernziele und Anliegen nicht oder nur am Rande bearbeitet werden können. Wenn Themen über den Rahmen der Veranstaltung hinausgehen, sollte er dies deutlich benennen und ggf. auf andere Angebote verweisen (z.B. Einzelcoaching, andere Seminare etc.).

Erwartungen managen

Zum Schluss werden die Plakate der Teilnehmer im Seminarraum aufgehängt, sodass die Anliegen und Lernziele der Teilnehmer während des gesamten Seminars sichtbar sind.

„Bitte hängen Sie Ihr Plakat im Seminarraum auf. Im Moderationskoffer finden Sie hierzu Klebestreifen."

Hinweise

- Mit der Methode des Bildmalens habe ich sehr gute Erfahrungen gemacht, wenn es darum geht, Coaching-Themen zu generieren. Die Hemmschwelle für Teilnehmer, sich auf diese Methode einzulassen, ist zwar deutlich höher, als wenn sie aufgefordert werden, Begriffe auf Moderationskarten zu schreiben. Dafür ist das Vorgehen umso ergiebiger, da es Rationalisierungen umgeht und direkt auf bildhafte, teils unbewusste Prozesse zugreift. Die subjektive Erlebniswelt des Einzelnen wird den anderen Teilnehmern sinnlich-konkret vermittelt. Sie können unmittelbar nachvollziehen, was diesen bewegt. Dadurch entsteht viel Nähe und Vertrautheit unter den Teilnehmern. Sie spüren, dass sie nicht alleine sind mit ihren Fragen, Problemen und Herausforderungen. Es entsteht ein emotionales „Fallnetz" (Ruth Cohn), welches die Basis für die weitere Coaching-Arbeit bildet.
- Bei der Aufforderung, ein Bild zu malen, reagieren manche Teilnehmer skeptisch oder ablehnend, verbunden mit Einwänden wie: „Muss das sein? – Ich kann nicht malen!" Auf solche Bedenken kann der Trainer etwa folgendermaßen eingehen: *„Es macht nichts, wenn Sie nicht malen können. Es reichen einfache Mittel aus, um Ihr Anliegen zu verdeutlichen: Der schwierige Chef kann als Strichmännchen dargestellt werden. Der Ärger auf den Mitarbeiter kann durch einen Blitz und die unausgesprochene Spannung mit dem Chef durch eine schwarze Wolke illustriert werden. Das Bild muss auch nicht selbsterklärend sein. Selbst wenn das Telefon, das Sie malen wollen, eher wie eine Wurst aussieht, können Sie ja anschließend noch erläutern, dass es sich um den Telefonhörer handelt und Sie nicht ans Essen gedacht haben ;-). Es geht einfach darum, dass wir ein plastisches Bild von den Themen bekommen, denn bekanntlich sagt ein Bild mehr als tausend Worte."* Der Trainer kann dies – als Rollenmodell – direkt am Flipchart demonstrieren und anhand des Zeichnens einfacher, schlichter Symbole deutlich machen, dass künstlerische Fähigkeiten keineswegs erforderlich sind. Dilettantische Zeichenfertigkeiten des Trainers tragen hier eher dazu bei, die Hemmschwelle zu senken.
- Bei der Runde, in der die Lernziele und Coaching-Anliegen gesammelt werden, sollte der Trainer darauf achten, dass noch nicht in die Themenbearbeitung eingestiegen wird, sondern lediglich unterschiedliche Themen zusammengetragen werden. Falls bereits Ideen

und Lösungsvorschläge eingebracht werden, muss dies unterbunden werden („*Vielen Dank. Bitte behalten Sie diese Idee im Hinterkopf. Wir werden erst später zum Coaching selbst kommen und dann werden Vorschläge ihren Platz haben.*").

- Je nachdem, wie viele Coaching-Anliegen angemeldet werden und wie viel Zeit zur Verfügung steht, sollte der Trainer darauf hinweisen, falls realistischerweise nicht alle Themen bearbeitet werden können.

Varianten

- *Reflexionsfragen*: Um die Teilnehmer auf die Formulierung ihrer Lernziele und Anliegen vorzubereiten, kann es hilfreich sein, zunächst einige Reflexionsfragen zu stellen. In der folgenden Tabelle finden Sie Beispiele möglicher Explorationsfragen zu unterschiedlichen Seminarthemen.

Kommunikation	Konfliktmanagement	Führung
Wie sieht exzellente Kommunikation in meinem Job aus?	Welche beruflichen Konflikte hatte ich in der letzten Zeit?	Was gelingt mir als Führungskraft gut? Was fällt mir leicht?
Was davon gelingt mir besonders gut? Was finde ich schwierig?	Wie habe ich mich verhalten?	Was finde ich in meiner Rolle als Führungskraft schwierig?
Welche Kommunikationssituation(en) erlebe ich als besonders herausfordernd?	Was ist daran typisch für mich? Was sind meine Stärken und Schwächen?	Was würden andere (Mitarbeiter, Vorgesetzte etc.) sagen, was ich gut kann und was ich verbessern könnte?
Was möchte ich hier lernen, erfahren oder üben?	Was sind meine Anliegen und Lernziele?	Was möchte ich in diesem Seminar lernen? Woran möchte ich konkret arbeiten?

Abb.: Einige Reflexionsfragen, die der Trainer einsetzen kann, um die Teilnehmer zur Exploration ihrer Lernziele und Anliegen anzuleiten.

- *Paarinterview*: Statt in Einzelarbeit können Lernziele und Anliegen auch in Paararbeit besprochen werden. Dies bietet sich insbesondere in Kombination mit den gerade genannten Reflexionsfragen an. Die Paararbeit hat den Vorteil, dass sich die Teilnehmer in einem vertraulichen Rahmen austauschen können, wodurch eine tiefere Reflexion ermöglicht wird. Abwechselnd interviewen die Partner einander. Aufgabe des Interviewers ist es jeweils nachzufragen, aktiv zuzuhören und Kernpunkte zusammenzufassen, keineswegs aber eigene Sichtweisen einzubringen oder Feedback zu geben.

- *Kleingruppen*: Alternativ zum Paarinterview kann der Trainer auch Triaden oder Kleingruppen einsetzen, allerdings dauert dann die Erfassung der Lernziele und Anliegen recht lange. Zudem besteht die Gefahr, dass bei steigender Gruppengröße die Intimität abnimmt und persönliche Fragestellungen seltener offenbart werden. Zudem entsteht leicht eine Gruppendynamik, die dazu führt, dass sich die Teilnehmer einer Kleingruppe auf ähnliche Themen „einschießen" und andere dagegen ausgeblendet werden.
- *Weitere Methoden*: Weitere Methoden zur Anliegenerhebung wie etwa das Thomann-Schema oder die sogenannte „Besinnungsanleitung" finden Sie bei Benien (2002) und Schulz von Thun (1996; Praxisberatung in Gruppen).

2. Coaching erklären: Das GROW-Modell

Ziele

- Die Teilnehmer entwickeln ein erstes Verständnis von Coaching und dem GROW-Modell.
- Sie lassen sich darauf ein, mit Coaching-Methoden zu arbeiten.

Zeit

10 Minuten

Material

- Flipchart „Coaching"
- Flipchart „GROW"

Überblick

- Der Trainer erklärt den Begriff „Coaching" am Flipchart.
- Er erläutert Coaching als Beratungsmethode und als Führungstechnik.
- An der Pinnwand erklärt er das GROW-Modell.

Erläuterung

Das GROW-Modell wurde ursprünglich als eine Problemlösungs- oder Zielsetzungstechnik in Großbritannien entwickelt, deren Entwicklung man unter anderem dem Coach Sir John Whitmore zuschreibt. Das Modell bietet eine hilfreiche, leichtverständliche Struktur, um Coaching-Sessions erfolgreich zu leiten. Außerdem kann es von den Teilnehmern gut in den Alltag transferiert werden, um eigene Mitarbeitergespräche zielgerichtet zu führen.

Vorgehen

Vor Beginn der ersten Coaching-Sequenz bietet es sich an, den Teilnehmern einen Überblick darüber zu geben, wie das Coaching ablaufen wird. Dabei ist es empfehlenswert, den Nutzen des Coachings deutlich herauszustellen.

„Als Nächstes werden wir an Ihren persönlichen Fragestellungen zu unserem Thema arbeiten. Diese Beschäftigung mit realen Situationen aus dem Arbeitsalltag ist meistens besonders effektiv, weil wir dadurch aus der Praxis für die Praxis lernen. Wir werden dabei entlang eines bewährten Coaching-Leitfadens arbeiten, anhand dessen sich berufliche Fragestellungen effektiv bearbeiten lassen. Bevor ich Ihnen diesen Leitfaden vorstelle, möchte ich Ihnen einen Überblick darüber geben, was Coaching eigentlich ist und wie Sie Coaching-Elemente und -Techniken in Ihrem Alltag nutzen können.

Zunächst möchte ich kurz auf den Begriff ‚Coaching' eingehen, weil er in der Öffentlichkeit oft diffus und missverständlich verwendet wird. In der Personalentwicklung wird unter Coaching eine Beratung verstanden, in der der Coachee – also die Person, die sich coachen lässt – die Unterstützung eines professionellen Coachs in Anspruch nimmt, um seine persönlichen Entwicklungsziele zu erreichen. Die Themen und Inhalte werden hierbei vom Coachee bestimmt, der auch dafür verantwortlich ist, Lösungen zu finden und umzusetzen. Der Coach hat die Aufgabe, durch aufmerksames Zuhören, Fragetechniken, Feedback und verschiedene Interventionstechniken dem Coachee zu helfen, dessen Ziele zu erreichen, wie er dies ohne das Coaching möglicherweise nicht oder nicht so schnell schaffen würde. Der Coach ist also nicht der Experte, der inhaltliche Tipps und Ratschläge gibt, sondern eine neutrale Instanz, ein ‚Sounding Board', das dem Coachee hilft, seine eigenen Lösungen zu finden. Dies macht auch die Herkunft des Begriffs ‚Coach' deutlich: Er stammt aus dem englischen und bedeutet ‚Kutsche'. Der Coach hilft also, ein Ziel zu erreichen, das vom Coachee selbst bestimmt wird.

Neben der professionellen Dienstleistung durch Business-Coachs, für die es entsprechende Ausbildungen gibt, haben sich Coaching-Techniken als effektiv in verschiedenen Kommunikationssituationen erwiesen. Sie sind insbesondere in der Personalführung hilfreich. Der Psychologe Daniel Goleman hat die Effektivität verschiedener Führungsstile evaluiert und festgestellt, dass Führungsverhalten, das durch eine Coaching-Haltung und den Einsatz entsprechender Coaching-Techniken geprägt ist, effektiver ist als alle anderen Führungsstile. Auch in Beratungs- oder Verkaufssituationen erhöhen Coaching-Techniken die Effektivität.

Das Grow-Modell wird präsentiert

Die Grundidee von Coaching ist stets, dass der Coach anderen, die um Rat suchen, keine Ratschläge gibt, sondern ihm hilft, seine Situation zu analysieren und Lösungsoptionen zu finden. Dazu hat sich das sogenannte GROW-Modell bewährt."

Der Trainer präsentiert das GROW-Modell am Flipchart.

„Das GROW-Modell bietet eine Struktur, die professionelle Coachs verwenden, wenn sie Management-Coaching durchführen.

Für Sie bietet das Modell zwei Vorteile: zum einen hilft es, Ihre Praxisfragen im Seminar zu bearbeiten und Lösungen zu finden, die für Sie passen. Zum anderen erlernen Sie selbst eine Coaching-Struktur, die Ihnen in der Mitarbeiterführung helfen kann.

GROW steht für zweierlei. Zum einen heißt ‚grow' wachsen. Die Abkürzung steht also dafür, dass Coaching eine Methode zu persönlichem Wachstum, zu persönlicher Weiterentwicklung ist. Zum anderen fasst sie die vier wichtigsten Schritte einer Coaching-Sequenz zusammen. Jeder Buchstabe steht für eine Phase des Coachings.

Das G steht für ‚Goal', also für das Ziel. Im ersten Schritt geht es also darum zu klären, was der Coachee erreichen will.

Das R steht für ‚Reality'; hier findet die Analyse der Realität, der Ist-Situation statt. Es geht darum, dem Coachee viele Fragen zu stellen, um die Situation besser zu verstehen und dem Coachee idealerweise zu helfen, sie aus einem anderen Blickwinkel zu betrachten. Lösungsvorschläge sind in dieser Phase nicht erlaubt, weil sie sonst vorschnell erfolgen und daher hier noch wenig hilfreich sind.

Das O steht für ‚Options'; hier geht es darum, mögliche Lösungen zu sammeln. In einem 1:1-Coaching stehen hierfür nur der Coachee und der Coach zur Verfügung. Im Seminar kann dabei die ganze Gruppe mithelfen. Damit dies auch wirklich auf die individuelle Situation des Coachee passt, werde ich in dieser Phase unterschiedliche Methoden einsetzen, mit der wir die Beratung praxisnah gestalten können. Wenn der Coachee beispielsweise die Frage hat, wie er seine Präsentationen vor dem Vorstand besser halten kann, so können wir diese Situation hier simulieren, dem Coachee Feedback geben und er kann versuchen, das eine oder andere anders zu machen, als er es bisher getan hat. Oder er kann sich von außen anschauen, wie andere diese Situation angehen würden.

Das W schließlich steht für ‚Way forward'; also für die nächsten Schritte, die der Coachee umsetzen möchte."

Der Trainer ergänzt das Flipchart, während er das GROW-Modell erläutert.

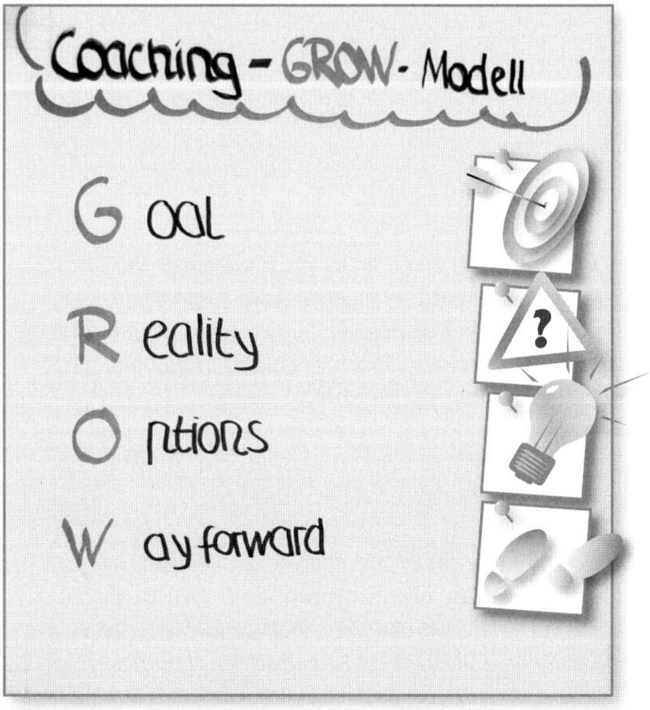

Abb.: Der Trainer hat das Plakat mit dem GROW-Modell vervollständigt.

Hinweis

An dieser Stelle empfiehlt es sich, dass der Trainer auch etwas zu seiner eigenen Coaching-Erfahrung und seiner Ausbildung sagt, um deutlich zu machen, dass er über die nötige Erfahrung und Kompetenz auf diesem Gebiet verfügt.

3. Entscheiden, welches Thema bearbeitet wird

Ziele

Es wird ein Anliegen ausgewählt, das thematisch in den Ablauf passt und das Interesse der Gruppe findet.

Zeit

10 Minuten

Material

Keines

Überblick

- Der Leiter stellt Themen zur Auswahl, die in den Seminarablauf passen.
- Er stellt sicher, dass die potenziellen Coachees zur Fallarbeit bereit sind.
- Die Entscheidung wird per Soziometrie von der Gruppe getroffen.

Erläuterung

Grundsätzlich gibt es drei Möglichkeiten zu entscheiden, welche Fragestellung zu einem bestimmten Zeitpunkt bearbeitet wird. Jede Vorgehensweise hat ihre Vor- und Nachteile:

1. Die potenziellen Coachees – also jene Teilnehmer, die ein Anliegen eingebracht haben – einigen sich untereinander, wer drankommt.
2. Die Gruppe entscheidet, an welchem Thema gearbeitet wird.
3. Der Leiter entscheidet.

1. Die Coachees entscheiden

Hier fragt der Leiter, wer seine Fragestellung jetzt einbringen möchte.

- *Vorteile*: Die Entscheidung wird den einzelnen Seminarteilnehmern überlassen, damit gewährt dieses Vorgehen die höchste Autonomie und Selbstbestimmtheit.

Tipp: Verdeckte Skala einsetzen

- *Nachteile*: Es besteht dabei das Risiko, dass sich niemand traut, den Anfang zu machen und ein betretenes Schweigen einsetzt. Dem kann der Leiter begegnen, indem er die Teilnehmer zum Beispiel auffordert, eine Zahl auf einer Skala von 0 (kein Interesse das eigene Thema jetzt einzubringen) bis 10 (sehr hohes Interesse das eigene Thema jetzt einzubringen) auf einer Moderationskarte verdeckt zu notieren und diese dann gleichzeitig aufzudecken. Die Person mit der höchsten Zahl beginnt. Außerdem kann es passieren, dass die Themen nicht zum Ablauf des Seminars passen und die Praxisberatung damit wie ein Fremdkörper im Seminar wirkt. Auch kann es sein, dass das Thema zwar für den Coachee, nicht aber für die Gruppe von Interesse ist.

Fazit: Aus meiner Sicht ist diese Vorgehensweise vor allem dann angebracht, wenn Selbsterfahrung im Mittelpunkt steht und es gewünscht ist, dass die Teilnehmer selbst die Verantwortung für ihr Lernen übernehmen. Dies kann zum Beispiel bei kollegialer Beratung, Intervision oder Supervision der Fall sein.

2. Die Gruppe entscheidet

Wenn der Trainer die Gruppe entscheiden lässt, welches Anliegen bearbeitet wird, kann er Moderationskarten (oder Plakate), auf denen die eingebrachten Themen stehen, im Raum verteilen und die Teilnehmer auffordern, sich zu dem Thema zu stellen, das sie am meisten interessiert. Alternativ zu dieser soziometrischen Wahl kann er die Themen auch auf ein Flipchart oder eine Pinnwand notieren und die Präferenzen mittels Klebepunkten bestimmen lassen.

- *Vorteile*: Es wird sichergestellt, dass jenes Thema bearbeitet wird, das am meisten Interesse bei den Teilnehmern findet. Dadurch wird gewährleistet, dass sich die Energie der Gruppe auf die anschließende Fallarbeit richtet. Das ist insofern wichtig, als die Fallarbeit nicht nur dem Coachee, sondern stets allen Teilnehmern zugute kommen soll, indem diese sich mit dem Coachee identifizieren und das jeweilige Thema auf die eigene Realität übertragen.

Risiko: Kränkung durch Abwahl

- *Nachteile*: Durch die Wahl der Gruppe entsteht eine Konkurrenzsituation unter den Teilnehmern. Welches Thema wird gewählt? Und: Welcher Teilnehmer wird gewählt bzw. abgewählt. Es kann kränkend sein, wenn das eigene Thema, das als besonders dringlich erlebt wird, von der Gruppe als weniger wichtig eingestuft wird als das eines anderen.

Fazit: Da die Fallarbeit stets ein Lernen des Coachee und der gesamten Gruppe ermöglichen soll, spricht einiges dafür, die Wahl des Anliegens der Gruppe zu überlassen. Dabei ist es wichtig hervorzuheben, dass verschiedene inhaltliche Themen zur Wahl stehen und nicht die Personen, welche die Themen eingebracht haben.

3. Der Trainer entscheidet

Wenn der Trainer die Entscheidung trifft, wird er dies auf dem Hintergrund bestimmter Überlegungen tun: Welches Anliegen passt jetzt am besten? Wer könnte ein geeigneter Coachee sein? Welche Fragestellung, aber auch welcher Teilnehmer hat am meisten Rückhalt in der Gruppe? Idealerweise kann der Trainer eine schlüssige Begründung geben und transparent machen, warum nun ein bestimmtes Anliegen bearbeitet wird. Dies ist am einfachsten, wenn eine bestimmte Fragestellung gerade ideal in den Ablauf passt. Wenn zum Beispiel im Seminar „Kommunikation und Führung" das Thema „Feedback" auf dem Programm steht und ein Teilnehmer die Frage eingebracht hatte „Wie kann ich meinem Mitarbeiter konstruktiv Feedback geben", dann bietet es sich an, dieses Thema nun aufzugreifen.

- *Vorteile*: Der Trainer ist für die Struktur des Seminars verantwortlich und hat den fundiertesten Überblick, welche Fragestellung am besten in den Ablauf des Seminars passt und welches besser zu einem späteren Zeitpunkt bearbeitet werden sollte. Außerdem wird der Trainer möglicherweise Hypothesen entwickeln, welche Teilnehmer die nötige Offenheit und Motivation mitbringen, um sich auf das Coaching einzulassen und damit – gerade bei der ersten Anliegenbearbeitung – als Modell für die anderen dienen können. Dadurch kann der Trainer die Weichen für weitere erfolgreiche Coaching-Sequenzen stellen.
- *Nachteile*: Die Entscheidung durch den Leiter kann von der Gruppe als willkürlich erlebt werden. Es kann passieren, dass sich die Teilnehmer bevormundet fühlen, was die Motivation erheblich beeinträchtigen kann. Dies ist insbesondere dann der Fall, wenn die Entscheidung des Leiters für sie nicht nachvollziehbar ist. Hinzu kommt, dass der Leiter bei seiner Einschätzung jederzeit falsch liegen kann, etwa was seine diagnostische Einschätzung der geeigneten Coachees angeht. Die Versuchung ist groß, zu glauben, dass man schon weiß, was für die Teilnehmer gut ist.

Risiko: Willkürlichkeit

Fazit: Es braucht eine fundierte Qualifikation und sehr viel Erfahrung (und Selbsterfahrung), um mit hoher Wahrscheinlichkeit die (nicht nur inhaltlich, sondern auch gruppendynamisch) richtige Entscheidung zu treffen. Deshalb sollte dieses Vorgehen nur von entsprechend erfahrenen Leitern gewählt bzw. mit Variante 1 oder 2 kombiniert werden, sodass auch die Seminarteilnehmer in die Entscheidung miteinbezogen werden.

Vorgehen

Alle drei Aspekte berücksichtigen

Aus meiner Sicht ist es empfehlenswert, alle drei Vorgehensweisen zu kombinieren:

1. Der Leiter trifft eine Entscheidung, welche Themen zu einem bestimmten Zeitpunkt zum Seminarablauf passen: *„Wir kommen jetzt zum Thema ‚Konflikte ansprechen'. Frau A, Herr B und Frau C, Sie alle hatten Fragestellungen eingebracht, die zu diesem Thema passen."*
2. Er stellt sicher, dass die potenziellen Coachees zur Fallarbeit bereit sind: *„Wäre es in Ordnung für Sie, wenn wir eine Ihrer Fragestellungen jetzt behandeln?"* Hier kann es oft vorkommen, dass einzelne Gruppenmitglieder einen „Rückzieher" machen und konstatieren, dass ihr Thema „doch nicht so wichtig" oder ein anderes „viel interessanter" sei. Das kann der Trainer akzeptieren, sollte aber später darauf zurückkommen und überprüfen, ob das Thema nicht doch relevant ist. Manchmal kann es auch hilfreich sein, wenn der Trainer glaubhaft versichern kann, dass er ein bestimmtes Thema durchaus „interessant" findet, da manche Coachees diese Art Rückversicherung brauchen, um die Hemmschwelle zu überwinden, die eigene Fragestellung einzubringen.
3. Die finale Entscheidung trifft die Gruppe per soziometrischer Wahl: *„Bitte stellen Sie sich zu dem Thema, an dem Sie jetzt arbeiten möchten."*

Hinweise

Falls es bei der soziometrischen Wahl einen Gleichstand zwischen zwei Fällen gibt, fordert der Trainer diejenigen, die sich für die weniger oft gewählten Fallbeispiele aussprachen, auf, sich für eines der beiden meistgewählten Themen zu entscheiden. Falls auch dann noch ein Patt vorliegt, fordert er die Fallbringer auf, sich zu einigen, wer nun arbeiten möchte.

4. Coaching-Sequenzen anleiten

Ziele

- Ein Teilnehmer erhält Lösungsmöglichkeiten für ein persönliches Anliegen.
- Die anderen Teilnehmer erarbeiten modellhaft Handlungsoptionen und übertragen diese auf ähnliche eigene Fälle.

Zeit

60-75 Minuten

Material

Je nach Coaching-Methode

Überblick

- **G**oal: Das Ziel mit dem Coachee klären.
- **R**eality: Die Situation analysieren und ggf. bereits Coaching-Methoden einsetzen.
- **O**ptions: Das Anliegen mit einer Coaching-Methode bearbeiten und Lösungen suchen.
- **W**ay forward: Die Bearbeitung wird ausgewertet und der Coachee definiert seine nächsten Schritte zur Umsetzung. Bei Bedarf wird vom individuellen Fall abstrahiert.

Erläuterung

Bei der Durchführung einer Coaching-Sequenz kann sich der Trainer am GROW-Modell orientieren und den vier einzelnen Schritten folgen.

Vorgehen

Schritt 1: G oal – Das Ziel definieren

Bei diesem ersten Schritt sollte der Trainer die Zügel fest in der Hand behalten. Er benötigt einen klaren Auftrag, um mit dem Coaching beginnen zu können. Manchmal sind die persönlichen Anliegen, die im Rahmen der Lernziele erhoben wurden, bereits ausreichend klar und konkret definiert. Dennoch muss der Trainer sich vergewissern und den Coachee fragen, was er genau erreichen möchte, da sich Coaching-Themen oft im Laufe des Seminars verändern können.

Fragen zur Zielvereinbarung:
- Was möchten Sie hier erreichen?
- Was ist Ihr Ziel?
- Was möchten Sie herausfinden?

Manchmal muss der Trainer noch einmal nachhaken, um sicherzustellen, dass die Ziele ausreichend konkret und überprüfbar sind.

Schritt 2: R eality – Die Ist-Situation analysieren

Im nächsten Schritt geht es darum, offene Fragen zu stellen, um die Ist-Situation zu analysieren. Hierbei kann der Trainer am Anfang einige Fragen stellen, um die Weichen in die richtige Richtung zu stellen. Anschließend kann er feststellen, wer weitere Fragen an den Coachee hat. Falls diese Fragen versteckte Lösungsvorschläge enthalten („Haben Sie schon mal daran gedacht, ...“), muss er sofort intervenieren: *„Diese Frage beinhaltet eine Lösungsidee. Bitte behalten Sie diese Idee im Hinterkopf für die nächste Coaching-Phase. Bitte stellen Sie jetzt nur Fragen, wenn Ihnen noch Informationen fehlen, um die Situation zu verstehen.“*

Fragen zur Ist-Analyse:
- Worum geht es?
- Wie ist die Situation genau?
- Eigenschaften und Verallgemeinerungen hinterfragen:
  - Wie äußert sich das? Welche Beispiele gibt es? Wann ist das so?
  - Welche Auswirkungen hat das?
- Wie war es am Anfang? Welche Veränderungen gab es? Wie ist es aktuell?
- Wann und wodurch traten Veränderungen auf?
- Wann ist es anders? Welche Ausnahmen gibt es? Was unterscheidet diese Situationen?
- Wer ist beteiligt? Wer ist indirekt betroffen? Wie?
- Wenn ich X fragen würde, wie würde er die Situation beschreiben?
- Wer hat welche Interessen?
- Welche Koalitionen gibt es? Gegen wen?
- Wer reagiert wie auf wen?
- Wer hat welchen Nutzen aus der Situation?
- Was haben Sie dazu beigetragen, dass die Situation so ist, wie sie ist?

Der Trainer sollte darauf achten, dass diese Phase nicht zu lange dauert, da im Mittelpunkt des Coachings die Arbeit mit handlungsorien-

Situationsanalyse kurz halten

tierten Methoden stehen sollte, denn davon profitieren die Teilnehmer am meisten. Die Situationsanalyse kurz zu halten, ist nicht immer leicht. Schließlich sind die meisten Fach- und Führungskräfte sehr geübt darin, Situationen zu analysieren. Sind sie dann noch eloquent, besteht die Gefahr, dass die gesamte Gruppe (inklusive Leitung) in eine „Problem-Trance" gerät (Gunter Schmid) und das Gefühl entsteht, dass es wohl keine Lösung geben könne. Daher sollte der Trainer darauf achten, dass genug Zeit für die Lösungsfindung bleibt. Dies kann er etwa steuern, indem er rechtzeitig fragt, wer die „letzte Frage" stellen möchte.

Bereits in der „Reality"-Phase kann handlungsorientiert mit vielen der im folgenden Kapitel dargestellten Coaching-Methoden gearbeitet werden. So kann etwa die Nachinszenierung eingesetzt werden, um eine vergangene Situation besser zu verstehen oder eine Teamskulptur, um Konflikte im Team zu analysieren.

Schritt 3: O ptions – Lösungsoptionen sammeln und bewerten

Zu Beginn der Phase „Options" kann der Trainer bei Bedarf zunächst ebenfalls mit Fragetechniken arbeiten, um erste Lösungsideen zu generieren:

Fragen zu Lösungsmöglichkeiten:

- Was haben Sie bereits unternommen, um das Problem zu lösen? Mit welchem Ergebnis?
- Was müssten Sie tun, um das Problem zu verschlimmern?
- Wenn über Nacht ein Wunder geschehen würde, wie wäre die Situation dann?
- Angenommen, das Problem ist gelöst und Sie schauen zurück, was haben Sie als Erstes getan?
- Wenn Sie später Ihren Enkeln von dem Problem erzählen, welche positiven Seiten hat es gehabt?
- Welche Lösungsansätze wurden bisher übersehen oder vermieden?
- Wer könnte Ihnen helfen?
- Welches Problem könnte auftreten, wenn dieses gelöst würde?

Die Realität in den Seminarraum holen

Allerdings sollte spätestens jetzt die handlungsorientierte Arbeit am Thema im Vordergrund stehen. Hier geht es darum, die Realität des Coachee „in den Seminarraum zu holen" und nach Lösungen zu suchen. Bei einigen der im folgenden Kapitel vorgestellten Coaching-Methoden liegt der Fokus ganz darauf, Lösungsoptionen zu finden, wie etwa beim Actstorming, dem Übenden Rollenspiel, der Walt-Disney-Strategie oder der Tetralemma-Aufstellung.

In der Auswertung der Fallarbeit geht es schließlich darum, das zuvor in der methodischen Bearbeitung Erlebte zu reflektieren, kognitiv zu verarbeiten und zu integrieren. Rückmeldungen, ähnliche Erfahrungen und Anregungen sowie Lösungsideen der anderen Gruppenteilnehmer haben hier ihren Platz. Dadurch wird die Gruppe nach der methodischen Bearbeitung, die oft eher auf den Coachee zugeschnitten ist, wieder miteinbezogen. Zugleich wird der Coachee wieder in die Gruppe integriert. Welches genaue Vorgehen hierbei gewählt wird, hängt mit der jeweiligen Methode zusammen und wird daher in diesem Zusammenhang beschrieben.

Schritt 4: W ay forward – Umsetzung und Transfer

Am Ende des Coachings erhält der Coachee Gelegenheit, zu überprüfen, ob und in welchem Maß er sein Ziel erreicht hat: *„Wenn Sie jetzt noch einmal Ihr Ziel anschauen, wo stehen Sie jetzt? Was ist für Sie klarer geworden und was ist noch offen geblieben?"*

Außerdem geht es darum, nächste Schritte klar zu definieren und dem Coachee dadurch den Transfer zu erleichtern. Dazu passen die folgenden Fragen:

Fragen zur Umsetzung:
- Was werden Sie konkret tun?
- Was ist Ihr erster Schritt?
- Welche Hindernisse könnten auftreten und wie gehen Sie damit um?
- Wer könnte Ihnen helfen?
- Woran werden Sie merken, dass Sie ihr Ziel erreicht haben?
- Auf einer Skala von 0-10, wie viel Energie haben Sie für die Umsetzung?

Transfer des Gelernten

Abschließend kann der Trainer noch einen weiteren Schritt hinzufügen, um von dem spezifischen Fall zu abstrahieren und es den anderen Teilnehmern zu erleichtern, die gemachten Lernerfahrungen auf andere Situationen zu übertragen. Dadurch richtet sich der Fokus weg von dem Coachee – der nun die Gelegenheit hat, die gemachten Erfahrungen zu „verdauen" – und hin zum Thema und zur gesamten Gruppe.

Hierbei gibt es zwei Möglichkeiten:

- Um die Erkenntnisse der Coaching-Sitzung zu abstrahieren, kann der Trainer die Teilnehmer fragen, welche Schlussfolgerungen sie aus der Fallarbeit ziehen – und diese auf einem Flipchart festhalten. Das kann der Trainer beispielsweise folgendermaßen anleiten:

„Ich möchte gerne noch einen Schritt weitergehen. Die Frage ist jetzt: Was haben wir aus diesem Fall gelernt? Welche Schlüsse können wir aus diesem konkreten Praxisfall ziehen, die wir dann in ähnlichen eigenen Situationen anwenden können?"

Passenden Input anschließen

- Wenn der Trainer ein bestimmtes Modell „in petto" hat, das optimal zum Thema passt, so kann er einen Input geben und diesen gegebenenfalls durch eine passende Übung vertiefen. Wenn sich beispielsweise in einem Rollenspiel eine Dynamik zeigt, in der eine Person eine angepasste, unterwürfige (kindliche) Haltung einnimmt und die andere eine strenge, überaus kritische (eltern-ähnliche) Position, so kann das Modell der Transaktionsanalyse helfen, typische Kommunikationsdynamiken besser zu verstehen.

Hinweise

Welche Methode zur Anliegenbearbeitung ausgewählt wird, ist keine leichte Entscheidung. Idealerweise wird je nach Anliegen, Coachee und Seminar eine passende Methode entwickelt. Die im nächsten Kapitel dargestellten Methoden sind selbstverständlich nicht vollständig und sollen vielmehr dazu anregen, immer wieder neue Wege zu finden.

Varianten

Alternativ zum GROW-Modell lassen sich andere Strukturen zur Fallarbeit einsetzen, beispielsweise das im Grunde ähnliche Phasenmodell nach Schulz von Thun (1996):

1. Exploration: Der Protagonist schildert die Situation, die anderen stellen Fragen.
2. Zieldefinition: Es wird geklärt, was der Protagonist mit der Fallarbeit erreichen will.
3. Methodische Bearbeitung: Das Anliegen wird erlebnisaktivierend mit einer Coaching-Methode bearbeitet.
4. Auswertung: Die Fallarbeit wird ausgewertet.
5. Ergebnissicherung: Es werden Lernerfahrungen aus der Fallarbeit abgeleitet.

Diese fünf Phasen bilden das methodische Vorgehen im Seminar sogar noch besser ab. Andererseits ist das GROW-Modell über das Seminar hinaus auch als Coaching-Leitfaden nutzbar und kann dadurch von den Teilnehmern besser auch im Alltag genutzt werden.

Schnellfinder

IV. Real-Life-Coaching: Wie Sie individuelle Anliegen erfolgreich bearbeiten

IV: Real Life Coaching

Wie Sie individuelle Anliegen erfolgreich bearbeiten

C) Methoden

In diesem Abschnitt stelle ich Ihnen 15 Methoden vor, die dazu dienen, das Anliegen des Coachee „lebendig werden zu lassen" und handlungsorientiert zu bearbeiten. Auf unterschiedliche Weise wird die subjektive Realität des Coachee in den Seminarraum geholt, um dann Möglichkeiten zu erkunden, wie Lösungen aussehen können, die für den Coachee und seinen Kontext stimmig sind.

Sie erhalten ...

- Coaching-Methoden zur Klärung zwischenmenschlicher Fragestellungen
- Coaching-Methoden zur Klärung von Teamkonflikten
- Coaching-Methoden zur Klärung innerer Konflikte
- Coaching-Methoden für alle Fälle

Zwei der Methoden, nämlich die „Walt-Disney-Strategie" sowie das „Reflecting Team" sind hier nur skizziert, weil sie bereits ausführlich in meinen anderen Werken dargestellt wurden. Die vollständige Beschreibung dieser beiden Methoden finden Sie dennoch als Online-Ressource zum Buch im Internet.

Coaching-Methoden zur Klärung zwischenmenschlicher Fragestellungen

1. Umgang mit schwierigen Menschen: Rollentausch

Indikation

Der „Rollentausch" ist immer dann besonders hilfreich, wenn es dem Coachee schwerfällt, sich in seine(n) Interaktionspartner einzufühlen und dies für ihn notwendig ist, um seine Ziele zu erreichen. Beispiele: „Wie kann ich meinen Chef besser managen?", „Wie kann ich den Kunden X für unser Produkt interessieren?", „Weshalb ist mein Mitarbeiter so demotiviert?", „Wie kann ich den Vorstand für meine Ideen gewinnen?"

Ziele

- Der Coachee kann sich besser in seine(n) Interaktionspartner einfühlen.
- Der Coachee erreicht einen Perspektivenwechsel und kann daher seine Handlungsoptionen und ihre Folgen besser einschätzen.
- Der Coachee gewinnt Distanz zur eigenen Perspektive und kann sich von festgefahrenen Denk- und Handlungsmustern lösen.

Zeit

45-60 Minuten

Überblick

- Der Trainer schafft ein Setting, in dem der Coachee im Rollentausch mit dem Interaktions-/Konfliktpartner befragt werden kann.
- Dazu fragt er den Coachee, in welcher Situation der Interaktions-/Konfliktpartner offen reden würde.

- Diese Situation – etwa ein Gespräch mit Freunden oder Vertrauten – wird simuliert.
- Der Coachee wird aufgefordert, sich in die Rolle des Interaktions-/Konfliktpartners hineinzuversetzen.
- Andere Teilnehmer übernehmen die Rolle der Freunde/Vertrauten.
- Zunächst interviewt der Trainer den Coachee im Rollentausch, um es ihm zu erleichtern, in die Rolle des Konfliktpartners zu finden.
- Dann interviewen die anderen Teilnehmer (in der Rolle der Freunde/Vertrauten) den Coachee (in der Rolle des Interaktions-/Konfliktpartners).
- Ein freier Stuhl wird bereitgestellt, damit auch die Beobachter Fragen stellen können.
- In der Auswertung erhält der Coachee Feedback von Rollenspielern und Beobachtern. Es wird unter anderem beleuchtet, inwiefern es dem Coachee gelungen ist, sich in die Rolle des Antagonisten einzufühlen.

Erläuterung

Der „Rollentausch" ist eine zentrale Methode des Psychodramas. Hierbei schlüpft der Coachee in die „Haut" einer anderen Person, um die Welt, einschließlich der eigenen Person, mit dessen Augen zu sehen. Dies geschieht nicht nur auf einer kognitiven, sondern auch auf einer emotionalen und somatischen Ebene, um die Perspektive des anderen vollständig einzunehmen. Ziel ist es, die Einfühlung in die betreffende Person durch Perspektivenwechsel zu verbessern. Letztlich können so die eigenen Handlungsoptionen und ihre Konsequenzen besser verstanden und gesteuert werden.

Üblicherweise ist der Rollentausch ein Element einer psychodramatischen Fallarbeit. Allerdings kann er auch als eigenständige Methode[14] eingesetzt werden, die manchmal ausreicht, damit der Coachee sein Ziel erreicht.

---

14 Dabei übernimmt der Coachee die Rolle einer bedeutsamen anderen Person, ohne dass ein anderer Teilnehmer in die Rolle des Coachee schlüpft. Die Rollen werden also nicht wirklich „getauscht". Lediglich der Coachee „wechselt" die Rolle. Daher spricht man im Psychodrama hier eigentlich von „Rollenwechsel". Diese terminologische Unterscheidung soll hier allerdings keine Rolle spielen. Gegenüber den Teilnehmern empfiehlt es sich ohnehin, auf Fachbegriffe zu verzichten.

Vorgehen

Der 46-jährige Marketingleiter eines Industrieunternehmens, Herr Schwarz, hat vor einem Jahr eine neue Vorgesetzte bekommen, mit der er nicht gut zurechtkommt. Die 37-jährige Frau Starke hat im Mutterkonzern Karriere gemacht und seit der Übernahme ihrer neuen Rolle als Bereichsleiterin einige Veränderungen eingeleitet, die bei Herrn Schwarz für einigen Unmut sorgen. Auch aufgrund seines Widerstands gegenüber zentralen Veränderungsprojekten wurde Herrn Schwarz die Teilnahme an dem Seminar „Change Management" nahegelegt, welches er nun besucht. Während er sich zunächst sehr skeptisch verhielt, bringt er nun auch ein eigenes Anliegen ein, welches das schwierige Verhältnis zu seiner Vorgesetzten thematisiert: „Wie kann ich meine Chefin zur Vernunft bringen?"

***G**ROW: **G**oal – Ziel*

Trainer: *„Ihre Frage ist ja, wie Sie Ihre Chefin zur Vernunft bringen können. Nun ist Ihre Vorgesetzte leider nicht hier im Seminar, sodass sie hier nicht direkt zur Räson gebracht werden kann. Was möchten Sie denn im Rahmen dieses Coachings für sich erreichen?"*

Coachee: *„Ich brauche eine klare Strategie, wie ich sie überhaupt erst einmal erreichen kann. Die ist ja im Moment überhaupt nicht mehr ansprechbar. Ich habe schon hundertmal versucht, ihr zu erklären, warum ihre grandiose Marketing-Strategie bei uns nicht passt. Aber sie hört mir nicht einmal zu. Die ist einfach unglaublich stur."*

Trainer: *„Sie möchten also herausfinden, wie Sie Ihre Vorgesetzte erreichen können, sodass sie Ihnen endlich zuhört."*

Coachee: *„Falls das überhaupt geht. Die lebt in ihrer Welt und macht einfach, was der Vorstand im Mutterkonzern will. Das zieht die gnadenlos durch. Ohne Rücksicht auf Verluste."*

Trainer: *„Was bedeutet das bezogen auf Ihre Fragestellung?"*

Coachee: *„Dass ich erst mal herausfinden muss, wie ich mir überhaupt Gehör verschaffen kann. Wie und ob ich sie überhaupt erreichen kann, um dann wieder eine Diskussion über unsere Ausrichtung in Gang zu bringen."*

Trainer: *„Ist das Ihre Fragestellung: ‚Wie kann ich meine Chefin erreichen?'"*

Coachee: *„Ja, genau."*

Der Trainer schreibt die Fragestellung auf ein Flipchart.

GROW: Reality – Situationsanalyse

Die Fragestellung des Coachee legt einen Perspektivenwechsel direkt nahe. Der Trainer möchte rasch die Methode des Rollentauschs einsetzen, da viele Fragen zur Situationsanalyse auch aus der Perspektive der Vorgesetzten exploriert werden können, zum Beispiel die Frage nach den Verantwortlichkeiten, Kompetenzen der Beteiligten, nach Bündnissen und Machtkonstellationen. Deshalb stellt der Trainer an dieser Stelle keine Fragen, gibt jedoch den anderen Teilnehmern die Möglichkeit dazu.

Trainer (an die Gruppe): *„Welche Verständnisfragen gibt es von Ihrer Seite?"*

GROW: Options – Lösungsoptionen

Gerade in festgefahrenen Konfliktkonstellationen fällt es Coachees meist schwer, sich in den Konfliktpartner hineinzuversetzen – geht doch ein eskalierter Konflikt in aller Regel mit einem Verlust an Empathiefähigkeit einher. Aber genau die Fähigkeit, sich von den eigenen eingefahrenen Denkmustern zu lösen und die andere Perspektive einzunehmen, ist die Voraussetzung zur Konfliktlösung.

Trainer: *„Um herauszufinden, wie Sie Ihre Chefin erreichen können, ist es zunächst notwendig, ihre Perspektive einzunehmen."*

Coachee:*„Na ja, ich weiß ja, wie sie argumentiert: Wir müssen einheitlich mit dem Mutterkonzern auftreten. Der Markt hat sich verändert und da müssen wir uns anpassen. Die drischt immer nur Phrasen."*

Trainer: *„Dann wäre es ja umso interessanter herauszufinden, was dahinter steckt. In welchem Rahmen würde Ihre Chefin denn ganz offen reden – auch über die Zusammenarbeit mit Ihnen?"*

Coachee: *„Gegenüber ihren Vertrauten aus dem Mutterkonzern, der Münchner Clique."*

Trainer: *„Wie viele Personen sind das?"*

Coachee: *„Vielleicht vier oder fünf Leute, die alle auf einer recht hohen Hierarchieebene sind. Adam, Bertha, Caesar, Dora und Emil."*

Trainer: *„Und wo würden die sich treffen?"*

Coachee: *„In der Kneipe."*

Den Raum vorbereiten

Trainer: *„Dann stellen wir uns mal vor, dort drüben wäre die Kneipe. Nehmen Sie mal ein paar Stühle und stellen Sie sie dahin, damit wir uns die Kneipe vorstellen können."*

Abb.: Zur Vorbereitung des Rollentauschs schafft der Trainer ein Setting, in dem der Coachee anschließend im Rollentausch interviewt werden kann.

Anschließend werden die Rollen der „Vertrauten" besetzt. Deren Aufgabe besteht im Wesentlichen darin, den Coachee im Rollentausch zu interviewen. Ihre Identität ist zweitrangig. Deshalb ist es hier weniger wichtig, sie durch den Coachee auswählen und eindoppeln zu lassen, wie bei anderen psychodramatisch geprägten Methoden.

Trainer: *„Wer mag die Rollen der Bekannten von Frau Starke übernehmen? Sie müssen lediglich Fragen stellen und zuhören. Bitte nehmen Sie einfach Platz. Wir brauchen Frau Adam, Britta und Dora sowie die Herren Caesar und Emil."*

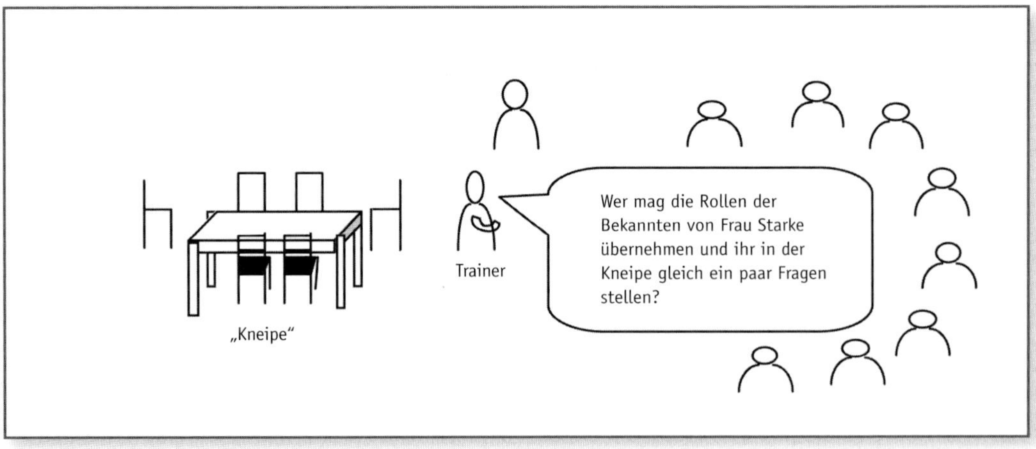

Abb.: Um ein Interview des Coachee im Rollentausch durchzuführen, müssen die Rollen der Interviewer besetzt werden.

Falls sich hierbei Schwierigkeiten ergeben, die Rollen zu besetzen, kann der Trainer den Coachee bitten, die offenen Rollen mit Teilnehmern zu besetzen. Sobald alle Rollen besetzt sind, kann der Trainer noch einen freien Stuhl einführen, um den beobachtenden Teilnehmern Gelegenheit zu geben, bei Bedarf Fragen zu stellen.

Abb.: Der freie Stuhl gibt dem Trainer und den Beobachtern die Gelegenheit, ebenfalls Fragen an den Coachee im Rollentausch zu stellen.

Trainer: *„Hier ist noch ein freier Stuhl, auf dem jeder von den Beobachtern Platz nehmen kann, um eine Frage zu stellen. Anschließend muss der Stuhl dann wieder geräumt werden.“*

Trainer: *„Herr Schwarz, da wir Ihre Chefin ja nicht dahaben, möchte ich Sie bitten, ihre Rolle einzunehmen. Versuchen Sie mal, sich voll und ganz in Ihre Chefin hineinzuversetzen und in der Ich-Form aus Ihrer Rolle zu sprechen.“*

Coachee: *„Wie bitte? Soll ich jetzt mit Frauenstimme sprechen? Und vielleicht noch Stöckelschuhe anziehen?“*

Trainer (lacht): *„Da werden wir wohl keine in Ihrer Größe zur Verfügung haben. Nein, es geht nicht darum, Theater zu spielen, sondern es geht darum, sich in die andere Person einzufühlen und herauszufinden, wie sie die Situation sieht.“*

Coachee: *„O.K.“*

Trainer: *„Dann möchte ich Sie bitten, sich in Ihre Chefin zu verwandeln, wenn Sie dort auf dem Stuhl Platz nehmen. Damit Sie gut in die Rolle hineinfinden, werde ich Ihnen zunächst ein paar Fragen stellen, bevor das Gespräch in der Kneipe beginnt.“*

Coachee: *„O.K., ich werde es versuchen.“*

Abb.: Der Coachee muss zu einem klar definierten Moment die Rolle der Antagonistin (hier: seiner Chefin) übernehmen.

Der Coachee setzt sich hin, das Interview im Rollentausch kann beginnen.

Trainer: *„Guten Tag, Frau Starke. Wären Sie so nett, sich kurz vorzustellen."*

Coachee (im Rollentausch): *„Ähm, ja, ich heiße Gabriele Starke, bin 37 Jahre alt und Bereichsleiterin. Ursprünglich komme ich aus Leipzig, habe dort und in den USA studiert und war dann Trainee im Mutterkonzern in München. Da habe ich relativ schnell Karriere gemacht und bin jetzt hier in der Provinz gelandet, um den Laden auf Vordermann zu bringen."*

Abb.: Bevor das eigentliche Gespräch beginnt, bittet der Trainer den Coachee, sich im Rollentausch vorzustellen. Er achtet darauf, dass der Coachee gut in die Rolle findet.

Trainer: *„Was heißt das für Sie, den Laden auf Vordermann bringen?"*
Coachee: *„Tja, was würde die Chefin da sagen? Sie würde wohl sagen, dass sie mit dem ganzen Team Erfolg haben will und dass dazu alle an einem Strang ziehen müssen."*

Sobald der Coachee in der dritten Person über den Antagonisten spricht, muss der Trainer intervenieren und dafür sorgen, dass der Coachee zurück in den Rollentausch findet. Dies kann er durch eine einfache Aufforderung tun.

Trainer: *„Versuchen Sie, wieder in die Haut von Frau Starke zu schlüpfen und in der Ich-Form zu sprechen."*
Coachee (im Rollentausch): *„Also, als Frau Starke will ich Erfolg im Team haben, aber leider ziehen da einige nicht mit."*

Abb.: Wenn der Coachee die Rolle der Antagonistin verlässt, interveniert der Trainer sofort.

Der Trainer kann nun noch folgende Aspekte erfragen, bevor das eigentliche Gespräch beginnt:

- Berufliche Rolle: *„Was genau ist Ihre Aufgabe? Wofür werden Sie bezahlt? Woran wird Ihr Erfolg gemessen?"*
- Stakeholder: *„An wen berichten Sie? Wie steht diese Person zu Ihnen? Wer ist für Sie besonders wichtig? Wer beurteilt Ihren Erfolg?"*
- Ziele: *„Was wollen Sie erreichen? Was wäre Ihr größter Erfolg/Misserfolg?"*
- Verhältnis zum Coachee: *„Was halten Sie von Herrn Schwarz? Was stört Sie? Was schätzen Sie an ihm?"*
- Bezug zur Fragestellung: *„Wann hören Sie auf Herrn Schwarz? Wann schalten Sie ab?"*

Gleichwohl sollte das Interview durch den Leiter nicht allzu lange dauern. Die anderen Teilnehmer sollen vielmehr Gelegenheit haben, Fragen zu stellen. Deshalb leitet der Trainer so schnell wie möglich zum „Gespräch in der Kneipe“ über. Dabei wendet er sich zunächst an den Coachee:

Trainer: *„Frau Starke, nun sind Sie ja mit Ihren Vertrauten in der Kneipe verabredet, um mal so richtig frei von der Leber zu sprechen und gerade auch das Verhältnis mit Ihrem Marketingchef zu thematisieren. Dabei wird es auch um die Marketing-Strategie gehen. In Ordnung?“*
Coachee: *„Ja.“*

Der Trainer wendet sich an die Rollenspieler: *„Ihre Aufgabe wird es hauptsächlich sein, Fragen zu stellen, gut zuzuhören und vielleicht den einen oder anderen Ratschlag zu geben, wie man das eben unter Freunden und Bekannten macht. Sie sind einfach sehr neugierig und möchten verstehen, wie Frau Starke, die Sie sehr schätzen, die Situation sieht. Besonders interessiert Sie ihr Verhältnis zu Herrn Schwarz und die Ausrichtung des Marketings. Haben Sie noch Fragen, bevor es losgeht?“*

Abb.: Der Trainer instruiert die Rollenspieler, bevor das Gespräch beginnt.

Schließlich wendet sich der Trainer an die Beobachter: *„Ihre Aufgabe ist es, zu beobachten und sich Notizen bezüglich der Ausgangsfrage zu machen, wie Frau Starke eventuell erreicht werden kann. Relevant ist auch, zu beobachten, wie gut es Herrn Schwarz gelingt, sich in sie hineinzuversetzen und zu überlegen, was Frau Starke eventuell noch bewegen könnte. Wenn Sie eine Frage an Frau Starke haben, können Sie sich auf den freien Stuhl setzen, sich in eine Bekannte von Frau Starke verwandeln und Ihre Frage stellen. Anschließend kehren Sie dann in die Runde zurück.“*

Das Gespräch kann nun beginnen. Der Trainer achtet darauf, dass der Coachee in der Rolle als Frau Starke bleibt. Wenn er „aus der Rolle fällt“, interveniert er. Außerdem hat er die Beobachter im Blick und ermutigt sie bei Bedarf, sich auf den freien Stuhl zu setzen.

Abb.: Der Coachee wird im Rollentausch von den anderen Teilnehmern interviewt, welche hier die Rolle von guten Bekannten übernommen haben. Die Beobachter haben die Möglichkeit, sich auf den freien Stuhl zu setzen und ebenfalls Fragen zu stellen.

Der Trainer lässt das Gespräch so lange laufen, wie er den Eindruck hat, dass neue Aspekte berührt werden. Wenn das Gespräch sich im Kreis zu drehen beginnt oder er den Eindruck hat, dass der Coachee entscheidende Punkte bezüglich seiner Fragestellung herausgefunden hat und nachdenklich wirkt, beendet er das Gespräch: *„Gibt es noch eine letzte Frage an Frau Starke? Dann herzlichen Dank, Frau Starke, schön dass Sie vorbeigeschaut haben. Verabschieden Sie sich bitte von Ihren Kollegen und dann würde ich Sie gerne hinausbitten. Vielleicht kann ja Herr Schwarz für Sie wieder zurück in den Raum kommen.“*

***GROW: W**ay forward – Umsetzung*

Zum „Entrollen“ kann der Trainer den Coachee bitten, kurz den Raum zu verlassen, die Rolle symbolisch „abzustreifen“ und dann als er selbst zurückzukehren: *„Gehen Sie doch mal kurz nach draußen, bringen Ihre Chefin raus und kommen als Herr Schwarz wieder zurück.“* Zunächst wird der Coachee nach seinem Erleben befragt. Dabei achtet der Trainer auch hierbei darauf, dass der Coachee nicht mehr in die Antagonisten-Rolle zurückfällt.

„Entrollen" des Coachee

Trainer: *„Sie sind jetzt nicht mehr Frau Starke. Wie ging es Ihnen denn in dieser Rolle?"*

Coachee: *„Es war gar nicht so leicht, mich da reinzuversetzen. Sie ist mir schon sehr fremd als Mensch."*

Trainer: *„Was ist Ihnen deutlich geworden?"*

Coachee: *„Dass ich keine Chance habe, mit ihr über die Strategie zu diskutieren. Da hat sie sich festgelegt. Und da steht sie auch beim Vorstand im Wort. Ich kann lediglich versuchen, über die Umsetzung mit ihr zu diskutieren."*

Nun erhalten die Rollenspieler die Gelegenheit, Feedback zu geben. Wichtig ist hierbei, dass der Trainer die Rückmeldungen auf die Fragestellung des Coachee fokussiert.

Zunächst werden auch die Rollenspieler wieder „entrollt".

Trainer: *„Sie alle sind nun auch aus Ihren Rollen als Bekannte von Frau Starke entlassen. Ich möchte aber Ihre Eindrücke nutzen und auf die ursprüngliche Fragestellung von Herrn Schwarz beziehen. Seine Frage war ja, wie er Frau Starke überhaupt erreichen kann."*

Rollenspieler: *„Ich glaube, er hat nur eine Chance, wenn er ihr ganz deutlich signalisiert, dass er akzeptiert, dass sie die Chefin im Ring ist. Sonst kann ihn das Kopf und Kragen kosten."*

Schließlich werden auch die Beobachter eingeladen, Rückmeldung zu geben: *„Welche Beobachtungen gibt es von denen, die außen saßen? Was ist Ihnen aufgefallen?"*

Der Trainer kann seine Fragestellungen spezifizieren:

- *„Wie sehr ist es Herrn Schwarz gelungen, sich tatsächlich in die Person von Frau Starke einzufühlen? Woran machen Sie Ihre Einschätzung fest?"*
- *„Wenn Sie sich mit Frau Starke identifizieren, wie würde es Ihnen da gehen? Unter welchen Bedingungen würden Sie auf Herrn Schwarz zugehen?"*
- *„Wenn Sie sich mit Herrn Schwarz identifizieren, was würden Sie tun und was würden Sie auf keinen Fall machen?"*

Zum Abschluss erteilt er dem Coachee das Wort: *„Was nehmen Sie bezüglich Ihrer Fragestellung mit?"*

Bei Bedarf weitere Methode anschließen

Je nach Antwort kann es sein, dass eine weitere Methode angewendet werden muss. So könnte es in diesem Fall sein, dass ein klärendes Gespräch mit Frau Starke in Form eines *Übenden Rollenspiels* (Seite 164) durchgeführt wird.

Hinweise

Die Gruppe einbeziehen

- Bei der Methode des Rollentauschs ist es empfehlenswert, an die anderen Teilnehmer Rollen zu vergeben, die es ihnen erlauben, den Coachee im Rollentausch zu interviewen und sich aktiv einzubringen. Die Wahl dieser Rollen hängt davon ab, mit wem der „Gegenspieler" – nach Einschätzung des Coachee – offen reden würde.
- Die Gefahr der Methode liegt darin, dass es dem Coachee nicht gelingt, sich wirklich in den Konfliktpartner hineinzuversetzen und er in seinen Vorurteilen über die andere Person gefangen bleibt, statt sich wirklich einzufühlen. Deshalb ist es wichtig, den Beobachtern den Beobachtungsauftrag zu geben, zu überprüfen, inwiefern sich der Coachee wirklich in die Rolle des anderen hineinversetzt.
- Ein weiteres Risiko liegt darin, dass sich die Gruppe völlig mit dem Coachee identifiziert und den Konfliktpartner einseitig als den „Bösen" und „Schuldigen" ansieht. Um dies zu verhindern, werden die Teilnehmer in der Auswertung gebeten, sich auch mit dem „Gegenspieler" zu identifizieren. Falls der Trainer dennoch eine „Verurteilung" des Antagonisten beobachtet, muss er intervenieren und die Teilnehmer auffordern, sich in dessen Perspektive zu versetzen.
- Es passiert oft, dass der Coachee sagt, er wisse nicht, wie der Antagonist eine bestimmte Frage beantworten würde. Dann hilft der Hinweis, er solle einfach „spekulieren".
- Die Technik des „Freien Stuhls" ist ungemein hilfreich, um die Gruppe einzubeziehen. Der Trainer sollte die Beobachter aktiv zum Mitmachen auffordern, falls sie dies nicht von sich aus tun. Falls dennoch wesentliche Fragen nicht gestellt werden, kann der Trainer natürlich auch selbst auf dem freien Stuhl Platz nehmen.

2. Verhalten trainieren: Übendes Rollenspiel

Indikation

Das „Übende Rollenspiel" eignet sich insbesondere dann, wenn der Coachee sein eigenes Verhalten in einer bestimmten, wiederkehrenden Situation künftig anders gestalten möchte oder wenn es um die Vorbereitung auf eine neue Situation oder Aufgabe geht.

Ziele

- Der Coachee übt sein Verhalten in einer für ihn relevanten beruflichen Situation und erhält hierzu Feedback.
- Er kann in einem geschützten Rahmen neue Handlungsstrategien erproben.
- Die anderen Teilnehmer schulen ihr Beobachtungsvermögen für Kommunikationssituationen, üben konstruktives Feedback zu geben und lernen am Modell.

Zeit

60-75 Minuten

Material

Keine besonderen Materialien, lediglich ggf. Requisiten zum Aufbau der Szene, wie z.B. Stühle und Tische

Überblick

- Die Situation klären und bestimmen, wo, wann und mit wem sie stattfindet.
- Die Situation mit einfachen Mitteln (Stühle, Tische etc.) aufbauen.
- Die Rollen besetzen und ihnen einen Platz zuweisen.
- Der Coachee „brieft" die Rollenspieler, indem er sich hinter sie stellt und die Personen im Rollentausch vorstellt (Eindoppeln).
- Es wird kurz reflektiert, welche Erkenntnisse der Coachee aus dem Eindoppeln gewonnen hat; dann stimmt sich der Coachee auf das Gespräch ein und vergegenwärtigt sich seine Gesprächsziele.
- Die Beobachter werden instruiert.
- Das Rollenspiel wird durchgeführt – der Coachee kann das Gespräch jederzeit anhalten, wenn er nicht mehr weiter weiß oder ein Rollenspieler seine Rolle nicht adäquat spielt.

- Das Gespräch wird ausgewertet: Selbsteinschätzung und Feedback.
- Das Rollenspiel wird erneut durchgeführt – falls der Coachee Unterstützung benötigt, wird die Technik des „Doppelns" eingesetzt: Teilnehmer treten hinter den Coachee und sprechen Sätze für ihn, die dieser dann aufgreifen oder verwerfen kann.
- Die Szene wird zu einem positiven Abschluss geführt: Der Coachee hat das letzte Wort.
- Auswertung:
  - Sharing: Die Gruppenmitglieder teilen dem Coachee ähnliche eigene Erfahrungen mit.
  - Feedback von Rollenspielern und Beobachtern – sofern der Coachee dieses noch erhalten möchte.

Erläuterung

Das „Übende Rollenspiel" ist eine psychodramatische Methode, die ursprünglich als „Role Training" (Rollentraining) bezeichnet wurde. Ziel ist es, den Teilnehmern zu ermöglichen, kritische Situationen des Berufslebens zu simulieren und probehandelnd zu bewältigen. Dies ist insbesondere bei der Übernahme neuer Aufgaben und Funktionen besonders hilfreich, etwa bei der Übernahme einer Führungsfunktion. Aber auch zum Trainieren wichtiger sozialer Kompetenzen – wie etwa der Verhandlungsführung, dem Umgang mit Beschwerden oder dem Delegieren von Aufgaben – ist das Übende Rollenspiel eine effektive Methode.

Im Unterschied zum herkömmlichen Rollenspiel, wie es im fünften Kapitel dieses Buches beschrieben wird, gibt es in den psychodramatisch geprägten Formen des Rollenspiels (*Übendes Rollenspiel, Nachinszenierung, Stunde der Wahrheit oder Actstorming*) keine vorgefertigten Situationen oder Rollenbeschreibungen. Nicht der Trainer bestimmt das Spiel, sondern der Coachee selbst. Der Coachee ist der Autor und Hauptdarsteller seines eigenen Spiels. Der Trainer unterstützt und begleitet ihn dabei, sodass er für seine individuelle Situation Lösungen und Handlungsalternativen finden kann. Das psychodramatisch fundierte Rollenspiel orientiert sich ganz an der subjektiven Realität des Coachee und ermöglicht es ihm, die Realität in den Raum zu holen. Es ist beinahe wie im echten Leben und daher ähnlich effektiv wie das Lernen „on the job".

Im Gegensatz zur Realität „on the job" gibt es im Seminarraum jedoch einen geschützten Rahmen. Es sind keine tatsächlichen negativen

Konsequenzen zu befürchten – außer der Blamage vor den anderen Teilnehmern. Diese Angst stellt allerdings oft ein nicht zu unterschätzendes Hindernis dar, welches der Leiter im Blick haben und „managen" muss, etwa indem er die Gelegenheit betont, unterschiedliche Handlungen zu erproben und dass es dabei nicht um „richtig" oder „falsch" geht, sondern darum, die Wirkungen unterschiedlicher Handlungsalternativen herauszufinden.

Nach meiner Erfahrung trifft ein professionell durchgeführtes und sensibel angeleitetes Übendes Rollenspiel immer auf eine hohe Akzeptanz und wird von den Coachees als sehr hilfreich erlebt.

Vorgehen

Die Methode des Übenden Rollenspiels wird anhand des Anliegens „Wie kann ich meine Kritik klar ansprechen?" beschrieben. Dieses Thema wird von der 27 Jahre alten Mode-Designerin Frau Schick im Rahmen eines zweitägigen Kommunikationstrainings eingebracht.

GROW: Goal – Zielvereinbarung

Trainer: *„Was möchten Sie hier erreichen?"*

Coachee: *„Ich möchte lernen, Kritik klarer zu formulieren. Das ist etwas, was mir wahnsinnig schwerfällt. Meistens ärgere ich mich still vor mich hin und lasse dann alles auf sich beruhen. Aber gut geht es mir damit nicht."*

Trainer: *„Angenommen, Sie würden lernen, Kritik anzusprechen, in welchen Situationen würden Sie das umsetzen?"*

Coachee: *„Gerade vorgestern hatte ich wieder so eine typische Situation mit meiner Vorgesetzten. Ich bin ja noch neu in der Abteilung, und da habe ich natürlich regelmäßig Fragen. Eigentlich war es eine ganz banale, kurze Frage und dann wollte ich weiterarbeiten. Aber dann hat sie mir gleich alles aus der Hand genommen und den ganzen Auftrag selbst bearbeitet. Das hat mich total geärgert. Aber statt was zu sagen, habe ich gute Miene zum bösen Spiel gemacht und so getan, als sei ich dankbar dafür. Ich bin ja auch dankbar, aber sie übertreibt es immer."*

Trainer: „Was möchten Sie in Bezug auf diese Situation für sich klären?"

Coachee: *„Wie ich das ansprechen kann."*

Trainer: *„Wie Sie was ansprechen können?"*

Coachee:*„Wie ich meinen Ärger darüber, dass sie mir immer wieder meine Aufgaben aus der Hand nimmt, ansprechen kann."*

Damit ist das Anliegen ausreichend klar formuliert.

---

*G**R**OW: **R**eality – Situationsanalyse*

Der Trainer gibt der Gruppe nun Gelegenheit, Fragen zu stellen. Frau Schick berichtet, dass sie erst vor wenigen Wochen nach ihrer Trainee-Ausbildung in ihre jetzige Abteilung gekommen ist und mit ihrer Vorgesetzten eigentlich gut auskommt, sie aber als überfürsorglich und bevormundend empfindet.

Da sich ein Übendes Rollenspiel hier anbietet und eine genauere Charakterisierung der Chefin auch während des Eindoppelns (Briefings) erfolgen kann, hält der Trainer die Fragerunde kurz und geht rasch zur methodischen Bearbeitung über.

Situation klären

Als Erstes muss der Rahmen des Gesprächs geklärt und bestimmt werden, wo, wann und mit wem es stattfindet.

Trainer: *„Frau Schick, wann und wo würden Sie das Gespräch führen?"*
Coachee: *„Das könnte ich gleich übermorgen machen, wenn die anderen beiden Kolleginnen in einer Besprechung sind. Dann haben wir das Büro für uns."*

Die Methode erklären

Nun kann der Trainer die Methode des Übenden Rollenspiels vorschlagen. Er verwendet einfache Worte und vermeidet potenzielle Reizwörter, wie etwas „Rollenspiel".

Trainer: *„Dann können Sie das Gespräch hier ja mal probehalber führen und sich von den Kolleginnen und Kollegen Feedback holen."*
Coachee: *„O.K."*

Die Situation aufbauen

Dann muss die „Bühne" aufgebaut und die Situation eingerichtet werden. Im Gegensatz zur klassischen psychodramatischen Arbeit wird dies im Business-Kontext sehr pragmatisch und minimalistisch gehandhabt.

Trainer: *„Nehmen Sie bitte zwei Stühle und gegebenenfalls einen Tisch, damit wir uns die Situation vorstellen können. Die Kolleginnen und Kollegen können Ihnen ja beim Anpacken helfen und Sie sagen, wo was hingehört."*

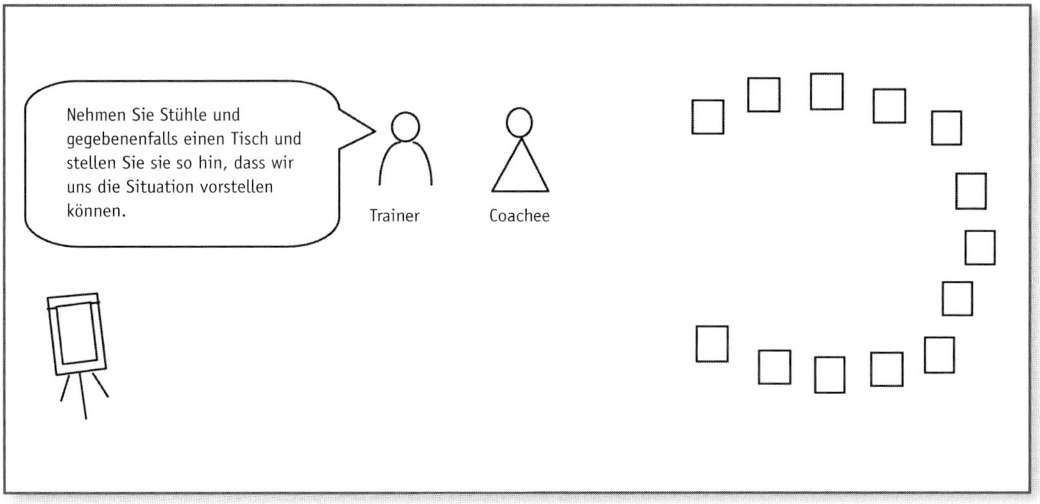

Abb.: Der Trainer fordert die Coachee auf, die Situation einzurichten.

Im nächsten Schritt müssen die Rollen besetzt werden. In diesem Fall gibt es nur eine Rolle: die der Chefin.

Trainer: *„Frau Schick, suchen Sie sich eine Person aus, die Ihre Chefin verkörpert."*

Coachee: *„Frau Rollmann, könnten Sie das machen?"*

Frau Rollmann: *„Ja klar, kein Problem."*

Trainer zur Coachee: *„Wo sitzt Ihre Chefin."*

Coachee: *„Auf der rechten Seite."*

„Eindoppeln" = Instruieren/Briefen der Rollenspieler

Nun muss die Rollenspielerin in ihre Rolle eingewiesen werden. Dazu kann man die Methode des „Eindoppelns" verwenden. Gegenüber den Teilnehmern spricht der Trainer nicht von „Eindoppeln", da dieser Begriff sicherlich für Irritation sorgen würde. Stattdessen kann er die Begriffe Instruieren oder Briefen verwenden („Briefing" = engl. Anweisung, Instruktion).

Zunächst erklärt der Trainer der Rollenspielerin ihre Aufgabe: *„Sie erhalten gleich Ihre Instruktionen und versuchen, sich in diese Rolle hineinzuversetzen und sie anschließend zu übernehmen. Sie können dabei nichts verkehrt machen. Wenn Frau Schick den Eindruck hat, dass es nicht ganz passt, kann sie Ihnen jederzeit eine kurze Hilfestellung geben."*

Trainer zur Coachee: *„Bevor es losgeht, muss Frau Rollmann erst einmal instruiert werden. Bitte stellen Sie sich dazu hinter sie und briefen* *sie. Nehmen Sie selbst kurz die Rolle Ihrer Chefin ein und stellen Sie sie uns vor, indem Sie in der Ich-Form als Chefin sprechen."*

Coachee: *„Also, ich bin Frau Boss, bin 34 Jahre alt und seit 9 Jahren hier in der Firma. Ich leite ein kleines Team von 5 Mitarbeitern im Bereich ‚Sports Collection'."*

Abb.: Anleitung zum Briefing (Eindoppeln) der Rollenspielerin, die anschließend die Rolle der Chefin übernimmt.

Während des Eindoppelns interviewt der Leiter die Coachee im Rollentausch und stellt Fragen zu folgenden Aspekten:

- Person (Berufsrolle, Alter, Betriebszugehörigkeit, Aussehen, Persönlichkeitstyp, Einstellungen etc.)
- Beziehung zum Coachee (Art der Zusammenarbeit, Sympathie vs. Antipathie, Konflikte etc.)
- Bezug zur Fragestellung des Coachee (zum Beispiel: „Wie haben Sie die Situation erlebt, als Sie sich der Aufgabe von Frau Schick angenommen haben?")
- Konkretes Verhalten in der Konfliktsituation (Stimme, Körpersprache, typische Sätze)

Das Interview hat zwei Funktionen: Erstens erhält die Rollenspielerin die nötigen Informationen, um ihre Rolle spielen zu können. Zweitens versetzt sich die Coachee in die Perspektive ihrer „Gegenspielerin", was ihr hilft, das Gespräch mit ihr effektiver zu führen.

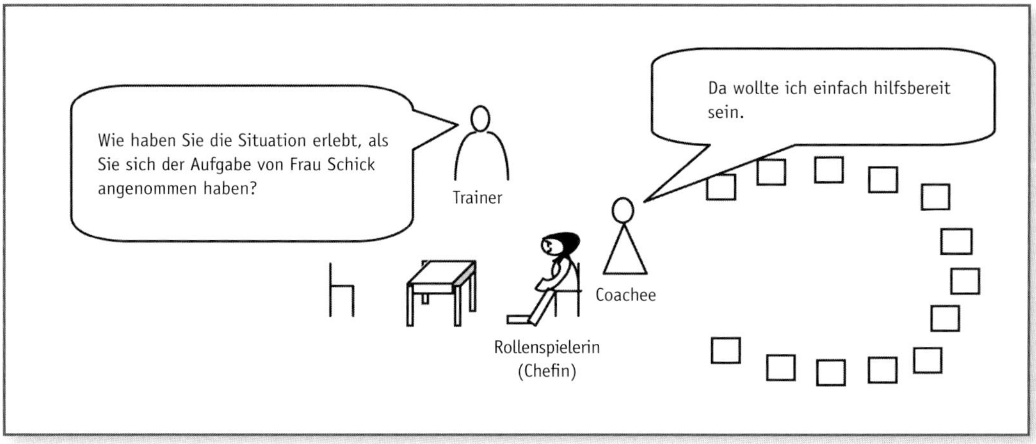

Abb.: Der Trainer interviewt die Coachee im Rollentausch mit ihrer Chefin während des Briefings (Eindoppelns).

Zum Abschluss des Eindoppelns fragt der Leiter die Rollenspielerin, ob sie noch Fragen zu ihrer Rolle hat. Dann wird die Coachee aus dem Rollentausch mit der Chefin entlassen: *„Dann schlüpfen Sie mal aus den Schuhen Ihrer Chefin heraus."*

Debriefing

Anschließend ermöglicht der Leiter der Coachee, ihre im Perspektivenwechsel gemachten Erfahrungen kurz zu reflektieren.

Trainer: *„Was ist Ihnen aufgefallen, als Sie die Rolle Ihrer Chefin übernommen hatten?"*
Coachee: *„Dass sie überhaupt keinen Konflikt sieht. Dass sie es nicht böse gemeint hat, aber einfach dazu neigt, anderen viel abzunehmen."*

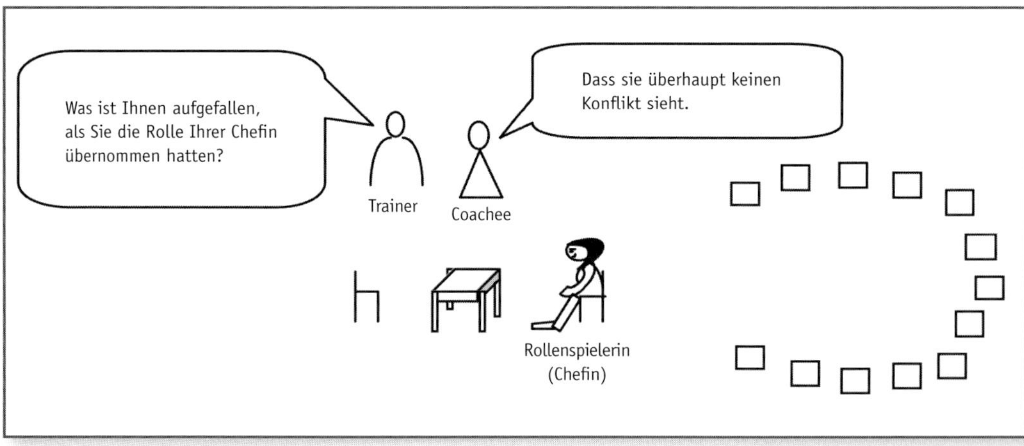

Abb.: Der Trainer ermöglicht der Coachee, ihre im Rollentausch gemachten Erfahrungen kurz zu reflektieren.

Danach lenkt der Trainer den Fokus der Coachee auf ihre eigen Gesprächsziele.

Den Coachee auf das Spiel einstimmen

Trainer: *„Was heißt das für das Gespräch, das Sie nun mit ihr führen möchten?"*

Coachee: *„Dass ich ihr erst einmal erklären muss, was das Problem ist. Das sieht sie ja erst mal gar nicht. Ich werde ihr erst einmal die Situation schildern und erklären, was eigentlich meine Absicht war und was ich mir von ihr gewünscht hätte."*

Trainer: *„Angenommen, das Gespräch verläuft für Sie erfolgreich, wie würde das aussehen?"*

Coachee: *„Dass sie versteht, was mein Anliegen ist und wie sie in Zukunft mit meinen Anfragen umgehen soll."*

Trainer: *„Was können Sie dafür tun?"*

Coachee: *„Tja, das ist die Frage ..."*

Trainer: *„Wie möchten Sie denn das Gespräch gerne führen? Was müssten Sie tun, damit Sie mit sich zufrieden sind?"*

Coachee: *„Ich müsste ganz klar sagen, wie ich die Situation erlebt habe, ohne sie anzugreifen und sagen, was ich mir in Zukunft von ihr wünsche."*

Trainer: *„Noch etwas?"*

Coachee: *„Nein, das ist das Wichtigste."*

Abb.: Der Trainer ermöglicht es der Coachee, sich auf das Gespräch einzustimmen und sich auf die eigenen Gesprächsziele zu fokussieren.

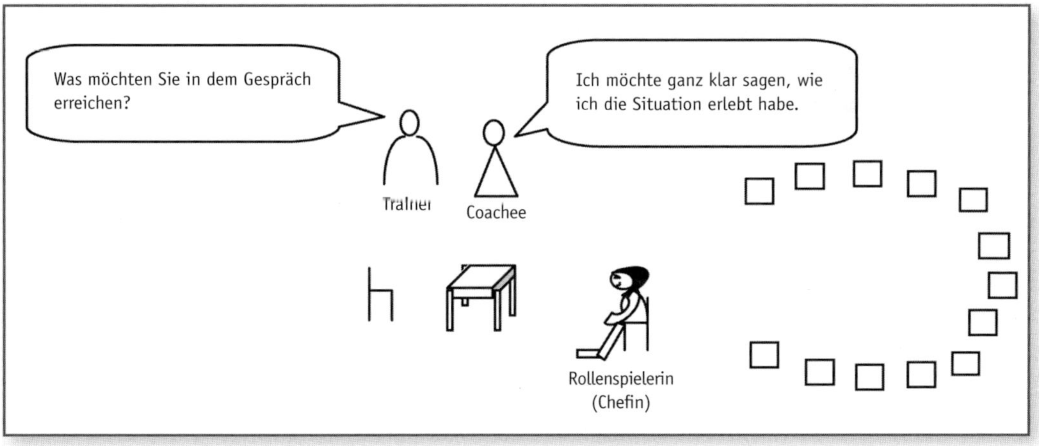

Die Coachee hat die Kriterien für ein erfolgreiches Gesprächsverhalten artikuliert. Diese bilden die Grundlage für das spätere Feedback. Daher wendet sich der Trainer nun an die Beobachter, um sie darauf hinzuweisen, auf diese Kriterien besonders zu achten.

Die Beobachter instruieren

Trainer (an die Beobachter): *„Bitte achten Sie bei dem Gespräch besonders darauf, inwiefern Frau Schick klar sagt, wie sie die Situation erlebt hat und was sie sich in Zukunft wünscht. Bitte nehmen Sie sich etwas zu schreiben und notieren Sie Ihre Beobachtungen, damit Sie Frau Schick anschließend Feedback geben können."*

Nun kann das Rollenspiel beginnen. Hilfreich ist es, der Coachee die Option einzuräumen, das Gespräch jederzeit unterbrechen zu können.

Stopptaste

Trainer (zur Coachee): *„Dann legen Sie gerne los. Sie können das Gespräch jederzeit anhalten und gewissermaßen die Stopptaste drücken – etwa, wenn Sie nicht mehr weiterwissen oder wenn Sie das Gefühl haben, die Situation ist unrealistisch."*

Abb.: Das Gespräch beginnt – die Rollenspielerin kann es jederzeit anhalten.

Das Rollenspiel durchführen

Nun beginnt das Gespräch, das der Leiter laufen lässt, bis die Coachee ein Signal sendet, dass sie das Gespräch unterbrechen oder beenden möchte.

Auswertung des ersten Durchgangs

Am Ende des Gesprächs leitet der Trainer die Auswertung an. Er stellt dabei unter anderem folgende Fragen:

- An die Coachee: *„Wie sind Sie mit dem Geprpäch zufrieden? Inwiefern haben Sie Ihre Gesprächsziele erreicht?"*
- An die Rollenspielerin: *„Wie haben Sie das Gespräch wahrgenommen? Wie haben Sie Frau Schick erlebt?"*
- An die Beobachter: *„Was ist Ihnen aufgefallen? Inwiefern hat Frau Schick die Situation klar angesprochen? Inwiefern hat sie ihre Wünsche konkret formuliert?"*

Das Feedback muss kurz und konkret bleiben. Insbesondere kritisches Feedback muss auf wenige Aspekte beschränkt bleiben, damit die Coachee es verarbeiten und anschließend umsetzen kann. Falls es Feedback gibt, dass die Coachee in verallgemeinernder Weise angreift (zum Beispiel „Sie waren total unsicher"), muss der Trainer sofort intervenieren und dafür sorgen, dass sich das Feedback auf konkrete Beobachtungen bezieht („*Was genau meinen Sie damit? Was haben Sie konkret beobachtet?*").

---

*GROW: **O**ptions – Lösungsoptionen*

Am Ende der Auswertung fragt der Trainer die Coachee, welches für sie die wichtigsten Punkte waren und ob sie das Gespräch noch einmal führen möchte.

Zweiter Durchgang auf Wunsch

Trainer: „*Von dem Feedback, das Sie jetzt bekommen haben, was sind für Sie die wichtigsten Punkte? Was würden Sie sich für das Gespräch nun vornehmen?*"
Coachee: „*Dass ich meine Punkte klarer formuliere und die Weichmacher weglasse. Und dass ich am Ende glasklare Vereinbarungen treffe.*"
Trainer: „*Möchten Sie das probieren?*"

Falls die Coachee dies verneint, ist das Coaching hier zum Abschluss gekommen.

Doppeln als Unterstützung

Falls die Coachee einen zweiten Durchgang wünscht, kann der Trainer die Methode des Doppelns als zusätzliche Ressource einführen. Beim Doppeln stellt sich ein Teilnehmer (oder der Trainer) hinter den Coachee und spricht aus dessen Rolle Gedanken und Gefühle, die er beim Coachee wahrzunehmen glaubt. Auch hier verwendet der Trainer nicht den Fachbegriff „Doppeln", sondern beschreibt die Methode mit einfachen Worten.

Trainer: „*Dieses Mal können Sie sich zusätzlich Unterstützung aus der Gruppe holen. Falls Sie einmal nicht weiterwissen, sagen Sie einfach ‚Stopp' – und wir halten das Gespräch an. Dann holen Sie jemand aus der Gruppe dazu. Die Person stellt sich dann hinter Sie und sagt ein paar Sätze für Sie. Wenn Sie die gut und stimmig finden, können Sie sie übernehmen. Oder Sie holen sich einfach jemand anderen, der Ihnen einen anderen Vorschlag macht.*"
Coachee: „*Und soll ich dann entscheiden, wer kommt?*"
Trainer: „*Ja.*"
Coachee: „*Gut :).*"

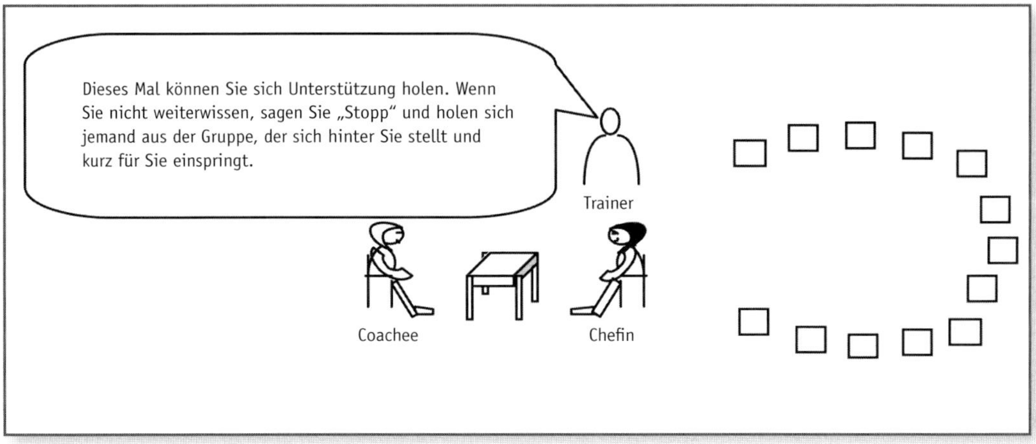

Abb.: Beim zweiten Durchgang kann der Coachee die Unterstützung der Gruppe in Form des Doppelns in Anspruch nehmen. Der Trainer instruiert die Beobachter für den zweiten Durchgang, bei dem sie zum Doppeln aufgefordert werden.

Doppeln = „Dem Coachee aus der Seele sprechen"

Dann wendet sich der Trainer kurz den Beobachtern zu, um ihre Aufgabe klarzumachen. *„Das heißt für Sie, dass Sie sich während des Gesprächs mit Frau Schick identifizieren und überlegen, was Sie an ihrer Stelle sagen oder tun könnten, um bei Bedarf einspringen zu können. Wenn Sie dazu aufgefordert werden, stellen Sie sich kurz hinter sie und machen einen Vorschlag, was Frau Schick sagen könnte. Sprechen Sie dann in der Ich-Form als Frau Schick – und vielleicht gelingt es Ihnen ja, etwas zu formulieren, mit dem Sie Frau Schick gewissermaßen aus der Seele sprechen. Wenn das nicht der Fall ist, ist es aber auch völlig in Ordnung, dann sammeln wir einfach weitere Möglichkeiten."*

Nun kann das Rollenspiel erneut stattfinden. Der Trainer lässt das Gespräch laufen, bis die Coachee von ihrer Möglichkeit Gebrauch macht, das Gespräch anzuhalten.

Coachee: *„Jetzt weiß ich nicht mehr weiter."*
Trainer: *„Gut, dann holen Sie sich jemand dazu."*
Coachee: *„Wer mag?"*

Falls sich niemand meldet, gibt der Trainer die Verantwortung zurück an die Coachee.

Trainer: *„Suchen Sie sich jemand aus. Sie können dann noch andere wählen, sodass niemand zu kurz kommt ;-)."*
Coachee: *„Frau Schulz, würden Sie das mal machen?"*
Frau Schulz: *„Ich kann's versuchen."*

Trainer (zu Frau Schulz): *„Stellen Sie sich hinter Frau Schick und führen Sie das Gespräch kurz für Sie weiter."*

Abb.: Der Trainer instruiert das Doppeln.

Der Trainer lässt das Doppeln nur kurz laufen. Er lässt keine Interaktion zu, sondern gibt nur dem „Doppel" Gelegenheit, einen Formulierungsvorschlag zu machen. Dann bedankt er sich beim Doppel und bittet ihn, auf seinen Platz zurückzugehen. Nun wendet er sich wieder der Coachee zu.

Trainer (zur Coachee): *„Wollen Sie das direkt ausprobieren oder möchten Sie noch weitere Varianten hören?"*

Coachee: *„Das war schon echt gut, aber ich würde gerne auch noch andere Möglichkeiten hören."*

Abb.: Die Coachee wird von einem anderen Teilnehmer gedoppelt. Dies kann sie direkt aufgreifen oder sich weitere „Angebote" machen lassen.

Der Trainer kann nun in die Runde fragen, wer die Coachee als Nächstes doppeln möchte. Falls sich niemand meldet, bittet er die Coachee erneut, eine Person zu bestimmen.

Hilfreich ist es, wenn die Coachee zwischen drei und fünf Alternativen erhält. Nun kann es geschehen, dass in der Gruppe „Aktionshunger" (Moreno) aufkommt und viele Teilnehmer auch einmal doppeln möchten. Allerdings muss der Trainer darauf achten, dass dies für die Coachee noch zu verarbeiten ist. Deshalb fragt er nach jedem Doppeln, ob sie noch etwas hören möchte oder eine der gehörten Varianten ausprobieren möchte.

Trainer: *„Was möchten Sie ausprobieren?"*
Coachee: *„So, wie Frau Weiss und Herr Schwarz das gemacht haben, fand ich es gut. Diese kurzen, knappen Sätze und dann Fragen zu stellen."*
Trainer: *„Gut. Dann probieren Sie das mal aus."*

Abb.: Nachdem die Coachee einige „Angebote" erhalten hat, führt sie das Gespräch selbst weiter und kann dabei die Vorschläge aus dem Doppeln aufgreifen.

Positiven Abschluss finden

Zum Ende des Rollenspiels ist es wichtig, der Coachee einen positiven Abschluss zu ermöglichen.

Trainer: *„Wie möchten Sie das Gespräch abschließen?"*
Coachee: *„Indem ich noch mal ganz klar sage, was ich in Zukunft von ihr erwarte."*
Trainer: *„Gut, dann tun Sie das und dieses Mal erwidert Ihre Chefin nichts mehr ;-)."*

Abb.: Der Trainer ermöglicht einen positiven Abschluss. Die Coachee hat das letzte Wort in der Szene.

Anker finden

Abschließend kann der Trainer die Coachee noch dazu anleiten, einen nonverbalen Anker zu finden: *„Und achten Sie bewusst auf Ihre Körperhaltung. Nehmen Sie eine Haltung ein, in der Sie sich stark, kraftvoll und klar fühlen und prägen Sie sich dieses Gefühl gut ein."*

Schließlich bedankt er sich und entlässt die Rollenspielerin aus ihrer Rolle: *„Danke, dass Sie diese Rolle übernommen haben. Sie sind jetzt aus der Rolle von Frau Boss wieder entlassen und sind jetzt wieder Frau Anders."*

Die Stühle werden zur Seite geräumt, zur Auswertung kommen die Teilnehmer im Stuhlkreis zusammen.

---

*GROW: **W**ay forward – Umsetzung*

Beim Übenden Rollenspiel wird bereits während der Arbeit Feedback erfragt. Daher geht es nun darum, nur noch kurz weitere Beobachtungen zu sammeln, die für den Coachee hilfreich sein könnten. Allerdings sollten kritische Rückmeldungen an dieser Stelle stark eingeschränkt werden, damit die Arbeit mit einem positiven Gefühl für den Coachee endet. Schließlich geht es im Übenden Rollenspiel immer auch darum, den Coachee in seinem Selbstbewusstsein zu stärken.

Kritische Rückmeldungen einschränken

Daher beginnt die Reflexion mit einem sogenannten Sharing, welches für den Coachee eine stärkende und unterstützende Funktion hat. Das Sharing ist eine spezifisch psychodramatische Form der Auswertung, bei dem die Gruppenmitglieder ähnliche Erfahrungen und Gefühle, die sie beim Coachee beobachtet haben, mit ihm teilen („to share" =

teilen). Dadurch erhält der Coachee zum einen das Feedback, dass er mit seinem Problem nicht alleine ist. Zugleich erhalten die anderen Teilnehmer die Gelegenheit, das Miterlebte auf eigene Erfahrungen und Situationen zu übertragen.

Trainer (an die Gruppe): *„Ich möchte Sie bitten, nun die Brücke zu schlagen von der spezifischen Situation von Frau Schick im Umgang mit ihrer Chefin zu ähnlichen Situationen, die Sie selbst erlebt oder beobachtet haben, wo es ebenfalls darum ging, Konflikte zu erleben und in denen es nicht leicht ist, diese anzusprechen. Welche ähnlichen Situationen kennen Sie aus Ihrem eigenen Alltag? Wie haben Sie sich in diesen Situationen gefühlt?"*

Falls die Gruppe zögerlich ist, kann der Trainer als Modell fungieren und ein eigenes Sharing einbringen. Anschließend fragt der Trainer die Coachee, ob sie noch Feedback erhalten möchte. Falls die Coachee noch an Feedback interessiert ist, bittet der Trainer zunächst die Rollenspielerin und dann die Beobachter um Feedback. Dabei erinnert er daran, stets auch positives Feedback zu geben und möglichst konkrete Beobachtungen mitzuteilen.

Hinweise

Den Coachee beim Finden eines Beispiels unterstützen

- Ein Stolperstein bei der Zielvereinbarung ergibt sich oft, wenn der Coachee nicht von sich aus ein konkretes Beispiel bzw. eine Situation nennt, die dann als Basis für das Rollenspiel gewählt werden kann. Oft wollen Teilnehmer ja eher grundsätzlich am eigenen Verhalten arbeiten, zum Beispiel: „Ich möchte selbstbewusster auftreten/mit Einwänden besser umgehen/mich besser abgrenzen können" etc. In all diesen Fällen ist das Übende Rollenspiel eine naheliegende Methode. Das Problem ist nun, dass ein Beispiel, eine konkrete Situation benötigt wird. Deshalb fragen viele Trainer (und so habe ich es auch viele Male gemacht): *„Haben Sie ein Beispiel?"* Dann entsteht ein großer Druck auf den Coachee, ein (möglichst gutes!) Beispiel zu finden – und oft will es ihm dann partout nicht einfallen. Höher ist die Erfolgswahrscheinlichkeit, wenn der Trainer – wie in unserem Beispiel auf Seite 166 – fragt: *„Angenommen, Sie würden lernen, Kritik anzusprechen (bzw. selbstbewusster aufzutreten, sich besser abzugrenzen etc.), in welchen Situationen würden Sie das umsetzen?"* Dann kommt der Coachee leichter ins Erzählen und berichtet meist von mehreren Situationen, von denen dann die passendste ausgewählt werden kann.

- Der Rollentausch wird hier in der Interaktion zwischen Coachee und Antagonistin (Chefin) nicht eingesetzt. Der Grund liegt darin, dass der Fokus im Übenden Rollenspiel auf dem Verhalten der Coachee liegt. Ziel ist es ja, dass sie lernt, selbstsicherer zu handeln und ihre Bedürfnisse klar zu formulieren. Dabei würde der Rollentausch eher stören, da er den Fokus weg von den eigenen Bedürfnissen lenkt.
- Wenn das Gespräch vorzeitig zu einem positiven Abschluss kommt, macht es Sinn, nachzuhaken, ob es mögliche kritische Situationen geben könnte, auf die die Coachee vorbereitet sein möchte. Dies kann der Trainer folgendermaßen eruieren: *„Was könnte denn noch eine schwierige Situation sein, die passieren könnte? Was könnte Ihre Chefin tun, was Sie in Bedrängnis bringen könnte?“*
- Gegebenenfalls können dann kritischen Momente noch durchgespielt werden, sodass die Coachee auch wirklich für alle Fälle gewappnet ist.

Literatur

- Benien, Karl: Beratung in Aktion. Windmühle, Hamburg, 2003.
- Bosselmann/Lüffe-Leonhardt/Gellert: Variationen des Psychodramas. Ein Praxis-Handbuch. Limmer, Meezen, 1993.
- Brenner/Clausing/Kura/Schulz/Weber: Das pädagogische Rollenspiel in der betrieblichen Praxis. Windmühle, Hamburg, 1996.
- von Ameln/Gerstmann/Kramer: Psychodrama. Springer Verlag, Berlin; Heidelberg, 2004.

3. Das eigene Verhalten reflektieren: Nachinszenierung

Indikation

Die Methode der „Nachinszenierung“ ist immer dann indiziert, wenn es für das Anliegen des Coachee eine oder mehrere Schlüsselsitutationen gibt, deren Verständnis ihn einen entscheidenden Schritt weiterbringen könnte.

Beispiele:

- Eine Führungskraft hat immer wieder Probleme mit einem Mitarbeiter und möchte wissen, wie er besser mit ihm umgehen kann. In diesem Zusammenhang erwähnt er ein Mitarbeitergespräch, das kürzlich stattfand und bei dem ein Konflikt mit dem Mitarbeiter eskalierte. Dieses Gespräch wird nachinszeniert, um die Beziehungsdynamik besser zu verstehen.
- Ein Vertriebsmitarbeiter will lernen, wie er mit Einwänden besser umgehen kann. Als Beispiel nennt er ein Gespräch, bei dem er mit Einwänden eines Großkunden „bombadiert“ wurde. Im ersten Schritt wird nun das Gespräch simuliert, bevor Ideen gesammelt werden, was er künftig anders machen kann.
- Eine Beraterin will lernen, Gespräche besser zu steuern. Sie nennt als Beispiel ein Kundengespräch, welches kürzlich statt fand und bei dem sie sich die Gesprächführung aus der Hand nehmen ließ. Um zu verstehen, wie es dazu kam, wird im ersten Schritt dieses Gespräch nachinszeniert.

Ziele

- Der Coachee erfährt in einem geschützten Rahmen, welche Wirkung sein Verhalten auf seine Interaktionspartner hat.
- Der Coachee lernt, sich in seine Interaktionspartner besser einzufühlen und deren Perspektive einzunehmen.

Zeit

60-75 Minuten

Material

Keine besonderen Materialien, lediglich ggf. Requisiten zum Aufbau der Szene, wie z.B. Stühle und Tische

Überblick

- Die Situation definieren und klären, wo, wann und mit wem sie stattfand.
- Die Situation mit einfachen Mitteln (Stühle, Tische etc.) aufbauen.
- Die Rollen besetzen und den Rollenspielern einen Platz zuweisen; auch die Rolle des Coachee wird besetzt (um späteres „Spiegeln" zu ermöglichen).
- Die Rollenspieler durch Rollentausch instruieren: Der Coachee schlüpft in die Haut der anderen Personen und demonstriert deren Verhalten.
- Debriefing: Reflexion des Rollenwechels.
- Die Beobachter instruieren.
- Das Rollenspiel durchführen und begleiten; bei Bedarf psychodramatische Interventionstechniken einsetzen.

  Der Rollentausch wird eingesetzt,
  - damit sich der Coachee in seine Interaktionspartner einfühlt,
  - damit der Coachee erlebt, wie er auf seine Interaktionspartner wirkt,
  - wenn ein Rollenspieler Unterstützung braucht, um seine Rolle spielen zu können.

  Innerer Monolog („Laut denken") wird eingesetzt,
  - um wichtige Gedanken und Gefühle, die in der „echten Situation" ungesagt bleiben, zum Ausdruck zu bringen,
  - wenn sich die Interaktion im Kreis dreht.

  Spiegeln wird eingesetzt,
  - um dem Coachee zu ermöglichen, das eigene Handeln von außen zu betrachten und die eigene Wirkung besser zu verstehen.

  Auswertung:
  - Rollen-Feedback: Die Rollenspieler teilen dem Protagonisten aus ihrer Rolle heraus mit, wie sie ihn erlebt haben. Anschließend werden sie aus der Rolle „entlassen".
  - Sharing: Die Gruppenmitglieder teilen dem Protagonisten ähnliche eigene Erfahrungen mit.
  - Beobachter-Feedback: Die Zuschauer teilen dem Protagonisten mit, was ihnen während des Spiels aufgefallen ist.

  Abschluss – oder Fortsetzung mit einer weiteren Methode, etwa einem Übenden Rollenspiel oder einem Actstorming.

Erläuterung

Im Unterschied zum Übenden Rollenspiel geht es in der Nachinszenierung darum, ein vergangenes Ereignis zu simulieren. Ziel ist es, dem Coachee dadurch zu ermöglichen, die eigene Wirkung besser zu verstehen.

Daher wird die Methode der Nachinszenierung, die ebenfalls aus dem Psychodrama stammt, auch als „Diagnostisches Rollenspiel" bezeichnet (Benien 2002). Mit der „Diagnose" des eigenen Verhaltens und ihren Auswirkungen wird die Basis für die „Therapie" in Form eines veränderten Handelns gelegt.

In der Regel wird der Wunsch nach einer Nachinszenierung nicht direkt von den Coachees geäußert, da es ihnen in der Regel darum geht, Probleme zu lösen, sodass der Fokus auf der Zukunft liegt. Allerdings kommt bei Nachfragen häufig eine Situation aus der Vergangenheit auf, in der sich das Problem äußerte, das in der Zukunft gelöst werden soll. Dann empfiehlt es sich, zunächst einen Blick in die Vergangenheit zu werfen, um für die Zukunft besser gewappnet zu sein.

Methodisch verläuft eine Nachinszenierung ähnlich wie ein Übendes Rollenspiel. Auch hier wird eine Situation simuliert und mithilfe von Rollenspielern inszeniert. Allerdings kommt anderen Interventionstechniken eine entscheidende Bedeutung zu:

- Der Rollentausch ist traditionell die wichtigste Technik im Psychodrama. Dies kommt hier zur Geltung. Während der Coachee im Übenden Rollenspiel stärker auf sich und das eigene Handeln fokussiert bleibt, ist es in der Nachinszenierung entscheidend, dass er sich in seine Interaktionspartner hineinversetzt.
- Die Methode des Spiegelns wird eingesetzt, damit der Coachee das eigene Handeln von außen betrachten kann. Hierbei wird die Rolle des Coachee von einem Rollenspieler übernommen und nachgeahmt, sodass sich der Coachee wie in einem Spiegel beobachten kann.
- Der „Innere Monolog", bei dem das Spiel angehalten und der Coachee oder auch Rollenspieler zu ihrem Erleben befragt werden, kann helfen, ein tieferes Verständnis der Interaktionsdynamik zu gewinnen.

Vorgehen

Die Methode der Nachinszenierung stelle ich anhand des Beispiels der Marketing-Mitarbeiterin Frau Fröhlich vor. Sie bringt das Thema „Wie kann ich lernen, überzeugender zu präsentieren?" ein. Frau Fröhlich arbeitet in einer Bank und muss häufig vor Mitarbeitern im Vertrieb präsentieren, um neue Produkte oder Initiativen vorzustellen. Sie hat das Gefühl, dass es ihr häufig nicht optimal gelingt, die Mitarbeiter für diese Initiativen zu gewinnen.

GROW: Goal – Zielvereinbarung

Trainer: *„Was möchten Sie hier erreichen?"*

Coachee: *„Na ja, irgendwie muss ich es schaffen, andere besser zu überzeugen. Oft dringe ich mit meinen Argumenten gar nicht vor. Es ist ja nicht so, dass ich unsicher bin bei meinen Präsentationen, aber ich rede oft gegen eine Wand."*

Trainer: *„Ist das immer so oder gibt es auch Ausnahmen?"*

Coachee: *„Nicht immer. Es gibt ja auch nette Leute im Vertrieb* (lacht). *Aber gerade letzte Woche war wieder so eine typische Situation, als ich unsere neue Datenbank vorgestellt habe, bei der das ganze Unternehmen wirklich auf die Mitarbeit der Firmenkundenberater angewiesen ist. Und die haben von Anfang bis Ende mit verschränkten Armen dagesessen und nur kritische Fragen gestellt – wenn sie überhaupt etwas gesagt haben. Das war eine frostige Stimmung, da ist der Nordpol die reinste Oase dagegen."*

Trainer: *„Was möchten Sie in Bezug auf diese Situation herausfinden?"*

Zielklärung durch Hypothetische Fragen

Coachee: *„Was ich hätte tun können, um sie zu gewinnen. Falls das überhaupt möglich gewesen wäre."*

Trainer: *„Angenommen, Sie hätten sie gewonnen, was wäre dann anders gewesen?"*

Coachee: *„Sie wären offener gewesen, hätten nachgefragt, was sie genau tun können und hätten den Nutzen der Datenbank verstanden."*

Trainer: *„Gut. Ihre Frage ist also: ‚Wie hätte ich in dieser Situation erreichen können, dass die Firmenkundenberater den Nutzen der Datenbank verstehen?'"*

Coachee: *„Genau."*

Trainer: *„Dann schlage ich vor, dass wir im ersten Schritt mal schauen, was in dieser Situation passiert ist. Im zweiten Schritt können Sie sich ja Feedback und Anregungen von den Kolleginnen und Kollegen holen, was Sie anders machen könnten."*

Coachee: *„O.K."*

GROW: Reality – Situationsanalyse

Die Methode der Nachinszenierung bietet sich an, da die Coachee eine prägnante Situation vor Augen hat, die mit ihrem Anliegen eng verknüpft ist. In der Nachinszenierung steht die Situationsanalyse ohnehin im Mittelpunkt der Arbeit. Daher fragt der Trainer nur kurz in die Runde, um den Teilnehmern Fragen zur Situation zu ermöglichen. Dann leitet er rasch zur methodischen Bearbeitung über.

Die Situation klären und aufbauen

Im ersten Schritt geht es darum, die Situation zu klären, um sie dann nachinszenieren zu können.

Trainer: *„Beschreiben Sie doch mal die Situation: Wann und wo hat die Präsentation stattgefunden, was war das Thema und wer war alles dabei?"*

Coachee: *„Das war vergangenen Mittwoch in einem Besprechungsraum vor sechs Firmenkundenbetreuern. Ich habe die neue Datenbank vorgestellt, bei der es darum geht, dass die Berater die Daten konsequenter einpflegen müssen, um ein besseres Cross Selling zu erreichen."*

Trainer: *„Damit wir uns die Situation vorstellen können, lassen Sie uns doch gerade Stühle, Tische usw. nehmen, und Sie können sagen, was wo stehen soll. Die Kolleginnen und Kollegen können ja für Sie das Anpacken übernehmen. Sie müssen nur sagen, was wo hingehört. Wahrscheinlich müssen alle etwas nach hinten rücken, damit wir genügend Platz haben."*

Coachee: *„Also, wir brauchen einen langen Tisch, um den acht Stühle stehen."*

Die Rollen besetzen

Im nächsten Schritt müssen die Rollen besetzt werden.

Trainer: *„Sie haben gesagt, es waren sechs Firmenkundenberater dabei. Wählen Sie doch mal sechs Personen aus der Runde aus, die die Rollen der Berater übernehmen können."*

Coachee: *„Wer hat Lust?"*

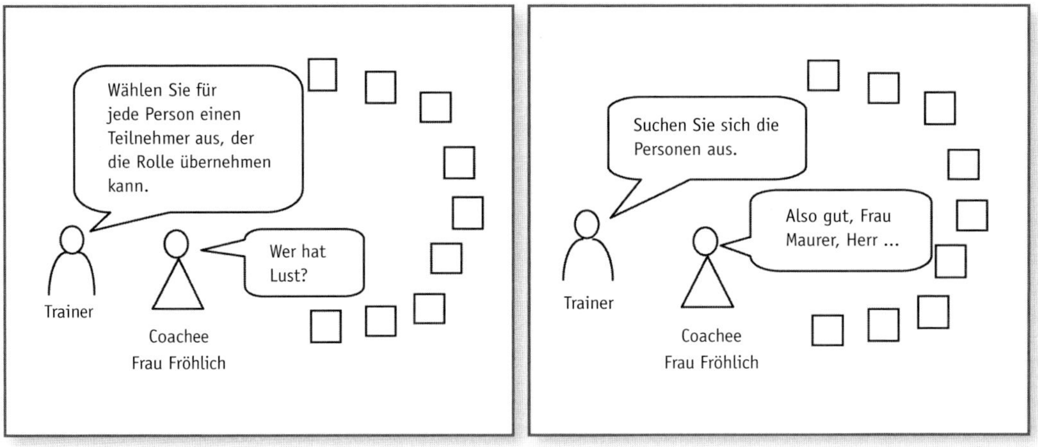

Abb.: Der Trainer besteht darauf, dass die Coachee die Rollen besetzt.

Bei der Nachinszenierung ist es wichtig, dass die Coachee sich in die Situation, so wie sie stattgefunden hat, hineinversetzen kann. Dazu ist es hilfreich, wenn sie selbst die Rollen besetzt (zum Beispiel, weil die eine Person im Seminar sie an eine bestimmte Person in der realen Situation erinnert).

Trainer: „*Suchen Sie sich die Personen aus.*"
Coachee: „*Also gut. Frau Maurer, Herr Schreiber, Frau Schacht, ...*"
Trainer: „*Sagen Sie gleich, wer wo sitzt.*"
Coachee: „*Sie sitzen dort drüben ...*"

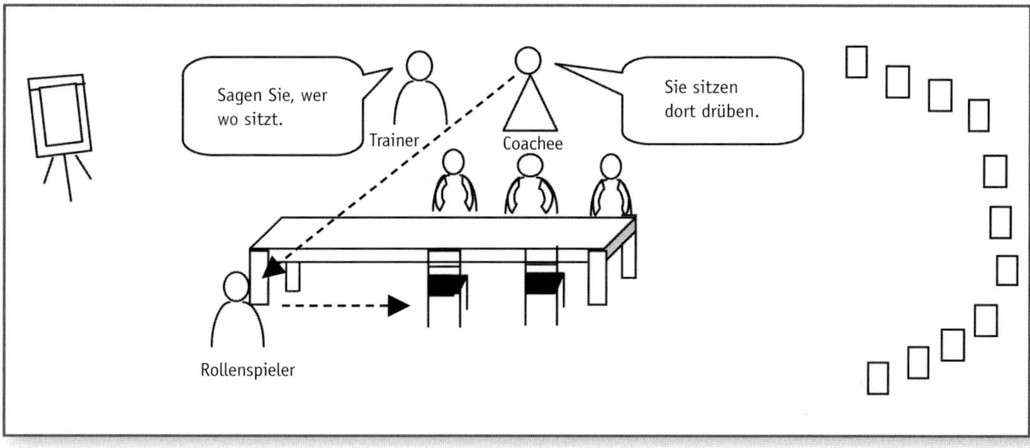

Abb.: Die Rollen werden besetzt und den Rollenspielern wird ihr Platz zugewiesen.

Doppelgänger

Schließlich muss noch die Rolle der Coachee durch einen Doppelgänger, einem Rollenspieler, der die Rolle der Coachee übernimmt, besetzt werden, damit später die Spiegeltechnik eingesetzt werden kann.

Trainer: „*Bitte wählen Sie noch eine Person, die Ihre Rolle aushilfsweise übernehmen kann, damit Sie sich später die Szene auch einmal von außen anschauen können. Das kann hilfreich sein, um besser zu verstehen, warum die Firmenkundenbetreuer so widerspenstig sind und wie Sie sie besser überzeugen könnten.*"
Coachee: „*Frau Doppler, könnten Sie das machen?*"
Frau Doppler: „*Was soll ich machen?*"
Trainer: „*Sie setzen sich erst einmal an die Seite. Wenn es losgeht, beobachten Sie was Frau Fröhlich macht – vielleicht nehmen Sie sich einen Block und einen Stift, um sich Notizen zu machen. Und wenn ich Sie darum bitte, nehmen Sie ihre Position ein und versuchen, sich möglichst genauso zu verhalten, wie Frau Fröhlich es getan hat. Das muss nicht perfekt sein, aber Frau Fröhlich einen Blick von außen auf die Situation ermöglichen. Am besten, Sie versuchen, sich voll und ganz in Frau Fröhlich hineinzuversetzen.*"
Frau Doppler: „*Ich kann's versuchen.*"

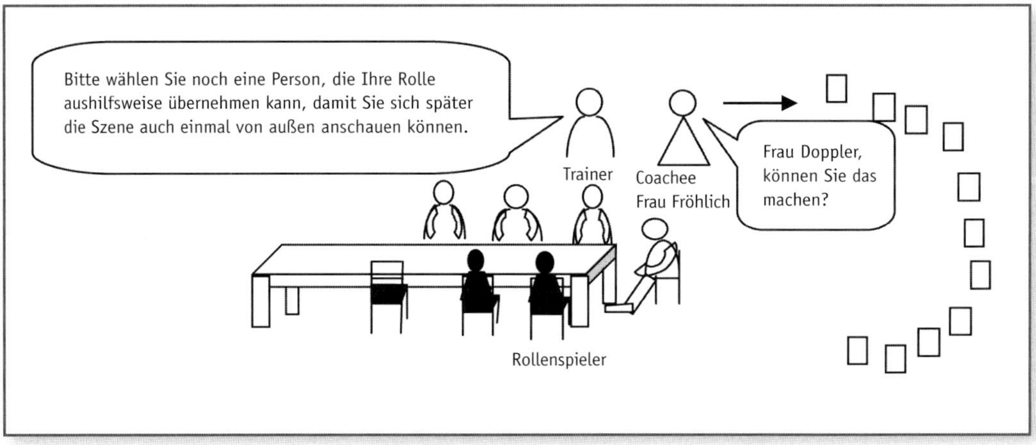

Abb.: Der Trainer besetzt auch die Rolle der Coachee mit einer Rollenspielerin, damit die Coachee sich die Szene später von außen ansehen kann („Spiegeln").

Vorstellen im Rollentausch

Anschließend werden die Rollenspieler instruiert. Bei der Methode der Nachinszenierung geschieht dies durch Vorstellen im Rollentausch.[15]

Hierbei übernimmt die Coachee die Rolle der betreffenden Person. Der Rollenspieler verlässt so lange seinen Platz, bis er das Verhalten der Coachee im Rollentausch beobachten und anschließend nachahmen kann.

Trainer (zum Coachee):*„Jetzt brauchen die übrigen Rollenspieler noch Instruktionen. Dazu möchte ich Sie bitten, sich jeweils kurz auf den Stuhl der betreffenden Person zu setzen. Versuchen Sie dann, in die Haut dieser Person zu schlüpfen und sie uns in der Ich-Form vorzustellen. Ich werde Ihnen dann ein paar Fragen stellen."*

15 Streng genommen müsste man hier von einem Rollenwechsel statt von einem Rollentausch sprechen, da nur der Coachee in eine Rolle wechselt und nicht mit dem Rollenspieler die Rolle tauscht. Der Rollenspieler übernimmt ja nicht die Rolle des Coachee, sondern beobachtet ihn lediglich dabei, wie dieser kurz seine Rolle übernimmt, damit er (der Rollenspieler) sie anschließend angemessen ausfüllen kann. Von einem Rollentausch spricht man streng genommen nur dann, wenn die Rollen wechselseitig getauscht werden. Der Einfachheit halber differenziere ich hier nicht zwischen Rollenwechsel und Rollentausch, sondern spreche stets von Rollentausch.

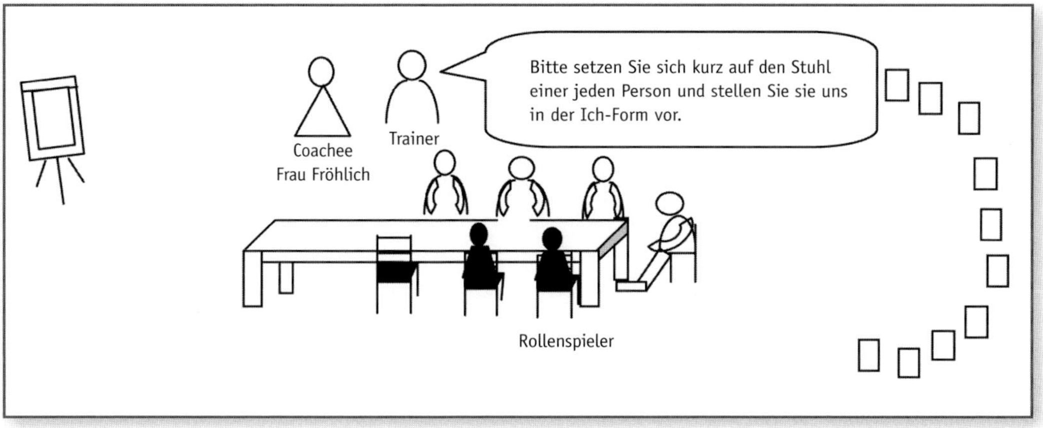

Abb.: Der Trainer leitet die Vorstellung im Rollentausch an.

Trainer: *„Bei wem fangen Sie an?"*
Coachee: *„Ist egal. Bei Herrn A."*
Trainer: *„Dann setzen Sie sich auf den Stuhl von Herrn A."*
Trainer (zum Rollenspieler): *„Stellen Sie sich irgendwohin, wo Sie gut beobachten können, wie sich Herr A verhält."*

Der Trainer interviewt die Coachee im Rollentausch jeweils kurz zu folgenden Aspekten:

- Person (Name, Berufsrolle, Alter, äußere Merkmale etc.)
- Beziehung und Erwartungen gegenüber der Coachee und dem Thema (hier: Einführung der neuen Datenbank)
- Konkretes Verhalten (Stimme, Körpersprache, typische Sätze)

Trainer: *„Herr A, stellen Sie sich doch mal vor."*
Coachee: *„Tja, ich kenne Herrn A ja kaum."*
Trainer: *„Das macht nichts. Beschreiben Sie mal, wie sehen Sie denn aus, Herr A? Was fällt anderen an Ihnen auf? Wie verhalten Sie sich während dieser Präsentation?"*
Coachee (im Rollentausch mit A): *„Ich bin mittelgroß und kräftig, vielleicht 45 Jahre alt, habe Brille und Bart. Ich habe die Arme verschränkt und sage während der gesamten Präsentation nichts."*

Abb.: Die Coachee instruiert den Rollenspieler, indem sie einen Rollentausch mit der betreffenden Person A, die diese verkörpert, durchführt. Der Rollenspieler für A platziert sich so, dass er die Coachee im Rollentausch gut beobachten kann.

Trainer: *„Warum starren Sie aus dem Fenster?"*

Coachee (im Rollentausch mit A): *„Weil ich dieses blöde System ohnehin nicht umsetzen werde."*

Trainer: *„Weil ..."*

Coachee (im Rollentausch mit A): *„Weil das System ja dazu eingeführt wird, Leute wie mich überflüssig zu machen."*

Trainer: *„Erklären Sie das mal genauer."*

Coachee (im Rollentausch mit A): *„Wir sollen ja alles, was wir über unsere Kunden wissen, in das System einpflegen. Das bedeutet eine Menge Extra-Arbeit. Und es soll natürlich dazu dienen, uns austauschbar zu machen, weil mein Know-how aus 20 Jahren Firmenkundenbetreuung dann in der Datenbank ist und nicht mehr in meinem Kopf."*

Abb.: Durch das Interview im Rollentausch werden die Motive der Personen exploriert.

Damit ist die Exploration auf einen entscheidenden Punkt gestoßen, die wertvolle Informationen dazu liefert, warum es der Coachee so schwerfällt, mit der Präsentation auf Akzeptanz zu stoßen. Das behält der Trainer für die spätere Auswertung im Hinterkopf.

Zum Abschluss eines jeden Rollentauschs fragt der Leiter jeweils den betreffenden Rollenspieler, ob er noch Fragen zu seiner Rolle hat. Dann nimmt der Rollenspieler wieder seine Position ein und die weiteren Rollenspieler werden per Rollentausch instruiert. Über die Reihenfolge entscheidet dabei die Coachee.

Wenn alle Rollenspieler instruiert sind, leitet der Trainer ein kurzes Debriefing (Debriefing = Nachbesprechung) an, um der Coachee eine Reflexion der im Rollentausch gemachten Erfahrungen zu ermöglichen.

Abb.: Der Trainer fragt die Coachee im Debriefing, welche Erkenntnisse sie durch das Vorstellen im Rollentausch gewonnen hat.

Trainer: „*Was ist Ihnen in Bezug auf Ihre Fragestellung durch diesen Perspektivenwechsel klar geworden?*“
Coachee: „*Na ja, es war mir ja schon vorher klar, dass es starke Befürchtungen gibt, dass Arbeitsplätze wegen der Datenbank abgebaut werden, was meiner Meinung nach ziemlich unrealistisch ist.*“

Durchführung des Rollenspiels

Dann leitet der Trainer zur Durchführung des Rollenspiels über. Dabei gibt er der Coachee etwas Zeit, um sich innerlich in die Situation hineinversetzen zu können. Außerdem versucht er, die Erwartung zu dämpfen, dass die Nachinszenierung „genauso wie in der Realität“ sein müsste. Damit nimmt er möglichen Vorbehalten den Wind aus dem Segel.[16]

Trainer: *„Dann nehmen Sie mal Ihren Platz ein. Brauchen Sie noch etwas, bevor Sie loslegen?"*

Coachee: *„Nein, ich denke nicht."*

Trainer: *„Nehmen Sie sich ruhig einen Moment Zeit, um sich auf die Situation einzustimmen, bevor Sie einsteigen. Dann legen Sie einfach los, so ähnlich, wie es auch in der echten Situation war. Es wird sicherlich etwas anders sein als in der Realität, aber das macht nichts."*

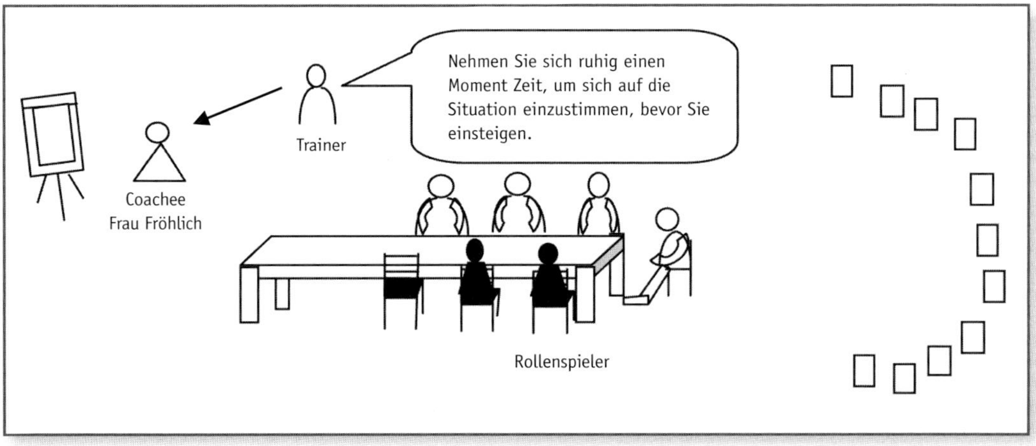

Abb.: Der Trainer leitet zur Nachinszenierung über und gibt der Coachee etwas Zeit, um sich auf die Situation einzustimmen.

Während sich die Coachee sammelt, wendet sich der Trainer kurz an die Rollenspielerin, welche die Rolle der Coachee übernimmt („Doppelgänger") und erklärt ihr ihre Aufgabe: *„Sie versuchen genau zu beobachten, sodass Sie anschließend einspringen und die Rolle übernehmen können. Haben Sie noch Fragen?"*

Dann wendet er sich an die Beobachter: *„Bitte nehmen Sie sich etwas zu schreiben und machen Sie sich Notizen zu dem, was Sie beobachten, sodass Sie anschließend Feedback geben können."*

---

16 Im Übrigen ist dies eine interessante Parallele zum Thema dieses Coachings: Ebenso wie für die Coachee geht es für den Trainer darum, mit möglichen Bedenken und Einwänden sensibel umzugehen, diese zu erspüren und vorwegzunehmen. Dies ist ein Schlüssel für die Beantwortung des Anliegens der Coachee. Der Trainer fungiert auch in dieser Hinsicht als „Role Model".

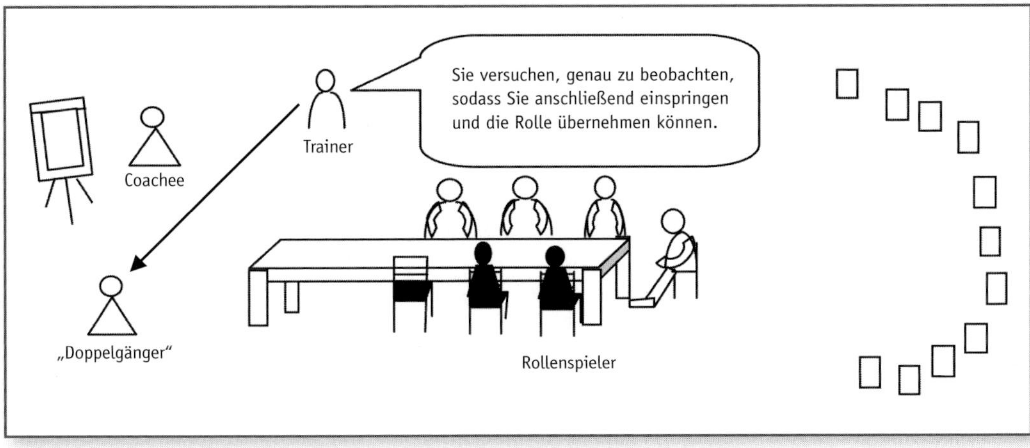

Abb.: Der Trainer erklärt der Rollenspielerin, die später beim sog. „Spiegeln" die Rolle der Coachee übernimmt („Doppelgänger"), ihre Aufgabe.

Nun kann die Nachinszenierung beginnen. Der Trainer sucht sich einen Platz, von dem er einen guten Überblick hat.

Coachee: *„Guten Morgen, meine sehr geehrten Damen und Herren, ich freue mich, dass Sie so zahlreich erschienen sind. Ich möchte Ihnen heute unsere neue Datenbank präsentieren. Wie Sie sehen werden, ist dies ein exzellentes Tool, welches Ihnen die Arbeit in Zukunft leichter machen wird. Es wird Ihnen ermöglichen, weitaus effizienter als bisher Ihre Kundenbeziehungen zu managen und Kontakte zwecks eines besseren Cross Sellings mit Ihren Kolleginnen und Kollegen zu teilen. Ich möchte Ihnen nun einen Überblick über die Präsentation geben ..."*

Die Rollenspieler verhalten sich entsprechend ihrer Instruktion abweisend, und die Coachee gerät etwas ins Stocken.

Innerer Monolog

Wenn die Coachee ins Stocken gerät, ist die Technik des „Inneren Monologs" hilfreich. Beim Inneren Monolog – auch „Lautes Denken" genannt – äußert der Coachee eigene Gedanken und Gefühle, die er in der echten Situation nicht geäußert hat. Ziel ist es, eine innere Klärung herbeizuführen. Diese ist die Voraussetzung, um auch nach außen hin klarer kommunizieren zu können.

Trainer: *„Denken Sie mal laut."*
Coachee: *„Es ist furchtbar! Wie in der echten Situation. Alle schauen in die Luft, keiner nimmt Blickkontakt auf. Echt gruselig!"*

Abb.: Wenn die Coachee ins Stocken gerät, ermöglicht der Trainer ihr, kurz aus der Nachinszenierung auszusteigen und ihre Gedanken und Gefühle zu äußern (Innerer Monolog).

Vorsicht vor emotionaler Vertiefung

Im therapeutischen Kontext würde der Leiter nun auf die Emotionen der Coachee intensiver eingehen und diese vertiefen. In einem betrieblichen Training wäre dies riskant, da dann die Gefahr bestünde, dass die Coachee die Kontrolle über ihre Emotionen verliert, was im Rahmen einer betrieblichen Veranstaltung leicht als Gesichtsverlust erlebt werden kann.

Spiegeln

Stattdessen leitet der Trainer die Coachee an, eine stärkere Distanz zur eigenen Person und damit zu den eigenen Emotionen herzustellen. Dies kann er durch den Einsatz der Spiegeltechnik erreichen. Hierbei wird die Rolle der Coachee vom „Doppelgänger" übernommen, die das Verhalten der Coachee nachahmt, sodass sich die Coachee wie in einem Spiegel beobachten kann.

Trainer: *„Dann gehen Sie doch mal raus aus der Situation und schauen sie sich von außen an. Suchen Sie sich einen Platz, von dem Sie einen guten Überblick haben."*

Trainer (zum „Doppelgänger"): *„Nehmen Sie bitte den Platz von Frau Fröhlich ein und beginnen Sie die Präsentation so ähnlich, wie sie es eben getan hat. Nehmen Sie sich ruhig einen Moment Zeit, bevor Sie loslegen."*

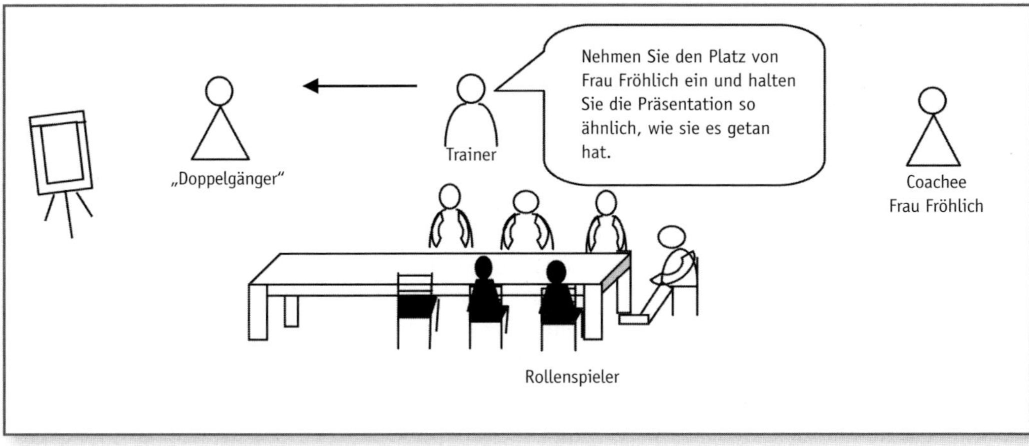

Abb.: Durch das Spiegeln wird es der Coachee ermöglicht, das eigene Verhalten aus der Beobachter-Perspektive zu erleben.

Während des Spiegelns beobachtet der Trainer die Coachee, um eventuelle emotionale Reaktionen zu erkennen. Wenn die Szene zum Ende gekommen ist oder der Trainer den Eindruck hat, dass die Coachee genug gesehen hat, um sich ein Bild von ihrer Wirkung zu machen, beendet er das Spiegeln und wendet sich an die Coachee.

Trainer (zur Coachee): *„Wie wirkt das auf Sie?"*
Coachee: *„Bedrückend. Ich tue mir selbst leid. Wie ich mich anstrenge und fröhlich und positiv bin – und die sind alle so negativ. Das sind echt richtige Griesgrame!"*

Abb.: Eine Rollenspielerin („Doppelgänger") spiegelt das Verhalten der Coachee. Die Coachee kann dies von außen beobachten und wird dann nach ihren Empfindungen gefragt.

Rollentausch zur Förderung der Empathie

Die Coachee identifiziert sich stark mit ihrer eigenen Position und zeigt geringes Verständnis für die Perspektive der anderen Beteiligten. Daher bietet sich ein Rollentausch an, um dies zu fördern.

Trainer: *„Tauschen Sie doch mal den Stuhl mit einem der Griesgrame und hören Sie sich die Präsentation von Frau Fröhlich mal aus deren Perspektive an."*

Coachee: *„Das fällt mir echt schwer."*

Trainer: *„Darum machen wir's ja :)."*

Coachee: *„Also gut, Herr B, dann setze ich mich mal auf Ihren Stuhl."*

Trainer (zu Rollenspieler B): „Sie können sich solange hier drüben auf die ‚Ersatzbank' setzen."

Inaktive Rollenspieler auf die „Ersatzbank"

Der Trainer deutet auf einen freien Stuhl, der auf der „Bühne" und nicht im Zuschauerraum steht. So ist deutlich, dass der Rollenspieler nach wie vor Teil des Geschehens ist, aber im Moment nicht aktiv gebraucht wird. Von daher ist die aus dem Sport entlehnte Formulierung der „Ersatzbank" ein einleuchtender Begriff, der von den Teilnehmern meist mit einem Schmunzeln quittiert wird.

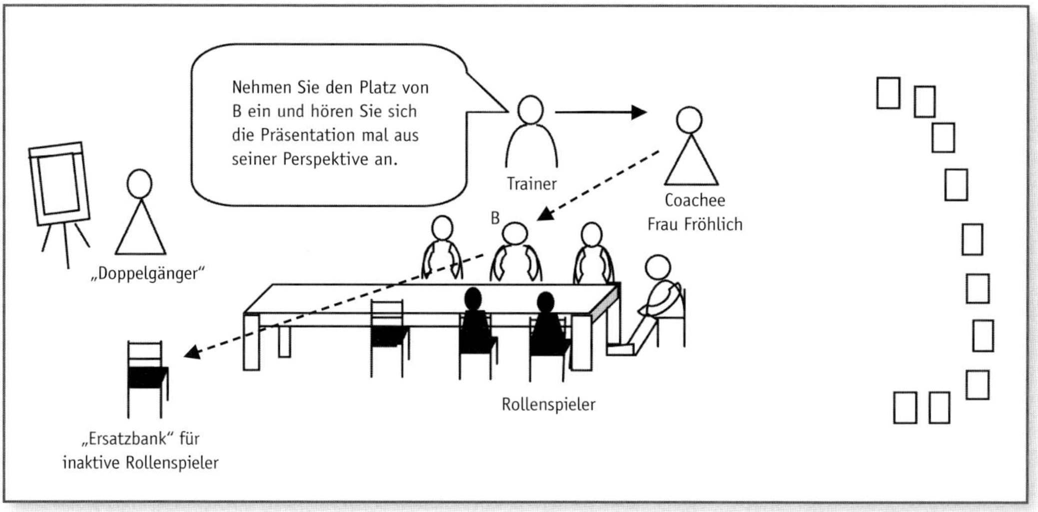

Abb.: Im nächsten Schritt nimmt die Coachee die Rolle einer anderen Person ein, um das eigene Verhalten (welches vom „Doppelgänger" gespiegelt wird) aus dieser Perspektive zu beobachten.

Im Rollentausch mit B erlebt die Coachee ihr eigenes Verhalten aus dessen Perspektive.

Anschließend interviewt der Trainer sie im Rollentausch, damit sie ihre Wirkung aus der Sicht von B reflektiert. Das Interview führt der Trainer bewusst empathisch, in dem Sinne, dass er sich in die Perspektive von B einfühlt und dessen Sichtweise unterstützend artikuliert. Außerdem exploriert er die Wünsche und Erwartungen von B gegenüber der Coachee.

Trainer (zur Coachee im Rollentausch mit B): *„Herr B, wie erleben Sie denn die Präsentation von Frau Fröhlich?“*

Coachee (im Rollentausch mit B): *„Die will uns was vom Pferd erzählen. Die tut so freudig, als würde sie Weihnachtsgeschenke verteilen. Dabei geht es nicht um Geschenke, höchstens fürs Unternehmen.“*

Trainer: *„Sie haben nur Nachteile und darauf geht sie mit keinem Wort ein.“*

Coachee: *„Genau. Das interessiert die doch gar nicht, was das für uns bedeutet. Die spult ihr Programm ab.“*

Trainer: *„Was würden Sie sich denn von ihr wünschen?“*

Coachee: *„Dass Sie uns ernst nimmt und auf unsere Bedenken eingeht.“*

Trainer: *„Wie könnte sie das tun?“*

Coachee: *„Sie könnte uns fragen, was wir davon halten. Oder sie könnte sich vorher mit uns unterhalten, um zu verstehen, was wir eigentlich von einer solchen Datenbank brauchen.“*

Abb.: Der Trainer interviewt die Coachee im Rollentausch mit B, damit sie dessen Perspektive besser versteht.

Hier ergeben sich wertvolle Hinweise auf die Erwartungen und Bedürfnisse der Zuhörer von Frau Fröhlich, auf die sie eingehen müsste, um stärkere Akzeptanz bei ihnen zu finden. Bei Bedarf kann der Trainer sie noch dazu auffordern, mit anderen Personen die Rolle zu tauschen, etwa wenn die Perspektiven der Beteiligten vermutlich unterschiedlich sind.

Debriefing des Rollentauschs

Dann leitet er das Debriefing des Rollentauschs an.

Trainer: *„Was nehmen Sie aus dem Rollentausch mit?"*

Coachee: *„Dass ich nicht so über die Bedenken der Teilnehmer hinweggehen kann. Wie ich das am besten mache, weiß ich allerdings noch nicht."*

Trainer: *„Dazu können wir ja die Ideen der Gruppe sammeln."*

Damit leitet der Trainer zur Auswertung an (an die Rollenspieler): *„Vielen Dank! Sie sind jetzt aus Ihrer Rolle entlassen. Bitte helfen Sie mit, den Tisch und die Stühle wieder zur Seite zu rücken. Wir kommen jetzt wieder im Stuhlkreis zusammen."*

---

*GR**O**W: **O**ptions – Lösungsoptionen*

Bei der Methode der Nachinszenierung geht es bei der methodischen Bearbeitung hauptsächlich um die Diagnose der Situation. Erst in der Auswertung geht es darum, Ideen zu alternativen Handlungsoptionen („Options") zu gewinnen.

Zunächst steht aber das Feedback für die Coachee im Mittelpunkt. Zum einen geht es hier darum, dass die Coachee weitere Hinweise zu ihrer Wirkung erhält und ihre „blinden Flecken" verringern kann. Zum anderen wird hierdurch die Gruppe nach der langen Fallarbeit, die stark auf die Coachee bezogen war, wieder voll miteinbezogen.

Rollen-Feedback

Als Erstes wird ein Rollen-Feedback durchgeführt, bei dem die Rollenspieler der Coachee aus ihrer Rolle heraus mitteilen, wie sie sie erlebt haben.

Trainer zu den Rollenspielern: *„Jetzt möchte ich Sie bitten, Frau Fröhlich eine Rückmeldung darüber zu geben, wie Sie sie aus Ihrer Rolle heraus erlebt haben."*

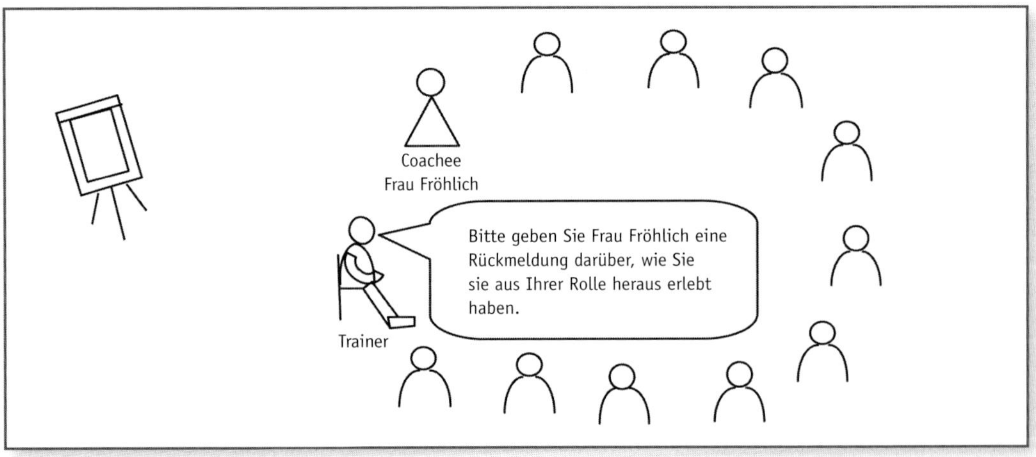

Abb.: Die Rollenspieler geben der Coachee Rückmeldung aus ihrer Rolle. Anschließend werden sie aus der Rolle „entlassen".

Rollenspieler A: *„Sie war sehr freundlich, aber ihre Heiterkeit hat überhaupt nicht zu meiner Stimmung gepasst."*

Während des Feedbacks achtet der Trainer darauf, dass die Rückmeldungen in einer hilfreichen Form gegeben werden. Feedback sollte direkt an die Person gerichtet werden, auf die es sich bezieht. Deshalb interveniert der Trainer:

Trainer zu A: *„Bitte sagen Sie es Frau Fröhlich direkt."*

Nach dem Rollen-Feedback muss der Trainer dafür sorgen, dass der Rollenspieler „entrollt" wird, also aus der Rolle entlassen wird. Sonst kann es passieren, dass Aspekte der Rolle an der Person „haften" bleiben: *„Dann möchte ich Sie gerne aus der Rolle entlassen. Danke, dass Sie Ihre Rolle übernommen haben. Sie sind jetzt nicht mehr Herr A, Sie sind jetzt wieder Herr Schreiber."*

„Entrollen" der Spieler

Wenn sehr viele Rollenspieler beteiligt sind und manche keine spezifische Rolleninstruktion erhalten haben und sich wenig beteiligen konnten, muss der Trainer nicht darauf bestehen, dass jede Person ein Rollen-Feedback gibt. Es sollte jedoch jeder die Gelegenheit erhalten, etwas zu sagen. Jeder Rollenspieler muss aus der Rolle entlassen werden.

Sharing

Der zweite Schritt der Auswertung ist das sogenannte Sharing. Hierbei teilen die Gruppenmitglieder eigene Erfahrungen mit, die jenen des Coachee ähneln. Dadurch erfährt der Coachee, dass er mit seinem „Problem" nicht alleine dasteht. Moreno spricht davon, dass der Coachee, der sich in der Arbeit seelisch „ausgezogen" und viel von sich gezeigt hat, im Sharing wieder „angezogen" wird.

„Im nächsten Schritt geht die Frage an alle: Woher kennen Sie Situationen, wo es schwierig ist, andere zu überzeugen oder wo Sie auf Widerstand und Blockaden stoßen, die vielleicht nicht immer offen geäußert werden, aber doch spürbar sind?"

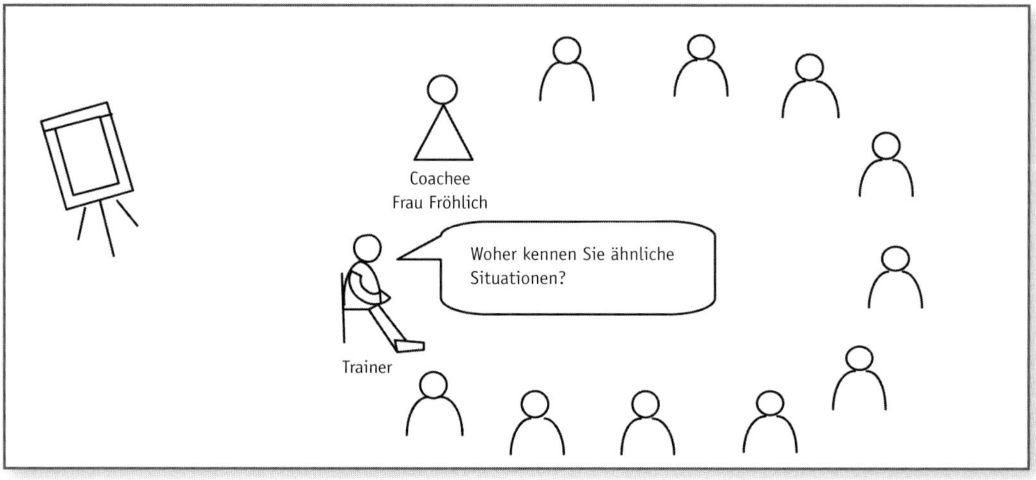

Abb.: Im Sharing teilen die Gruppenmitglieder ähnliche Erfahrungen mit dem Coachee, was ein Gefühl der Solidarität und Verbundenheit auslöst.

Beobachter-Feedback

Der dritte und letzte Schritt der Auswertung ist das Beobachter-Feedback. Hier geht es darum, die Gruppe als Quelle für Rückmeldungen zu nutzen. Auch hier gilt es, die Feedback-Regeln zu beachten (Seite 348). *„Nun geht die Frage an alle, die zugeschaut haben: Was ist Ihnen aufgefallen? Was haben Sie beobachtet? Hilfreich ist es, wenn Sie einfach Ihre Wahrnehmungen schildern, und zwar möglichst ohne zu bewerten und ohne Ratschläge zu geben."*

Falls es bewertende oder gar abwertende Äußerungen gibt, muss der Trainer sofort intervenieren. Bei einer Äußerung wie *„Sie wirken ganz schön arrogant"* muss der Trainer seine Schutzfunktion gegenüber der Coachee wahrnehmen und einschreiten: *„Bitte keine Bewertungen. Das ist nicht hilfreich. Bitte beschreiben Sie konkret, was Sie wahrgenommen haben."*

Abschließend kann der Trainer Feedback geben, falls wichtige Aspekte noch nicht genannt wurden.

---

*GROW: **W**ay forward – Umsetzung*

Nach all den Rückmeldungen gilt es, den Ball an die Coachee zurückzuspielen, etwa mit einer der folgenden Fragen:

- Was nehmen Sie mit?
- Was war für Sie besonders wichtig?
- Welches Feedback war für Sie besonders hilfreich?
- Was würden Sie das nächste Mal anders machen?

Anschließend geht es um einen Abgleich zwischen dem ursprünglichen Ziel und dem, was bislang erreicht worden ist: *„Wo stehen Sie in Bezug auf Ihr Ziel, andere besser überzeugen zu wollen?“*

Nun kann es sein, dass die Coachee mehr als genug Anregungen erhalten hat und ihr Anliegen als erfüllt betrachtet. Es kann aber auch sein, dass noch ein weiterer Schritt erforderlich ist. Das klärt der Trainer ab: *„Möchten Sie noch einen Schritt weitergehen oder möchten Sie hier einen Punkt machen?“*

Falls die Coachee weiterarbeiten möchte, bietet es sich nun an, mit einer lösungsorientierten Methode fortzufahren, etwa mit einem Übenden Rollenspiel. Ansonsten schließt der Trainer hier die Anliegenbearbeitung ab.

Hinweise

- Die Instruktion der Rollenspieler erfolgt hier durch Rollentausch (bzw. Rollenwechsel) statt durch das Eindoppeln, das beim Übenden Rollenspiel verwendet wurde. Bei der Nachinszenierung ist es wichtig, dass die Coachee die Szene als möglichst realistisch erleben soll. Dazu müssen die Rollenspieler sehen, wie sich die Personen, die sie spielen sollen, konkret verhalten. Hierfür ist es hilfreich, wenn die Coachee das Verhalten der jeweiligen Person vormacht und die Rollenspieler dies nachahmen können. Das ist nur beim Vorstellen im Rollentausch, nicht aber beim Eindoppeln möglich.
- Das Vorstellen im Rollentausch kann für den Coachee schwierig sein, wenn er die betreffende Person nicht näher kennt. Dann ermuntert der Trainer den Coachee, seine eigenen Hypothesen und Fantasien zu artikulieren. Diese müssen nicht stimmen; es geht vielmehr darum, die Fähigkeit zu schulen, sich in andere einzufühlen. Schließlich ist es entscheidend für die soziale Kompetenz, antizipieren zu können, welche Bedürfnisse, Interessen und Einstellungen die Interaktionspartner haben. Für den Fall von Frau Fröhlich heißt das, dass sie wissen muss, welche Vorbehalte, Einwände, aber auch welches Interesse die Firmenkundenberater an dem Thema Datenbank und an ihr als Marketing-Mitarbeiterin haben könnten, um entsprechend darauf eingehen zu können.
- Wenn es dem Coachee beim Vorstellen im Rollentausch schwerfällt, Hypothesen und Fantasien aus der jeweiligen Rolle zu artikulieren, kann der Trainer ihn unterstützen, indem er ihn im Rollentausch doppelt und selbst Vermutungen äußert. Er kann auch Satzanfänge anbieten, die der Coachee vervollständigen muss (Einleitendes Dop-

peln). Diese Technik funktioniert meist gut, um den Coachee zu bewegen, sich stärker auf die Rolle einzulassen. Hier ein Beispiel:
Trainer zur Coachee (im Rollentausch mit A): *„Warum schauen Sie aus dem Fenster?"*
Coachee (im Rollentausch mit A): *„Keine Ahnung."*
Trainer (doppelt): *„Das Thema nervt mich total."*
Coachee (im Rollentausch mit A): *„Genau."*
Trainer (Einleitendes Doppeln): *„Weil ..."*
Coachee (im Rollentausch mit A): *„Weil ich das ohnehin nicht umsetzen werde."*
Trainer (Einleitendes Doppeln): *„Weil ..."*
Coachee (im Rollentausch mit A): *„Weil das System ja dazu eingeführt wird, Leute wie mich überflüssig zu machen."*

- Falls der „Doppelgänger" beim Spiegeln Schwierigkeiten hat, das Verhalten des Coachee widerzuspiegeln, kann der Trainer ihn dabei unterstützen (was voraussetzt, dass er selbst den Coachee zuvor genau beobachtet hat).

Literatur

- Benien, Karl: Beratung in Aktion. Windmühle, Hamburg, 2003.
- Bosselmann/Lüffe-Leonhardt/Gellert: Variationen des Psychodramas. Ein Praxis-Handbuch. Limmer, Meezen, 1993.
- Brenner/Clausing/Kura/Schulz/Weber: Das pädagogische Rollenspiel in der betrieblichen Praxis. Windmühle, Hamburg, 1996.
- von Ameln/Gerstmann/Kramer: Psychodrama. Springer Verlag, Berlin; Heidelberg, 2004.

4. Handlungsalternativen finden: Actstorming

Indikation

„Actstorming" eignet sich immer dann, wenn der Coachee nicht weiß, wie er sich in einer bestimmten Situation konkret verhalten soll, beispielsweise: „Wie gehe ich damit um, wenn die Kunden sich wieder über unsere Preise beschweren?", oder „Wie soll ich künftig auf die unsachlichen Kommentare des Vorstands reagieren?"

Ziele

- Der Coachee kann durch „Lernen am Modell" sein Handlungsrepertoire im Umgang mit einer für ihn schwierigen sozialen Situation erweitern.
- Die anderen Teilnehmer können in einem geschützten Rahmen unterschiedliche Bewältigungsstrategien im Umgang mit kritischen Situation erproben.

Zeit

60-75 Minuten

Material

Keine besonderen Materialien, lediglich ggf. Requisiten zum Aufbau der Szene, wie z.B. Stühle und Tische

Überblick

- Aufbau der Situation.
- Der Coachee demonstriert das Verhalten der Interaktionspartner.
- Andere Teilnehmer übernehmen die Rolle der Interaktionspartner.
- Mehrere Seminarteilnehmer übernehmen abwechselnd die Rolle des Coachee und reagieren jeweils unterschiedlich auf die Interaktionspartner.
- Der Coachee kann die Szene beobachten und sich von den unterschiedlichen Handlungsoptionen anregen lassen.
- Feedback des Coachee.
- Feedback der Rollenspieler und Beobachter, ggf. Sharing.
- Gegebenenfalls kann der Coachee selbst die eigene Rolle übernehmen und Handlungsstrategien, die ihn inspiriert haben, ausprobieren.

Erläuterung

Die Methode des „Actstormings“ geht zurück auf das Forum-Theater des brasilianischen Theaterpädagogen Augusto Boal. Aus dem Forumtheater wurden verschiedene Varianten für den Bereich des Management-Trainings weiterentwickelt. Eine davon ist das Actorming nach Alexander Redlich (1994). Das methodische Prinzip ähnelt dem Brainstorming, mit dem Unterschied, dass Ideen und Lösungsvorschläge nicht nur verbalisiert, sondern direkt in Handlungen umgesetzt werden.[17]

Vorgehen

Im Rahmen eines zweitägigen Konfliktmanagement-Trainings bringt die 32-jährige Personalreferentin Frau Süß folgende Fragestellung ein: „Wie kann ich schlagfertiger werden?“ Frau Süß arbeitet für einen großen Automobilzulieferer und beklagt sich darüber, dass sie immer wieder mit frechen, teilweise herablassenden Bemerkungen vonseiten ihrer internen Kunden, die meist hohe hierarchische Positionen einnehmen, konfrontiert sei. Insbesondere der Bereichsleiter Herr Zack, mit dem sie eng zusammenarbeite, falle ihr stets durch unangemessene Kommentare auf, die sie meist kommentarlos entgegennehme. Statt sich zu wehren, erdulde sie ihr Schicksal und ärgere sich hinterher.

GROW: Goal – Zielvereinbarung

Auf positive Zielformulierungen hinwirken

Trainer: *„Was ist Ihr Ziel?“*

Coachee: *„Ich will mich nicht mehr von Leuten wie Herrn Zack überrumpeln lassen. Ich habe es satt, immer brav und nett zu lächeln und mich hinterher über meine Gutmütigkeit zu ärgern.“*

Trainer: *„Was möchten Sie stattdessen tun?“*

Coachee: *„Ich will schlagfertig auf dumme Bemerkungen reagieren können.“*

Trainer: *„Was heißt schlagfertig für Sie?“*

Coachee: *„Gute Frage. Jetzt fällt mir schon wieder nichts ein!“*

Trainer: *„Keine Eile. Es geht nur darum, ein Bild davon zu entwickeln, womit Sie zufrieden wären. Angenommen, Sie haben wieder eine dumme Bemerkung erlebt und würden so reagieren, dass Sie mit sich zufrieden sind. Was würden Sie beispielsweise getan haben?“*

---

17 Die Methode des „Actstormings“ ähnelt der psychodramatischen Technik des Doppelns, wie sie etwa im Abschnitt zum *Übenden Rollenspiel* beschrieben wird. In der klassischen psychodramatischen Arbeit liegt der Fokus jedoch letztlich immer auf dem Coachee, der gefordert ist, eine Lösung zu entwickeln und zu erproben. Dagegen hat der Coachee beim Actstorming die Möglichkeit, Handlungsalternativen, die andere Seminarteilnehmer demonstrieren, von außen zu beobachten und jene Aspekte zu übernehmen, die er als stimmig zur Situation und zur eigenen Person erlebt.

Coachee: *„Irgend etwas entgegnet haben. Es muss nichts Besonderes sein, eine ironische Bemerkung zum Beispiel."*

Trainer: *„Ihr Ziel ist es also, auf die dummen Bemerkungen etwas zu erwidern zu können …"*

Das Ziel ist nun positiv, konkret und realistisch formuliert, sodass der Trainer zur nächsten Phase übergehen kann. Noch ist nicht klar, welche Methode am besten geeignet ist, das Anliegen zu bearbeiten.

GROW: Reality – Situationsanalyse

Im nächsten Schritt gibt der Trainer den Teilnehmern Gelegenheit, Fragen zu stellen. Frau Süß nennt daraufhin einige Beispiele für Bemerkungen von Bereichsleitern und insbesondere von Herrn Zack, die sie als unangemessen erlebt, weil sie sie abwerten („Da ist ja unser HR-Fräulein"), degradieren („Können Sie das schnell für mich abtippen?") oder angreifen („Wozu brauchen wir eigentlich diesen ganzen HR-Laden?").

Sie gibt an, dass sie bereits versucht habe, ernsthaft ein Gespräch mit Herrn Zack zu führen, aber der verharmlose seine Bemerkungen dann und ändere sein Verhalten nicht. Auch die Unterstützung ihres Vorgesetzten habe sie bereits vergeblich gesucht. So gehe es ihr nun darum, auf Bemerkungen von Herrn Zack schlagfertig reagieren zu können.

Bei diesem Thema gibt es verschiedene methodische Möglichkeiten. Es wäre eventuell lohnenswert, herauszufinden, welche „Inneren Teammitglieder" Frau Süß davon abhalten, sich gegenüber den Bereichsleitern abzugrenzen und wie sie sich „innerlich aufstellen" müsste, damit dies besser gelingt (siehe Seite 289 ff.). Allerdings richtet sie den Fokus mit ihrer Fragestellung nicht auf diesen innerpsychischen Aspekt, sondern vielmehr auf die Handlungsebene in der zwischenmenschlichen Situation. Von daher könnte ein Übendes Rollenspiel ebenso passen wie das Actstorming. Um eine Entscheidung zu treffen, stimmt der Trainer die Wahl der Methode mit der Coachee ab.

Methode mit der Coachee abstimmen

Trainer: *„Um herauszufinden, wie Sie auf diese Bemerkungen reagieren können, schlage ich vor, dass wir uns die Situation, die Sie genannt haben, hier anschauen und sie nachstellen. Wir brauchen dazu gleich eine Person, die die Rolle von Herrn Zack übernimmt. Dann gibt es zwei Möglichkeiten. Die eine ist, dass Sie selbst Ihre eigene Rolle übernehmen und versuchen, eine passende Reaktion zu finden. Oder wir lassen die anderen Seminarteilnehmer abwechselnd Ihre Rolle übernehmen und an Ihrer Stelle reagieren, wobei Sie zuschauen und auswählen können, was Ihnen am passendsten erscheint. Welche Variante ist Ihnen lieber?"*

Coachee: *„Offen gestanden weiß ich noch nicht, wie ich mit Herrn Zack umgehen kann. Deshalb wäre es mir lieber, zuschauen zu können."*

Aufbau der Situation

Trainer: *„Gut. Dann möchte ich Sie bitten, hier vorne Ihr Büro mit einfachen Mitteln aufzubauen, sodass wir uns die Situation vorstellen können. Was brauchen Sie dazu?"*

Coachee: *„Einen Stuhl, einen Schreibtisch und einen Computer."*

Trainer: *„Dann nehmen Sie gerade Ihren Stuhl mit nach vorne. Für den Computer können Sie den Moderationskoffer nehmen. Und vielleicht kann Ihnen jemand helfen, einen Tisch nach vorne zu stellen.* (Zu den anderen Teilnehmern): *‚Rücken Sie alle bitte etwas nach hinten, sodass wir hier vorne genügend Platz haben.'"*

Abb.: Beim Actstorming wird zunächst der Raum so aufgebaut, dass sich die Coachee und die Gruppenteilnehmer die Situation gut vorstellen können.

Nachdem die räumliche Situation aufgebaut ist, wird die Rolle des Konfliktpartners (Antagonisten) besetzt. Der Trainer kann hier in die Runde fragen: *„Wer hat Lust, die Rolle von Herrn Zack zu übernehmen?"*

Falls sich niemand freiwillig meldet, kann der Trainer die Coachee bitten, eine Person auszuwählen. Dies ist zwar etwas problematisch, wenn es gilt, eine ausgesprochen negative Rolle zu besetzen – so wie hier. Dann kann der Trainer versuchen, dies als Zuschreibung besonderer darstellerischer Qualitäten zu verkaufen, damit sich die ausgewählte Person nicht beleidigt fühlt: *„Frau Süß, wählen Sie jemand aus, dem Sie das schauspielerische Talent zutrauen, diese Rolle zu spielen."*

Die Coachee demonstriert das Verhalten des Interaktionspartners

Ist der Rollenspieler gefunden, muss er in seine Rolle eingeführt werden. Dies geht am einfachsten, wenn die Coachee kurz das Verhalten des Antagonisten demonstriert.

Trainer: *„ Damit Sie wissen, wie Sie die Rolle von Herrn Zack spielen müssen, möchte ich Sie, Frau Süß, bitten, kurz dessen Verhalten zu demonstrieren. Können Sie uns das bitte kurz zeigen?“*

Coachee: *„Ich kann es versuchen.“*

Abb.: Die Coachee schlüpft kurz in die Rolle des Antagonisten, um sein Verhalten zu demonstrieren. Anschließend übernimmt eine Rollenspielerin diese Aufgabe, sodass die Coachee die Szene von außen beobachten kann.

Da es hier um unterschiedliche Bemerkungen geht, die Herr Zack sagen könnte, sammelt der Trainer mögliche Varianten, die anschließend im Actstorming genutzt werden können: *„Welche anderen Bemerkungen könnten von Herrn Zack noch kommen?“*

Der Trainer hält die Punkte auf Flipchart fest.

Nachdem die Coachee das Verhalten der Konfliktpartnerin vorgespielt hat, bittet der Seminarleiter die Rollenspielerin: *„Würden Sie die Rolle bitte direkt mal übernehmen und nachmachen, damit Frau Süß schauen kann, ob das passt? Sie können ruhig ein paar Varianten demonstrieren und später auch ein bißchen abwechseln bei dem, was Sie an Bemerkungen fallen lassen.“*

---

*GR**O**W: **O**ptions – Lösungsoptionen*

Wenn die Rollenspielerin in der Lage ist, die Rolle adäquat darzustellen, kann das eigentliche Actstorming beginnen. Hierzu wendet sich der Trainer an die Gruppe: *„Ihre Aufgabe wird es jetzt sein, anstelle von Frau Süß abwechselnd auf die Bemerkungen von Herrn Zack zu reagieren. Dabei können Sie entweder genauso reagieren, wie Sie es anstelle von Frau Süß tatsächlich tun würden. Sie können aber auch etwas komplett anderes ausprobieren, was Sie im echten Leben niemals*

Jede Handlungsalternative ist willkommen

machen würden. Jedes Verhalten ist erwünscht. Wir sammeln also Handlungsideen. Ähnlich wie beim Brainstorming, wo jede Idee erwünscht ist, ist hier jede Handlungsalternative willkommen. Wir werden die Szene dann jeweils kurz laufen lassen, sodass wir noch sehen, wie Herr Zack reagiert. Anschließend gebe ich ein Signal und beende die Szene. Die Person, die in der Rolle von Frau Süß war, gibt gewissermaßen die Staffel an die nächste Person weiter. Als Symbol habe ich hier einen Moderationsstift, den der jeweilige Akteur an die nächste Person weitergibt. Wer eine Idee hat, kann sich gerne melden. Ansonsten kann es – wie im echten Leben – sein, dass Sie mit dem schwierigen Kollegen konfrontiert werden, auch wenn Sie sich das nicht ausgesucht haben ;-)."

Um die verschiedenen Handlungsalternativen mit ihren unterschiedlichen Wortlauten zu dokumentieren, kann der Trainer fragen, ob jemand auf Flipchart mitschreibt: *„Damit wir die unterschiedlichen Herangehensweisen festhalten können, wäre es prima, wenn jemand in Stichworten mitschreibt, was diejenigen, die in die Rolle von Frau Süß schlüpfen, entgegnen. Wer würde das übernehmen?"*

Da diese Person im Actstorming keine Rolle übernehmen muss, findet sich meist schnell ein Teilnehmer, der diese Funktion übernimmt.

Abb.: Auf dem Flipchart werden die unterschiedlichen Herangehensweisen beim „Actstorming" festgehalten.

Anschließend kann es losgehen: *„Wer mag anfangen?"*

Meldet sich kein Teilnehmer, so gibt der Trainer der Rollenspielerin den Moderationsstift: *„Bitte suchen Sie sich jemand aus."*

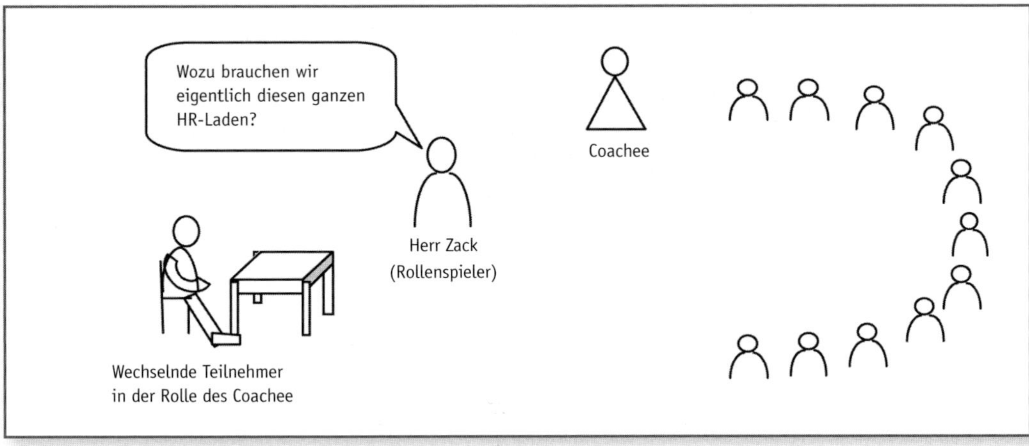

Abb.: Beim Actstorming schlüpfen unterschiedliche Seminarteilnehmer in die Rolle der Coachee und reagieren auf die Situation, die diese eingebracht hat. Die Coachee beobachtet die Szenen von außen.

Der Seminarleiter lässt die Szene nur kurz laufen. Anschließend bricht er die Szene ab. Die Interaktion wird beim Actstorming nicht direkt im Anschluss reflektiert. Vielmehr schließt sich unmittelbar die nächste Sequenz an. Wie beim Brainstorming ist die Bewertung strikt von der Generierung von Lösungsmöglichkeiten getrennt, um den Fluss der Ideen nicht zu beeinträchtigen. *„Herzlichen Dank! Bitte geben Sie die Staffel an die nächste Person weiter."*

Abb.: Die Coachee erhält eine Reihe unterschiedlicher Handlungsoptionen. Es folgt eine Aktion auf die nächste. Erst zum Schluss wird ausgewertet.

Der Trainer lässt nun mehrere Durchgänge laufen, wobei er den Rollenspieler (hier: Herrn Zack) auffordern kann, seine Sätze zu variieren, sodass die Interaktion nicht zu vorhersehbar wird und eine gewisse Spontaneität erfordert. Wenn er den Eindruck hat, dass die Coachee genügend Anregungen bekommen hat oder sich die Handlungsalternativen zunehmend ähneln, kann er das Ende des Actstormings einleiten. *„Hat noch jemand eine ganz andere Idee?"*

Wenn der letzte Durchgang beendet ist, richtet er das Wort an die Coachee: *„Frau Süß, welche Strategien haben Ihnen besonders gefallen?"*

Auswertungsschritte

Anschließend holt der Trainer das Feedback der anderen Teilnehmer ein. Folgende Auswertungsschritte sind hierbei empfehlenswert:

▶ *Schritt 1: Rollen-Feedback*
Die Rollenspielerin wird eingeladen, ihre Wahrnehmungen aus der Rolle zu schildern: *„Als Herr Zack haben Sie verschiedene Reaktionen erlebt. Welche haben Sie besonders beeindruckt und warum?"*

▶ *Schritt 2: Feedback aus der Gruppe*
Anschließend ist es hilfreich, die Beobachtungen von außen zu sammeln, die oft weitere wertvolle Informationen liefern: *„Frau Süß' Ausgangsfrage war, wie sie mit den Bemerkungen von Herrn Zack schlagfertig umgehen kann. Was war aus Ihrer Sicht besonders effektiv?"*

▶ *Schritt 3: Sharing*
Wenn noch Zeit bleibt, kann der Trainer die anderen Teilnehmer nach ähnlichen Erfahrungen fragen. Dies dient dazu, den Erfahrungsschatz der Gruppe zu nutzen und die Coachee wieder in die Gruppe zu integrieren, indem deutlich wird, dass sie nicht alleine mit ihrem Thema steht. *„Wer hat ähnliche Erfahrungen gemacht mit unverschämten Bemerkungen? Welche ähnlichen Situationen haben Sie erlebt?"*

Eine Gefahr bei dieser Fragestellung liegt darin, dass nun „Rat-Schläge" erteilt werden nach dem Motto „Du musst Dich da einfach besser abgrenzen" oder „Du darfst halt nicht immer versuchen, es allen recht zu machen". Wenn dies geschieht, muss der Trainer intervenieren, zum Beispiel: *„Es geht jetzt nicht darum, Frau Süß Tipps zu geben, sondern darum, eigene ähnliche Erfahrungen zu teilen. Gibt es eine ähnliche Situation, die Sie erlebt haben?"*

*GROW: **W**ay forward – Umsetzung*

Zum Abschluss geht es darum, dass die Coachee Handlungsmöglichkeiten findet, die für sie und ihre Situation stimmig sind. Dies kann der Trainer etwa mit folgenden Fragen unterstützen:

- *Was könnten Sie sich vorstellen zu übernehmen?*
- *Wie würden Sie das in Ihren eigenen Worten formulieren?*
- *Auf welche Reaktionen müssen Sie sich einstellen und wie würden Sie damit umgehen?*

Nun besteht die Möglichkeit, dass die Coachee selbst in die Situation einsteigt und versucht, die gewonnenen Handlungsideen zu erproben: *„Möchten Sie zum Abschluss selbst in die Situation einsteigen und auf die Bemerkungen von Herrn Zack reagieren?"*

Meistens sind die Coachees jedoch eher damit beschäftigt, das Gesehene zu verarbeiten und zu verdauen.

Abschließend gibt der Trainer das letzte Wort an die Coachee: *„Wie lautet Ihr Fazit?"*

Schließlich erhält die Coachee das Flipchart bzw. ein Foto des Flipchart, auf dem die unterschiedlichen Handlungsalternativen festgehalten wurden.

Hinweise

Normalerweise wird es den Gruppenmitgliedern beim Actstorming freigestellt, ob und wann sie sich einbringen möchten. Allerdings habe ich die Erfahrung gemacht, dass es dann passieren kann, dass der „Handlungssturm" ein „laues Lüftchen" bleibt, weil sich viele Seminarteilnehmer lieber zurückhalten. Deshalb halte ich es für zielführend, einen „sanften Zwang" anzuwenden und die Teilnehmer dazu zu bringen, sich der Situation zu stellen. Schließlich können sie sich in der Realität auch nicht aussuchen, von welchen Personen sie mit welchen Anliegen konfrontiert werden. Immerhin bietet hier das Seminar einen deutlich geschützteren Rahmen als das „echte Leben".

Varianten

- Vor dem eigentlichen Actstorming kann der Trainer die Teilnehmer zuerst in einem Brainstorming Ideen sammeln und auf Flipchart schreiben lassen, bevor diese dann „durchgespielt" werden. Dies ist die „sanftere Variante", weil die Teilnehmer sich so besser auf ihren Einsatz vorbereiten können. Allerdings hat dies den Nachteil, dass die Übung dann nicht mehr so realitätsnah ist – schließlich müssen sie im Alltag ja auch spontan auf bestimmte Situationen reagieren, ohne sich vorher Gedanken machen zu können. Andererseits kann dieses zweistufige Vorgehen bei zurückhaltenden oder gehemmten Gruppen sinnvoll sein, um diese nicht zu überfordern. Damit der Teilnehmer möglichst großen Nutzen daraus ziehen kann, empfiehlt es sich, die Teilnehmer zu bitten, ihre Notizen gut leserlich aufzuschreiben. Diese erhält der Coachee am Ende des Coachings.

- Der Trainer kann die Teilnehmer auch bitten, das Brainstorming zu zweit durchzuführen, wobei sich die Paare darauf einigen müssen, wer von den beiden „in den Ring steigt". Auch dadurch stellt der Trainer sicher, dass genügend Handlungsalternativen demonstriert werden.
- Man kann den Coachee auch auffordern, die Rolle des Antagonisten zu übernehmen, statt die Situation von außen zu beobachten. Dies ist allerdings nur dann sinnvoll, wenn es darum geht, einen Perspektivenwechsel des Coachee zu erreichen und sein Einfühlungsvermögen für dessen Sichtweise zu erhöhen. Im beschriebenen Fall ist das Ziel hingegen, dass die Coachee lernt, sich stärker abzugrenzen, statt sich in den Kontrahenten einzufühlen. Daher wäre diese Vorgehensweise hier deplatziert.

Literatur

- Redlich, Alexander: Berufsbezogene Supervision in Gruppen. Band 19 der Materialien aus der Arbeitsgruppe Beratung und Training. Fachbereich Psychologie der Universität Hamburg, 1994.
- Schmidt, Thomas: Konfliktmanagement-Trainings erfolgreich leiten. Der Seminarfahrplan. managerSeminare, 2010.
- Benien, Karl: Beratung in Aktion. Erlebnisaktivierende Methoden im Kommunikationstraining. Windmühle Verlag, 2002.
- Tietze, Kim-Oliver & Schulz von Thun, Friedemann: Kollegiale Beratung: Problemlösungen gemeinsam entwickeln. Rowohlt, 2003.

5. Klartext reden: Stunde der Wahrheit

Indikation

Die „Stunde der Wahrheit" ist indiziert, wenn sich beim Coachee eine ganze Menge Ärger und Unmut angesammelt hat, der niemals artikuliert worden ist. Dann kann es für den Coachee schwierig sein, dies sofort konstruktiv „herüberzubringen". Um den Stau zu lösen, kann es hilfreich sein, erst einmal „frei Schnauze" sprechen und Klartext reden zu können. Eine weitere Indikation liegt vor, wenn der Coachee stets extrem diplomatisch agiert oder agieren muss, etwa weil er sich in einem sehr strategischen, „politischen" Umfeld befindet. Dann kann es sein, dass es dem Coachee vor lauter Vorsicht schwerfällt, seine Gedanken klar zu formulieren. Auch in diesem Fall kann es erleichternd sein, zunächst einmal „ungeschminkt" reden zu können.

Ziele

- Der Coachee kann eine Blockade lösen, die eigenen Gefühle zu artikulieren.
- Der Coachee erlangt innere Klarheit.

Zeit

60-75 Minuten

Material

Requisiten zum Aufbau der Szene, wie z.B. Stühle und Tische

Überblick

- Die Szene mit einfachen Mitteln (Stühle, Tische etc.) aufbauen.
- Die Rolle des Konfliktpartners (bzw. der Konfliktpartner) besetzen.
- Den Rollenspieler durch Eindoppeln instruieren: Coachee stellt sich hinter den Rollenspieler und stellt Konfliktpartner aus der Ich-Perspektive vor.
- Der Rollenspieler erhält die Anweisung, weitgehend passiv zu bleiben, aber auf die eigene (innere) Reaktion zu achten.
- Den Coachee ermuntern, dem Konfliktpartner „ungeschminkt" die Meinung zu sagen.

- Den Coache durch Doppeln unterstützen: Der Trainer tritt neben den Coachee und verbalisiert Gefühle, die beim Coachee mitschwingen, aber nicht ausgedrückt werden.
- Auswertung:
  - Rollen-Feedback: Rollenspieler schildert sein Erleben aus der Rolle.
  - Beobachter-Feedback: Die Zuschauer geben Feedback zur Wirkung des Coachee.
- Es wird ausgewertet, wie das Verhalten des Coachee so gestaltet werden kann, dass dieser seine Ziele erreicht.
- Bei Bedarf führt der Coachee das Gespräch ein zweites Mal, wobei er nun versucht, sein Verhalten entsprechend anzupassen.

Erläuterung

Im klassischen Psychodrama geht es darum, die innere Wahrheit handelnd zu erkunden und zum Ausdruck zu bringen (vgl. Moreno 1959, S. 77). Dies ist im Management-Training nur begrenzt möglich und erwünscht. Die innere Wahrheit ist nicht das Maß aller Dinge. Vielmehr geht es in der Regel darum, die Teilnehmer dabei zu unterstützen, ihre Rolle im Unternehmen erfolgreich zu erfüllen. Schließlich wird das Seminar vom Unternehmen bezahlt, um seine Mitarbeiter so zu qualifizieren, dass sie ihre Rolle angemessen ausfüllen. Der Mitarbeiter soll nicht lernen, seine Frustration über den Chef „herauszulassen" und der Kundenberater soll auch nicht dazu gebracht werden, dem Kunden „die Meinung zu geigen". Vielmehr sollen Emotionen in sozialverträglicher Form artikuliert werden, um Konflikte konstruktiv zu lösen.

Gleichzeitig haben Menschen Gefühle, die nicht immer rollenkonform sein müssen und sich nicht unbedingt „unter dem Deckel" halten lassen. Wo innerer Ärger, Unmut oder Frustration nicht ausgedrückt werden dürfen, können sie den Einzelnen lähmen und Arbeitsbeziehungen vergiften. Daher kann es ein wichtiger Schritt sein, unterdrückte Gefühle „frei von der Leber weg" artikulieren zu können – zumal dies ohne Folgen bleibt, wenn es im Rahmen eines Seminars geschieht und der Adressat nicht im Raum ist. Deshalb geht es bei dieser Methode darum, dem Konfliktpartner im Spiel „ohne Rücksicht auf Verluste" seine Meinung zu sagen. Erst in einem zweiten Schritt wird dann ausgewertet, wie der Coachee möglicherweise in der Realität variieren muss, um sein Verhalten „sozialverträglich" zu gestalten.

Vorgehen

Die Methode Stunde der Wahrheit möchte ich anhand eines Fallbeispiels aus einem dreitägigen Führungskräfteseminars zum Thema „Schwierige Gespräche führen“ erläutern. Der 35-jährige Teamleiter Herr Sand hat über ein Jahr lang seine Vorgesetzte Frau Steil während ihrer Mutterzeit vertreten und ist verärgert darüber, dass er von seiner „Chef-Chefin“, Bereichsleiterin Frau Reich, keinerlei Anerkennung für die Übernahme dieser Funktion und die damit einhergehende Doppelbelastung erhalten hat. Dies beeinträchtigt ihn in der Zusammenarbeit mit seiner Chef-Chefin in einem aktuellen Projekt massiv.

GROW: Goal – Zielvereinbarung

Trainer: *„Was möchten Sie für sich herausfinden?“*

Coachee: *„Es hat sich einfach eine Menge Ärger über Frau Reich bei mir angestaut und ich weiß nicht, wie ich damit umgehen soll. In mir sperrt sich alles, wenn es darum geht, in dem aktuellen Projekt mit ihr zusammenzuarbeiten. Ich bin da echt ratlos.“*

Trainer: *„Wie lautet Ihre Fragestellung?“*

Coachee: *„Ich denke, ich muss mit ihr reden. Aber ich weiß nicht wie. Da hat sich zu viel angestaut, als dass ich da ruhig und sachlich mit ihr reden könnte.“*

Trainer: *„Was könnte passieren, falls Sie ihr sagen würden, was Sie empfinden?“*

Coachee (lacht): *„Dass sie vom Hocker fällt. Dass ich mich im Ton vergreife und mir alle weiteren Karrierewege verbaue. Da muss ich schon ganz schön aufpassen.“*

Der Trainer schlägt die Methode „Stunde der Wahrheit“ vor

Trainer: *„Wie wäre es denn, wenn Sie als ersten Schritt mal frei von der Leber weg alles so sagen würden, wie Sie es empfinden und wir dann im zweiten Schritt gemeinsam überlegen, wie Sie das am geschicktesten herüberbringen können?“*

Coachee: *„Keine schlechte Idee. Aber wie soll das jetzt funktionieren?“*

Trainer: *„Dazu kommen wir gleich. Lassen Sie uns zuerst noch klarkriegen, was genau Ihr Ziel ist.“*

Coachee: *„Ich möchte klären, wie ich meinen Unmut am besten artikulieren kann.“*

GROW: Reality – Situationsanalyse

Der Trainer hat hier bereits die Methode vorgeschlagen und das Einverständnis des Coachee eingeholt. Nun ist es empfehlenswert, nicht zu lange zu warten (und zu reden), sondern rasch in Aktion zu treten. Der Trainer gestaltet die Situationsanalyse deshalb bewusst kurz und schließt nur wenige Fragen an, damit die betreffende Situation und die damit verbundenen Gefühle dem Coachee voll bewusst werden. Dies soll es ihm erleichtern, die innere Wahrheit anschließend zu artikulieren.

Um den Coachee zu unterstützen, hört der Trainer aktiv zu und legt besonderen Wert darauf, seine Gefühle und Bedürfnisse herauszuarbeiten.

Trainer: *„Was hat Sie denn am meisten verärgert?"*
Coachee: *„Dass nie auch nur ein Wort der Anerkennung kam, dass ich für ein Jahr lang praktisch zwei Jobs auf einmal gemacht habe."*
Trainer: *„Sie haben sich praktisch zerrissen und Ihre Chef-Chefin hat das niemals gewürdigt."*
Coachee: *„Genau. Es gab ja auch keinerlei offizielle Einführung oder Vorstellung, dass ich etwa als Interimsabteilungsleiter beim Vorstand vorgestellt wurde. Oder dass es am Ende der Zeit eine Auswertung, einen Abschied aus der Rolle gab. Oder eine Gehaltserhöhung, obwohl diese eigentlich überfällig war. Im Gegenteil: Im Jahresgespräch wurde mir dann vorgehalten, dass ich die eine oder andere Sache nicht proaktiv angegangen wäre. Dass ich dafür gar nicht die Zeit haben konnte und dass ich die ganze Abteilung zusammengehalten habe, das hat die doch überhaupt nicht gemerkt."*
Trainer: *„Es wurde nur das Negative gesehen. Was Sie geleistet haben, wurde gar nicht wahrgenommen."*
Coachee: *„So ist es. Das hat sich auch darin gezeigt, dass ..."*

---

*GROW: **O**ptions – Lösungsoptionen*

Wenn die Situation ausreichend klar geworden ist und der Coachee auch emotional voll involviert ist, leitet der Trainer zur methodischen Bearbeitung über.

Trainer: *„Angenommen, Sie würden ein Gespräch mit Frau Reich führen, wann und wo würde das stattfinden?"*
Coachee: *„In ihrem Büro. Wahrscheinlich gleich morgens, wenn sie auf die Arbeit kommt."*
Trainer: *„Damit wir uns das besser vorstellen können, würden Sie bitte mit ein paar Stühlen und ggf. ein paar anderen Gegenständen aufbauen, wie es in dem Büro aussieht und zeigen, wo Frau Reich sitzen würde und wo Ihr Platz wäre?"*

Die Szene aufbauen

Der Trainer bittet die anderen Teilnehmer gegebenenfalls Platz zu machen, sodass genügend Raum zur Verfügung steht, um das Gespräch zu führen.

Dann wird die Rolle der Antagonistin besetzt.

Trainer: *„Welcher Teilnehmer könnte denn die Rolle von Frau Reich übernehmen?"*

Coachee: *„Keine Ahnung. Wer hätte denn Lust?"*

Trainer: *„Sie können ja mal in die Runde schauen und jemand bitten, dem Sie zutrauen, diese Rolle als Bereichsleiterin darstellen zu können. Natürlich darf die Rolle auch abgelehnt werden."*

Der Coachee besetzt die Rolle

Der Trainer besteht darauf, dass der Coachee die Rolle besetzt. Dies trägt dazu bei, dass sich der Coachee auch tatsächlich vorstellen kann, dass er sich mit seiner Chef-Chefin auseinandersetzt und er seine Gefühle auf die Person übertragen kann, mit der er das Gespräch führt. Andernfalls entscheidet alleine die Lust der anderen Gruppenmitglieder darüber, wer sich für die Rolle meldet und es kann leicht geschehen, dass es dem Coachee dann schwerer fällt, sich auf die Interaktion voll einzulassen.

Sobald der Coachee die Rollenspielerin ausgewählt hat, bittet der Trainer sie, ihren Platz einzunehmen. Dann erläutert er ihr ihre Aufgabe: *„Ihre Aufgabe ist es, die Rolle von Frau Reich zu übernehmen. Sie müssen dabei gar nicht viel machen, da es erst einmal darum geht, dass Herr Sand frei von der Leber weg sagt, wie er die Situation sieht. Sie brauchen dabei nur zuhören und darauf achten, wie das Gesagte bei Ihnen ankommt. Sie können gerne in der Rolle von Frau Reich nachfragen und das Gespräch am laufen halten, aber Sie sollen keine Gegenargumentation starten."*

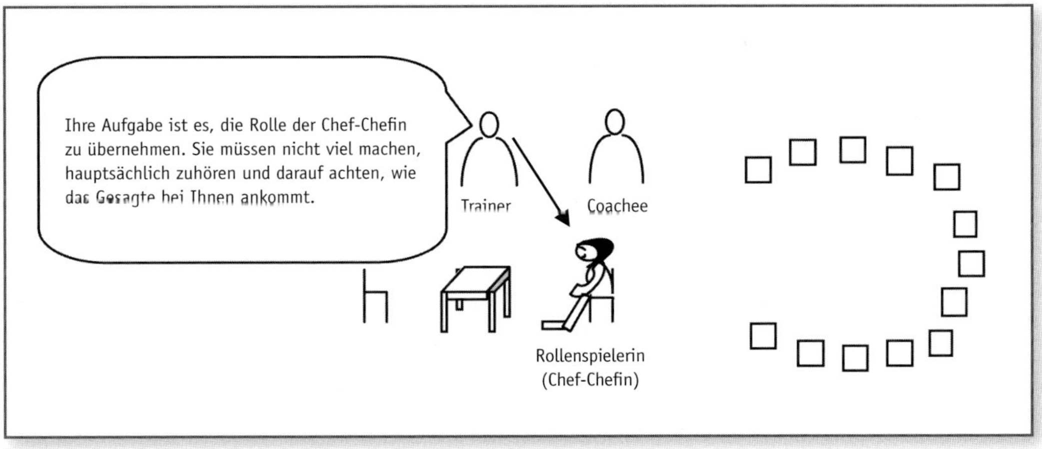

Abb.: Der Trainer erklärt der Rollenspielerin ihre Aufgabe. Bei der Stunde der Wahrheit ist diese relativ einfach: Sie muss nichts erwidern, sondern hauptsächlich zuhören und auf ihre Gefühle achten.

Dann wendet sich der Trainer dem Coachee zu: *„Damit wir ein Gefühl dafür kriegen, wie Ihre Chef-Chefin ‚tickt', möchte ich Sie nun bitten, sie uns kurz vorzustellen. Bitte stellen Sie sich dazu hinter sie und*

Kurze Eindoppeln der Rollenspielerin

schlüpfen Sie kurz in ihre Rolle und stellen Sie sie vor, indem Sie in der Ich-Form sprechen, also zum Beispiel ‚Ich bin Frau Reich, bin Bereichsleiterin, 45 Jahre alt und seit zehn Jahren im Unternehmen' usw."

Um das Eindoppeln zu unterstützen, interviewt der Trainer den Coachee im Rollentausch. Das Interview gestaltet er kurz, da der Fokus bei der Stunde der Wahrheit nicht darin liegt, sich in den Konfliktpartner einzufühlen, sondern vielmehr, bei den eigenen Gefühlen zu bleiben. Folgende Aspekte sollten jedoch berührt werden:

- Vorstellung der Person: *„Hallo Frau Reich, schön Sie kennenzulernen. Könnten Sie sich bitte kurz vorstellen?"*
- Rolle: *„Können Sie kurz Ihre Aufgabe erläutern und sagen, worauf es für Sie ankommt, um erfolgreich zu sein?"*
- Beziehung zum Coachee: *„Wie ist Ihre Beziehung zu Herrn Sand? Was schätzen Sie an ihm? Was stört sie? Was wünschen Sie sich von ihm?"*

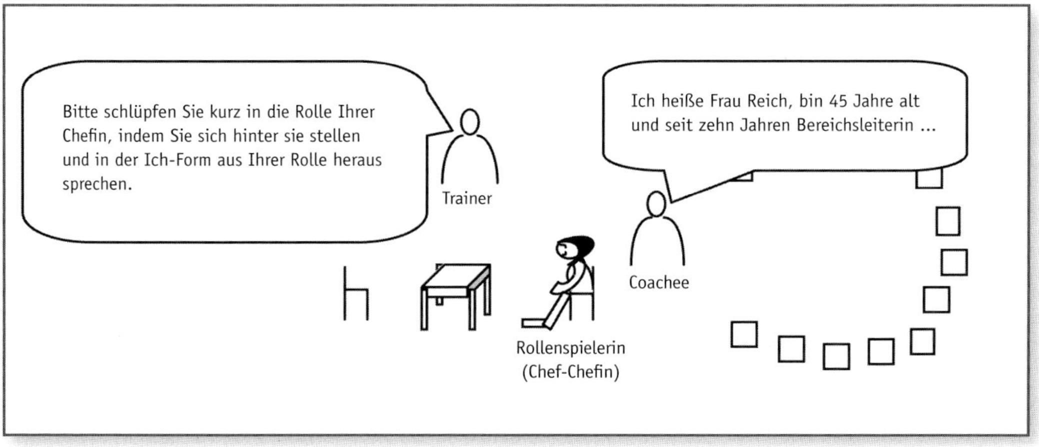

Abb.: Bei der Stunde der Wahrheit findet nur ein kurzes Eindoppeln der Antagonistin statt.

Den Coachee auf das Gespräch einstimmen

Wenn die Rollenspielerin eingedoppelt ist und keine weiteren Fragen hat, stimmt der Trainer den Coachee auf das Gespräch ein. Folgende Fragen an den Coachee können dabei helfen:

- *„Wie würden Sie das Gespräch mit Frau Reich initiieren?"*
- *„Wie viel Uhr ist es, wenn das Gespräch stattfindet?"*
- *„Welche Gefühle haben Sie, wenn Sie Frau Reich sehen?"*
- *„Was ärgert Sie am meisten an ihr?"*
- *„Was wollten Sie ihr schon immer mal sagen?"*

Schließlich kann die Stunde der Wahrheit beginnen.

Trainer: *„Was wollten Sie ihr schon immer mal sagen?"*
Coachee: *„Dass sie total undankbar ist. Und es geschafft hat, mich zu demotivieren."*
Trainer: *„Dann sagen Sie ihr das mal."*

Doppeln einsetzen

Im folgenden Verlauf unterstützt der Leiter den Coachee, indem er die Technik des Doppelns einsetzt, wenn er spürt, dass der Coachee eigene Gefühle nicht verbalisiert. Dann tritt der Trainer neben den Coachee, formuliert die Gefühle, die er wahrnimmt in der Ich-Form anstelle des Coachee und überprüft, ob diese Äußerung von ihm als stimmig empfunden wird. Diese Technik kann gerade bei der Stunde der Wahrheit sehr hilfreich sein. Diese Intervention kann er bereits vorab ankündigen.

Trainer: *„Ich werde versuchen, Sie zu unterstützen, indem ich Ihnen hin und wieder Formulierungen anbiete. Wenn sie hilfreich sind, können Sie sie übernehmen. Wenn sie nicht passen, können Sie den Vorschlag einfach ignorieren."*

Hier ein paar Beispiele:

Coachee: *„Es ist ja schon frustrierend, wenn man deutlich mehr leistet als das, was in der Stellenbeschreibung steht und das dann nicht wahrgenommen wird. Man würde sich da schon auch wünschen, dass das wenigstens mal erwähnt wird."*
Trainer: *„Ich bin enttäuscht, dass Sie mein Engagement nie gewürdigt haben."*
Coachee: *„Na ja, so ganz stimmt das auch nicht. Sie haben es schon in der Vorstandssitzung, in der ich präsentiert habe, hervorgehoben. Aber das war es dann auch schon. In meiner Beurteilung hat es sich nicht niedergeschlagen. Die war sogar sehr durchwachsen. Finanziell ist auch nichts rumgesprungen."*

Abb.: In der Stunde der Wahrheit ermutigt der Trainer den Coachee, „frei von der Leber" die eigenen Gefühle auszudrücken. Wenn dieser sich damit schwertut, unterstützt der Trainer ihn durch Doppeln.

Trainer: *„Ich fühle mich ausgenutzt. Ich habe zwei Jobs gemacht, aber nichts dafür bekommen."*

Coachee: *„Ganz genau. Keinerlei Entlohnung! Kein Dankeschön. Das ist nicht akzeptabel."*

Wenn der Coachee Zugang zu seinen Emotionen gefunden hat, ermuntert der Trainer den Coachee, wieder zurück in das Gespräch mit der Chef-Chefin einzusteigen und diese Gefühle auszudrücken.

Trainer: *„Sagen Sie ihr das mal."*

Coachee (zur Chef-Chefin): *„Es ist nicht akzeptabel, dass ich keine Entlohnung bekommen habe für all die Zusatz-Arbeit, die ich geleistet habe. Und dass auch die Anerkennung völlig gefehlt hat."*

Trainer (doppelt): *„Ich habe mich so sehr angestrengt und Sie haben sich nicht mal bedankt."*

Coachee: *„Genau. Ich habe mir echt den A... aufgerissen, und Sie haben das nicht mal registriert. Sie sind doch völlig undankbar. Sie sind nur an Ihrer eigenen Karriere interessiert. Menschen interessieren Sie doch gar nicht. Es geht für Sie eh nur um die Zahlen."*

Der Coachee ist mittlerweile sichtlich in Fahrt gekommen und schnauft nun durch, als habe er endlich deutlich ausgesprochen, was ihn schon lange beschäftigt hat.

Trainer: *„Fehlt noch etwas? Möchten Sie noch etwas loswerden?"*

Coachee: *„Nein, das war's eigentlich."*

*GROW: **W**ay forward – Umsetzung*

Der Trainer leitet nun zur Auswertung über. Als erstes wird das Rollen-Feedback eingeholt.

Trainer (zur Rollenspielerin): *„Wie ging es Ihnen in der Rolle als Chef-Chefin Frau Reich?"*
Rollenspielerin: *„Och, anfangs ganz gut, das klang alles recht vage und ist gar nicht zu mir durchgedrungen. Später, als Sie dann mitgeholfen haben, wurde es ja schon sehr deutlich, aber ich konnte schon verstehen, dass er enttäuscht war. Nur, als er anfing, mich zu beleidigen, da wäre ich unangenehm geworden."*
Trainer: *„Danke. Sie sind nun aus Ihrer Rolle als Chef-Chefin entlassen."*

Dann wendet sich der Trainer an die „Zuschauer" und bittet um Beobachter-Feedback.

Trainer (zu den Beobachtern): *„Wie haben Sie das Verhalten von Herrn Sand wahrgenommen? Was haben Sie beobachtet und wie hat das auf Sie gewirkt?"*
Teilnehmer 1: *„Anfangs haben Sie ganz oft ‚man' gesagt. Dadurch wurde das Gespräch ganz unpersönlich, so als hätte es nichts mit Ihnen zu tun."*
Teilnehmer 2: *„Ich fand es gut, wie Sie dann später gesagt haben, dass es nicht akzeptabel ist, keine Entlohnung und Anerkennung bekommen zu haben. Das war klar und deutlich."*

Der Trainer fragt nach, inwiefern der Coachee sein Verhalten verändern muss, wenn er das Gespräch in der Realität führen würde.

Trainer: *„Das Ziel von Herrn Sand war es ja, zu klären, wie er seinen Unmut ansprechen kann. Was würden Sie sagen, kann er beibehalten und was muss er ggf. verändern, wenn er in der Realität mit Frau Reich spricht, damit der Schuss nicht nach hinten losgeht?"*
Teilnehmer 3: *„Bis auf den letzten Teil, wo er meinte, die Chef-Chefin sei völlig undankbar und nur an ihrer Karriere interessiert, kann er alles beibehalten."*
Rollenspielerin: *„Am Anfang kann er sogar etwas deutlicher werden."*
Trainer: *„Was heißt das?"*
Rollenspielerin: *„Wie der Kollege schon sagte, auf diese unpersönlichen Man-Formulierungen verzichten und direkt sagen, dass er enttäuscht ist."*
Trainer: *„Gibt es noch andere Einschätzungen?"*

Wenn das nicht der Fall ist, wendet er sich an den Coachee.

Trainer: *„Herr Sand, Ihr Ziel war ja, zu klären, wie Sie Ihren Unmut gegenüber Ihrer Chef-Chefin ausdrücken können. Wo stehen Sie da jetzt?"*

Coachee: *„Dass ich gar nicht so viel ändern muss. Dass ich sie nicht beleidigen kann, ist schon klar. Aber das würde ich auch nicht machen. Ich bin ja nicht lebensmüde."*

Trainer: *„Was halten Sie davon, das Gespräch nun noch einmal zu führen und auszuprobieren, wie Sie es in der Realität machen möchten?"*

Coachee (zögert): *„Hm. Nein, ich glaube, das reicht erst mal. Das gibt mir doch auch was zu denken. Es ist gut zu wissen, dass ich immer noch recht gemäßigt herüberkomme, auch wenn ich mich innerlich ganz anders fühle."*

Trainer: *„Gut. Dann machen wir hier einen Punkt."*

Hinweise

Das Erstaunliche ist, dass die „Stunde der Wahrheit" oft relativ gemäßigt ausfällt. Meist sind die Aussagen des Coachee weitaus weniger heftig, als man es angesichts des aufgestauten Ärgers vermuten könnte. Es kommt häufig vor, dass der Coachee nach der Stunde der Wahrheit nur Nuancen verändern muss, um das Gespräch „sozialverträglich" und konstruktiv gestalten zu können.

6. Ein „heißes Eisen“: Bearbeitung im Hier und Jetzt

Indikation

Diese Methode eignet sich, wenn der Coachee an situationsübergreifenden Verhaltensweisen arbeiten möchte. Sei es, dass es dem Coachee schwerfällt, Lob oder Kritik zu äußern bzw. zu empfangen, ob es um Schwierigkeiten geht, vor anderen zu sprechen, Small Talk zu halten oder darum, seinen Standpunkt zu vertreten: All dies lässt sich zwar auch in einem Rollenspiel bearbeiten, aber die Bearbeitung im Hier und Jetzt ist oft noch wirksamer, weil sie das „Problem“ des Coachee in der realen Situation aktualisiert und dadurch behandelbar macht. Die „Bearbeitung im Hier und Jetzt“ erfordert ein großes Maß an Vertrauen und Offenheit untereinander sowie hohe gruppendynamische Kompetenz und Erfahrung aufseiten der Leitung.

Ziele

- Der Coachee erprobt ungewohnte Verhaltensweisen in einem geschützten Rahmen.
- Der Coachee stellt sich einer als schwierig empfundenen Situation oder Aufgabe und erhält hierbei Unterstützung und Feedback, sodass der Transfer in den Alltag erleichtert wird.

Zeit

60-75 Minuten

Material

Je nach Anliegen

Überblick

- Der Trainer stellt dem Coachee die Aufgabe, jene Verhaltensweisen oder Kompetenzen, die er entwickeln möchte, direkt im Seminar zu üben.
- Der Trainer schafft einen Rahmen, in dem der Coachee die betreffenden Kompetenzen üben kann, also beispielsweise Lob oder Kritik zu äußern, Small Talk zu führen, seinen Standpunkt zu vertreten etc.

- Alternativ bezieht sich der Trainer auf Situationen innerhalb des Seminars, in denen die jeweilige Kompetenz gefragt war und beobachtet werden konnte.
- Der Coachee erhält Feedback und Sharing.
- Mit dem Coachee wird ein Umsetzungsplan erarbeitet.

Erläuterung

Ein Grundprinzip der klassischen Gruppendynamik ist es, das Hier und Jetzt zu thematisieren. Statt an Fallbeispielen aus dem Alltag zu arbeiten, werden die aktuellen Beziehungen und Interaktionen der Gruppenteilnehmer thematisiert und reflektiert. Wer Schwierigkeiten hat, sich abzugrenzen, Kritik zu äußern oder entgegenzunehmen, wird dazu aufgefordert, dies im Rahmen der Gruppe zu erproben. Wird dieses Prinzip im Rahmen eines Management-Trainings umgesetzt, ist Vorsicht geboten: Die Bearbeitung im Hier und Jetzt ist ein „heißes Eisen", denn hier geht es nicht um das, was „dort draußen" mit Kollegen, Kunden oder Vorgesetzten geschieht, sondern um die Beziehungen unter den Teilnehmern im Raum. Es geht darum, miteinander in Kontakt zu treten und einander offen Feedback zu geben. Niemand spielt eine Rolle, sondern alle sind ausschließlich sie selber. Deshalb müssen die Teilnehmer ein hohes Maß an Vertrauen zueinander und zum Leiter haben, sie müssen wertschätzend miteinander umgehen und zu offener Kommunikation bereit sein, damit die Methode funktioniert.

Vorgehen

Im Folgenden wird die Methode der Bearbeitung im Hier und Jetzt anhand des Falls von dem Abteilungsleiter Herrn Schulze dargestellt, der im Rahmen eines Führungstrainings das Thema „Glaubwürdig Lob aussprechen" einbringt.

GROW: Goal – Zielvereinbarung

Trainer: *„Herr Schulze, Ihr Thema lautet ‚Glaubwürdig Lob aussprechen'. Was heißt das für Sie?"*

Coachee: *„Das heißt, dass man eben öfter mal ein Wort der Anerkennung sagt."*

Trainer: *„Was heißt ‚öfter'?"*

Coachee: *„Na ja, dass man eben auch mal was sagt, wenn jemand etwas gut gemacht hat."*

Die „Man"-Formulierungen legen nahe, dass der Coachee sich nicht hundertprozentig mit seinem Anliegen identifiziert. Daher hakt der Trainer nach.

Trainer: *„Weshalb ist Ihnen das wichtig?"*

Coachee: *„Na ja, wir hatten neulich so ein sogenanntes 360°-Feedback und da wurde mir das zurückgemeldet, dass ich nie ein Lob ausspreche und die Mitarbeiter dadurch wenig motiviert sind."*

Trainer: *„Wie sehen Sie das?"*

Coachee: *„Das stimmt schon. Aber ich halte auch nichts von Lobhudelei. Heuchler gibt es unter den Managern schon genug. Aber es ist schon richtig, dass man seine Mitarbeiter auch mal loben sollte. Und das geht einem doch eher schwer über die Lippen."*

Trainer: *„Es fällt Ihnen also schwer, anderen eine positive Rückmeldung zu geben. Gleichzeitig ist es Ihnen wichtig, dass dies dann auch ehrlich gemeint ist."*

Coachee: *„Genau."*

Trainer: *„Was möchten Sie hier erreichen?"*

Coachee: *„Dass man eben leichter mal was Positives über die Lippen bringt."*

Trainer: *„Man?"*

Coachee: *„Äh, also, dass ich leichter etwas Postives sage."*

Trainer: *„Sie möchten erreichen, dass es Ihnen künftig leichter fällt, anderen eine positive Rückmeldung zu geben."*

Coachee: *„Ja."*

Trainer: *„Woran würden Sie im Alltag merken, dass Sie Ihr Ziel erreicht haben?"*

Coachee: *„Dass man eben öfter mal was Positives sagt, gerade zu seinen Mitarbeitern."*

Trainer: *„Welchen Vorteil würde das bringen?"*

Coachee: *„Dass die Mitarbeiter motivierter sind. Und dass das 360°-Feedback positiver ausfällt."*

Obwohl der Anstoß für das Anliegen von Herrn Schulz von außen kommt, erkennt er doch an, dass er an seinem Verhalten etwas ändern sollte und daraus Vorteile für sein Team und sich selbst entstehen.

---

*GROW: **R**eality – Situationsanalyse*

Eine Reihe von Fragen sind geeignet, um die Situation genauer zu analysieren:

Trainer: *„Sie möchten Ihre Mitarbeiter künftig öfter loben. Wie oft tun Sie das denn derzeit?"*

Coachee: *„Na ja, schon eher selten. Wenn jemand was Besonderes geleistet hat."*

Trainer: *„Was heißt ‚was Besonderes' für Sie?"*

Coachee: *„Wenn man ein Projekt erfolgreich abgeschlossen hat zum Beispiel. Als wir neulich das neue Produkt erfolgreich eingeführt haben und der Vorstand zufrieden war, das war schon sehr positiv."*

Trainer: *„Wie haben Sie Ihre Anerkennung dann ausgedrückt?"*

Coachee: *„Da habe ich im Team-Meeting gesagt, dass das eine super Sache ist und der Vorstand sehr zufrieden mit unserer Arbeit war."*

Trainer: *„Und wie ist das angekommen?"*

Coachee: *„Ganz gut."*

Trainer: *„Und was fehlt Ihren Mitarbeitern?"*

Coachee: *„Dass man sich eben auch mal persönlich die Zeit nimmt, um zu sagen, was man gut findet."*

Trainer: *„Was hindert Sie daran?"*

Coachee: *„Es ist einfach eben selten Zeit."*

Nach Ausnahmen fragen

Trainer: *„In welchen Situationen haben Sie denn die richtigen Worte gefunden und Lob ausgesprochen?"*

Coachee: „In den Team-Meetings kommt das schon positiv rüber, denke ich. Auch in den E-Mails schreibe ich immer was Positives."

Trainer: *„Und in welchen Situationen fällt es Ihnen schwerer?"*

Coachee: *„In Einzelgesprächen. Da spricht man eher über Fachliches."*

Der Trainer gibt anschließend den anderen Teilnehmern Gelegenheit, weitere Fragen zu stellen.

GROW: Options – Lösungsoptionen

Da der Coachee allgemein lernen möchte, leichter positives Feedback zu geben und dies nicht an spezifische Situationen oder Personen gebunden ist, bietet es sich an, dieses Verhalten direkt im Hier und Jetzt des Seminarkontextes zu erproben. Bei dem Thema „Loben" hat dies den angenehmen Nebeneffekt, dass andere Teilenehmer möglicherweise ebenfalls profitieren, indem sie über etwas eine positive Rückmeldung erhalten – sofern der Coachee dazu in der Lage ist!

Experiment

Trainer: *„Ich möchte Sie zu einem kleinen Experiment einladen. Ihr Ziel ist es ja, zu lernen, leichter ein Lob auszusprechen. Ich schlage Ihnen vor, dass Sie dies direkt hier ausprobieren. Nehmen Sie sich einen Moment Zeit und notieren Sie auf einem Block, was Ihnen an Ihren Kolleginnen und Kollegen im Seminar bislang Positives aufgefallen ist. Dabei muss es sich nicht um etwas Besonderes handeln, sondern Sie können auch kleine Beobachtungen festhalten. Anschließend suchen Sie sich dann drei Personen aus, denen Sie ein positives Feedback geben möchten."*

Abb.: Bei der Bearbeitung im Hier und Jetzt wird der Coachee aufgefordert, jenes Verhalten, das ihm schwerfällt, direkt im Seminar im Umgang mit den anderen Seminarteilnehmern zu üben.

Coachee: *„Ui, das finde ich aber ganz schön schwer."*

Trainer: *„Klar, deshalb haben Sie das Thema ja auch eingebracht. Was würde Ihnen die Aufgabe denn erleichtern?"*

Coachee: *„Wenn ich etwas mehr Zeit zum Nachdenken hätte. Und es wäre gut, wenn man sich mit jemand austauschen könnte."*

Trainer: *„Gut, dann suchen Sie sich eine oder zwei Personen aus, mit denen Sie sich austauschen können. Dann ziehen Sie sich fünf Minuten zurück, um sich Notizen zu drei Personen zu machen, denen Sie dann ein positives Feedback geben. Alle anderen haben fünf Minuten Pause."*

Die Aufgabe auf die Bedürfnisse des Coachee zuschneiden

Nach fünf Minuten bittet der Trainer alle Teilnehmer wieder, in den Stuhlkreis zu kommen. Dann wendet er sich an den Coachee.

Trainer: *„Ist Ihnen etwas eingefallen?"*

Coachee: *„Ja, schon."*

Trainer: *„Mit wem möchten Sie anfangen?"*

Coachee: *„Mit Herrn Heinze."*

Trainer: *„Gut, dann nehmen Sie bitte Ihren Stuhl und setzen Sie sich gegenüber von Herrn Heinze hin und formulieren Sie Ihre Rückmeldung."*

Coachee zu Herrn Heinze: *„Ich finde gut, wie Sie auf andere Menschen zugehen. Das ist schon auffallend. Das würde einem selbst schon eher schwerfallen. Während andere erst mal abwarten, stellen Sie sich direkt vor. Und auch in den Pausen sind Sie gleich im Mittelpunkt. Gut,* *da hab ich vielleicht auch nicht so das Bedürfnis, mich so zu produzieren, aber das finde ich schon gut."*

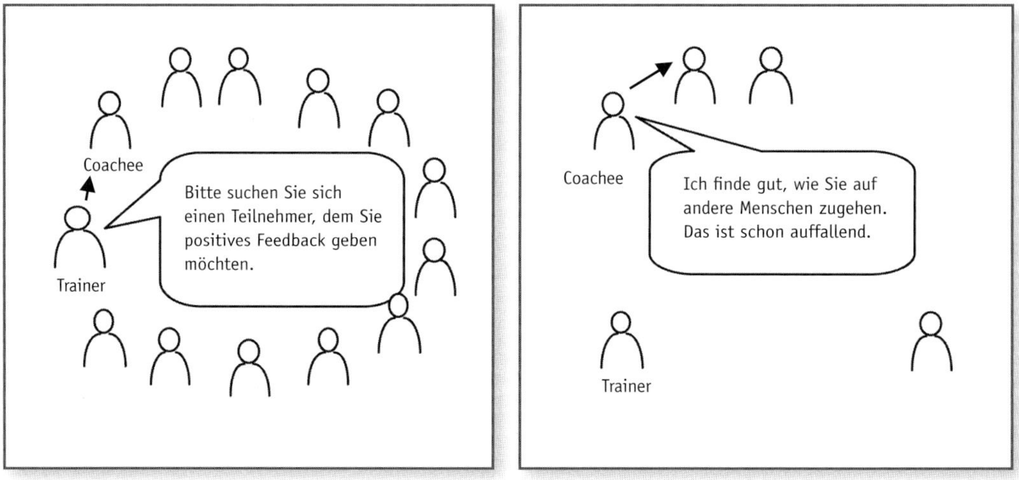

Abb.: Der Coachee übt jenes Verhalten, das ihm schwerfällt, im Hier und Jetzt.

Trainer zu Herrn Heinze: *„Herr Heinze, wie ist denn dieses Lob bei Ihnen angekommen?"*

Herr Heinze: *„Na ja, es geht so. Grundsätzlich schon positiv, aber auch nicht gerade überschwänglich. Und diese Unterstellung bezüglich des ‚Produzierens' fand ich ziemlich seltsam."*

Trainer: *„Was heißt seltsam? Wie hat es auf Sie gewirkt?"*

Herr Heinze: *„Eher negativ."*

Trainer an die Gruppe: *„Wie haben die Aussagen von Herrn Schulze auf Sie gewirkt?"*

Teilnehmer 1: *„Das war ein fragwürdiges Lob. Es hat positiv angefangen und wurde dann negativer. Er hat Herrn Heinze schlechte Motive unterstellt, das war eher Kritik als Lob."*

Teilnehmer 2: *„Herr Schulze hat die ganze Zeit so gegrinst, das wirkte alles eher ironisch."*

Teilnehmer 3: *„Gut fand ich den positiven, persönlichen Anfang mit der persönlichen Anrede. Aber dann hat er immer ‚man' gesagt, das wirkte dann ganz unpersönlich."*

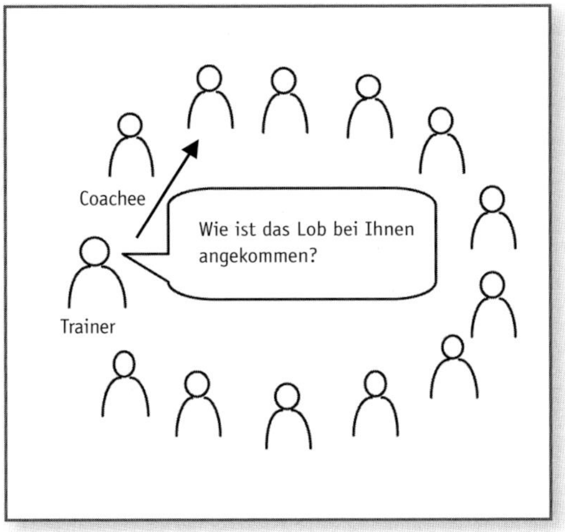

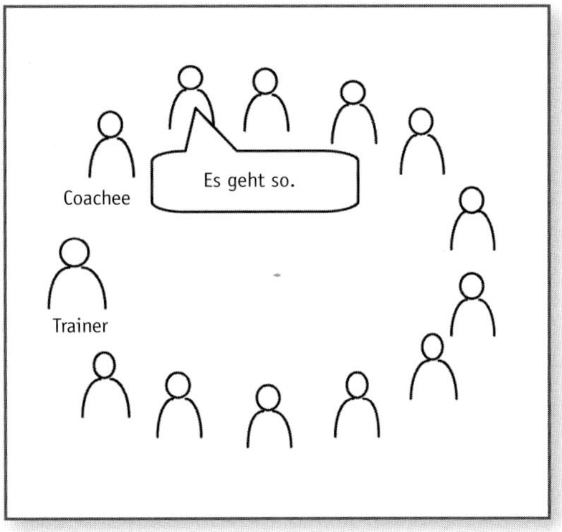

Abb.: Der Coachee erhält Feedback.

Trainer zum Coachee: „*Herr Schulze, wie reagieren Sie auf das Feedback?*"

Coachee: „*Ja, das stimmt schon, dass ich da auch Kritik reingemischt habe. Das Grinsen war mir überhaupt nicht bewusst, das ist ein guter Hinweis. Man hat mir schon öfter gesagt, dass mein Lob oft wie Ironie klingen würde. Das kann damit zusammenhängen.*"

Trainer: „*Dann versuchen Sie doch noch mal, Ihr Lob als reines Lob zu formulieren und das Grinsen wegzulassen.*"

Coachee: „*O.K. Also, Herr Heinze, was ich bei Ihnen wirklich gut finde, ist Ihre Fähigkeit, auf andere zuzugehen. Ich wünschte, ich könnte das auch.*"

Trainer an Herrn Heinze: „*Wie ist es dieses Mal angekommen?*"

Herr Heinze: „*Deutlich besser.*"

Abb.: Der Coachee versucht, das Feedback aufzunehmen und nimmt einen zweiten Anlauf.

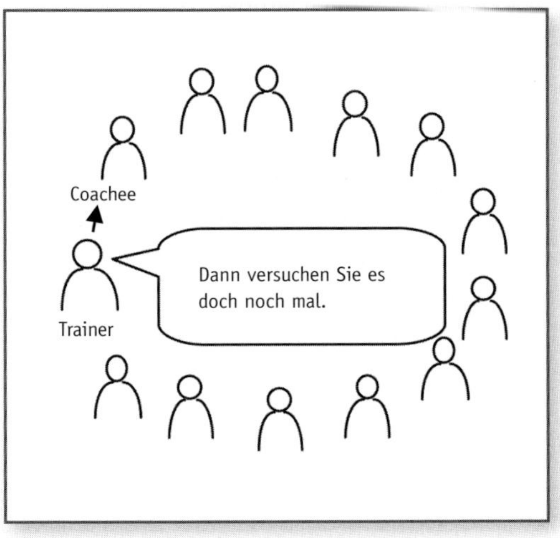

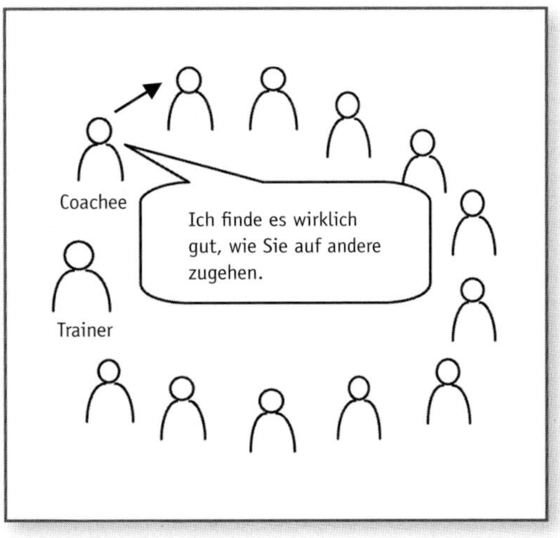

Der Trainer fordert den Coachee anschließend auf, ebenfalls den beiden anderen Teilnehmern, die er ausgewählt hat, positives Feedback zu geben. Auch diese Sequenzen wertet er dann aus, indem er fragt, wie die Empänger darauf reagieren. Die Erkenntnisse werden auf einem Flipchart festgehalten.

Dabei achtet der Trainer insbesondere darauf, ob jene Verhaltensweisen erneut auftreten, die dazu beitrugen, das eigene Ziel (nämlich Lob zu erteilen) zu unterminieren. Er thematisiert dies entsprechend, indem er nachfragt, ob das Lob nun klar und eindeutig gewirkt und die Mimik mit der Botschaft im Einklang gestanden habe.

---

*GROW: **W**ay forward – Umsetzung*

Anschließend geht es darum, das Erlebte zu reflektieren und die Umsetzung in den Alltag zu planen. Potenzielle Hindernisse und Wege zu ihrer Überwindung müssen ebenso erkundet werden, wie mögliche Verstärkungsmechanismen und Gelegenheiten, das gewünschte Verhalten in die Tat umzusetzen.

Trainer: *„Wie ging es Ihnen denn dabei, Lob zu verteilen?"*
Coachee: *„Och, man gewöhnt sich daran* (lacht). *Na ja, am Anfang ist es mir schon etwas schwergefallen. Es war interessant zu hören, dass ich grinse, wenn ich andere lobe. Es kann gut sein, dass das häufiger vorkommt und die Leute dann denken, ich würde sie auf den Arm nehmen."*
Trainer: *„Das klingt, als sei ein echter Aha-Effekt bei Ihnen eingetreten. Und als sei es Ihnen im Verlaufe der Übung bereits zunehmend leichter gefallen, Lob zu verteilen?"*
Coachee: *„Ja, das stimmt schon. Aber es war auch nicht ganz leicht, weil wir uns hier ja nicht so gut untereinander kennen."*
Trainer: *„Wem gegenüber möchten Sie denn in Ihrem Alltag mehr Lob aussprechen?"*
Coachee: *„Mehr ist gut* (lacht), *ich sollte vielleicht überhaupt mal ab und zu was Positives sagen."*
Trainer: *„Bei wem und wann fangen Sie an?"*
Coachee: *„Na ja, in erster Linie geht es sicher um meine Mitarbeiter. Als Erstes sollte ich vielleicht mit meinem Stellvertreter anfangen. Der hat, als ich kürzlich im Urlaub war, echt einen super Job gemacht."*
Trainer: *„Wann und wo werden Sie das Lob aussprechen?"* usw.

Coaching-Fragen zum Transfer

Der Trainer hilft durch seine Fragen, die Umsetzungspläne des Coachee zu konkretisieren. Weitere folgenden Fragen können hierbei hilfreich sein:

- Woran werden Sie merken, dass Sie Ihren Plan umgesetzt haben?
- Was könnte Sie in Ihrem Alltag davon abhalten, Ihren Plan umzusetzen? Wie werden Sie dies merken? Wie werden Sie damit umgehen?
- Wer könnte Ihnen Feedback dazu geben, ob Sie Ihren Plan umgesetzt haben?
- Wer könnte Sie an Ihr Vorhaben erinnern?
- Wie können Sie sich selbst daran erinnern?
- Wie können Sie sich selbst belohnen, wenn Sie Ihren Plan umgesetzt haben?
- Was genau muss passieren, damit Sie Ihren Plan vollständig umsetzen?
- Was ist das absolute Minimum, das Sie erreichen möchten? Bis wann? Wie überprüfen Sie dies?

Abschließend könnte der Trainer noch einen Input zum Thema „Lob geben“ anschließen, indem er etwa auf Erkenntnisse der Verhaltenspsychologie eingeht, dass sich ein Verhältnis von positivem zu negativem Feedback von 3:1 als besonders wirksam für die Verstärkung von erwünschtem Verhalten herausgestellt hat.

Am Schluss könnte eine Übung stehen, in der die Teilnehmer eingeladen werden, jeweils einer Person ein positives Feedback zu geben. Dadurch erhalten alle Teilnehmer die Gelegenheit, die Fähigkeit zu üben, positives Feedback zu geben.

Hinweise

In dem dargestellten Fall handelt es sich insofern um eine vergleichsweise einfache Situation, als es um positives Feedback geht, welches sich relativ leicht im Seminar üben lässt. Schließlich werden die anderen Teilnehmer vergleichsweise gerne an einer Übung teilnehmen, in der sie mit Lob bedacht werden. Auch wenn es vielen Menschen nicht ganz leicht fällt, Lob entgegenzunehmen, so wird dies doch als angenehmer erlebt, als kritisiert zu werden. Wenn das Anliegen des Coachee jedoch darin besteht, zu lernen, Kritik zu formulieren, ist die Bearbeitung im Hier und Jetzt ungleich heikler. Der Trainer muss dann darauf achten, dass durch die Kritik keine Verletzungen bei den anderen Teilnehmern entstehen. Folgende Maßnahmen kann er ergreifen, um dies sicherzustellen:

- Prinzip der Freiwilligkeit: Der Trainer stellt es jedem Teilnehmer frei, an der Übung teilzunehmen.
- Einführung von Feedback-Regeln: Bevor der Coachee die Möglichkeit erhält, anderen Teilnehmern ein kritisches Feedback zu geben, wird erarbeitet, wie Kritik formuliert werden sollte, damit sie konstruktiv ist.
- „Nachsorge“: Nach einer Übung, in der kritisches Feedback gegeben wird, sollte der Trainer ein wachsames Auge auf die Teilnehmer haben, die kritisiert wurden und nachfragen, wie das Feedback bei ihnen angekommen ist und was es ausgelöst hat. Es kann gut sein, dass hierdurch weitere Anliegen entstehen.

Literatur

- Schulz von Thun, Friedemann: Praxisberatung in Gruppen. Beltz, Weinheim; Basel, 1996.
- Stahl, Eberhardt: Dynamik in Gruppen: Handbuch der Gruppenleitung. Beltz, Weinheim; Basel, 2007, 2. Auflage.

Coaching-Methoden zur Klärung von Teamkonflikten

7. Konflikte verstehen und bearbeiten: Teamskulptur

Indikation

Eine „Teamskulptur" lässt sich immer dann gut einsetzen, wenn es um Spannungen und Konflikte innerhalb eines Teams oder einer Abteilung geht. Dies ist insbesondere dann sinnvoll, wenn es sich bei dem Coachee um den Leiter des Teams oder der Abteilung handelt, da dieser aufgrund seiner Position die besten Möglichkeiten hat, in das System verändernd einzugreifen. Eine Skulptur kann aber auch eingesetzt werden, um die Beziehungen zu anderen „Stakeholdern" wie Kunden, anderen Abteilungen, Schnittstellen, Lieferanten etc. darzustellen und zu analysieren.

Ziele

- Der Coachee kann die Dynamik innerhalb seines sozialen Systems besser verstehen.
- Der Coachee entwickelt Lösungsmöglichkeiten und Handlungsalternativen, um sein System (Team, Abteilung etc.) beeinflussen zu können.

Zeit

75-90 Minuten

Überblick

- Der Coachee stellt zunächst einen Stellvertreter für sich selbst auf (Doppelgänger).
- Die anderen Personen werden so aufgestellt, dass die räumlichen Entfernungen die emotionalen Beziehungen widerspiegeln; der Coachee bestimmt die Position und Haltung jedes Teammitglieds, die dann von einem Rollenspieler eingenommen wird.
- Der Coachee überprüft, ob die Skulptur stimmig ist und ob ggf. noch ein relevanter Akteur fehlt.
- Der Coachee instruiert die Teammitglieder (Eindoppeln). Jedes Teammitglied erhält hierbei eine „Kernbotschaft". Sie ist ihr Statement zum Anliegen des Coachee.
- Der Coachee lässt die Skulptur und die Statements der verschiedenen Rollen auf sich wirken.
- Der Trainer fragt den Coachee und die Rollenspieler in ihren Rollen nach Lösungsoptionen.
- Der Coachee erhält die Gelegenheit, die Skulptur in Richtung eines realistischen Soll-Zustandes umzubauen.
- Der Trainer holt das Feedback der Rollenspieler ein.
- Zum Abschluss nimmt der Coachee seine Position innerhalb der Skulptur ein, um sich das Bild des Soll-Zustandes einzuprägen.
- In der Auswertung wird Sharing, Rollenspieler- und Beobachter-Feedback eingeholt.

Erläuterung

Die Skulpturarbeit ist eine psychodramatische Methode, bei der die Beziehungen innerhalb eines sozialen Systems in Form unbewegter Standbilder dargestellt werden. Anders als in einem psychodramatischen Rollenspiel kommt es hierbei nicht zu einer bewegten Spielszene. Vielmehr nehmen die Rollenspieler eine vom Coachee bestimmte Körperhaltung ein – ähnlich wie Skulpturen in einem Museum. Dadurch können sowohl Teams und Organisationen dargestellt werden als auch innere Anteile oder abstrakte Themen. Im Folgenden soll die Anwendung der Skulpturarbeit beschrieben werden. Der Coachee thematisiert in diesem Beispiel die Beziehungen innerhalb seiner Abteilung. Wie in den später entwickelten, systemisch geprägten Formen der *Aufstellungsarbeit*, werden die Beziehungen unter den Teammitgliedern durch räumliche Nähe und Distanz sowie durch einander zu- oder abgewandte Blickrichtung ausgedrückt. Darüber hinaus verwendet die psychodramatische Skulpturarbeit weitere Ausdrucksformen wie Körperhaltung, Mimik und Gestik (z.B. ein erhobener Zeigefinger).

Coachee = Gestalter der Skulptur

Es können auch symbolische Gegenstände benutzt werden, zum Beispiel können Machtverhältnisse ausgedrückt werden, indem besonders machtvolle Personen auf einem Stuhl stehend dargestellt werden. Anders als in der systemischen Aufstellungsarbeit werden in der Skulpturarbeit auch „Dialoge" zwischen dem Coachee und den „verkörperten" Teammitgliedern ermöglicht. Dabei schlüpft der Coachee selbst kurz in die Rolle und Perspektive der anderen Teammitglieder, um die Rollenspieler anweisen zu können und tauscht so die Rollen. Das Instruieren der Rollenspieler (durch Eindoppeln oder Rollentausch) ist ein Charakteristikum für die psychodramatisch geprägte Skulpturarbeit. Grundprinzip ist, dass der Coachee jederzeit Gestalter seiner eigenen Skulptur bleibt. Auch die Veränderung der Skulptur hin zu einem wünschenswerten Zustand wird alleine vom Coachee gesteuert, während dies in der systemischen Aufstellungsarbeit – je nach Schule – von den Rollenspielern („Stellvertretern") oder vom Leiter gesteuert wird.

Vorgehen

Herr Knabe, der 40-jährige Personalleiter eines internationalen Unternehmens, thematisiert im Rahmen des sogenannten „Führungskreises" – eines internen Gruppen-Coachings für Abteilungsleiter – die Frage „Wie kann ich die Blockaden im Team aufbrechen?".

Er berichtet, dass es in seinem Team regelmäßig zu starken Spannungen kommt, in deren Verlauf die beiden „Urgesteine", Frau Alt und Frau Hase sich regelmäßig miteinander verbünden und jegliche Veränderungen, die der Rest des Teams anstrebt, mit der Begründung blockierten, dass sie das „alles schon einmal gemacht" hätten und es „absolut nichts gebracht" habe. Er könne sich zwar meist durchsetzen, aber die Besprechungen seien „unglaublich anstrengend". Außerdem würden die beiden „Alteingesessenen" oft auch einige der jüngeren Kolleginnen auf ihre Seite ziehen. Dies sei äußerst problematisch, da Herr Knabe mit dem Versprechen angetreten ist, endlich eine „moderne, strategisch orientierte HR-Arbeit" im Unternehmen einzuführen, nachdem die Abteilung lange Zeit einen sehr schlechten Ruf gehabt habe und „Personaler" als „bürokratische Bremser" verschrien gewesen seien. Herr Knabe ist vor einem Jahr in das Unternehmen gewechselt und hat die Leitung der HR-Abteilung übernommen. Seine Abteilung, bzw. das Team, das er direkt führt, besteht aus vier Personalreferentinnen (darunter Frau Alt), dem Leiter Personalentwicklung, der Leiterin Hochschulmarketing und der Leiterin Gehaltsabrechnung (Frau Hase). Der Vorgesetzte von Herrn Knabe, Vorstandsmitglied Schneid, hat ihm gegenüber bereits deutlich gemacht, dass er endlich Ergebnisse sehen möchte und erwarte, dass die HR-Abteilung endlich als Business-Partner agiere.

GROW: Goal – Zielvereinbarung

Trainer: *„Was möchten Sie hier erreichen?“*
Coachee: *„Ich möchte zunächst einmal verstehen, was für eine merkwürdige Gruppendynamik in meinem Führungsteam abläuft. Und natürlich möchte ich irgendwie gegensteuern.“*
Trainer: *„Was heißt das für Sie?“*
Coachee: *„Dass ich wissen möchte, wo ich den Hebel ansetzen kann, damit es weniger Konflikte gibt.“*

Der Trainer hakt nach, um eine möglichst konkrete, positiv formulierte Zieldefinition zu erreichen.

Trainer: *„Was sollte es stattdessen geben?“*
Coachee: *„Mehr konstruktive Zusammenarbeit.“*
Trainer: *„Angenommen, die Zusammenarbeit wäre konstruktiver, woran würden Sie das merken?“*
Coachee: *„Dass unsere Besprechungen kürzer wären und dass wir sachlicher miteinander arbeiten.“*
Trainer: *„O.K. Ihr Ziel ist also, herauszufinden, wie Sie eine sachlichere Zusammenarbeit erreichen. Und als Grundlage dazu möchten Sie zunächst einmal die Dynamik in Ihrer Abteilung besser verstehen. Stimmt das?“*
Coachee: *„Genau.“*

GROW: Reality – Situationsanalyse

Der Trainer hat aufgrund der Problematik bereits die Vorstellung entwickelt, dass eine Teamskulptur hier eine geeignete Methode sein könnte. Die Ist-Analyse kann im Rahmen dieser Intervention durchgeführt werden, sodass er direkt dazu überleitet.

Trainer: *„Sie haben gesagt, sie möchten zunächst die Dynamik in Ihrem Team besser verstehen. Eine Coaching-Methode, die hierbei hilfreich ist, ist die sogenannte ‚Teamskulptur'. Stellen Sie sich vor, es gäbe eine Skulptur Ihrer Abteilung, die ausdrückt, wie die Beteiligten zueinander stehen, etwa anhand der Nähe und Distanz der Mitglieder, ihrer Körperhaltung, Gestik und Mimik. Wie würde diese aussehen, wer würde in der Mitte stehen, wer am Rand, wer wäre Ihnen zugewandt, wer eher abgewandt, wer hätte eine offene Körperhaltung, wer eine verschlossene? Das Gute ist, wir brauchen keinen Ton und keine Plastik, um eine Skulptur zu bauen – das würde auch ein bisschen lange dauern – Sie können dazu einfach die anderen Teilnehmer bitten, in die Rollen Ihrer Mitarbeiter zu* *schlüpfen und eine bestimmte Körperhaltung einzunehmen. Der Vorteil ist, dass sich die anderen Teilnehmer dabei mit diesen Mitarbeitern identifizieren und Ihnen möglicherweise Hinweise geben können, wie Sie am besten auf sie einwirken könnten."*

Den Nutzen der Methode erläutern

Coachee: *„Mir ist noch nicht ganz klar, wie das funktionieren soll."*

Trainer: *„Stellen Sie sich vor, dort vorne wäre der Platz für die Skulptur Ihrer Abteilung. Nehmen Sie sich als Erstes eine Person als Stellvertreter für sich selbst und sagen Sie, wo sie stehen soll."*

Coachee: *„Na gut, Herr Meier, würden Sie das machen?"*

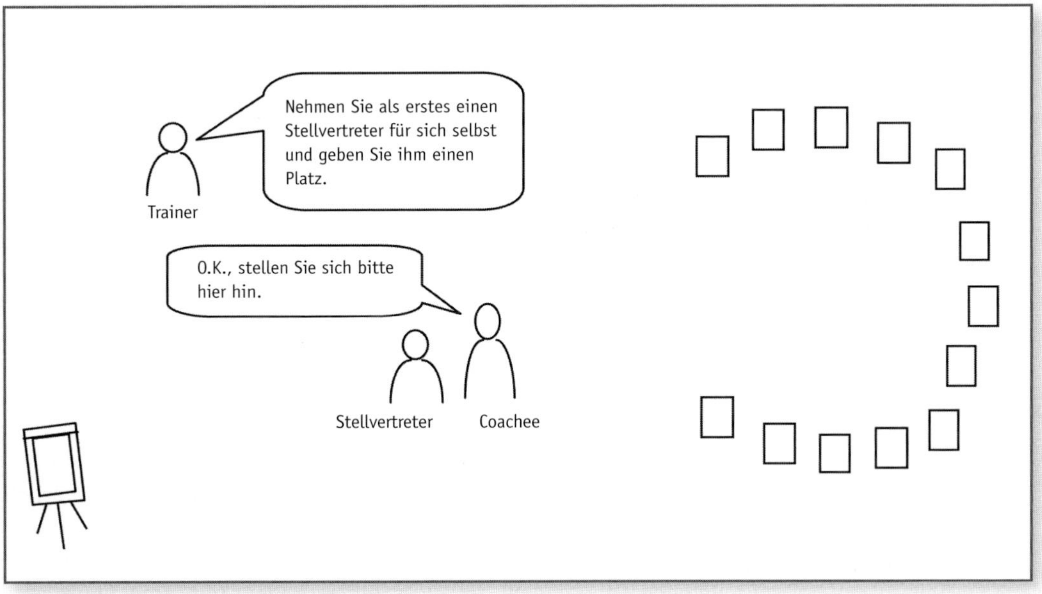

Abb.: Beim Aufbauen der Teamskulptur sucht der Coachee als Erstes eine Position für die eigene Person, die durch einen anderen Teilnehmer dargestellt wird (Stellvertreter).

Wenn der Coachee einen Platz für seinen eigenen Stellvertreter gefunden hat, leitet der Trainer ihn an, auch die anderen Rollen zu besetzen und auf die „Bühne" zu holen.

Trainer: *„Welche Rolle möchten Sie als Nächstes besetzen?"*

Coachee: *„Die von Frau Alt. Vielleicht könnten Sie das machen, Frau Schulze? Nichts für ungut!"*

Trainer: *„Dann zeigen Sie ihr mal, wo ihr Platz ist und vielleicht können Sie ihr auch gleich vormachen, welche Körperhaltung sie einnimmt, welche Mimik und Gestik sie in der Skulptur zur Dynamik im Team zeigt."*

Coachee: *„Sie steht ziemlich weit weg von mir, mit verschränkten Armen und skeptischem Blick – und hat mir den Rücken zugewandt."*
Trainer: *„Machen Sie das Frau Schulz mal vor."*

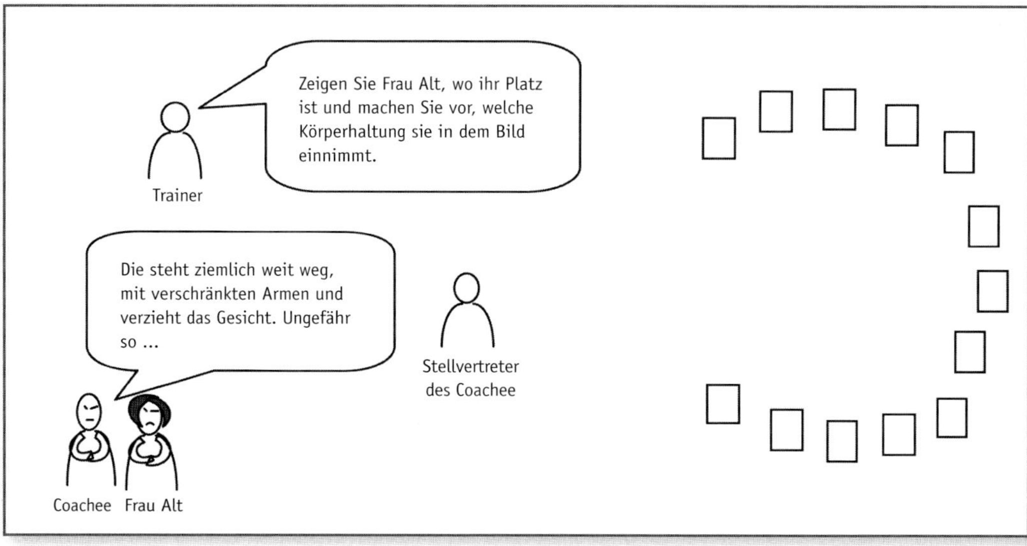

Abb.: Der Coachee zeigt den Rollenspielern ihren Platz in der Teamskulptur und demonstriert ihre Körperhaltung, Mimik und Gestik.

Falls der Coachee – wie dies oft geschieht – zurückhaltend und spärlich mit Mimik und Gestik umgeht, hakt der Trainer nach: *„Übertreiben Sie ruhig ein bisschen: Wenn Frau Alt ihre innere Haltung Ihnen gegenüber und den Neuerungen, die Sie einführen wollen, mit ihrem ganzen Körper, ihrer Mimik und Gestik ausdrücken wollte, wie würde das aussehen?"*

Das Bild überprüfen und ggf. korrigieren

Den Rollenspieler weist der Trainer an, die ihm zugewiesene Position und Körpersprache einzunehmen, sodass der Coachee diese von außen betrachten und gegebenenfalls korrigieren kann.

Trainer (zur Rollenspielerin): *„Stellen Sie sich mal auf Ihren Platz und machen Sie das mal nach."*
Trainer (zum Coachee): *„Passt das so? Oder soll Frau Schulz noch etwas verändern?"*
Coachee: *„Nein, das passt so."*
Trainer (zur Rollenspielerin): *„Danke. Sie können sich jetzt natürlich wieder entspannt hinstellen. Bleiben Sie aber auf dieser Stelle stehen."*

So werden nach und nach alle Rollen besetzt und die Skulptur aufgebaut. Hierbei ermuntert der Trainer den Coachee, immer wieder nachzujustieren.

Wenn alle Rollen besetzt sind, lädt der Trainer den Coachee ein, die Skulptur zu betrachten und auf ihre Stimmigkeit zu überprüfen: *„Schauen Sie sich die Skulptur noch mal von außen an, gehen Sie gerne auch herum und verändern Sie sie, bis es für Sie passt. Stellen Sie sich auch mal auf ihren Platz, um zu überprüfen, ob das Bild stimmig ist."*

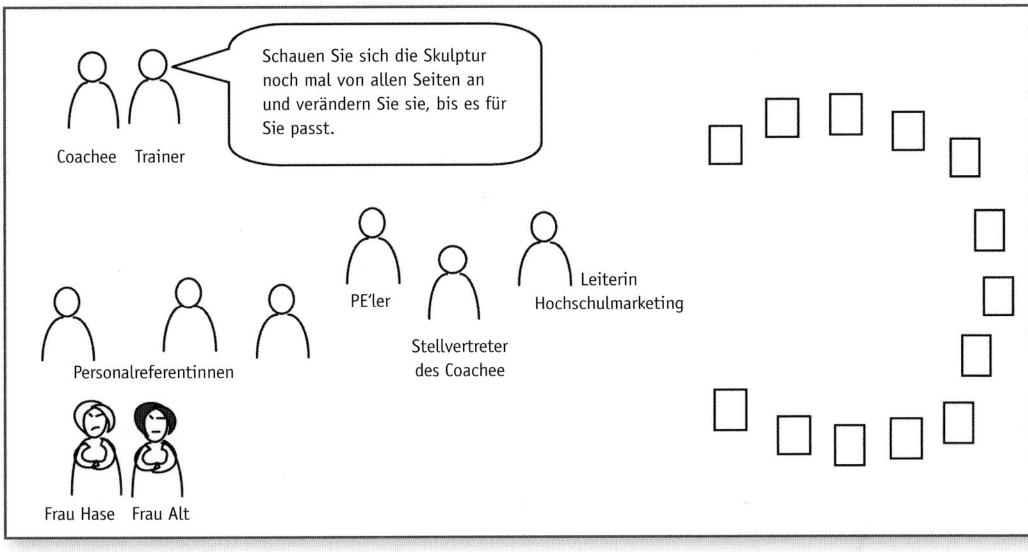

Abb.: Der Coachee überprüft, ob die Skulptur stimmig ist.

Dann prüft der Trainer, ob das Bild vollständig ist.

Trainer: *„Fehlt noch etwas bzw. fehlt noch jemand?"*
Coachee: *„Nein, ich glaube das passt."*

Wenn der Trainer die Vermutung hat, dass noch ein relevanter Akteur fehlt, kann er nachhaken.

Trainer: *„Ist vielleicht Ihr Vorgesetzter in diesem Zusammenhang von Bedeutung oder etwa bestimmte Kunden oder Schnittstellen? Sie hatten erwähnt, dass es eine klare Erwartungshaltung an die Abteilung gibt, sich zu verändern?"*
Coachee: *„Ja, das stimmt. Dann würde ich Herrn Schneid noch mit aufnehmen."*
Trainer: *„O.K. Dann wählen Sie mal jemand für Herrn Schneid."*

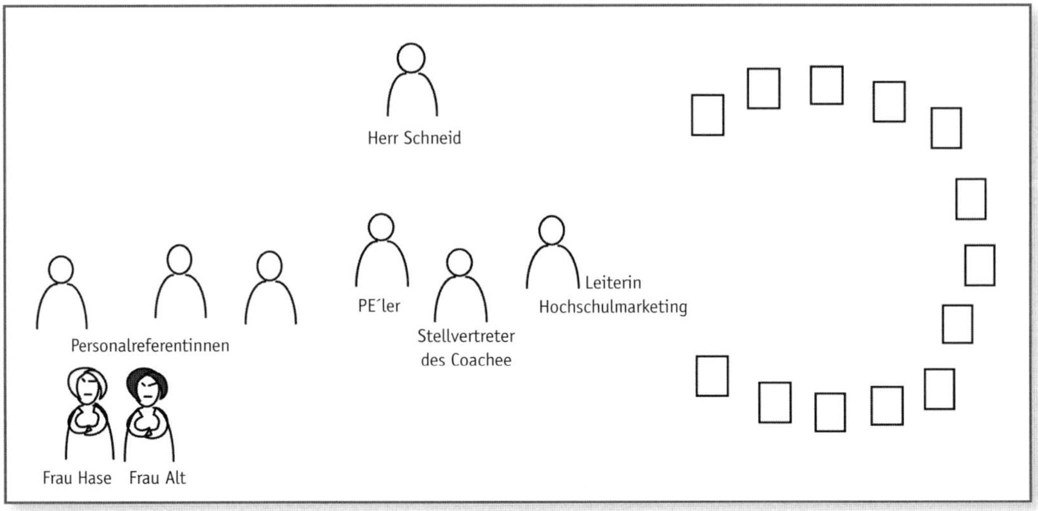

Abb.: Ein weiterer relevanter Akteur wird der Skulptur hinzugefügt.

„Briefing" der Rollenspieler (Eindoppeln)

Im nächsten Schritt werden die Rollenspieler in ihre Rollen eingewiesen. Im Psychodrama spricht man dabei von „Eindoppeln". Ziel ist zweierlei: Erstens sollen die Rollenspieler instruiert werden. Außerdem geht es darum, dass sich der Coachee in die anderen Personen seines sozialen Systems einfühlt. Dieser Perspektivenwechsel ist ein wesentlicher Schritt, um die Motive und Bedürfnisse der relevanten Akteure besser zu verstehen und dementsprechend besser auf sie einwirken zu können. Statt von „Eindoppeln" spricht der Trainer gegenüber den Teilnehmern von „Instruieren" oder „Briefing" und verwendet damit Begriffe, die den Teilnehmern vertraut sind und in diesem Zusammenhang als passend erlebt werden.

Trainer (zum Coachee): *„Als Nächstes möchte ich Sie bitten, alle Beteiligten zu ‚briefen', damit diese wissen, welche Rolle sie übernommen haben. Stellen Sie sich dazu bitte hinter die jeweilige Person und stellen Sie sie uns vor, indem Sie in der Ich-Form sprechen. Sagen Sie erst etwas zur Person und dann, wie Sie aus dieser Perspektive die Situation in der Abteilung sehen und wie eine sachlichere Zusammenarbeit möglich ist. Bei wem möchten Sie anfangen?"*

Coachee: *„Bei Herrn Schneid."*

Coachee (doppelt Herrn Schneid ein): *„Also, Herr Schneid ist seit zwei Jahren im Vorstand."*

Der Trainer unterbricht an dieser Stelle sofort, weil der Coachee nicht aus der Perspektive von Herrn Schneid, sondern über ihn spricht. Der Trainer besteht darauf, dass er einen Rollentausch macht.

Trainer: „*Versuchen Sie mal, sich wirklich in Herrn Schneid hineinzuversetzen und so zu tun, als seien Sie Herr Schneid. Versuchen Sie mal, in der Ich-Form als Herr Schneid zu sprechen.*"
Coachee: „*Das ist gar nicht so leicht.*"

Der Trainer demonstriert das gewünschte Verhalten, indem er sich neben den Coachee und hinter den Rollenspieler stellt und diesen eindoppelt („brieft").

Trainer (demonstriert das Eindoppeln): „*Ich bin Herr Schneid und seit zwei Jahren im Vorstand.*"
Coachee (doppelt): „*Genau, ich bin in den Vorstand aufgerückt und habe klare Vorstellungen, wie wir unser Geschäft weiterentwickeln können.*"

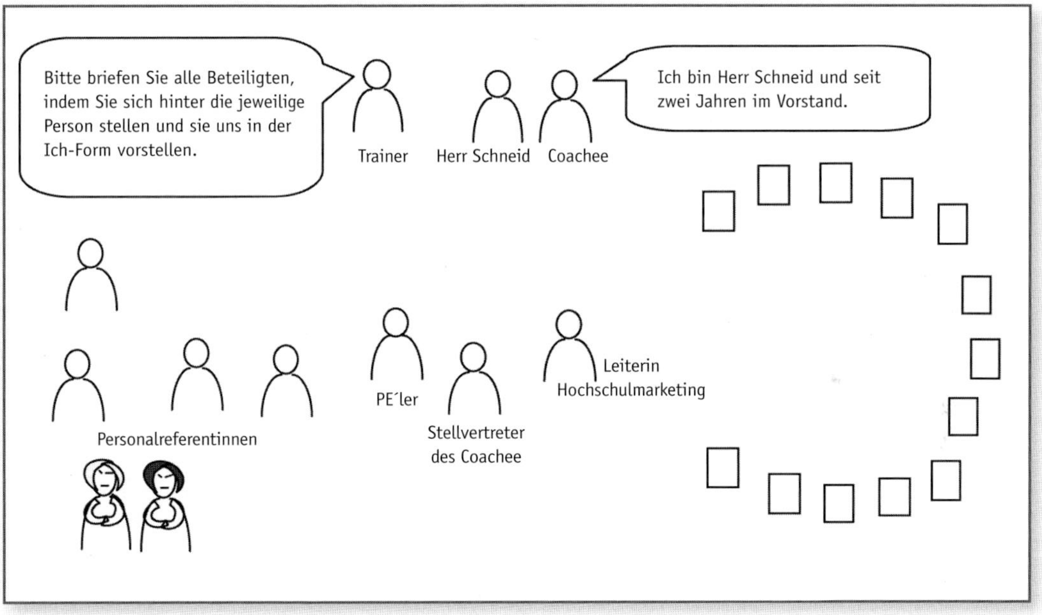

Abb.: Wenn die Skulptur aufgebaut ist, „brieft" (doppelt) der Coachee die Rollenspieler.

In den folgenden Minuten unterstützt der Trainer den Coachee beim Eindoppeln, indem er ihm Fragen stellt, die dem Rollenspieler Informationen liefern. Diese beziehen sich auf folgende Bereiche:

- Angaben zur Person und Rolle (Alter, Position, Betriebszugehörigkeit etc.)
- Beziehungen zum Team („*Wie erleben Sie die Stimmung in der Abteilung? Wer steht Ihnen besonders nah? Wer weniger? Wo sehen Sie Konflikte? Warum? Was halten Sie von Herrn Knabe?*")
- Wie steht diese Person zum Anliegen des Coachee („*Was denken Sie, wie die Zusammenarbeit sachlicher gestaltet werden kann?*")

„Kernbotschaft" = Statement zum Anliegen

Zum Schluss jedes Eindoppelns (Briefings) fordert der Leiter den Coachee auf, die Aussagen der jeweiligen Rolle in einer Kernbotschaft – einem „Haupt-Statement" – zu verdichten. Dieses Statement bringt die (vom Coachee vermutete) Antwort der jeweiligen Person auf die Leitfrage des Coachee auf den Punkt.

Trainer: *„Wenn Sie nur einen ehrlichen und unverblümten Satz zu der Frage sagen würden, was Herr Knabe tun kann, um die Zusammenarbeit sachlicher zu gestalten, wie würde er lauten?"*
Der Trainer achtet darauf, dass der Coachee jeweils eine kurze und prägnante Kernbotschaft findet. Sobald diese gefunden ist, bittet er den Rollenspieler, sie zu wiederholen, damit er sie sich einprägen kann.

Trainer (zum Rollenspieler): *„Bitte wiederholen Sie dieses Statement und prägen Sie es sich ein."*

Anschließend fragt er den Coachee, ob das Statement stimmig formuliert ist oder noch einmal verändert werden muss.

Tipp: „Kernbotschaften" aufschreiben lassen

Dann bittet er den Rollenspieler, die Botschaft aufzuschreiben: *„Bitte nehmen Sie sich einen Stift und eine Moderationskarte und notieren Sie Ihr Haupt-Statement, damit Sie es behalten können."*

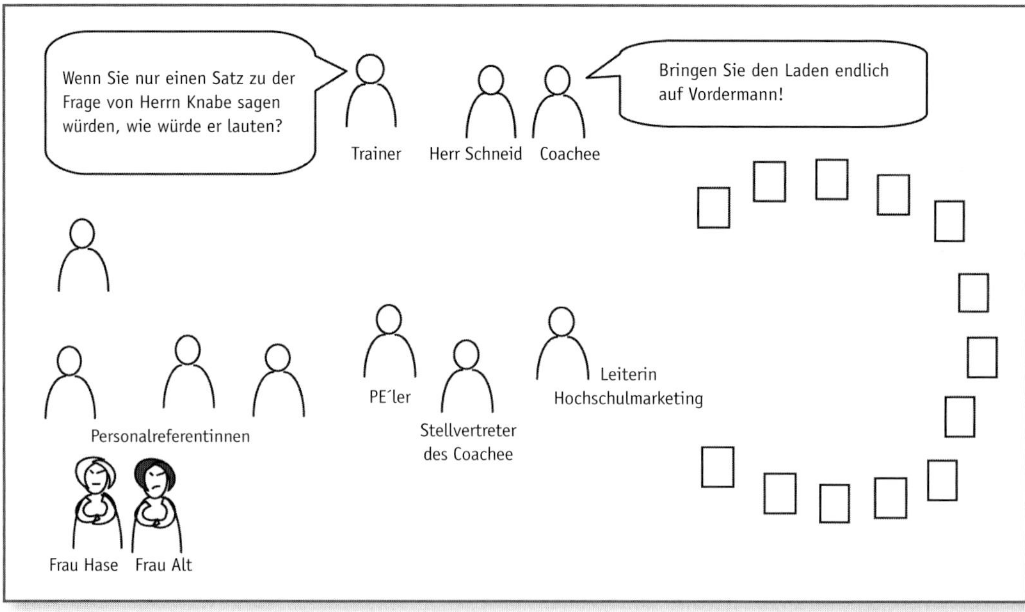

Abb.: Zum Abschluss jedes Briefings erhält die jeweilige Rolle eine Kernbotschaft – ein Statement zum Anliegen des Coachee.

Beim Briefing (Eindoppeln) der Rollenspieler achtet der Leiter darauf, dass dies prägnant bleibt. Nur die wichtigsten Antagonisten werden etwas ausführlicher instruiert. Bei den anderen Figuren leitet der Trainer nach kurzem Vorstellen der Person zügig zur Kernbotschaft über.

Nach dem Eindoppeln erhält der Coachee Gelegenheit, alle Kernbotschaften auf sich wirken zu lassen.

Trainer (zum Coachee): *„Suchen Sie sich mal einen Platz, von dem Sie die ganze Konstellation am besten überblicken können und hören Sie sich die Statements aller Beteiligten an."*

Damit der Coachee am Ende seiner Arbeit alle wesentlichen Aspekte behalten kann, bietet es sich an, einen Protokollführer zu bestimmen:

Trainer (an die Zuschauer): *„Wer von Ihnen wäre so nett, für Herrn Knabe alle Statements und alle Lösungsmöglichkeiten, die später noch diskutiert werden, mitzuschreiben?"*

Trainer (an die Rollenspieler): *„Bitte sagen Sie in der Reihenfolge, in der Sie gebrieft wurden, Ihre Haupt-Statements."*

In unserem Beispiel werden unter anderem folgende Statements vorgetragen:

Vorstandsmitglied Herr Schneid: *„Bringen Sie den Laden endlich auf Vordermann und greifen Sie notfalls hart durch! Sie haben meine volle Rückendeckung."*
Personalreferentin Frau Alt: *„Sie sollten uns erfahrenen Kräften erst einmal zuhören, bevor Sie hier versuchen, alles umzukrempeln."*
Leiterin Gehaltsabrechnung Frau Hase: *„Ich weiß gar nicht, ob ich bei all diesen Besprechungen dabei sein muss – ich bin doch nur für die Gehaltsabrechnung zuständig."*
Personalreferentin A: *„Ich fände es auch gut, wenn wir uns manchen Irrweg ersparen könnten, indem Sie sich mit Frau Alt besser abstimmen."*
Leiter Personalentwicklung: *„Sie müssen Frau Alt endlich mal zurechtweisen und ihr klar machen, dass sie von gestern ist!"*
Leiterin Hochschulmarketing: *„Lassen Sie uns doch mal Gesprächsregeln vereinbaren, an die sich jeder zu halten hat – auch Frau Hase und Frau Alt!"*

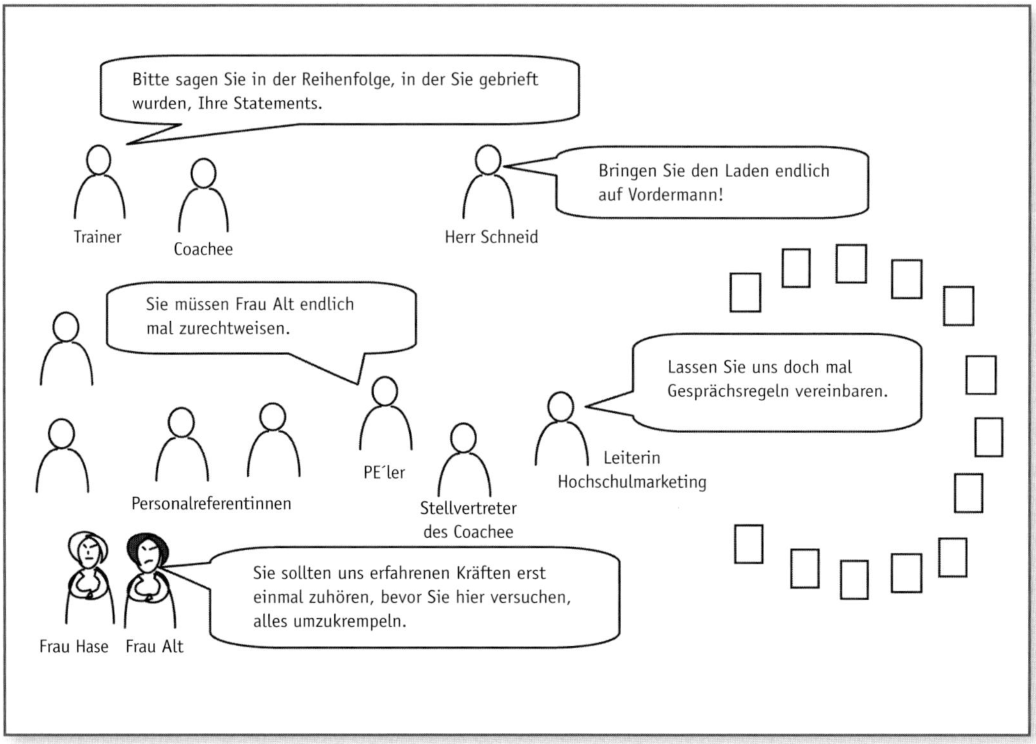

Abb.: Der Coachee lässt die Skulptur und die Haupt-Statements der Beteiligten auf sich wirken.

*GROW: **O**ptions – Lösungsoptionen*

Wenn alle Kernbotschaften gesagt sind, fragt der Trainer den Coachee, welche Lösungs- und Handlungsoptionen ihm in den Sinn kommen.

Trainer: *„Wenn Sie das alles hören und sehen, welche Ansatzpunkte sehen Sie, um eine sachlichere Zusammenarbeit zu erreichen?"*
Coachee: *„Ich denke, dass ich mal ein ernstes Wörtchen mit Frau Alt sprechen muss. Es ist wirklich unmöglich, wie sie sich in manchen Besprechungen aufführt. Ich denke, es ist eine gute Idee, Gesprächsregeln zu vereinbaren. Vielleicht gäbe es ja die Möglichkeit, sie im Vorfeld der Teambesprechungen stärker einzubinden, damit sie sich in den Besprechungen selbst dann konstruktiver verhält."*

Lösungsoptionen generieren

Der Trainer kann nun die anderen Teilnehmer miteinbeziehen, um weitere Lösungsoptionen zu generieren. Dazu befragt er zunächst den Stellvertreter des Coachee (Doppelgänger): *„Welche Ideen haben Sie, was Sie aus Ihrer Rolle als Herr Knabe noch tun könnten?"*

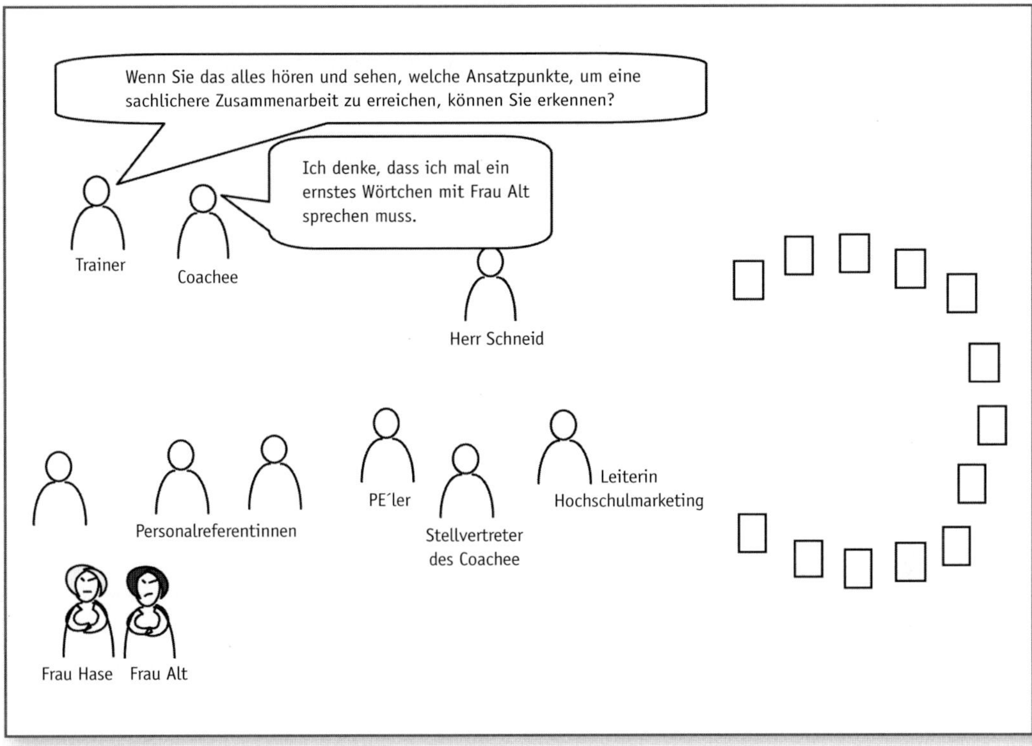

Abb.: Nachdem der Coachee alle Statements gehört hat, befragt ihn der Trainer nach möglichen Lösungsoptionen.

Anschließend fragt er auch die anderen Rollenspieler: „*Welche Möglichkeiten fallen Ihnen aus Ihrer Rolle heraus noch ein? Was würden Sie brauchen, um sachlicher zusammenarbeiten zu können?*"

Dann holt der Trainer die Reaktion des Coachee auf diese Vorschläge ein und fokussiert auf die Aspekte, die bei diesem auf positive Resonanz stoßen.

Trainer (zum Coachee): „*Was spricht Sie besonders an?*"
Coachee: „*Die Möglichkeit, Frau Hase aus manchen Besprechungen herauszunehmen, macht absolut Sinn und würde auch dazu führen, dass Frau Alt mit ihren Bedenken alleine dasteht. Bei ihr könnte eine Doppel-Strategie aus stärkerem Einbinden und dem klaren Aufzeigen von Grenzen wirken.*"

Im nächsten Schritt geht es darum, den Lösungsideen eine Gestalt zu geben. Dazu dient der Aufbau einer Wunsch-Teamskulptur, bei der der Coachee die verschiedenen Optionen berücksichtigen und aufgreifen

Soll-Zustand aufbauen

kann. Nachdem zunächst der Ist-Zustand des Teams aufgebaut worden ist, wird nun der Soll-Zustand dargestellt. Der Trainer leitet den Aufbau an.

Trainer (zum Coachee): *„Angenommen, Sie hätten das alles umgesetzt und eine sachlichere Zusammenarbeit erreicht, wie würde die Skulptur dann aussehen?"*

Coachee (lacht): *„Harmonischer. Wir hätten uns alle lieb."*

Der Trainer macht klar, dass es um einen wünschenswerten, aber realistischen Zustand geht.

Trainer: *„Na ja, vielleicht müssen Sie sich nicht alle lieben, aber versuchen Sie mal, das Team so umzustellen, dass ein realistisches Wunschbild entsteht. Wo würden die Beteiligten stehen, wie würden sie zueinander stehen, wenn die Zusammenarbeit einen Schritt sachlicher geworden wäre, machen Sie dies mal vor. Wenn die Beteiligten eine andere Körperhaltung und Körpersprache haben müssten, können Sie auch gerne erklären, was sie tun bzw. verändern müssten."*

Coachee: *„Als Erstes müssten sich Frau Alt und Frau Hase voneinander trennen und in die Runde schauen."*

Abb.: Der Trainer leitet den Coachee an, die Skulptur so umzubauen, dass ein realistischer Soll-Zustand abgebildet wird.

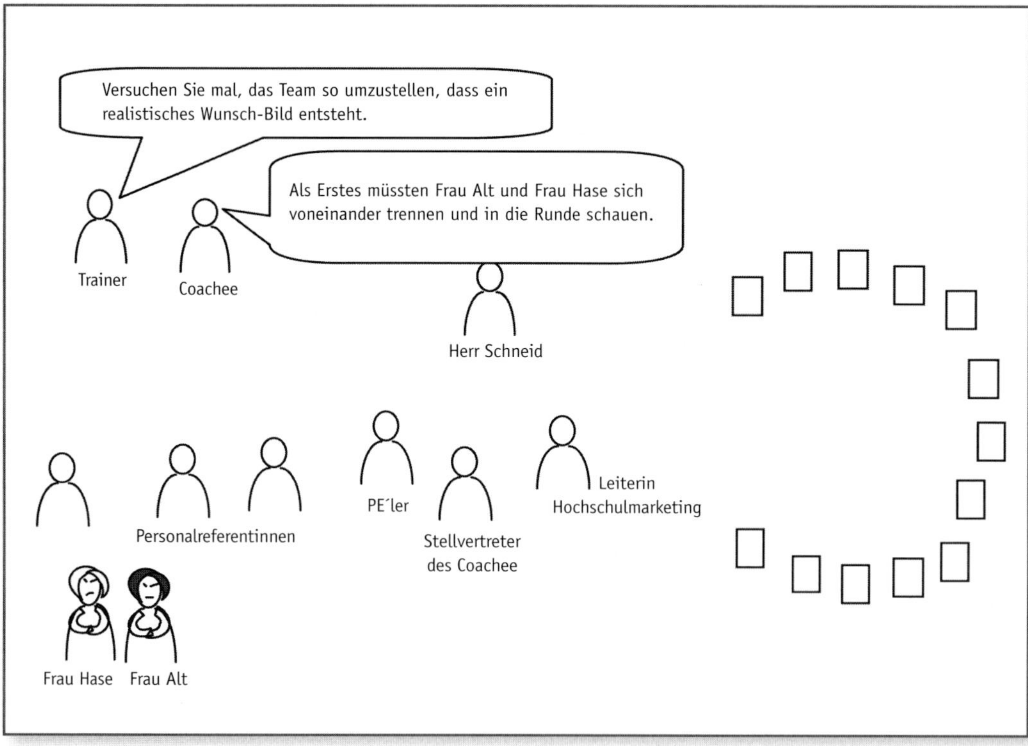

Der Coachee bildet nun seine Skulptur um. Wenn er den Soll-Zustand aufgebaut hat, erhält er wieder die Möglichkeit, die Skulptur zu überprüfen. Trainer: *„Schauen Sie sich die Skulptur wieder aus verschiedenen Perspektiven an, um zu überprüfen, ob die Skulptur so für Sie passt."*

Wenn der Coachee dies getan hat, holt der Trainer ein Feedback der Rollenspieler ein. *„Sagen Sie mal einen Satz dazu, wie es Ihnen in dieser neuen Position geht."*

Wenn die Rollenspieler dies getan haben, wendet sich der Leiter nochmals an den Coachee: *„Nachdem Sie die Rückmeldungen gehört haben, möchten Sie die Skulptur nochmals verändern?"*

Abschließend geht es darum, dem Coachee die Gelegenheit zu geben, sich das Bild des Soll-Zustandes einzuprägen und emotional zu verankern. Dazu fordert der Trainer ihn auf, die „Innensicht" einzunehmen: *„Gehen Sie zum Abschluss an Ihren Platz. Bitte nehmen Sie sich einen Moment Zeit, sich dieses Bild einer besseren, sachlicheren Zusammenarbeit im Team einzuprägen. Es kann Sie dabei unterstützen, dieses Ziel im Blick zu behalten und weiterzuverfolgen. Nehmen Sie sich so viel Zeit, wie Sie mögen, das Bild abzuspeichern und auf Ihrer Festplatte abzulegen."*

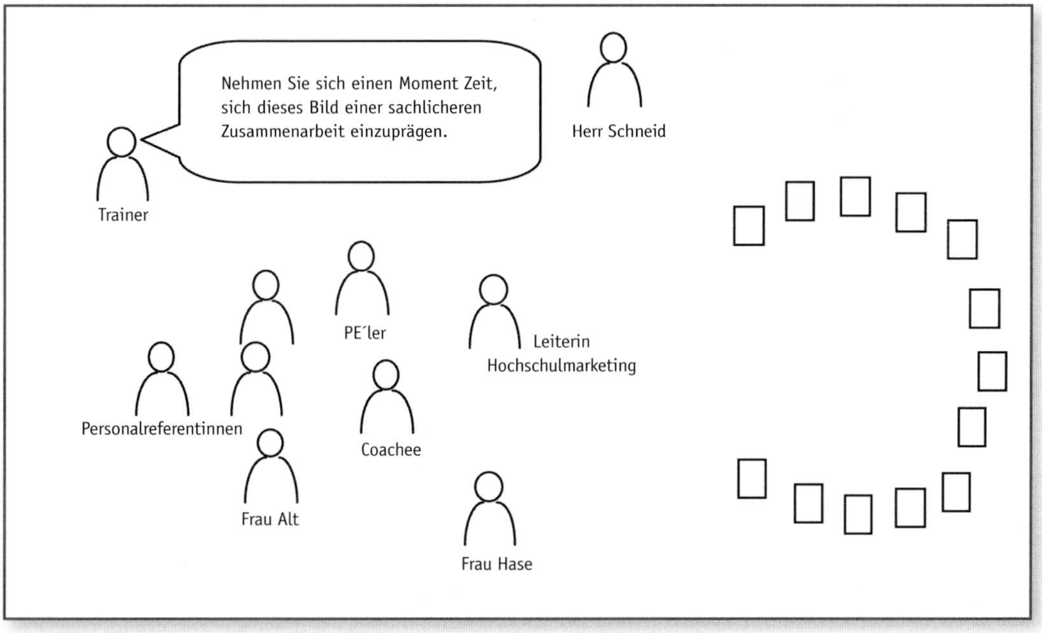

Abb.: Zum Abschluss prägt sich der Coachee das Bild des Soll-Zustandes ein.

Anschließend löst der Trainer die Skulptur auf und „entrollt" die Mitspieler: *„Vielen Dank an Sie alle. Sie sind jetzt aus Ihrer Rolle als Teile der Skulptur entlassen und können gerne wieder Platz nehmen."*

---

*GROW: **W**ay forward – Umsetzung*

Bei der Auswertung werden folgende Schritte berücksichtigt:

1. Sharing: *„Welche ähnlichen Situationen und Konstellationen kennen Sie? Auf welche ähnlichen Schwierigkeiten sind Sie bereits gestoßen und wie ging es Ihnen in diesen Situationen?"*
2. Rollen-Feedback: *„Welche Rückmeldungen haben Sie aus Ihren Rollen? Was ist Ihnen aufgefallen? Was möchten Sie Herrn Knabe noch aus der Perspektive der Rolle, die Sie übernommen hatten, mitteilen?"* Das Rollen-Feedback kann hier eher kurz gehalten werden, da die Rollenspieler bereits innerhalb der Skulpturarbeit ausreichend Gelegenheit hatten, Feedback zu geben. Wichtiger ist es, die Beobachter, die lange passiv zuschauen mussten, einzubinden:
3. Beobachter-Feedback: *„Was ist Ihnen von außen aufgefallen? Welche Rückmeldungen haben Sie an Herrn Knabe?"*

Wie stets bei Feedback-Prozessen, muss der Trainer auf die Einhaltung der Feedback-Regeln achten.

Hinweise

Spiegel-Position vs. Innensicht

- Wenn die Rollenspieler nach dem Eindoppeln ihre Kernbotschaften äußern, hat der Trainer zwei Möglichkeiten:
  1) Den Coachee seine eigene Position in der Skulptur übernehmen lassen, um die Botschaften auf sich wirken zu lassen.
  2) Den Coachee eine Position außerhalb der Skulptur suchen lassen, von der er einen guten Überblick über die Konstellation hat („Spiegel-Position").

  Die erste Variante hat eine stärkere emotionale Wirkung; der Coachee spürt hierbei die verdichtete Konfliktkonstellation sehr intensiv. Die zweite Option ermöglicht hingegen einen distanzierteren Überblick über das Geschehen. Während im therapeutischen Bereich die emotionale Fokussierung erwünscht ist, muss der Trainer im beruflichen Kontext stets darauf achten, den Coachee vor allzu starken emotionalen Reaktionen zu schützen, die leicht als Gesichtsverlust erlebt werden können. Schließlich geht es ja darum, den Coachee in seiner Rolle zu stärken. Deshalb entscheidet sich der Trainer hier zunächst, den Coachee zu bitten, sich eine Position außerhalb der Skulptur zu suchen. Zum Abschluss dagegen leitet der Trainer den Coachee an, die „Innensicht" einzunehmen und die Wunschskulptur vom eigenen Platz aus zu erleben und „abzuspeichern". Alternativ kann man auch die Technik des „Fotografierens" einsetzen, bei der sich der Coach vorstellt, ein Foto der Skulptur zu machen und mitzunehmen. Die Innenperspektive ermöglicht jedoch ein stärkeres emotionales Erleben, was zum positiven Abschluss absolut erwünscht ist.

- Nachdem der Coachee die verschiedenen Kernbotschaften angehört hat (Seite 240), werden in der Regel Handlungsimpulse ausgelöst. Im vorliegenden Beispiel entsteht der Impuls, sich mit der Hauptgegenspielerin, Frau Alt, auseinanderzusetzen. Hier gibt es für den Trainer die Möglichkeit, eine solche Auseinandersetzung zu ermöglichen. Es könnte also ein Dialog mit Frau Alt folgen, bei dem der Coachee ggf. einen Rollentausch mit ihr durchführt, um die Wirkungen der eigenen Handlungen und Aussagen direkt erfahren zu können. Allerdings kommt es hierdurch zu einer neuen Szene und – methodisch gesehen – zum Übergang von der statischen Skulptur hin zu einer bewegten Spielszene. Dies erfordert Zeit und kann dazu führen, dass der Fokus weg von einer Vielzahl möglicher Lösungen sehr stark auf eine Handlungsoption (hier: Auseinandersetzung mit Frau Alt) eingeengt wird. Deshalb sollte der Leiter in der Regel eher den Aufbau einer Wunsch-Teamskulptur ermöglichen und die Arbeit anschließend auswerten.

Varianten

Der Trainer kann eine dritte Dimension hinzufügen, indem er etwa Machtverhältnisse symbolisiert: Besonders mächtige Personen stellen sich auf Stühle, weniger mächtige Individuen gehen in die Hocke.

Literatur

- von Ameln, Falko/Gerstmann, Ruth/Kramer, Josef: Psychodrama. Berlin, Heidelberg, 2004.
- Buer, Ferdinand: Aufstellungsarbeit in Organisationen – der klassische Ansatz nach Moreno. In: Supervision 2/2003, S. 42-54.
- Lauterbach, Matthias: Wie Salz in der Suppe. Aktionsmethoden für den beraterischen Alltag. Heidelberg, 2007.

8. Systeme verstehen: Organisationsaufstellung

Indikation

Ähnlich wie die Teamskulptur lässt sich auch die Methode der „Organisationsaufstellung" bei Spannungen, Konflikten, Blockaden oder Veränderungsprozessen innerhalb von Teams oder Organisationen einsetzen. Unterschiede zur Skulpturarbeit liegen vor allem in der Methodik und der ihr zugrunde liegenden Theorie.

Ziele

- Der Coachee erlangt ein tieferes Verständnis der Zusammenhänge innerhalb des eigenen Systems.
- Der Coachee entwickelt unterschiedliche Handlungsoptionen, um auf das eigene System einwirken zu können.

Zeit

75-90 Minuten

Material

Keines

Überblick

- Der Coachee stellt zunächst einen Stellvertreter für sich selbst auf.
- Die anderen Personen werden vom Coachee so aufgestellt, dass die räumlichen Entfernungen und die Blickrichtungen die emotionalen Beziehungen widerspiegeln.
- Der Trainer fragt die Stellvertreter nach ihren Empfindungen.
- Die Stellverteter werden gebeten, ihre Impulse zur Umstellung des Systems zu erspüren; diese werden nacheinander umgesetzt und die Stellvertreter jeweils nach Veränderungen in ihrem Erleben befragt.
- Der Trainer fragt den Coachee, ob er das Bild umstellen möchte und erkundigt sich auch, ob noch jemand hinzugenommen werden könnte.
- Beim Schlussbild nimmt der Coachee seinen Platz ein und prägt sich die Konstellation ein.
- In der Auswertung werden Hypothesen darüber gesammelt, was der Coachee tun kann, um das System in Richtung einer Lösung zu beeinflussen.

Erläuterung

Die wichtigste Vordenkerin der systemischen Aufstellungsarbeit ist Virgina Satir (1916-1988), die die Methode der Skulpturarbeit für die therapeutische Arbeit mit Familien nutzte und weiterentwickelte. Im deutschen Sprachraum sorgten dann insbesondere die Arbeiten des umstrittenen Pfarrers und Therapeuten Bert Hellinger für eine enorme Popularisierung der systemischen Aufstellungsarbeit. Hellinger entwickelte eine Form der „Ultra-Kurztherapie", bei der Klienten im Rahmen einer Therapie- oder Seminargruppe die Beziehungen innerhalb ihrer Herkunftsfamilie anhand von im Raum aufgestellten Stellvertretern darstellen. Im weiteren Verlauf der Aufstellungsarbeit ist es die Aufgabe des Therapeuten, die Aufstellung so zu verändern, dass sie den von Hellinger postulierten „Ordnungen der Liebe" entspricht und eine an diesen Ordnungen orientierte Aussöhnung des Klienten mit der Herkunftsfamilie ermöglicht. Die Aufstellungsmethodik Hellingers wurde etwa von Vertretern der Heidelberger Schule um Gunthard Weber (z.B. Weber et al. 2005) für die Arbeit mit Organisationen weiterentwickelt und – teils in Abgrenzung zu Hellinger – systemtheoretisch-konstruktivistisch begründet.

Im Folgenden wird eine – relativ einfache – Vorgehensweise zur systemisch-konstruktivistischen Aufstellungsarbeit innerhalb eines Trainingskontextes beschrieben, die sich in ihrem Vorgehen deutlich von Hellinger abgrenzt. Während bei Hellinger der Leiter entscheidet, was für den Klienten richtig ist und entsprechende Veränderungen in der Aufstellung herbeiführt, ist er hier lediglich für den Prozess verantwortlich. Seine Aufgabe ist es, gemeinsam mit dem Coachee und den anderen Teilnehmern das System zu erforschen und unterschiedliche Wahrnehmungs- und Handlungsoptionen zu generieren. Die Verantwortung für das „richtige" Handeln bleibt jedoch stets beim Coachee. Besonders wichtige Informationen liefern ihm hierbei die sogenannten „Stellvertreter", die die Mitglieder des jeweiligen Systems darstellen. Anders als in der psychodramatischen Skulpturarbeit werden sie nicht instruiert, sondern verbalisieren direkt ihre Empfindungen, die sich aufgrund ihrer Position im jeweiligen System ergeben. Damit liefern sie wertvolle Hinweise zur Diagnose des Systems und mögliche Lösungsansätze (siehe *Hinweise*).

Vorgehen

Beispiel: Herr Jobst ist seit vielen Jahren Geschäftsstellenleiter einer großen Versicherungsgesellschaft und nimmt an dem Seminar „Führen im Veränderungsprozess“ teil. Er hat das Thema „Umgang mit der störrischen Sekretärin“ eingebracht und berichtet, dass sich seine langjährige Sekretärin Frau Steif seit einer Weile gegen sämtliche Veränderungen sträube, die vom Unternehmen und insbesondere von der Büroleiterin des Innendienstes (die an Herrn Jobst berichtet) vorangetrieben werden. Frau Steif würde sich zahlreichen neuen Arbeitsabläufen widersetzen, obwohl diese erwiesenermaßen effizienter seien. Sie habe sich mit ihrer Widerborstigkeit zunehmend in der Geschäftsstelle isoliert. Dies sei umso bedauerlicher, als Herr Jobst stets ein enges und vertrauensvolles Verhältnis zu ihr gehabt habe. Außerdem verfüge sie über hervorragende Beziehungen zu vielen Vertretern, darunter auch zu den Spitzenkräften im gesamten Vertriebsbereich.

GROW: Goal – Zielvereinbarung

Trainer: *„Was ist Ihr Ziel?“*

Coachee: *„Frau Steif muss endlich aus ihrem Schneckenhaus herauskommen. So kann das einfach nicht weitergehen. Sie kann sich nicht immer weiter von der Geschäftsstelle abkapseln und alles blockieren, was vom Innendienst kommt. Nur ein gutes Verhältnis zu den Vertretern zu haben, reicht einfach nicht.“*

Trainer: *„Sie möchten also erreichen, dass sich Frau Steif besser ins Team der Geschäftsstelle integriert.“*

Coachee: *„Genau. Allerdings ist das auch ein zweischneidiges Schwert. Selbst wenn sie das wollte – und manchmal bemüht sie sich ja schon – ist ja auch die Frage, ob die Büroleiterin und ihr Team ihr überhaupt eine Chance geben. Die grenzen sie teilweise auch richtig aus.“*

Trainer: *„Was bedeutet das für Ihre Fragestellung? Was möchten Sie hier für sich klären?“*

Coachee: *„Ich möchte klären, wie ich Frau Steif besser ins Team integrieren kann und wie ich erreichen kann, dass sie Veränderungen aufgeschlossener gegenübersteht.“*

Trainer: *„Welcher dieser beiden Aspekte hat für Sie Priorität?“*

Coachee: *„Was ich tun kann, dass sie besser ins Team integriert wird. Dann ergibt sich die Veränderungsbereitschaft vielleicht von ganz alleine.“*

GROW: Reality - Situationsanalyse

Der Trainer gibt den Teilnehmern Gelegenheit, Fragen zur Situation zu stellen. Unter anderem wird nach der Organisationsstruktur gefragt. Herr Jobst wird gebeten, ein Organigramm aufzuzeichnen.

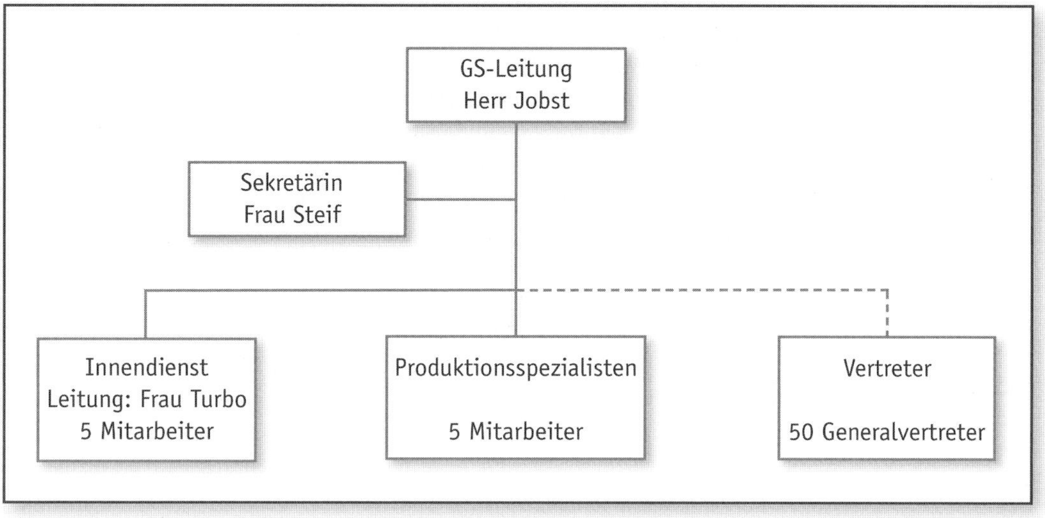

Abb.: Der Coachee Herr Jobst wird von den anderen Teilnehmern in der Situationsanalyse gebeten, ein Organigramm seiner Geschäftsstelle zu zeichnen.

In der Geschäftsstelle seien zumeist nur Frau Steif, das Innendienstteam und er selbst physisch anwesend. Die Produktspezialisten seien in der Regel zusammen mit den Vertretern beim Kunden, während die Vertreter eigene Büros haben und selbstständig sind, aber eng mit dem GS-Leiter zusammenarbeiten.

Herr Jobst berichtet, dass Frau Steif die dienstälteste Mitarbeiterin sei und früher stets einen sehr guten Stand in der Geschäftsstelle gehabt habe. Auch heute noch komme sie gut mit Vertretern und Produktspezialisten zurecht. Mit dem Innendienstteam, mit dem sie sehr eng zusammenarbeiten müsse, seien die Beziehungen jedoch zutiefst gestört, insbesondere seit Frau Turbo die Leitung übernommen habe. Mehrere Gespräche mit Frau Steif und mit Frau Turbo hätten nicht gefruchtet.

Bei dieser schwierigen Beziehungskonstellation bietet es sich an, mit einer Aufstellung zu arbeiten. Der Trainer erläutert kurz das Vorgehen.

Informelle Organisationsstruktur aufbauen

Trainer: *„Eben haben wir uns die formale Organisationsstruktur angeschaut. Es gibt aber immer auch eine informelle Organisationsstruktur und in dieser – so habe ich es verstanden – steht Frau Steif momentan ‚außen vor' und Sie möchten sie besser integrieren."*

Coachee: *„Das kann man so sagen – auch wenn ich nicht genau weiß, was Sie mit informeller Organisationsstruktur meinen."*

Trainer: *„Damit meine ich die Beziehungen untereinander. Wenn man davon ein Bild machen würde, könnte man sehen, wer wem wie nahe steht, wer wem zu- oder abgewandt ist, wer wem den Rücken zukehrt und wer ‚außen vor' ist."*

Coachee: *„Verstehe. Soll ich jetzt ein Bild malen, oder wie?"*

Trainer: *„Nein, das brauchen Sie nicht. Stattdessen können Sie die anderen Seminarteilnehmer nutzen und sie – ähnlich wie Statuen – im Raum aufstellen, sodass ein Bild von der informellen Struktur Ihrer Geschäftsstelle entsteht. Sie können für jede Person, die bei Ihrem Thema eine Rolle spielt, einen Teilnehmer auswählen, der sich in diese Person hineinversetzt. Der Vorteil ist, dass Ihnen die Kollegen möglicherweise Hinweise geben können, die für Ihre Fragestellung relevant sind."*

Coachee: *„Na gut, probieren können wir es ja."*

Trainer: *„Stellen Sie sich vor, dort vorne wäre der Platz für Ihr Bild. Suchen Sie sich zunächst eine Person als Stellvertreter für sich selbst und sagen Sie ihr, wo sie stehen soll."*

Coachee: *„Na gut, Herr Marx, könnten Sie das übernehmen?"*

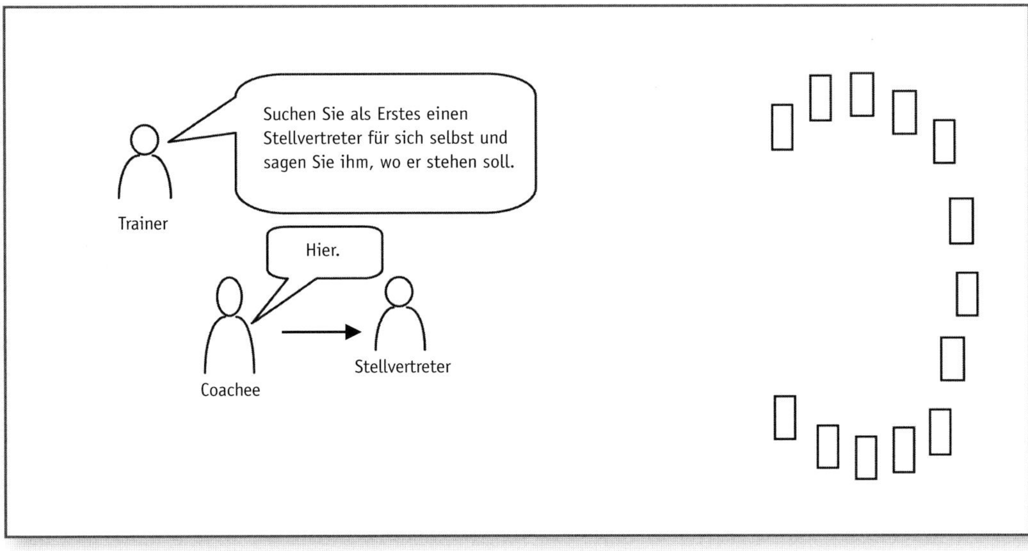

Abb.: Als Erstes sucht der Coachee eine Position für den Stellvertreter der eigenen Person.

Sobald der Coachee seinen Stellvertreter aufgestellt hat, leitet der Trainer die Aufstellung der weiteren Mitglieder des Systems an.

Trainer: *„Wen brauchen Sie als Nächstes?"*

Coachee: *„Frau Steif. Würden Sie das machen, Frau Meiser?"*

Teilnehmerin Frau Meiser: *„Kein Problem."*

Trainer: *„Geben Sie Frau Steif einen Platz und zeigen sie ihr, in welche Richtung sie schaut."*

Coachee: *„Woher soll ich wissen, in welche Richtung sie schaut? Auf jeden Fall nicht zu Frau Turbo, aber die ist ja noch gar nicht da."*

Trainer: „Das können Sie ja später noch berücksichtigen. Sie können alles später noch mal umarrangieren. Sie müssen Ihre Anweisungen nicht erklären, sondern zeigen einfach, wer wo hingehört in Ihrem Bild."

Der Trainer macht hiermit deutlich, dass der Coachee seine Aufstellung später noch ändern kann und leitet ihn an, möglichst wenig zu erklären (und rational zu durchdenken). Stattdessen soll er dazu gebracht werden, sein System intuitiv aufzubauen. Dies fällt rational-analytisch geprägten Fach- und Führungskräften oft schwer, sodass der Trainer klar und bestimmt darauf hinwirken muss.

Der Coachee stellt alle Mitglieder des Systems auf, idealerweise ohne dabei viel zu sprechen oder Informationen über die Personen, die repräsentiert werden, mitzuteilen.

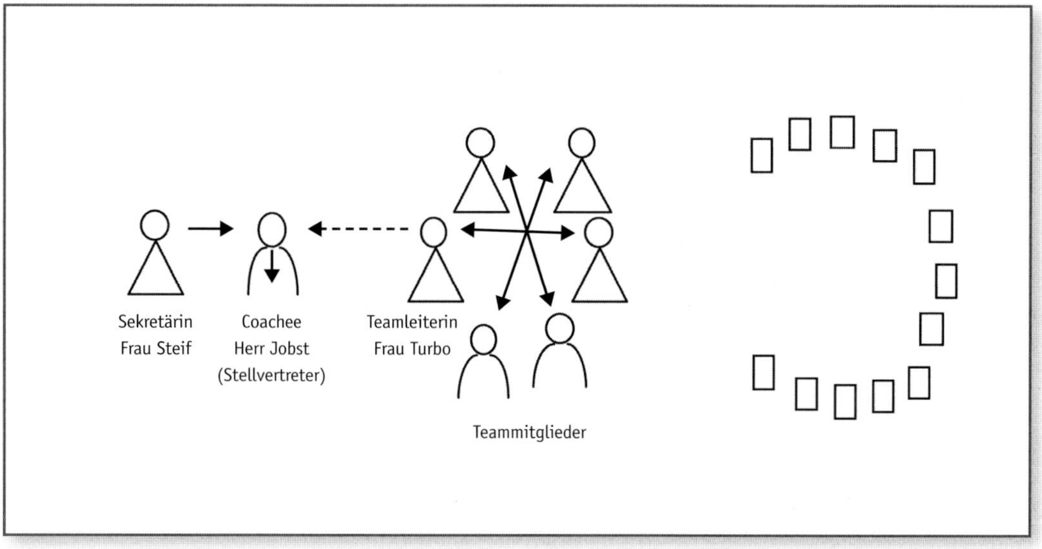

Abb.: Das Ausgangsbild in der Aufstellung des Geschäftsstellenleiters Herr Jobst. Personen mit einem Dreieck symbolisieren weibliche und jene mit einem „umgekehrten U" männliche Mitglieder des Systems. Die Pfeile zeigen die Blickrichtungen. Frau Turbo wendet ihren Blick gelegentlich weg von der Gruppe hin zu Herrn Jobst, was durch den gestrichelten Pfeil ausgedrückt wird.

Wenn die Aufstellung komplett ist, gibt der Leiter dem Coachee Gelegenheit, das Bild aus verschiedenen Blickwinkeln zu betrachten und gegebenenfalls zu verändern. *„Schauen Sie sich Ihr Bild noch mal von verschiedenen Seiten aus an und überprüfen Sie, ob Sie noch etwas umstellen möchten."*

Anschließend gibt er den Stellvertretern Gelegenheit, sich auf ihr inneres Erleben zu konzentrieren. *„Bitte achten Sie genau auf Ihre Wahrnehmungen und Gefühle in Ihrer Position. Nehmen Sie sich dafür einen Moment Zeit."*

Trainer und Coachee stellen sich an eine Position, von der aus sie eine gute Übersicht über das Geschehen haben. Dann wendet sich der Trainer an die Stellvertreter. Trainer (zu den Stellvertretern): *„Bitte sagen Sie kurz in der Reihenfolge, in der Sie aufgestellt wurden, wie Sie sich in Ihrer Position fühlen."*

In unserem Beispiel werden folgende Antworten gegeben:

- Stellvertreter des Coachee: *„Ich fühle mich wie in der Zwickmühle. Das ist ganz schön unangenehm. Aber ich habe wichtige Aufgaben und schaue nach vorne."*
- Sekretärin Frau Steif: *„Zum Glück habe ich meinen Chef. Wenn er mich nur anschauen würde, wäre alles gut. Die anderen brauche ich nicht."*
- Teamleiterin Frau Turbo: *„Das ist toll mit unserem Team. Wir halten alle zusammen. Aber es ist unangenehm, dass ich mich immer zu meinem Chef umdrehen muss."*
- Teammitglied 1: *„Mir geht's hier prima. Wir lassen hier niemand in unseren Kreis hinein."*

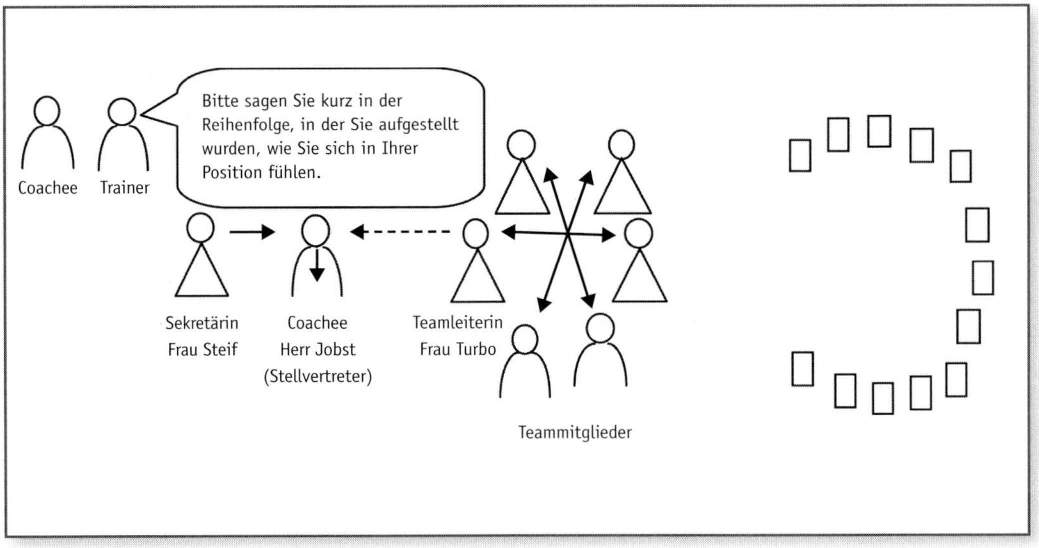

Abb.: Der Trainer befragt die Stellvertreter nach ihrem Empfinden im Ausgangsbild.

*GROW: **O**ptions – Lösungsoptionen*

Während im Ausgangsbild der Ist-Zustand des Systems abgebildet wird, geht es im weiteren Verlauf darum, durch Umstellen mögliche Veränderungen des Systems in Richtung eines konstruktiveren Zusammenwirkens zu erkunden. Deshalb leitet der Trainer die Stellvertreter an, eigene Impulse zur Umstellung zu erspüren und umzusetzen. Dabei ist es wichtig, dass diese nicht gleichzeitig, sondern nacheinander vorgenommen werden. *„Im nächsten Schritt geht es darum, mögliche Lösungsbilder zu entwickeln, in denen Sie sich wohler fühlen. Das kann uns Rückschlüsse darüber geben, was Herr Jobst konkret tun könnte, um sein Ziel zu erreichen. Deshalb möchte ich Sie bitten, sich einen Moment Zeit zu nehmen, um zu erspüren, welche Handlungsimpulse sich in Ihnen aus Ihrer jetzigen Position regen. Vielleicht möchten Sie Ihre Position verändern, sich drehen, woanders hinschauen oder zu einer anderen Person Kontakt aufnehmen. Wenn Sie einen solchen Impuls spüren, sagen Sie kurz Bescheid und setzen ihn dann um, sodass wir schauen können, was sich dadurch verändert. Wer mag anfangen?"*

Hier meldet sich als Erstes der Stellvertreter des Coachees zu Wort: *„Ich muss raus aus der Zwickmühle und trete einige Schritte zurück, damit ich alle im Blick habe."*

Nach Unterschieden fragen

Dann befragt der Leiter die anderen Stellvertreter nach ihren Empfindungen. Dabei ist es wichtig, sie nach Veränderungen in ihrem Erleben zu befragen: *„Wie geht es Ihnen? Ist es besser oder schlechter?"* Oder: *„Was hat sich verändert?"*

Durch diese Fragen werden die Auswirkungen der Umstellungen auf die Mitglieder des Systems exploriert.

Nach und nach erhalten so alle Stellvertreter die Gelegenheit, Veränderungen vorzunehmen.

In unserem Beispiel ergibt sich nach den Umstellungen durch die Stellvertreter folgendes Bild, bei dem alle Stellvertreter deutlich positivere Gefühle äußern:

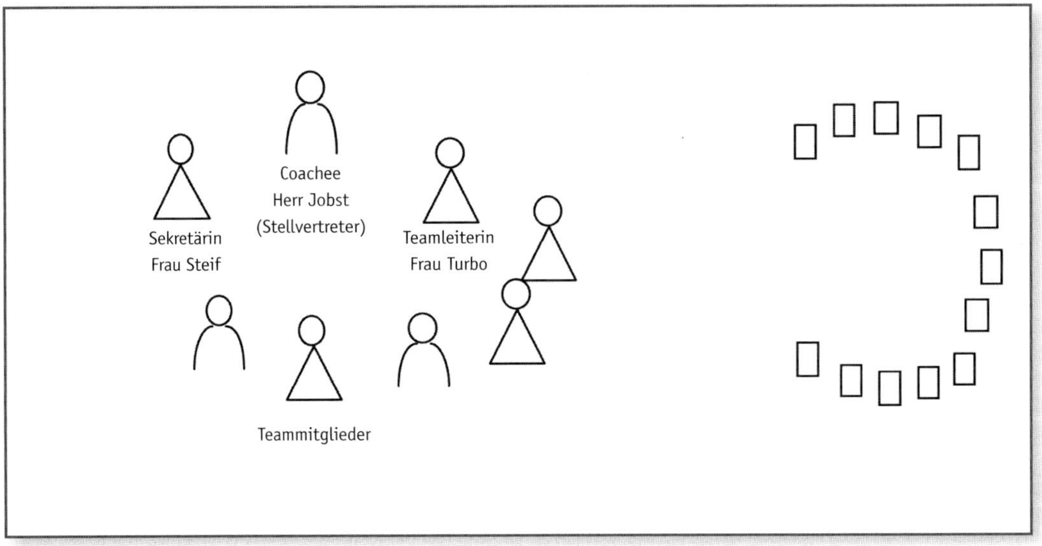

Abb.: Die Aufstellung, nachdem die Stellvertreter das Bild nach und nach umgestellt haben.

Dann wendet sich der Trainer wieder an den Coachee.

Trainer (zum Coachee): *„Möchten Sie noch etwas ausprobieren, etwa jemanden bitten, sich umzustellen?"*

Coachee: *„Nein."*

Trainer: *„Gibt es noch jemanden, den wir in das Bild aufnehmen könnten und der für Sie hilfreich wäre, Ihr Ziel zu erreichen?"*

Coachee: „Hm. Vielleicht der Vertreter, Herr Schiele. Der hat einen guten Draht zu Frau Steif und steht gleichzeitig hinter den Veränderungen, die wir umsetzen wollen. Und einer der Produktspezialisten, Herr Leben. Der ist schon lange dabei und hat besonders zu Frau Steif ein gutes Verhältnis."

Trainer: *„Gut. Dann besetzen sie die beiden Rollen und geben Sie ihnen einen Platz. Möglicherweise müssen Sie dann auch einige der anderen Personen bitten, sich etwas umzustellen."*

Der Coachee stellt die beiden zusätzlichen Personen auf und verändert das Schlussbild geringfügig.

Auch hier werden anschließend wieder alle Stellvertreter nach Unterschieden in ihrem Erleben gefragt.

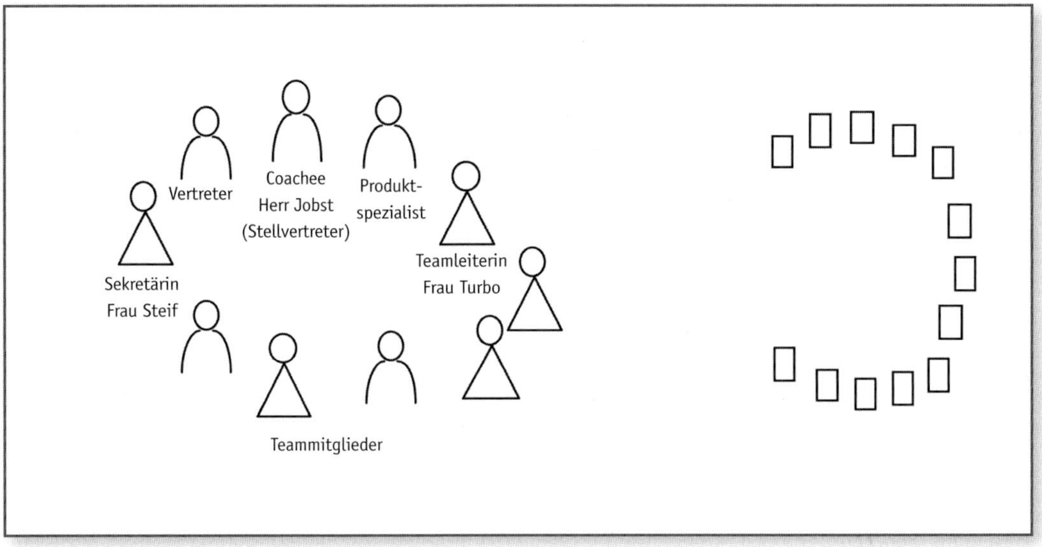

Abb.: Die Aufstellung, nachdem der Coachee weitere Personen, die zur Erreichung seines Ziels hilfreich sein könnten, zur Aufstellung hinzugefügt hat.

Schließlich bittet der Trainer den Coachee, die Innenperspektive einzunehmen, um die veränderte Systemdynamik am eigenen Leib erleben und sich einprägen zu können: *„Dann nehmen Sie abschließend Ihren Platz im Bild ein und schauen Sie, ob das Bild für Sie so stimmig ist."*

Sobald der Coachee seinen Platz eingenommen hat, leitet der Trainer ihn an, sich dieses Lösungsbild einzuprägen und emotional zu verankern.

Trainer: *„Passt das so für Sie?"*
Coachee: *„Ja."*
Trainer: *„Dann prägen Sie sich dieses Bild gut ein und nehmen Sie sich einen Moment, um es abzuspeichern."*

Wie in der Skulpturarbeit hebt der Trainer abschließend die Aufstellung auf und „entrollt" die Stellvertreter: *„Vielen Dank an Sie alle. Sie sind jetzt aus Ihrer Rolle als Teile dieses Bildes entlassen und können gerne wieder Platz nehmen."*

GROW: Way forward – Umsetzung

Wichtig ist, zu beachten, dass das Lösungsbild – so eindrucksvoll es sein kann – alleine noch keine Lösung ist. Bestenfalls kann es Ideen zur Lösung generieren. Damit diese aber auch umgesetzt werden können, ist die anschließende Phase der Auswertung und des Transfers entscheidend.

Zunächst befragt der Trainer den Coachee nach seinen Beobachtungen.

Trainer (zum Coachee): *„Ihre Frage war ja, wie Sie erreichen können, dass Frau Steif besser ins Team integriert wird. Was ist Ihnen diesbezüglich aufgefallen und welche Hypothesen haben Sie?"*

Coachee: *„Offenbar spielt Frau Turbo eine Schlüsselrolle. Sie muss ich gewinnen, um Frau Steif integrieren zu können. Und der Vertreter Herr Schiele kann dabei auch eine Rolle spielen, ebenso wie der Produktspezialist Herr Leben."*

Der Trainer fragt in die Runde, welche weiteren Beobachtungen und Hypothesen es gibt: *„Welche weiteren Beobachtungen gibt es? Was ist Ihnen aufgefallen? Welche Hypothesen haben Sie in Bezug auf Herrn Jobsts Fragestellung entwickelt? Lassen Sie uns gerne unterschiedliche Wahrnehmungen sammeln, anstatt sie zu diskutieren. Herr Jobst kann dann jene Punkte auswählen, die für ihn besonders hilfreich sind."*

Schließlich hat der Coachee das letzte Wort: *„Herr Jobst, was werden Ihre ersten Schritte sein, um Ihre Sekretärin besser ins Team zu integrieren?"*

Hinweise

Unterschiede zwischen Skulptur und systemischer Aufstellung

Der zentrale Unterschied der systemischen Aufstellung zur psychodramatisch orientierten Skulpturarbeit liegt in der Sparsamkeit und Einfachheit der Mittel. Die systemische Aufstellung ist eine Methode mit einer extrem hohen Verdichtung und einer Minimierung von Sprache. Der Coachee positioniert die Stellvertreter im Raum, ohne dass diese viel über die von ihnen verkörperte Person wissen. Allein anhand ihrer Positionierung innerhalb des Beziehungsgeflechts entstehen Körperempfindungen, die Hinweise auf den Zustand des aufgestellten Systems geben. Die Rückmeldungen der Stellvertreter werden von den Coachees häufig als sehr stimmig und valide erlebt. Die bekannten Aufsteller Insa Sparrer und Matthias Varga von Kibéd bezeichnen dieses Phänomen als „repräsentative Wahrnehmung". Bestimmte systemische Konstellationen lösen – praktisch personenunabhängig – bestimmte Wahrnehmungen und Empfindungen aus. Dies wird in der Organisationsaufstellung genutzt, um durch experimentelles Umstellen des Systems Hinweise zu erlangen, welche Veränderungen der Coachee anstoßen könnte, um mit seinem Anliegen weiterzukommen.

Im Einzelnen unterscheidet sich die Organisationsaufstellung von der Skulpturarbeit durch folgende Aspekte:

- Die Stellvertreter werden nicht eingedoppelt, sondern erhalten lediglich spärliche Informationen zu ihrer Rolle.
- Auf körpersprachliche Ausdrucksmöglichkeiten wie etwa Gestik, Mimik oder die Arbeit mit Requisiten wird verzichtet.
- Es finden keine Interaktionen zwischen dem Coachee und den verschiedenen Stellvertretern statt.
- Es gibt nicht die Möglichkeit, von der Skulptur zu einer bewegten „Spielszene" überzugehen.
- Die Stellvertreter werden zu ihren (Körper-)Empfindungen befragt, welche wichtige Informationen liefern.
- Die Aufstellung wird immer wieder verändert und die Stellvertreter nach Veränderungen in ihrem Erleben befragt, um die Auswirkungen unterschiedlicher Veränderungen im System zu erkunden.

Coaching-Methoden zur Klärung innerer Konflikte

9. Entscheidungen treffen: Tetralemma-Aufstellung

Indikation:

Die „Tetralemma-Aufstellung" eignet sich zur Beratung bei Entscheidungskonflikten, insbesondere, wenn der Coachee zwischen zwei als gleich stark erlebten Handlungsimpulsen hin- und herschwankt und durch diese Ambivalenz „wie gelähmt" ist. Das Tetralemma ist eine Alternative zur Stuhlarbeit und bietet im Vergleich zu dieser noch zwei weitere Alternativen an. Allerdings ist sie für die meisten Seminarteilnehmer auch gewöhnungsbedürftiger, weil sie – durch das „Aufstellen" von Entscheidungsalternativen – noch weiter vom „normalen Arbeitsalltag" entfernt ist. Wenn die Teilnehmer jedoch mit den handlungs- und erlebnisorientierten Methoden bereits vertraut sind und sich mit diesen angefreundet haben, führt die Tetralemma-Aufstellung oft zu neuen Lösungen, die vorher nicht als solche wahrgenommen werden konnten.

Ziele

- Der Coachee analysiert alle Lösungsoptionen für sein Anliegen.
- Er findet eine Lösung, die er als stimmig empfindet.

Zeit

75-90 Minuten

Material

Moderationskarten und Stifte

Überblick

- Der Trainer legt zwei Moderationskarten weit voneinander entfernt auf den Boden. Auf ihnen stehen die beiden Optionen, zwischen denen der Coachee hin- und hergerissen ist.
- Er fordert den Coachee auf, sich auf einer imaginären Skala zwischen diesen beiden Polen zu positionieren.
- Jede Position wird mit einem Stellvertreter besetzt.
- Der Coachee nimmt nacheinander beide Stellvertreterpositionen ein und argumentiert jeweils aus jeder der beiden Perspektiven; anschließend werden die wichtigsten Punkte vom betreffenden Stellvertreter wiederholt.
- Der Trainer befragt den Coachee, welche Werte und Bedürfnisse hinter den Positionen stehen.
- Der Trainer führt eine dritte Position ein („Beides"), die versucht, die beiden Pole zu verbinden, indem die dahinter stehenden Bedürfnisse und Werte berücksichtigt werden.
- Dann wird die Möglichkeit exploriert, dass die Lösung weder in der einen, noch in der anderen Position liegt („Weder noch").
- Der Coachee hört sich die wichtigsten Statements aller vier Stellvertreter an.
- Der Coachee lässt die Statements auf sich wirken und wird zu seiner Reaktion befragt. Er wird eingeladen, einen „Rundgang" durch das Koordinatensystem zu machen und einen Platz zu finden, der für ihn stimmig ist.
- In der Auswertung wird das Feedback von den Stellvertretern und Beobachtern eingeholt und Sharing durchgeführt.

Erläuterung

Die Methode der Tetralemma-Aufstellung wurde von Insa Sparrer und Matthias Varga von Kibéd im Rahmen ihres Ansatzes der „Systemischen Strukturaufstellungen" entwickelt. Hauptwurzeln ihrer Methode sind das Psychodrama Morenos, die systemische Familientherapie (Satir, Palazzoli, Simon, Hellinger u.a.), die lösungfokussierte Kurzzeit-Therapie (de Shazer) und die Hypnotherapie von Erickson u.a. (siehe Daimler 2008).

Die Tetralemma-Aufstellung ist – neben der Stuhlarbeit und der Arbeit mit dem Inneren Team – eine weitere Methode, um mit Ambivalenzen umzugehen und eine Entscheidungsfindung zu unterstützen. Wie stets bei der Aufstellungsarbeit, geht es darum, innere Bilder zu „externalisieren“, also im Raum zu positionieren und dadurch bearbeiten zu können. Die wahrgenommenen Handlungsoptionen werden aufgestellt: Die eine Möglichkeit („das Eine“) sowie die entgegengesetzte Option („das Andere“). Zusätzlich wird die Möglichkeit aufgestellt, „das Eine“ mit „dem Anderen“ zu verbinden („Beides“). Viertens wird die Option in den Raum gestellt, dass „Keines von Beiden“ die optimale Lösung ist – dass es also eine ganz andere Möglichkeit geben könnte, an die der Coachee noch gar nicht gedacht hat.

Insa Sparrer und von Matthias Varga von Kibéd wurden zu dieser Aufstellungsvariante von einer Struktur aus der traditionellen indischen Logik inspiriert (siehe Daimler 2008, S. 111). Diese Struktur wird in Sanskrit als „vier Ecken“ bezeichnet und wurde im Rechtswesen verwendet, um die möglichen Standpunkte zu kategorisieren, die ein Richter zu einem Streitfall zweier Parteien einnehmen kann: „Er kann der einen Partei recht geben oder der anderen Partei oder beiden (jeder hat recht) oder keiner von beiden“ (Sparrer und Varga von Kibéd , S. 77).

Im Folgenden wird eine Variante der Tetralemma-Aufstellung beschrieben, die wiederum vom Psychodrama (welches ja eine der Wurzeln ist) stark beeinflusst ist. So werden beispielsweise die Positionen im Tetralemma nicht nur durch Stellvertreter besetzt, sondern diese auch eingedoppelt – was in der systemischen Strukturaufstellung nicht üblich ist.

Vorgehen

Die Methode des Tetralemma wird im Folgenden anhand des Themas „Loyalität vs. Gruppenzwang – Wie verhalte ich mich, wenn ständig über die Chefin hergezogen wird?“ dargestellt. Der Fall wird von Frau Brand, der Marketing-Referentin eines internationalen Großunternehmens, in einem zweitägigen Kommunikationsseminar eingebracht

GROW: Goal – Zielvereinbarung

Trainer: *„Was möchten Sie hier für sich klären?“*

Protagonistin: *„Wie ich darauf reagiere, wenn mal wieder über die Chefin hergezogen wird. Ob ich mich dann dagegenstelle oder ob ich das so stehen lasse oder gar mit ins Horn der Kolleginnen stoße.“*

GROW: Reality – Situationsanalyse

Der Trainer gibt den Teilnehmern Gelegenheit, Fragen zu stellen. Frau Brand berichtet daraufhin, dass sie seit einem halben Jahr in einem neuen Bereich tätig ist. Die neue Tätigkeit bereitet ihr viel Freude und sie fühlt sich im Team weitgehend wohl. Allerdings ist das Klima zwischen einem Teil des Teams und der Teamleiterin sehr angespannt. Sobald diese den Raum verlässt, werde sofort „über sie hergezogen". Frau Brand könne dies inhaltlich meistens nicht nachvollziehen. Sie finde ihre Vorgesetzte „eher sympathisch" und könne bislang nichts Negatives über sie berichten. Die Mehrzahl der Kolleginnen und Kollegen jedoch – insbesondere die Wortführer in der Gruppe – ließen kein gutes Haar an ihr. Mit Freude äfften sie ihren bayrischen Tonfall und ihre manchmal etwas eigenwillige Gestik nach und machten sich über sie lustig. Auch inhaltlich gebe es immer wieder teils offene, teils verdeckte Streitereien. Unangenehm sei dies für Frau Brand vor allem dann, wenn die Kolleginnen – es sind überwiegend Frauen in der Abteilung – ihr gegenüber über die Chefin lästerten und sie nach ihrer Meinung fragten. Sie wolle dann „nicht mitmachen", sich aber auch nicht ins „Abseits stellen", da sie ja gerade erst zu dem Team gestoßen sei und es ihr wichtig sei, sich gut ins Team zu integrieren.

„Ich bin da echt hin- und hergerissen", so die Coachee. Sie fühle sich oft „sehr befangen", weil sie einfach nicht wisse, wie sie sich in dieser angespannten Situation positionieren solle. „Ich weiß nicht, ob ich loyal sein kann oder ob es klüger ist, dem Gruppenzwang nachzugeben", bringt sie ihr Dilemma auf den Punkt.

GROW: Options – Lösungsoptionen

Methodenwahl

Es gibt mehrere methodische Alternativen, um Frau Brands Fall zu bearbeiten. Da sie sagt, sie ist „hin- und hergerissen", würde sich eine Stuhlarbeit anbieten. Auch das Innere Team könnte erhoben und nach weiteren „Inneren Teammitgliedern" geforscht werden, um zu explorieren, welche inneren Strebungen hier noch „mitreden" und zur Lösung genutzt werden könnten. Hier entscheidet sich der Leiter für eine Tetralemma-Aufstellung, weil die Coachee sehr auf die beiden Extreme fokussiert ist und es hilfreich erscheint, systematisch nach Alternativen zu suchen („Beides" oder „Keins von Beidem"). Außerdem hat die Seminargruppe bereits so viel Vertrauen zueinander und zur Methodik des Seminars gefasst, dass der Leiter zuversichtlich ist, dass sie sich auf diesen eher ungewöhnlichen Ansatz einlassen wird.

Trainer: *„Sie haben gesagt, sie fühlen sich zwischen Loyalität und Gruppenzwang hin- und hergerissen."*

Coachee: *„Stimmt."*

Moderationskarten im Raum platzieren

Der Trainer schreibt die beiden Begriffe auf jeweils eine Moderationskarte und platziert sie im freien Bereich des Seminarraums.

Skala aufbauen

Trainer: *„Stellen wir uns vor, es gebe eine Skala zwischen diesen beiden Positionen. Wo würden Sie dann stehen? Kommen Sie doch mal nach vorne und stellen Sie sich dort hin."*

Coachee: *„Genau in der Mitte."*

Trainer: *„Stehen Sie mal auf und laufen auf dieser Skala entlang und entscheiden Sie dann aus dem Bauch heraus, wo der richtige Platz ist."*

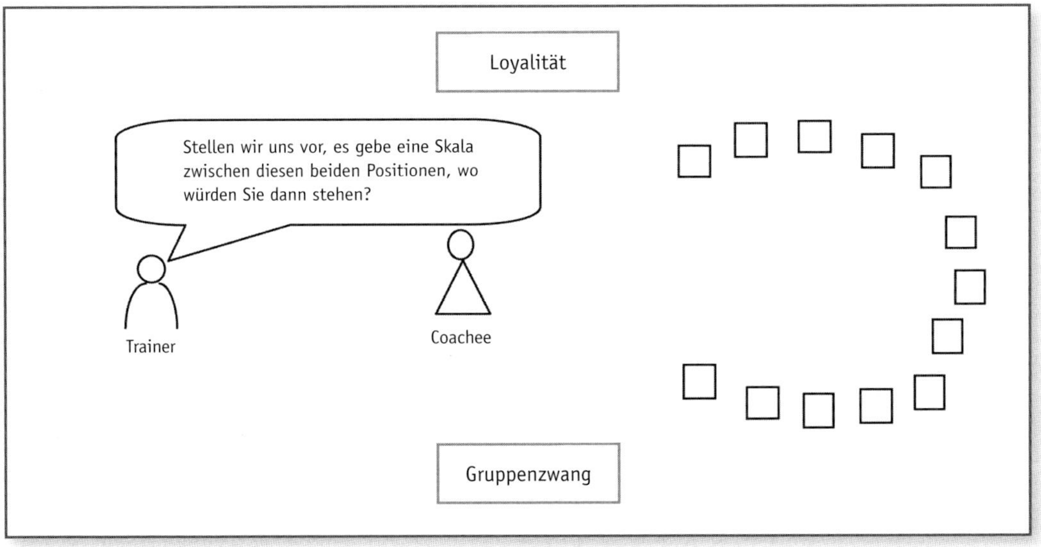

Abb.: Die Coachee positioniert sich auf der imaginären Skala zwischen den Positionen „Das Eine" und „Das Andere".

Die Coachee stellt sich etwas näher zur Karte „Loyalität".

Coachee: *„Im Moment tendiere ich schon eher dazu, mich nicht mitreißen zu lassen und zu versuchen, nicht ins gleiche Horn zu stoßen wie alle anderen."*

Stellvertreter auswählen

Trainer: *„Gut, dann gehen wir gleich mal zu dieser Position. Vorher wählen Sie bitte einen Stellvertreter für die Position ‚Loyalität' aus. Die Aufgabe des Stellvertreters ist es, die Argumente für diese Position zu protokollieren und später auch zu vertreten."*

„Spickzettel" und „Ersatzbank"

Die Coachee wählt eine Person aus. Der Trainer stellt einen Stuhl für den Stellvertreter bereit, auf den dieser sich setzen kann, während die Coachee zuerst selbst die erste Position einnimmt: *„Sie können erst einmal hier auf der Ersatzbank teilnehmen. Nehmen Sie sich ein paar Moderationskarten und einen Stift und schreiben Sie bitte die wichtigsten Stichpunkte möglichst leserlich jeweils auf eine Karte, damit Sie später einen Spickzettel haben, wenn Sie für diese Position argumentieren müssen."*

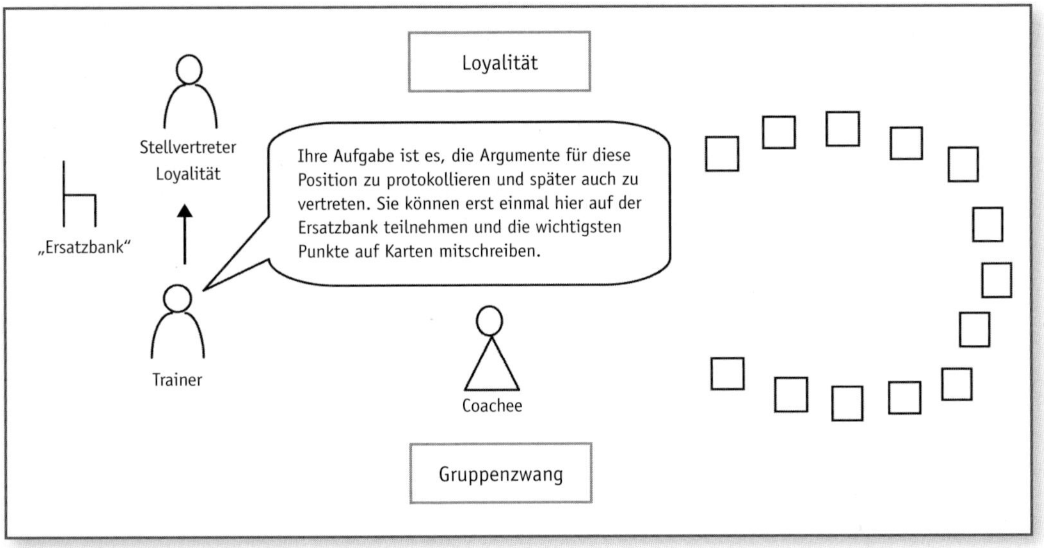

Abb.: Der Trainer instruiert den Stellvertreter, der anschließend die Position der „Loyalität“ übernimmt.

Dann wendet sich der Trainer an die Coachee und leitet einen Rollentausch mit der ersten Position „Loyalität“ an: *„Dann nehmen Sie mal die Position ein und argumentieren Sie aus dieser Perspektive. Was bedeutet Loyalität für Sie?“*

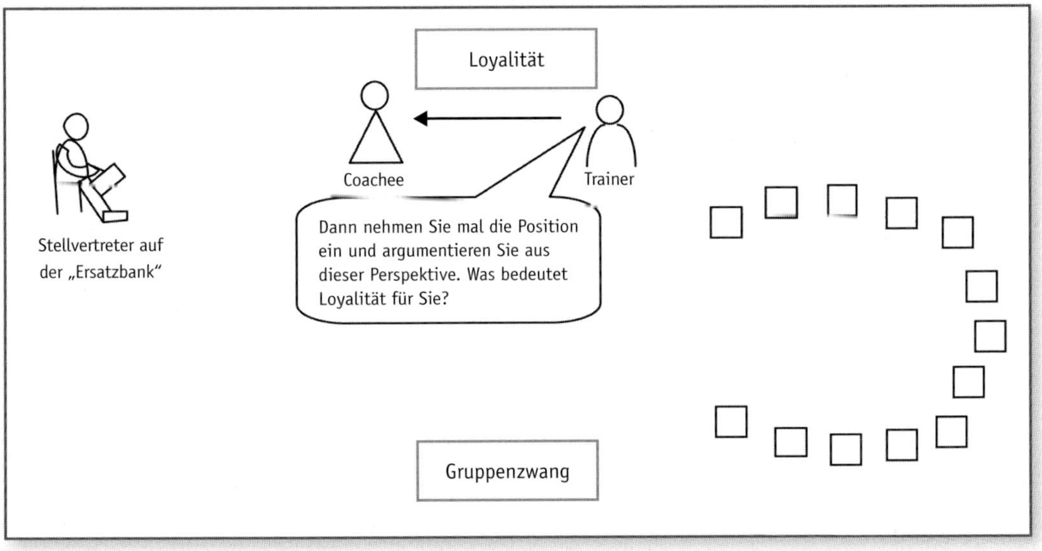

Abb.: Der Trainer interviewt die Coachee in der ersten Position („Das Eine“).

1. Position: „Das Eine"

Coachee (in der ersten Position): *„Loyalität heißt für mich, dass ich nicht hintenrum über andere herziehen und vorneherum freundlich zu ihnen sein möchte. Ich finde, das ist eine Unart. Wenn mir etwas nicht passt, dann sage ich das der Person auch."*

Trainer: *„Sagen Sie mal dazu, warum das für Sie so wichtig ist."*

Coachee (in der ersten Position): *„Weil ich auch so behandelt werden möchte. Ich finde es schrecklich, wenn Menschen hinter meinem Rücken über mich herziehen und erwarte, dass Sie mir Kritik direkt ins Gesicht sagen."*

Trainer: *„Das heißt, Ehrlichkeit ist Ihnen sehr wichtig."*

Coachee (in der ersten Position): *„Genau."*

Trainer: *„Was ist Ihnen noch wichtig aus dieser Perspektive?"*

Den Stellvertreter einbeziehen

Wenn der Trainer das Interview beendet hat, kann er die Gruppe und insbesondere den Stellvertreter fragen, ob diese noch etwas wissen möchten. Dann wird die Coachee aufgefordert, die erste Position zu verlassen und den Platz dem Stellvertreter zu überlassen.

Trainer (zum Stellvertreter): *„Nehmen Sie sich Ihre Spickzettel mit und nehmen Sie Ihre Position ein."*

Trainer (zur Coachee): *„Suchen Sie sich mal einen Platz, von dem Sie sich die Argumente der Loyalität gut anhören können."*

Trainer (zum Stellvertreter): *„Bitte argumentieren Sie aus der Perspektive der Loyalität, sodass Frau Brand diese Argumente auf sich wirken lassen kann."*

Abb.: Der Stellvertreter für die erste Position nennt die wichtigsten Punkte. Die Coachee lässt diese auf sich wirken.

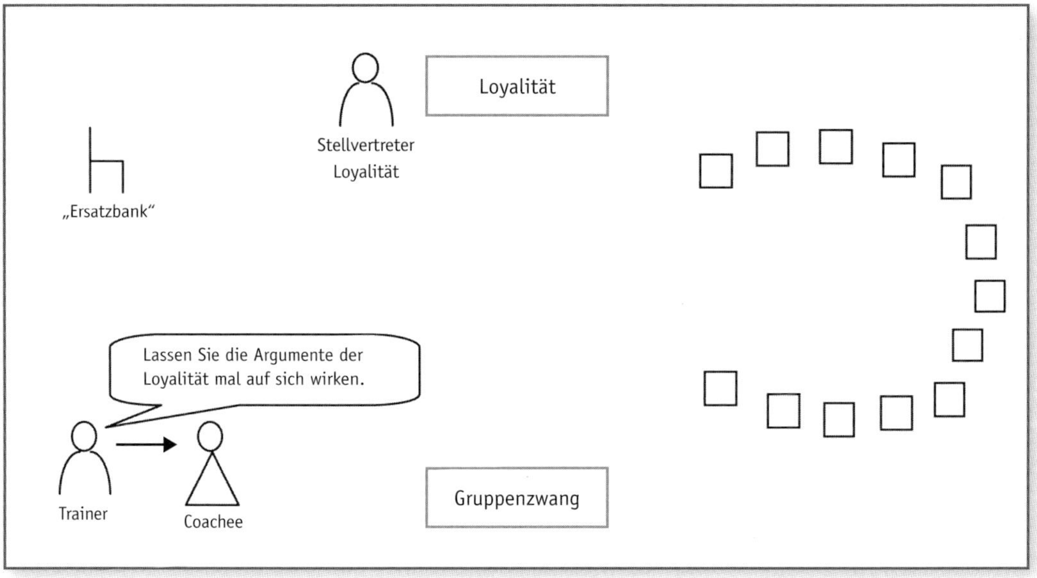

Falls der Stellvertreter Mühe haben sollte, diese Rolle einzunehmen, kann der Trainer entweder selbst aushelfen oder die Coachee bitten, nochmals kurz „nachzuinstruieren". Wenn der Stellvertreter seine Position vorgetragen hat, wendet sich der Trainer an die Coachee.

Trainer (zur Coachee): *„Passt das so?"*
Coachee: *„Ja."*

2. Position: „Das Andere"

Dann folgt das gleiche Vorgehen in Bezug auf die zweite Position („Das Andere"). Allerdings muss der Trainer in unserem Beispiel zunächst den Namen, den die Coachee der zweiten Option gegeben hat, problematisieren. Denn „Gruppenzwang" klingt eher abfällig, so als würde sich die Coachee bereits aus moralischen Gründen von dieser Position distanzieren. Günstiger ist es, wenn der Name neutral oder positiv besetzt ist, damit die damit verbundenen Motive ohne Tabus erkundet werden können.

Trainer: *„Dann wenden wir uns mal der zweiten Position zu. Sie haben sie ‚Gruppenzwang' genannt. Das klingt recht negativ."*
Coachee: *„Ja, das stimmt. Ich finde es auch problematisch, über die Chefin zu lästern."*
Trainer: *„Klar. Auf der anderen Seite ist es nur menschlich, zu einer Gruppe dazugehören zu wollen. Sich in eine neue Gruppe zu integrieren und nicht ins Abseits stellen zu wollen, ist ja nachvollziehbar und unabdingbar, um sich wohlzufühlen und erfolgreich zusammenzuarbeiten. Daher die Frage, was wäre denn ein positiverer Begriff für ‚Gruppenzwang'?"*
Coachee: *„‚Zugehörigkeit' trifft es vielleicht am besten."*

Negative Begriffe hinterfragen

Anschließend wird auch die zweite Position („Zugehörigkeit") gleichermaßen exploriert:

- Die Coachee wählt einen Stellvertreter für die zweite Position; dieser nimmt zunächst auf der „Ersatzbank" Platz und protokolliert die Äußerungen der Coachee mit.
- Die Coachee wird in der zweiten Position interviewt.
- Der Stellvertreter nimmt die zweite Position ein und wiederholt die wichtigsten Punkte (die Coachee kann ggf. nachkorrigieren).

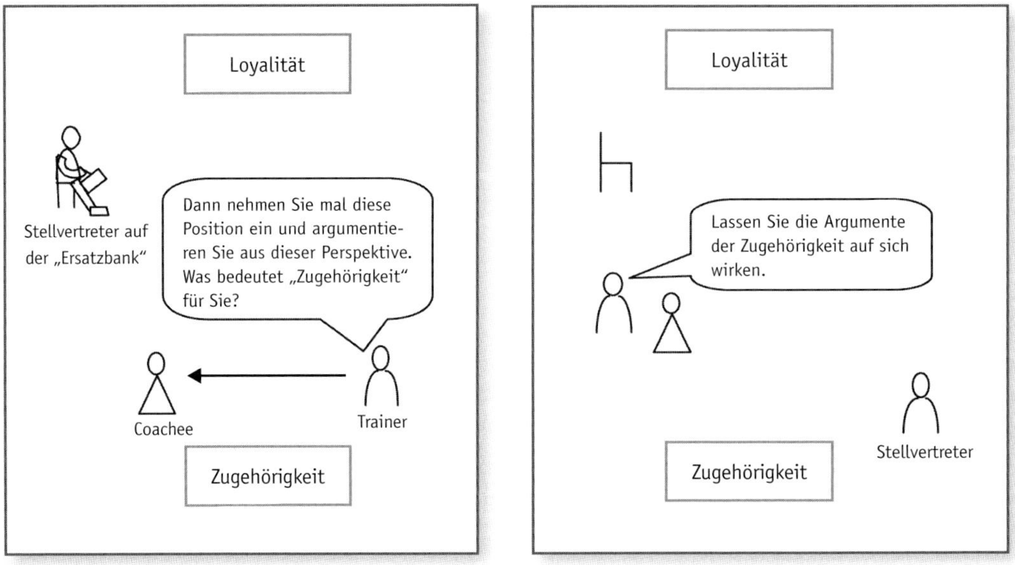

Abb.: Nachdem die Coachee in der zweiten Position („Das Andere") interviewt wurde, hört sie sich die wichtigsten Punkte an, die vom Stellvertreter wiederholt werden.

Werte und Bedürfnisse herausarbeiten

Danach geht es darum die Bedürfnisse und Werte herauszuarbeiten, die hinter den Positionen stehen. Damit wird gleichzeitig die Überleitung zur dritten Position („Beides") vorbereitet.

Trainer: *„Wenn Sie mal Revue passieren lassen, welche Bedürfnisse und Werte hinter beiden Positionen stehen, welche sind das und wie wichtig sind sie Ihnen?"*
Coachee: *„Ich glaube, am wichtigsten ist mir schon die Ehrlichkeit. Dass ich nicht über jemand herziehe und dieser Person dann ins Gesicht lächele. Aber ich möchte natürlich auch zum Team gehören und meine Position finden, ganz klar."*

Dann leitet der Trainer zur dritten Position („Beides") über: *„Dann schauen wir doch mal, wie Sie möglicherweise beides erreichen können. Gehen wir mal zu dieser freien Stelle dort drüben und legen dort eine Moderationskarte hin, auf die ich mal ‚Beides' schreibe."*

3. Position: „Beides"

Der Trainer beschriftet die Moderationskarte und geht mit der Coachee auf den betreffenden Platz: *„Suchen Sie sich wieder einen Stellvertreter, der zunächst auf der Ersatzbank Platz nimmt, Sie aber beim Ideensammeln unterstützen kann."*

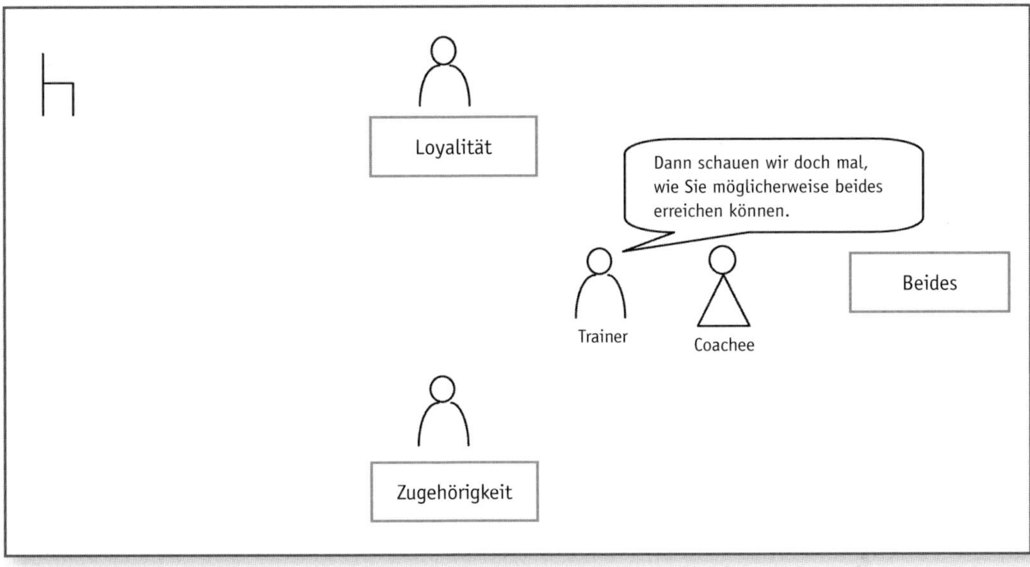

Abb.: In der dritten Position („Beides") wird exploriert, inwieweit eine Verbindung zwischen den beiden ersten Positionen möglich ist.

Wenn der Stellvertreter besetzt ist, interviewt der Trainer zunächst die Coachee. Der Stellvertreter hat wieder den Zusatzjob, die wichtigsten Punkte zu protokollieren.

Trainer: *„Wie könnte es aussehen, wenn Sie sowohl ehrlich bleiben und es gleichzeitig schaffen, sich ins Team zu integrieren?"*

Coachee: *„Na ja, ich könnte sagen, dass ich mich da raushalten möchte, wenn über die Chefin gelästert wird oder sagen, dass ich mir da noch keine Meinung bilden kann. Gleichzeitig kann ich ja ganz viel tun, um mich ins Team zu integrieren. Zum Beispiel habe ich mich beim Mittagessen bislang eher an mein altes Team gehalten, da könnte ich mich auch bei den neuen Kolleginnen einklinken. Außerdem könnte ich versuchen, zu den Einzelnen einen persönlichen Draht aufzubauen und enger zusammenzuarbeiten."*

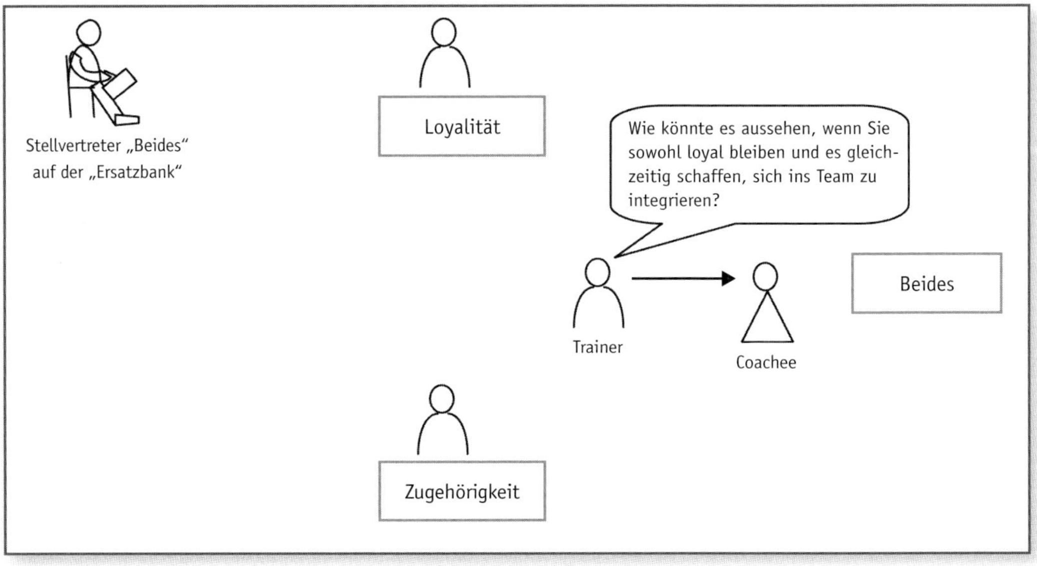

Abb.: Die Coachee nimmt die dritte Position („Beides") ein.

Stellvertreter und Gruppe einbeziehen

An dieser Stelle, an der es um kreative Problemlösung geht, kann der Trainer den Stellvertreter und die Gruppe einbeziehen: *„Vielleicht gibt es ja noch weitere Ideen, wie beides verbunden werden kann. Haben Sie als Stellvertreter Vorschläge? Anschließend sind auch Ideen aus der Gruppe willkommen."*

An die Coachee gewandt, fügt der Trainer hinzu: *„Lassen Sie die verschiedenen Ideen einfach auf sich wirken, sie können später aussortieren, was für Sie hilfreich ist und was nicht."*

Damit beugt der Trainer einer Diskussion der einzelnen Punkte vor, die zu einer Verzettelung führen könnte. Ggf. kann der Trainer auch einen Teilnehmer bitten, alle Lösungsideen auf einem Flipchart zu sammeln.

Wenn alle Ideen genannt sind, wendet sich der Trainer wieder an die Coachee.

Trainer: *„Welche der genannten Punkte haben Sie angesprochen?"*
Coachee: *„Ich finde, es ist eine gute Idee, erst einmal Fragen zu stellen, wenn gelästert wird. Damit komme ich zumindest aus dieser Lähmung, dass ich mich innerlich verkrampfe und gar nichts mehr sage."*
Trainer: „Was ist noch wichtig, um beides erreichen zu könnnen?"
Coachee: *„Ja, dass ich mich aktiv bemühe, alle besser kennenzulernen. Auch die Chefin."*

Nun bittet der Trainer die Coachee, dem Stellvertreter den Platz zu überlassen. Der Stellvertreter wiederholt die wichtigsten Punkte und die Coachee lässt sie auf sich wirken und wird nach ihrer Reaktion befragt.

4. Position: „Weder noch"

Dann leitet der Trainer zur vierten Position („Weder noch") über: *„Mal angenommen, die Lösung würde ganz woanders liegen. Bei Aspekten, die wir noch gar nicht berücksichtigt haben und die jenseits des Gegensatzes zwischen Loyalität und Zugehörigkeit stehen."*

Der Trainer schreibt „Weder noch" auf eine Moderationskarte und platziert sie im noch freien Feld des – dann entstehenden – Koordinatensystems und führt die Coachee dort hin.

Stellvertreter für die vierte Position

Trainer: *„Bevor wir versuchen, dazu Ideen zu sammeln, wählen Sie wieder einen Stellvertreter."*

Der Stellvertreter nimmt auch hier zunächst auf der „Ersatzbank" Platz, während die Coachee die Position „Weder noch" einnimmt.

Trainer: *„Mal angenommen, die Antwort auf die Situation, dass ihre Kolleginnen über die Chefin lästern, läge ganz woanders. Weder bei der Loyalität noch bei der Zugehörigkeit. Was könnte das sein?"*
Coachee: *„Keine Ahnung."*

Abb.: Die vierte Position („Weder noch") wird exploriert.

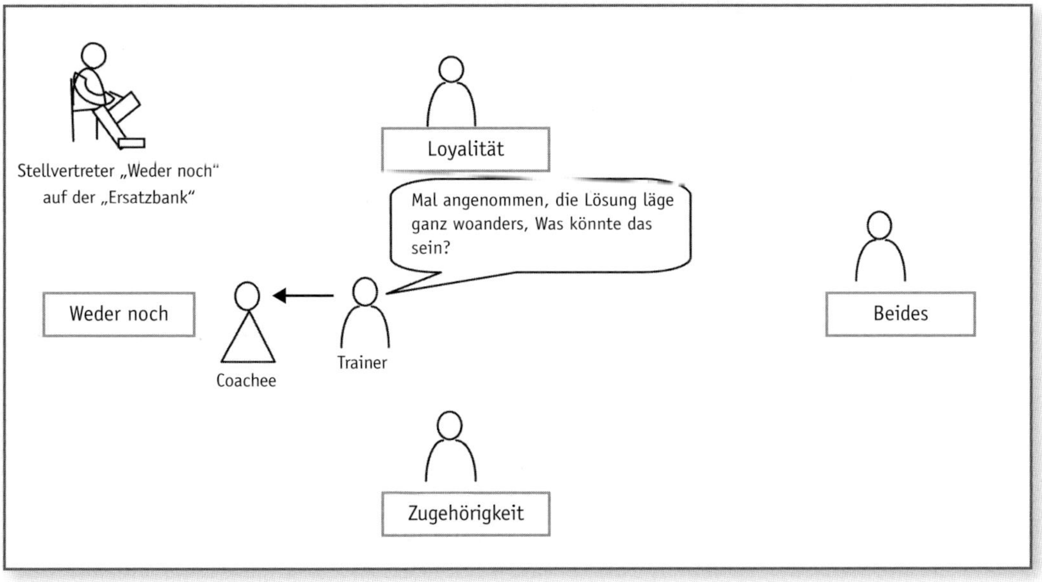

Trainer: *„Was könnten denn ganz andere Alternativen sein?"*
Coachee: *„Vielleicht, dass ich gar nicht immer gleich reagieren muss, wenn gelästert wird. Dass ich mich da innerlich gelassener fühlen kann und nicht gleich sagen muss, dass ich das auch so sehe oder ganz anders finde."*

Auch hier kann der Trainer wieder den Stellvertreter und die Gruppe einbeziehen, um weitere Ideen zu generieren.

Trainer (zum Stellvertreter und zur Gruppe): *„Welche weiteren Ideen gibt es dazu, um was könnte es in Frau Brands Situation noch gehen und welche Lösungsmöglichkeiten könnten sich anbieten?"*

Mit dieser Fragestellung zielt der Trainer auch auf die Frage ab, welche ausgeblendeten Themen und „blinden Flecken" eine Rolle spielen könnten. An dieser Stelle kann er auch eigene Hypothesen einbringen. Gleichwohl gilt es, eine lösungsorientierte Grundhaltung zu bewahren und Analysen der Persönlichkeitsstruktur der Coachee zu unterlassen bzw. zu unterbinden.

Wenn alle Ideen genannt sind, wendet sich der Trainer wieder an die Coachee.

Trainer: *„Welche Punkte haben Sie angesprochen?"*
Coachee: *„Ich finde es eine gute Idee, dass ich gar nicht immer Stellung beziehen muss und auch einfach nachfragen und aktiv zuhören kann. Dass ich die Chefin nicht gleich verteidigen muss, aber auch nicht in den Chor einstimmen muss. Außerdem ist was dran, dass es jetzt darum geht, meine Position zu finden und abzuwarten, bis ich meinen Senf dazugebe. Das ist schon etwas, was ich von mir kenne: dass ich meine, immer und überall gleich Position ergreifen zu müssen, statt mir dafür Zeit zu lassen."*
Trainer: *„Dann hören Sie sich auch das nochmal von außen an."*

Der Stellvertreter wiederholt die wichtigsten Punkte und die Coachee lässt diese auf sich wirken. Der Trainer fragt sie kurz, ob dies so für sie passt. Dann eröffnet er die Möglichkeit, noch einmal alle Positionen zu Wort kommen zu lassen: *„Möchten Sie noch mal alle Aspekte auf sich wirken lassen?"*

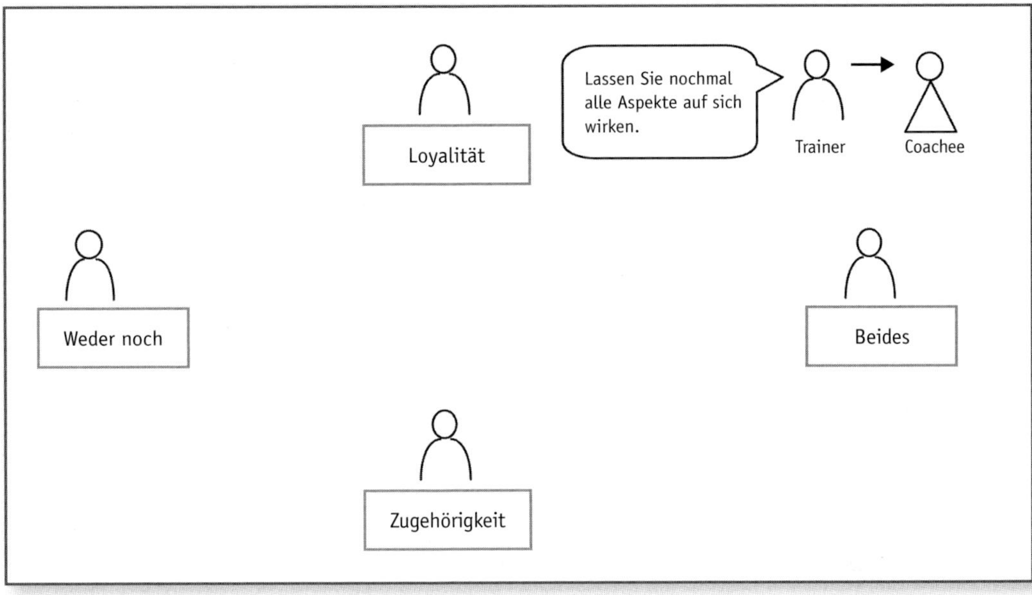

Abb.: Die Coachee lässt alle zentralen Botschaften auf sich wirken.

Der Trainer fordert alle Stellvertreter auf, kurz ihre wichtigsten Punkte zu nennen und auch die Werte und Bedürfnisse, die hinter ihnen stehen, zu erläutern.

Wenn alle Botschaften gesagt sind, fordert er die Coachee auf, ihre neue Position im Tetralemma einzunehmen und diese zu erläutern. Wichtig ist dabei, dass diese nicht starr auf einem Punkt verharrend, sondern vielmehr flexibel ist. Dadurch wird auch physisch deutlich, wie differenziert die anfangs starre und festgefahrene Position jetzt ist: *„Gehen Sie mal auf die Position in diesem Vierer-Feld, die Ihnen gerade entspricht. Gerne können Sie auch in diesem Feld umhergehen, zu jedem der vier Pole hingehen und jeweils sagen, welche Aspekte ihnen jeweils wichtig sind."*

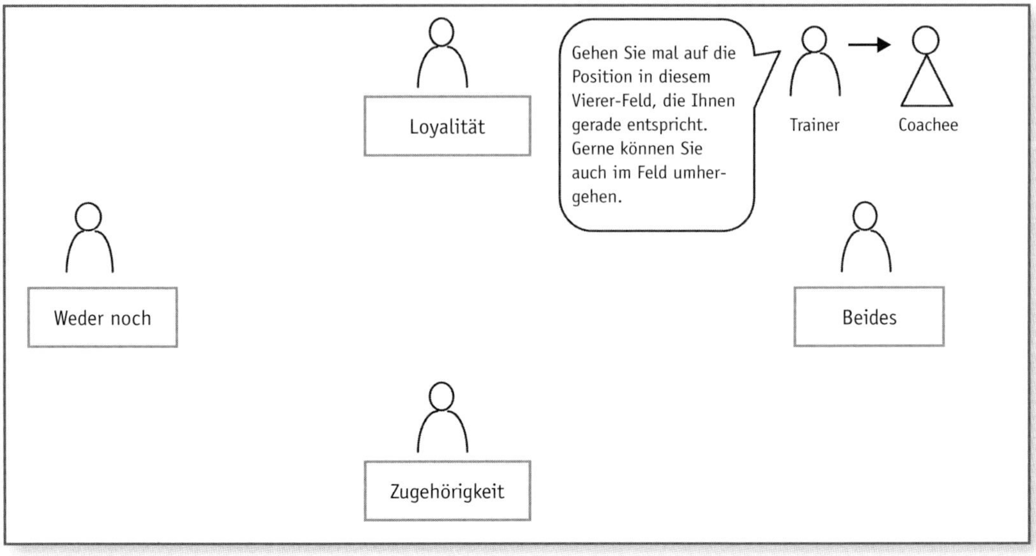

Abb.: Die Coachee wird eingeladen, ihre Position im Tetralemma zu bestimmen. Wichtig ist, dass diese nicht starr, sondern flexibel ist.

Die Coachee geht zunächst zum Feld „Beides“ und geht dann kurz zu den anderen Punkten: *„Wichtig für mich ist, dass ich sowohl einiges dafür tun kann, um mich gut ins Team zu integrieren und gleichzeitig ehrlich bleiben kann – dass das kein Widerspruch ist. Außerdem ist mir klar geworden, dass nicht jeder, der ablästert oder sich beklagt, gleich eine Meinungsäußerung erwartet. Zudem ist noch ein zentraler Punkt, dass ich mich erst einmal richtig einarbeiten will und mir zu manchem der kontroversen Inhalte erst noch eine Meinung bilden möchte.“*

Wenn die Coachee diesen „Rundgang“ beendet hat, gibt der Trainer ihr die Möglichkeit, die Fallarbeit abzurunden: *„Dann gehen Sie abschließend zu dem Punkt in dem Feld, der für Sie stimmig ist, lassen Sie geistig Ihren Weg Revue passieren und speichern Sie dieses Bild so für sich ab.“*

GROW: Way forward – Umsetzung

In der Auswertung erhalten zunächst die Stellvertreter Gelegenheit, aus ihrer Rolle heraus Feedback zu geben. *„Wir kommen jetzt zur Auswertung. Ziel ist es, dass alle in der Gruppe ihre Beobachtungen und Wahrnehmungen zurückmelden können und Frau Brand eventuell noch die eine oder andere Anregung erhält. Zunächst zu Ihnen vieren, die Sie Stellvertreter für eine Position waren. Gibt es aus dieser Perspektive noch Wahrnehmungen, die Sie gerne zurückmelden möchten?“*

Nach dem „Rollen-Feedback“ können sich „Sharing“ und „Beobachter-Feedback“ anschließen: *„Kommen wir zum Feedback der Gruppe. Was ist Ihnen aufgefallen? Welche ähnlichen Situationen und Entscheidungen haben Sie erlebt? Was ist Ihnen ansonsten aufgefallen?“*

Der Leiter achtet darauf, dass lediglich konstruktives Feedback gegeben wird und interveniert, wenn negative Bewertungen getroffen und Ratschläge erteilt werden.

Zum Abschluss erhält die Coachee Gelegenheit, ein Resümee zu ziehen.

Hinweise

- Bei diesem Beispiel ist es relativ leicht, die Positionen „Beides“ und „Weder noch“ zu besetzen. Viel schwerer ist dies, wenn es um eine klassische Entweder-oder-Entscheidung geht, wie etwa „Soll ich ins Ausland gehen oder nicht?“, „Will ich mich für die Manager-Position bewerben oder nicht?“. Hier scheint dem Coachee nur die eine oder die andere Lösung möglich. Aber auch diese starren Fronten werden aufgeweicht, wenn die hinter den Positionen stehenden Bedürfnisse und Werte erkundet werden. Dann wird es möglich, zu explorieren, wie alle wichtigen Aspekte, die hinter der Position stehen, berücksichtig werden können.
- Hier benennt der Coachee die Stellvertreter. Der Grund liegt darin, dass es im Tetralemma darum geht, dass der Coachee die Nähe und Distanz zu den jeweiligen Polen bestimmt, die von den Stellvertretern repräsentiert werden. Die Emotionen zu den realen Personen (Sympathie vs. Antipathie) können die Position im Raum, die der Coachee einnimmt, beeinflussen. Daher ist es besser, wenn die Personen vom Coachee selbst gewählt werden.
- Im Tetralemma gibt es noch eine fünfte Position („All dies nicht und selbst das nicht“). Der Einfachheit halber wird diese Option hier weggelassen. Nach meiner Erfahrung sind die vier Optionen ausreichend, um neue Sichtweisen zu eröffnen.

Literatur

- Daimler, Renate: Basics der Systemischen Strukturaufstellungen. Kösel-Verlag, München, 2008.
- Sparrer, Insa/Varga von Kibéd, Matthias: Ganz im Gegenteil. Carl-Auer Verlag, 2001, 2. Auflage.

10. Mit Ambivalenzen umgehen: Stuhlarbeit

„Zwei Seelen wohnen, ach! in meiner Brust, die eine will sich von der andern trennen."
(Goethe, Faust 1)

Indikation

Eine „Stuhlarbeit" ist immer dann geeignet, wenn der Coachee eine starke Ambivalenz zwischen zwei Impulsen oder Handlungstendenzen empfindet und sich hin- und hergerissen fühlt. Typische Beispiele hierfür sind:

- Soll ich den neuen Job annehmen oder nicht?
- Familie oder Karriere – was ist mir wichtiger?
- Soll ich den Konflikt mit meinem Kollegen (Vorgesetzten, Mitarbeiter etc.) ansprechen oder nicht?

Ziele

- Der Coachee kann seine innere Ambivalenz klären und wird wieder handlungsfähig.
- Über die Identifikation mit dem Protagonisten reflektieren die anderen Teilnehmer den eigenen Umgang mit Ambivalenzen und inneren Konflikten.

Zeit

60-75 Minuten

Material

Vier Stühle, Moderationskarten und -stifte

Überblick

- Um den Konflikt zwischen zwei Handlungsoptionen wiederzugeben, stellt der Trainer zwei Stühle auf, die für die beiden Optionen stehen.
- Der Trainer leitet den Coachee an, sich nacheinander mit beiden Handlungsimpulsen zu identifizieren und diese zu explorieren.
- Der Coachee wählt für jede Handlungsoption einen Seminarteilnehmer, der diese verkörpert.
- Zusätzlich kann ein leerer Stuhl eingeführt werden, auf dem andere Teilnehmer kurz Platz nehmen können um Fragen zu stellen oder Anregungen zu geben.
- Der Coachee führt einen Dialog mit den beiden Handlungsoptionen (bzw. den Rollenspielern).

- Der Coachee „brieft" die Rollenspieler, wenn sie nicht mehr weiterwissen.
- Der Trainer unterstützt den Coachee bei der Moderation des Gesprächs, unter anderem durch Aktives Zuhören, Doppeln und Wechseln auf die Meta-Ebene.
- Ziel ist es, eine Lösung zu finden, welche die Bedürfnisse hinter den unterschiedlichen Handlungsoptionen berücksichtigt.
- Auswertung: Sharing

Erläuterung

Die Methode der Stuhlarbeit geht auf Fritz Perls zurück, den Begründer der Gestalttherapie. Um innere Konflikte zu bearbeiten, besetzte er innere Anteile mit externen Objekten wie etwa Kissen oder Stühlen. Dadurch ermöglichte er seinen Klienten, sich mit widersprüchlichen Emotionen und Bedürfnissen auseinanderzusetzen und innere Konflikte aufzulösen. Im Folgenden wird eine Variante beschrieben, die auf die Arbeit im Trainingskontext angepasst ist. Sie ist beeinflusst durch das Psychodrama, bei dem auch innere Anteile in der Regel mit Gruppenmitgliedern besetzt werden – was in der Gestalttherapie nicht gemacht wird. Außerdem wird die Theorie des Inneren Teams von Schulz von Thun (1998) aufgegriffen, da diese eine Terminologie zur Verfügung stellt, die im Wirtschaftskontext „anschlussfähig" ist.

Vorgehen

Die Methode der Stuhlarbeit wird im Folgenden anhand des Themas „Ärger mit Chef – ansprechen oder Klappe halten?" dargestellt. Der Fall wird in einem dreitägigen Kommunikationsseminar, welches im Rahmen eines Nachwuchsführungskräfte-Entwicklungsprogramms stattfindet, von Herrn Schulz eingebracht. Herr Schulz ist IT-Spezialist eines internationalen Großunternehmens. Wir erleben hier eine methodische Variante – die Hinzunahme eines „leeren Stuhls" – die sich bewährt hat, weil sie die Gruppe stärker einbezieht, die sonst bei der „klassischen" Stuhlarbeit relativ passiv ist.

GROW: Goal – Zielvereinbarung

Herr Schulz berichtet, dass sein Verhältnis zu seinem Chef seit längerem stark belastet ist, da dieser „null" auf die Bedürfnisse seiner Mitarbeiter eingehe und keinerlei Rücksicht auf ihr Privatleben nehme. Insbesondere abfällige Bemerkungen wegen eines längeren Urlaubs zur

Geburt seiner Tochter haben Herrn Schulz so verärgert, dass er „einen richtigen Hals" auf seinen Vorgesetzten habe.

Trainer: „*Was ist Ihr Ziel? Was möchten Sie hier für sich klären?*"

Coachee: „*Mich wurmen diese Bemerkungen nach wie vor sehr. Ich kann nicht verstehen, wie jemand so ignorant sein kann! Aber das ist typisch für meinen Chef. Für den zählen nur die Fakten und die Arbeit. Für Menschen hat er null Gespür. Ich kann das einfach nicht nachvollziehen. Mich ärgert es nach wie vor maßlos, dass er mir unterstellte, ich sei faul.*"

Trainer: „*Was möchten Sie für sich klären?*"

Coachee: „*Na ja, ich möchte für mich klären, ob es für mich noch Sinn macht, das anzusprechen. Schließlich liegt die Situation ja schon sehr lange zurück. Und ich glaube nicht, dass sich mein Chef ändern lässt. Der ist eben absolut sachbezogen und hat selbst keine Kinder.*"

Trainer: „*Sie sind also einerseits skeptisch, ob es Erfolg hätte, den Konflikt anzusprechen. Anderseits belastet Sie die Angelegenheit und Sie wünschen sich, dass sie endlich aus der Welt geschaffen wird.*"

Coachee: „*Klar. Es ist ja nicht gerade schön, zusammenzuarbeiten, wenn man eigentlich stinksauer auf den anderen ist.*"

Trainer: „*Ihr Ziel ist es also, herauszufinden, ob Sie den Konflikt mit Ihrem Chef ansprechen wollen?*"

Coachee: „*Genau.*"

Das Ziel ist nun ausreichend klar formuliert und dient als Kontrakt für die weitere Zusammenarbeit.

GROW: Reality – Situationsanalyse

Herr Schulz arbeitet eigenverantwortlich an verschiedenen strategisch wichtigen IT-Projekten seines Unternehmens. Er engagiert sich stark in seiner Arbeit und ist grundsätzlich mit seiner Tätigkeit und seinem Umfeld sehr zufrieden. Allerdings ist sein Verhältnis zu seinem Vorgesetzten angespannt, seit sich Herr Schulz vor knapp einem halben Jahr massiv über ihn geärgert hat. Damals wurde die Tochter von Herrn Schulz geboren. Aus diesem Grund hatte er für die Zeit nach dem Geburtstermin drei Wochen Urlaub beantragt. Das Kind von Herrn Schulz wurde jedoch eine Woche eher geboren als geplant und lag nach einer komplizierten Geburt eine Woche lang zur Überwachung in der Klinik. Daher nahm Herr Schulz eine Woche früher Urlaub, als ursprünglich geplant war. Da er mit seinem Vorgesetzten vereinbart hatte, dass er vor seinem Urlaub alle Arbeiten bezüglich eines aktuellen Projekts erledigt haben würde, arbeitete er in der Woche nach der Geburt seiner Tochter hin und wieder von zu Hause aus. So konnte er noch alle erforderlichen Arbeiten abschließen. Daraufhin wollte Herr Schulz noch eine zusätzliche Woche Urlaub anschließen, um die ersten drei Wochen, in denen die Tochter zu Hause war, daheim verbringen und seine Frau unterstützen zu können. Der Chef jedoch lehnte die entsprechende Anfrage per Mail ab und machte dabei Andeutungen, die Herr Schulz so auffasste, als würde dieser ihm Faulheit und mangelnden Einsatz unterstellen (er müsse dann „doch genug gefaulenzt" haben). Diese Bemerkung ärgerte Herrn Schulz maßlos, da die ersten Wochen nach der Geburt gewiss kein Zuckerschlecken waren und er dennoch das Projekt fertiggestellt hatte. Darüber hinaus empfand er die Reaktion des Chefs als eklatanten Mangel an Wertschätzung und Anerkennung, da er sich immer sehr engagiert hatte und stets wertvolle Arbeit für die Abteilung geleistet hatte.

*GR**O**W: **O**ptions – Lösungsoptionen*

Der Coachee legt den Fokus auf den inneren Konflikt. Es geht ihm in erster Linie darum, herauszufinden, ob er den Konflikt überhaupt thematisieren will und weniger um die Frage, auf welchem Weg er dies tun könnte. Deshalb wählt der Trainer die Methode der Stuhlarbeit.

Der Trainer überprüft, ob sein geplantes methodisches Vorgehen zur Bearbeitung des inneren Konflikts passend ist.

Trainer: *„In Bezug auf Ihre Frage, ob Sie den Konflikt ansprechen wollen, schlagen sozusagen zwei Seelen in Ihrer Brust. Eine, die sagt, ‚Es macht eh' keinen Sinn, denn der Chef wird mich ohnehin nicht verstehen'. Und eine, die sagt, ‚Ich möchte das trotzdem klären, weil es mir auf dem Herzen liegt und mich belastet'. Ist das richtig?"*

Coachee: *„Ja, das kann man so sagen."*

Trainer: *„Dann nehmen wir doch einfach mal einen Stuhl für jede der Seelen in Ihrer Brust."*

Innere Anteile mit Stühlen besetzen

Der Trainer steht auf und nimmt zwei Stühle, die bislang am Rand gestanden haben und stellt sie an der Öffnung des Stuhlkreises mit etwas Abstand zu den Teilnehmern auf.

Trainer: *„Nehmen Sie sich bitte auch einen Stuhl und kommen Sie damit zu mir nach vorne."*

Während der Coachee nach vorne kommt, nimmt der Trainer zwei Moderationskarten. Er beschriftet sie mit „Konflikt ansprechen" und „Konflikt nicht ansprechen" und legt jede Karte zu einem Stuhl. Die drei Stühle werden in einem Dreieck aufgestellt.

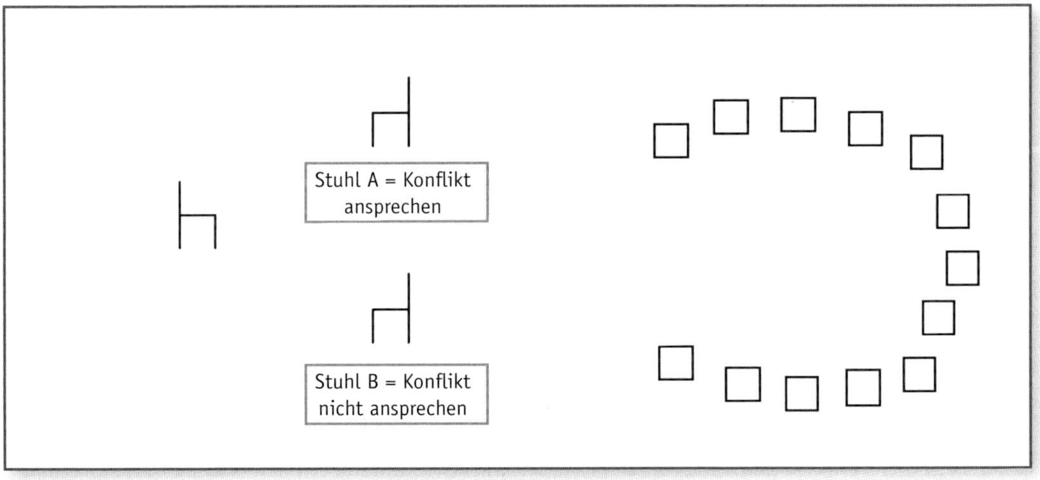

Abb.: Der Trainer sorgt dafür, dass die drei Stühle in der Ausgangsposition für die Stuhlarbeit stehen – in einem Dreieck.

Trainer: *„Herr Schulz, welche Möglichkeit liegt Ihnen im Moment näher?"*

Coachee: *„Im Moment tendiere ich schon eher dazu, den Konflikt anzusprechen."*

Trainer: *„Gut, dann setzen Sie sich mal auf diesen Stuhl."*

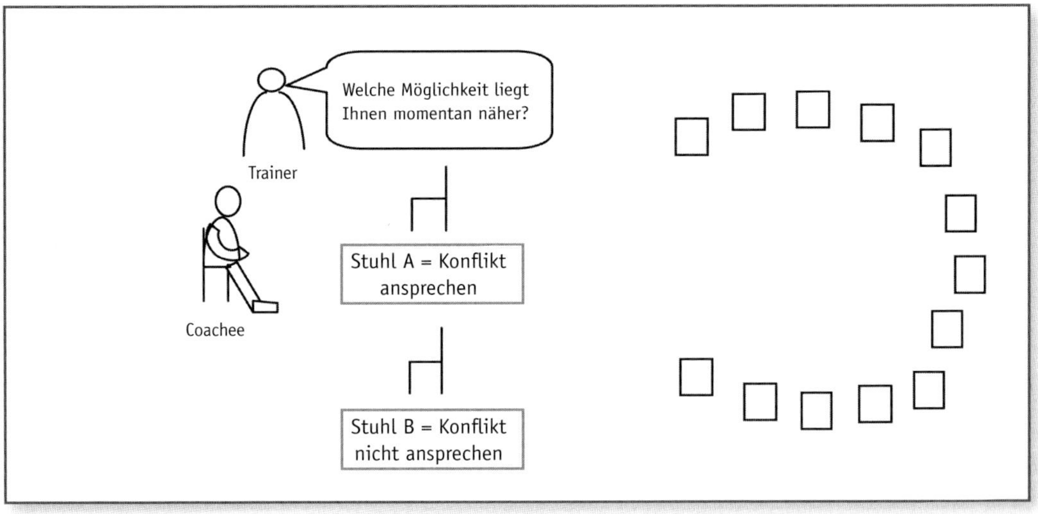

Abb.: Die Exploration der inneren Anteile beginnt bei dem Anteil, der dem Coachee im Moment näher liegt.

Dann wendet sich der Trainer an die anderen Gruppenmitglieder: *„Ich möchte Sie bitten, aufmerksam zuzuhören. Denn zwei von Ihnen werden gleich die Aufgabe erhalten, sich in die beiden Möglichkeiten gezielt hineinzuversetzen."*

Exploration der inneren Anteile

Nun richtet sich der Trainer wieder an den Coachee, der in der Zwischenzeit auf dem Stuhl Platz genommen hat, welcher für die Möglichkeit steht, den Konflikt anzusprechen.: *„Ich möchte Sie bitten, sich nun voll und ganz auf die Möglichkeit zu konzentrieren, den Konflikt anzusprechen. Der Stuhl, auf dem Sie jetzt sitzen, steht gewissermaßen für die Seele in Ihrer Brust, die das befürwortet. Sagen Sie mal aus dieser Perspektive heraus, warum es besser ist, den Konflikt anzusprechen."*

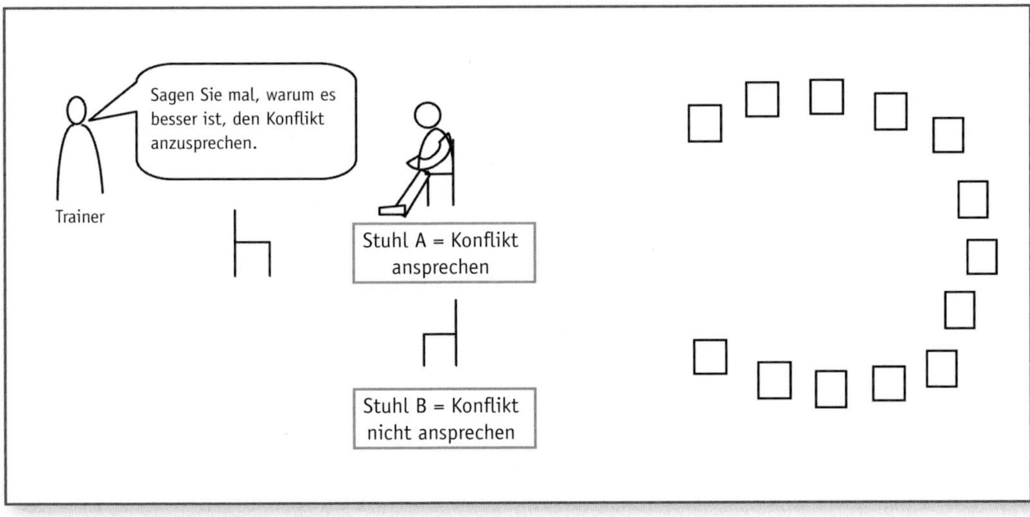

Abb.: Der Trainer leitet den Coachee an, sich zunächst mit einem inneren Anteil zu identifizieren.

Coachee: *„Es ist notwendig, den Konflikt anzusprechen, weil ich keinen normalen Satz mehr wechseln kann mit dem Chef. Es ist eine total angespannte Atmosphäre und darauf habe ich einfach keine Lust mehr. Ich finde es feige und unehrlich, so zu tun, als sei alles in Ordnung."*

Trainer: *„Und wie würden Sie empfehlen, den Konflikt anzusprechen?"*

Coachee: *„Keine Ahnung. Hauptsache, es ist dann mal raus. Am besten wäre es, einfach anzurufen und zu fragen, ob der Chef Zeit hat und dann ganz glasklar zu sagen, was Sache ist."*

Trainer: *„Wie würde das klingen?"*

Coachee: *„Hm. Na ja, ich würde ihm sagen, dass es eine Frechheit ist, dass er mir nach der Geburt meines Kindes keinen Urlaub gegeben hat und dass er sich offensichtlich nicht vorstellen kann, was es bedeutet, ein Kind zu haben."*

Trainer: *„Was ist Ihnen aus dieser Perspektive denn besonders wichtig? Worum geht es Ihnen? Für welchen Wert stehen Sie?"*

Coachee: *„Für Aufrichtigkeit."*

Trainer: *„Und wenn dieser innere Anteil einen Namen hätte, wie würde der lauten?"*

Coachee: *„Aufrichtigkeit passt schon."*

Trainer: *„Gut. Dann setzen Sie sich doch mal auf den anderen Stuhl."*

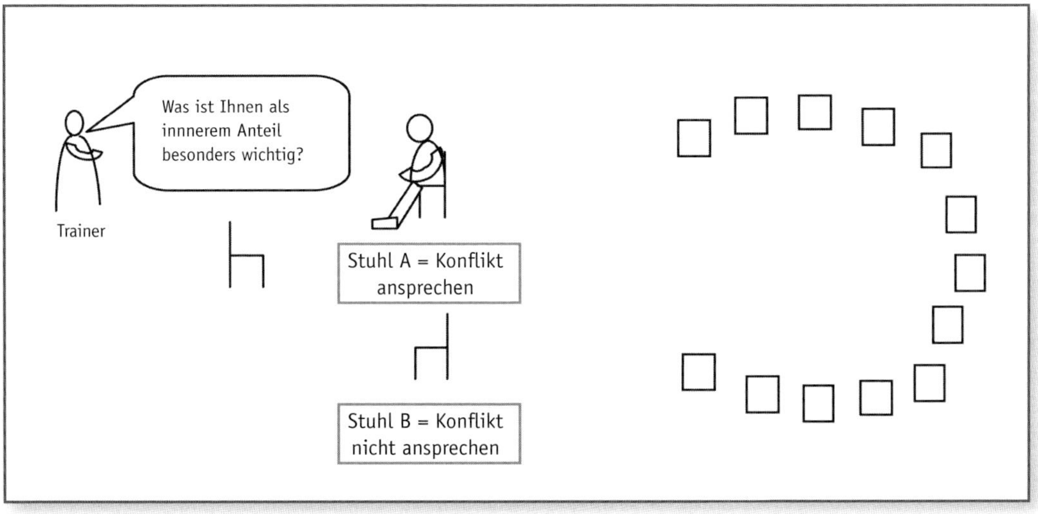

Abb.: Der Trainer versucht, die Werte und Bedürfnisse, die hinter den Handlungsoptionen stehen, herauszuarbeiten.

Trainer: *„Jetzt geht es umgekehrt darum, sich voll auf die andere Seite zu konzentrieren, auf die Option, den Konflikt nicht mehr zu thematisieren. Sagen Sie mal aus dieser Perspektive heraus, warum es besser ist, den Konflikt nicht anzusprechen."*

Coachee: *„Es ist einfach zu spät. Ich hätte das vor einem halben Jahr machen sollen. Aber wenn ich jetzt damit ankomme, denkt mein Chef doch, ich hab' sie nicht mehr alle. Wie soll ich das denn begründen, dass ich nicht früher auf ihn zugegangen bin?"*

Trainer: *„Der Zug ist abgefahren."*

Coachee: *„Genau. Da würde ich mich doch lächerlich machen, das jetzt wieder aufzuwärmen."*

Trainer: *„Was ist Ihnen denn als innerem Anteil besonders wichtig?"*

Coachee: *„Dass man auch mal fünfe gerade sein lassen kann."*

Trainer: *„Wenn dieser Anteil einen Namen hätte, wie wäre der?"*

Coachee: *„Hm, Gelassenheit."*

Trainer: *„Vielen Dank. Dann können Sie gerne wieder aufstehen und sich auf Ihren Stuhl setzen."*

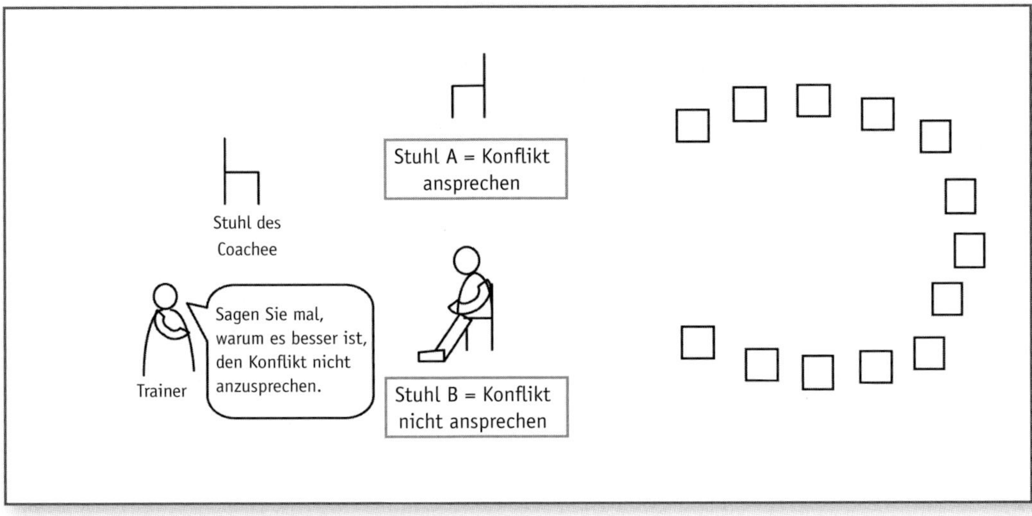

Abb.: Der Trainer leitet den Coachee an, sich mit dem anderen inneren Anteil zu identifizieren.

Den inneren Anteilen einen Namen geben

Der Trainer schreibt die Begriffe „Aufrichtigkeit" und „Gelassenheit" auf Moderationskarten und legt sie neben die Karten „Konflikt ansprechen" und „Konflikt nicht ansprechen". Den Anteilen einen Namen zu geben, ist deshalb wichtig, weil damit klar wird, für welche Bedürfnisse und Werte sie stehen. Auch wenn später möglicherweise eine Position (Ansprechen vs. Nicht ansprechen) aufgegeben wird, müssen beide Werte ernst genommen und berücksichtigt werden. Dies wird damit klar.

Wenn sich der Coachee gesetzt hat, erläutert der Trainer das weitere Vorgehen. Dabei wendet er sich zunächst an den Coachee:

Trainer: *„Ich denke, dass beide Anteile ihre Berechtigung haben – sowohl die Aufrichtigkeit als auch die Gelassenheit. Deshalb geht es im nächsten Schritt darum, eine Lösung zu finden, bei der beide Seiten berücksichtigt werden. Das machen wir, indem Sie mit beiden Anteilen diskutieren."*

Coachee: *„Wie soll das gehen?"*

Trainer: *„Wir brauchen für jede der beiden Seiten eine Person, die diese Rolle einnimmt. Wer kann sich denn gut mit der Aufrichtigkeit identifizieren?"*

Um die Hemmschwelle zu senken, kann der Trainer ergänzen: *„Es wird nichts Besonderes von Ihnen verlangt. Sie versuchen einfach, sich in diese Perspektive hineinzuversetzen und aus ihr zu argumentieren."*

Anschließend wird auch der andere innere Anteil besetzt – die Gelassenheit.

Innere Anteile besetzen

Im Gegensatz zum klassischen psychodramatischen Vorgehen, bei dem der Coachee die Rollen besetzt, fragt der Trainer hier nach Freiwilligen, eine Rolle zu übernehmen. Das liegt daran, dass es für die Qualität der weiteren Arbeit wichtig ist, wenn sich die Personen voll mit dem jeweiligen inneren Anteil identifizieren können. Das ist wahrscheinlicher, wenn sie freiwillig die betreffende Rolle übernehmen.

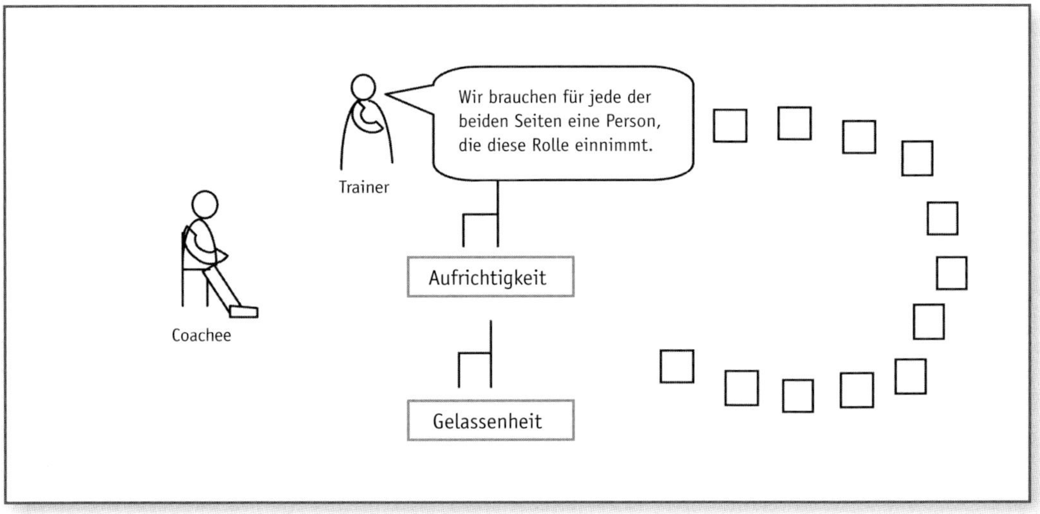

Abb.: Die inneren Anteile werden mit Rollenspielern besetzt.

Wenn die Rollenspieler ihre Plätze eingenommen haben, klärt der Trainer ab, ob sie noch Informationsbedarf haben.

Trainer (zu den Rollenspielern): *„Brauchen Sie noch Instruktionen?"*

Falls die Rollenspieler dies bejahen, würde der Trainer den Coachee bitten, sich hinter den jeweiligen Rollenspieler zu stellen und ihn zu „briefen" (einzudoppeln).

Beraterstuhl für die Gruppe

Dann führt der Trainer noch einen „Beraterstuhl" ein. Diese Intervention hat sich in meiner Erfahrung bewährt, um die Gruppe einzubeziehen und ihr zu ermöglichen, weitere Impulse einzubringen.

Trainer: *„Hier stelle ich zusätzlich noch einen ‚Beraterstuhl' hin. Dort kann jeder aus der Gruppe kurz Platz nehmen, um Fragen zu stellen oder ähnliche Erfahrungen, die er selbst gemacht hat, zu teilen. Außerdem können Sie auf dem Platz auch Kompromissvorschläge einbringen, die aber die Interessen des Coachee und seiner beiden Anteile berücksichtigen müssen. Verboten sind dagegen Ratschläge im Sinne von ‚Sie müssen es so und so machen'."*

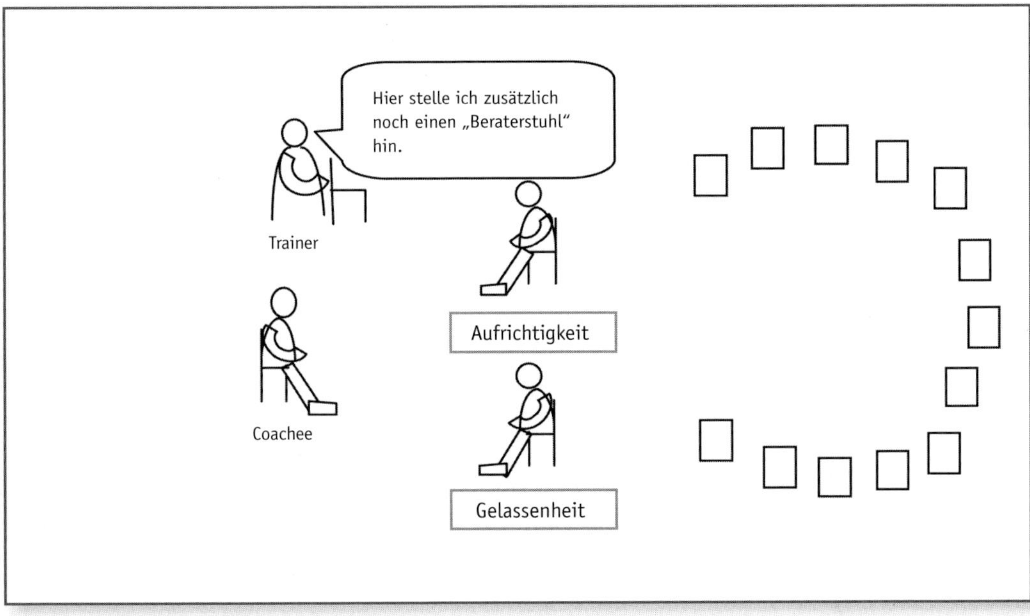

Abb.: Der Trainer führt den „Beraterstuhl" ein, auf dem jeder Teilnehmer kurz Platz nehmen kann, um einen Impuls einzubringen.

Dann wendet sich der Trainer dem Coachee zu und leitet ihn an, die Diskussion zu eröffnen.

Trainer: *„Herr Schulz, zum Einstieg in das Gespräch sagen Sie doch mal zu Ihren beiden Anteilen, wo Sie gerade stehen. Dann können Sie das Wort an die beiden weitergeben. Wenn Sie das Gefühl haben, dass die Aussage eines Rollenspielers für Sie nicht passt, unterbrechen Sie kurz und treten hinter ihn, um die Aussage entsprechend zu korrigieren. Sie haben die Gesprächsführung, sind also praktisch der Moderator des Gesprächs und treffen am Ende auch die Entscheidung. Ich werde Sie dabei unterstützen. Legen Sie los."*

Coachee: *„Also gut. Also, ich denke, dass ich das Thema schon ansprechen muss, aber ich kann natürlich nicht mit der Faust auf den Tisch hauen und muss auch hören, wie mein Chef das sieht."*

Trainer: *„Wessen Meinung möchten Sie zuerst hören?"*

Coachee: *„Die der Gelassenheit."*

Gelassenheit: *„Die ganze Sache ist so lange her; da wäre es übertrieben, das jetzt noch zu thematisieren."*

Trainer: *„Unter welcher Bedingung wäre es denn für Sie als ‚Gelassenheit' in Ordnung, den Konflikt anzusprechen?"*

Gelassenheit: *„Das wäre dann O.K., wenn Du ihn nicht angreifst und alles sehr konstruktiv ansprichst – so wie wir es im Seminar gelernt haben! Und zugibst, dass Du auch einen Fehler gemacht hast, es nicht früher zu thematisieren."*

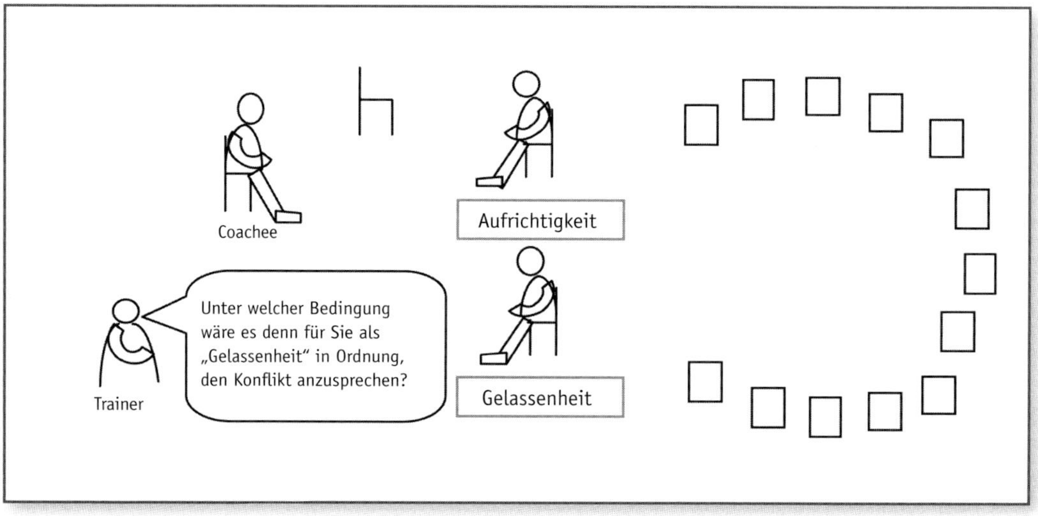

Abb.: Der Trainer unterstützt den Coachee bei der Diskussion mit den inneren Anteilen, indem er Bedingungen für einen Konsens auslotet.

Trainer (zur „Aufrichtigkeit): *„Was meinen Sie als Aufrichtigkeit dazu?"*

Aufrichtigkeit: *„Na ja, es soll aber keine Weichspülerei sein. Es muss schon ehrlich rüberkommen."*

Coachee: *„Absolut! Wenn ich nur wüsste, wie!"*

Trainer: *„Dazu können wir uns ja mal ein paar Ideen der Berater einholen. Wie gesagt, für Sie als Berater geht es nicht darum, Ratschläge zu geben, vielmehr darum, eigene Erfahrungen zu teilen oder Hypothesen zu formulieren, welche Lösungen alle Aspekte berücksichtigen würden."*

Falls die Gruppe zögerlich ist, kann der Trainer auch den Coachee fragen, von wem er gerne „beraten" werden möchte.

Meistens werden hier einige Impulse von der Gruppe eingebracht, die vom Coachee als hilfreich erlebt werden. Anschließend fragt der Trainer den Coachee: *„Wo stehen Sie gerade?"*

Falls für den Coachee noch Aspekte offen sind, werden diese ähnlich weiter diskutiert, bis eine Lösung gefunden ist, mit der sowohl der Coachee als auch die beiden Anteile gut leben können.

Abschließend bedankt sich der Trainer bei den Rollenspielern, die aus ihrer Rolle entlassen werden. Alle kehren in den Stuhlkreis zur Auswertung zurück.

GROW: Way forward – Umsetzung

In der Auswertung erhalten zunächst die Rollenspieler Gelegenheit, aus ihrer Rolle heraus Feedback zu geben.

Rollen-Feedback

Trainer: „*Wir kommen jetzt zur Auswertung. Ziel ist es, dass alle in der Gruppe ihre Beobachtungen und Wahrnehmungen zurückmelden können und Herr Schulz eventuell noch die eine oder andere Anregung erhält. Zunächst zu Ihnen beiden, die Sie als innere Anteile fungiert haben. Gibt es aus dieser Perspektive noch Beobachtungen, die Sie gerne zurückmelden möchten?*“

Nach dem „Rollen-Feedback“ können sich „Sharing“ und „Beobachter-Feedback“ anschließen: „*Kommen wir zum Feedback der Gruppe. Was ist Ihnen aufgefallen? Was konnten Sie gut nachvollziehen – vielleicht aus eigener Erfahrung? Welche Gedanken, Gefühle oder ähnlichen Erlebnisse können Sie mit Herrn Schulz teilen? Was ist Ihnen ansonsten aufgefallen?*“

Der Leiter achtet darauf, dass lediglich konstruktives Feedback gegeben wird und interveniert, wenn negative Bewertungen getroffen und Ratschläge erteilt werden.

Zum Abschluss erhält der Coachee die Gelegenheit, die eigene Lösung zu artikulieren und zu konkretisieren. Dies kann der Trainer etwa mit folgenden Fragen unterstützen:

- Wie lautet Ihr Resümee?
- Wie werden Sie bei der Umsetzung vorgehen?
- Was ist Ihr nächster Schritt?

Hinweise

Es passiert des Öfteren, dass die Rollenspieler nach einer Weile Gefallen an ihrer Darstellung finden und ihre Rollen so intensiv ausagieren, dass sich eine Eigendynamik entwickelt, die nicht mehr dem Ziel der inneren Klärung des Coachee dient. Insbesondere, wenn sich die Rollenspieler nicht mehr an ihre Vorgaben halten oder den Coachee kaum zu Wort kommen lassen, muss der Leiter intervenieren. In diesem Fall erinnert er daran, dass sie lediglich innere Anteile des Coachee repräsentieren und sich an seine Anweisungen zu halten haben. Hier kann ein Rollentausch, bei dem der Coachee kurz in die Rolle des inneren Anteils schlüpft, hilfreich sein, um die Rollenspieler wieder „einzufangen".

Varianten

Beim hier beschriebenen Vorgehen lässt der Trainer die inneren Anteile des Coachee von Rollenspielern verkörpern. Dies entspricht der Vorgehensweise des Psychodramas, bei der sämtliche Rollen – seien dies Personen oder innere Anteile – stets mit Personen aus der Gruppe besetzt werden. Alternativ kann er auch den Coachee anleiten, jeweils die verschiedenen inneren Anteile selbst einzunehmen, wie es eher der gestalttherapeutischen Herangehensweise entspricht. Dies hat im Rahmen eines Seminars allerdings den Nachteil, dass die anderen Teilnehmer dann über längere Zeit hin passiv bleiben und sich erst in der Auswertung wieder einbringen können.

Literatur

- Benien, Karl: Beratung in Aktion. Erlebnisaktivierende Methoden im Kommunikationstraining. Windmühle Verlag, 2002.

11. Mit inneren Konflikten umgehen: Visualisierung des Inneren Teams

„Faust beklagte, dass er zwei Seelen in seiner Brust habe. Ich habe eine ganze sich zankende Menge. Da geht es zu wie in einer Republik." (Bismarck)

Indikation

Die Arbeit mit dem „Inneren Team" passt immer dann, wenn der Fokus auf der intrapsychischen Ebene liegt. Das Modell bietet eine hervorragende Grundlage, um Anliegen, die auf die bessere Bewältigung von inneren Konflikten abzielen, anschaulich und effektiv zu bearbeiten. Beispiele für geeignete Themen sind etwa:

- Ich stehe vor einer schwierigen Entscheidung – was soll ich tun?
- Wie kann ich lernen, in schwierigen Gesprächen ruhiger zu bleiben?
- Wie kann ich lernen, Kritik nicht persönlich zu nehmen?

Ziele

- Der Coachee gewinnt ein besseres Verständnis der intrapsychischen Dynamik des von ihm eingebrachten Anliegens.
- Er entwickelt ein Bild, mit welcher „inneren Aufstellung" er sein Problem besser bewältigen kann.
- Die anderen Teilnehmer profitieren von der Praxisberatung, indem sie das Modell des Inneren Teams verstehen und es auf eigene innere Konflikte übertragen.

Zeit

60-75 Minuten

Material

Flipchart, unterschiedlich farbige Moderationsstifte

Überblick

- Das Anliegen des Coachee aufgreifen und den Grundgedanken des Modells Inneres Team erläutern.
- Am Flipchart das „Oberhaupt" des Inneren Teams und die Fragestellung aufzeichnen.
- Erhebung des ersten Inneren Teammitglieds:
  - Welche innere Stimme meldet sich als Erstes zu Wort?
  - Botschaft, Name, Geste oder Symbol und den Platz im Team ermitteln.
  - Das Innere Teammitglied aufmalen.

- Erhebung der weiteren Inneren Teammitglieder:
  - Positive Funktionen der inneren Teammitglieder herausarbeiten und aufschreiben
  - Die innere Aufstellung überprüfen und bei Bedarf verändern
  - Zwischenbilanz und Abstimmung

Erläuterung

Das Innere Team ist ein Modell des Hamburger Kommunikationspsychologen Friedemann Schulz von Thun (1998), welches darauf abzielt, intrapsychische Prozesse durch die Metapher des Teams zu veranschaulichen. Inner-seelische Vorgänge, so die Prämisse, lassen sich mit einem Team vergleichen, in dem es unterschiedliche Teammitglieder (innere Anteile) gibt, die unterschiedliche Interessen und Positionen haben. Wie in einem Team, sind Konflikte zwischen den Mitgliedern nicht die Ausnahme, sondern die Regel. Deshalb geht es in der Arbeit mit dem Inneren Team darum, die einzelnen (inneren) Teammitglieder besser kennenzulernen, sie zu verstehen und Lösungen zu finden, die für alle Anteile tragfähig sind.

Vorgehen

Die Arbeit mit dem Inneren Team wird anhand des Praxisfalls „Wie kann ich gelassener mit meinem Kollegen umgehen?" dargestellt. Coachee ist Frau Brause, Referentin für fachliche Weiterbildung innerhalb eines großen Unternehmens. Diesen Fall habe ich in ähnlicher Form bereits in meinem Buch „Kommunikationstrainings erfolgreich leiten" beschrieben.

GROW: Goal – Zielvereinbarung

Frau Brause schildert, dass sie sich ständig über ihren Kollegen, Herrn Jung, aufrege und dass sie sich mittlerweile selbst darüber ärgere, dass dieser sie so auf die Palme bringe. Sie habe schon mehrere Male mit ihm gesprochen, aber das führe zu nichts. Daher wolle sie lernen, gelassener mit ihm umzugehen.

Trainer: *„Was möchten Sie hier herausfinden?"*

Coachee: *„Mir geht es weniger darum, zu üben, wie ich das Gespräch mit dem Kollegen am besten führe, sondern ich will erreichen, dass ich mich nicht mehr so aufrege. Und andererseits will ich aber auch den Konflikt nicht vermeiden."*

Trainer: *„O.K. Dann versuchen Sie mal, dieses Ziel positiv zu formulieren, und zwar in einem Satz: Ich will herausfinden …"*

Coachee: *„Ich will herausfinden, wie ich gelassener mit meinem Kollegen umgehen kann."*

GROW: Reality – Situationsanalyse

Vor knapp einem Jahr hat Frau Brause mit Herrn Jung einen neuen Kollegen bekommen. Zunächst ließ sich die Zusammenarbeit gut an, mittlerweile gibt es jedoch einige Punkte, die Frau Brause stören. So vermittle der Kollege den Mitarbeitern teilweise Inhalte, die Frau Brause irrelevant und praxisfern findet, während er Aspekte ausklammere, die sie für absolut notwendig hält. Außerdem führe er deutlich weniger Schulungen durch als sie und habe kürzere Seminarzeiten. Kurzum, er mache sich „einen Lenz", während sie sich „immer voll reinhängt", wie sie sagt. Nun habe sie gegenüber Herrn Jung durchaus schon einige „kernige" Bemerkungen fallen lassen, mit denen sie deutlich gemacht habe, wie sie über seine Arbeit denkt. Geändert habe sich jedoch nichts. Sie wolle sich nun nicht gleich beim Chef über den Kollegen beschweren. Und streng genommen sei es auch die Sache von Herrn Jung, wie er seine Schulungen gestalte. Aber andererseits sei es ungünstig, wenn die Mitarbeiter unterschiedlich geschult werden. Das sei für deren Arbeit ungünstig und vermittle auch ein negatives Bild von der Schulungsabteilung. Eigentlich sei es also an der Zeit, sich mit Herrn Jung auseinanderzusetzen. Dies falle ihr jedoch schwer, da sie befürchtet, „über das Ziel hinauszuschießen". Sie neige nämlich dazu, „sehr emotional" aufzutreten und andere vor den Kopf zu stoßen. Das wolle sie dieses Mal vermeiden.

Für die Coachee steht die Klärung ihres inneren Konfliktes und der Umgang mit ihren eigenen Gefühlen, für die der Kollege der Auslöser ist, im Fokus. Deshalb entschließt sich der Trainer, mit dem Inneren Team zu arbeiten. Wenn dieses noch nicht behandelt worden ist, sollte er das Modell kurz vorstellen.

Trainer: *„Wenn ich Sie richtig verstanden habe, fühlen Sie sich innerlich hin- und hergerissen, wie Sie mit Ihrem Kollegen umgehen wollen."*

Coachee: *„Genau."*

Das Modell erläutern

Trainer: *„Ich würde Ihnen gern ein Modell anbieten, das ich hilfreich finde, um zu mehr innerer Klarheit zu finden."*

Der Trainer steht auf, geht zum Flipchart und zeichnet mit wenigen Strichen einen Menschen mit großem Bauch auf das Papier.

Abb.: Der Trainer zeichnet mit einfachen Mitteln einen Menschen, in dessen Bauch die verschiedenen Inneren Teammitglieder hineinpassen.

Trainer: *„Keine Angst. Das soll kein Porträt von Ihnen sein."*

Coachee (lacht): *„Da bin ich aber froh."*

Erhebung des ersten Inneren Teammitglieds

Trainer: *„Ich möchte nur genug Platz lassen für die verschiedenen Anteile, die sich bei Ihnen angesichts dieser Situation zu Wort melden. Das Modell geht nämlich davon aus, dass es in jedem von uns verschiedene Anteile gibt, die wir uns so vorstellen können, als wären sie eigenständige Personen, also verschiedene Mitglieder unseres Inneren Teams."*

Coachee (schaut fragend und erwartungsvoll): *„Aha."*

Trainer: *„Welchen Impuls spüren Sie denn als Erstes, wenn Sie an Ihre Frage denken, wie Sie mit Herrn Jung umgehen wollen?"*

Coachee: *„Als Erstes habe ich das Gefühl, dass ich es lieber sein lasse, mich mit Herrn Jung zu streiten."*

Trainer: *„Es gibt also einen Anteil, der sagt: ‚Lass das lieber sein.'"*

Coachee: *„Genau."*

Trainer: *„Weil ..."*

Coachee: *„Weil ich sonst wieder zu laut und zu heftig werde. Das passiert mir leicht in Konflikten."*

Trainer: *„Und dieser innere Anteil warnt Sie davor."*

Coachee: *„Genau."*

Trainer: *„Wenn dieser Anteil sprechen könnte, wie würde seine zentrale Botschaft lauten?"*

Coachee: *„Hm. Ich glaube: ‚Lass ihn in Frieden!'"*

Trainer: *„Und wenn wir diesen Anteil als ein Inneres Teammitglied sehen, wie könnte es dann heißen?"*

Coachee: *„Wie könnte es heißen? Hm. Keine Ahnung."*

Trainer: *„Ist das die Warnende? Oder die Vorsichtige?"*

Coachee: *„Eher die Ängstliche, würde ich sagen."*

Der Trainer geht zum Flipchart und fragt nach.

Trainer: *„Wo ist der Platz der Ängstlichen im Inneren Team? Hat sie einen großen Einfluss oder eher wenig? Ist sie eher im Zentrum oder eher am Rand?“*

Coachee: *„Also, im Moment hat sie einen ziemlich großen Einfluss. Also ist sie eher im Zentrum.“*

Der Trainer malt mit einfachsten Mitteln eine Person mit ängstlichem Gesichtsausdruck ins Zentrum des Inneren Teams. Er lässt dabei genug Platz für weitere Innere Teammitglieder, die möglicherweise später hinzukommen. Unter die Abbildung des Inneren Teammitglieds schreibt er den Namen dieses Anteils. An ihren Mund zeichnet er eine Sprechblase, in der die zentrale Botschaft zu lesen ist.

Abb.: Der Trainer zeichnet das erste Innere Teammitglied der Coachee ein. Jedes Innere Teammitglied erhält einen Namen und eine Botschaft.

Anschließend wendet sich der Trainer wieder der Coachee zu.

Erhebung des zweiten Inneren Teammitglieds

Trainer: *„Welche Stimme meldet sich als nächste?“*

Coachee: *„Na ja, es gibt eine Stimme, die ist ärgerlich, weil manche Sachen, die der Jung vermittelt, einfach fachlich nicht gut sind.“*

Trainer: „Diese Stimme achtet also auf die Qualität der Arbeit von Herrn Jung.“

Coachee: *„Ja, ich habe selbst auch einen hohen Anspruch an mich. Ich will, dass wir wirklich die Dinge vermitteln, die die Mitarbeiter auch brauchen. Und ich will, dass sie topfit aus den Schulungen rausgehen. Ich merke einfach, dass der Herr Jung das alles nicht so genau nimmt.“*

Trainer: *„Wie lautet die Botschaft dieses Anteils?“*

Coachee: *„Hm. ‚Sag dem mal, dass das so nicht geht. Der muss einige Sachen umstellen.‘“*

Trainer: *„Wie heißt dieses Innere Teammitglied?“*

Coachee (schaut den Trainer zweifelnd an): *„Schwer zu sagen, die Perfektionistin vielleicht.“*

Trainer: *„Die Perfektionistin, stimmt das?“*

Coachee: *„Hm. Mir fällt gerade nichts Besseres ein.“*

Trainer zu den anderen Teilnehmern: *„Wer hat eine Idee?“*

Die Teilnehmer machen verschiedene Vorschläge. Die Coachee entscheidet sich für den Namen „Die Ambitionierte“.

Trainer: *„Wo ist der Platz der Ambitionierten?“*

Coachee: *„Auch relativ zentral. Etwas hinter der Ängstlichen.“*

Der Trainer weiß nicht, wie er dieses Innere Teammitglied zeichnen kann. Deshalb fragt er nach.

Trainer: *„Was für eine Geste könnte die Ambitionierte machen? Oder gibt es ein Symbol, dass für die Ambitionierte passt?“*

Coachee: *„Vielleicht ein Lineal. Weil sie alles ganz genau nimmt.“*

Der Trainer malt „Die Ambitionierte“ auf das Flipchart und versieht sie mit ihrem Namen und ihrer Kernbotschaft.

Abb.: Der Trainer hat das zweite Innere Teammitglied der Coachee eingezeichnet.

Erhebung des dritten Inneren Teammitglieds

Trainer: *„Welche Stimme meldet sich noch?“*

Coachee: *„Also, ich merke einfach, dass mich der Kollege wahnsinnig auf die Palme bringt. Ich bin einfach stinksauer.“*

Trainer: *„Ist das die Ambitionierte, die so sauer ist?“*

Coachee: *„Nein, ich glaube, das ist noch mal ein anderer Anteil. Der sagt: ‚Der macht sich einen Lenz. Der ist eine Niete! So geht das nicht!‘ Aber ich weiß natürlich, dass das nicht in Ordnung ist, so über ihn zu denken.“*

Trainer: *„Aha, da meldet sich also anschließend noch eine andere Stimme, die diese Wut, die Sie auf den Kollegen haben, verurteilt.“*

Coachee (lacht): *„Ja, genau.“*

Trainer: *„Lassen Sie uns zunächst noch bei diesem Anteil bleiben, der wütend auf den Kollegen ist. Wie lautet denn seine zentrale Botschaft?“*

Coachee: *„Die zentrale Botschaft ist: ‚Sag ihm endlich mal die Meinung!‘“*

Trainer: *„Wie möchten Sie dieses Innere Teammitglied nennen?“*

Coachee: *„Die Wütende.“*

Trainer: *„Wo ist der Platz der Wütenden?“*

Coachee: *„Die gehört neben die Ambitionierte.“*

Der Trainer malt „Die Wütende“ auf das Flipchart und versieht sie mit ihrem Namen und ihrer Kernbotschaft.

Abb.: Der Trainer hat das dritte Innere Teammitglied der Coachee eingezeichnet.

Erhebung des vierten Inneren Teammitglieds

Trainer: *„Dann gibt es ja noch eine Stimme, die der Wütenden sagt, dass es nicht in Ordnung ist, so zu denken. Ist das die Ängstliche?“*

Coachee: *„Ja, das sagt die Ängstliche. Aber es gibt auch noch einen anderen Anteil. Die könnten wir ‚Die Freundliche' oder ‚Die Gutmütige' nennen. Und die will auch keinen Streit. Die will vor allem Harmonie und ein gutes Klima in der Zusammenarbeit. Und die hasst es, wenn ich so explodiere und einen Kollegen angreife."*

Trainer: *„Wie möchten Sie diesen Anteil nennen? Frau Freundlich?"*

Coachee (strahlt): *„Ja, das gefällt mir gut. Frau Freundlich. Und ihre Botschaft lautet: ‚Akzeptiere ihn so, wie er ist.'"*

Trainer: *„Diesen Anteil mögen Sie gern, nicht wahr?"*

Coachee: *„Ja, das stimmt. Es ist ja auch wahr: Der Herr Jung ist eigentlich ein netter Kerl und er muss ja auch nicht so verbissen sein wie ich. Es ist sein gutes Recht, dass er andere Schwerpunkte setzt als ich."*

Trainer: *„Wo ist der Platz von Frau Freundlich?"*

Coachee: *„Die ist ziemlich weit vorne. Neben der Ängstlichen."*

Der Trainer malt „Frau Freundlich" auf das Flipchart und versieht sie mit ihrem Namen und ihrer Kernbotschaft.

Abb.: Der Trainer hat alle betroffenen Inneren Teammitglieder der Coachee eingezeichnet.

Trainer: *„Welche innere Stimme gibt es noch?"*

Coachee: *„Das war's, glaube ich."*

Trainer: *„Gut, dann haben wir jetzt Ihr Inneres Team für die Situation mit Ihrem Kollegen zusammen. Stimmt das Bild so?"*

Coachee: *„Ja. Das passt."*

*GROW: **O**ptions – Lösungsoptionen*

Die Erhebung des Inneren Teams ist damit abgeschlossen – und damit die Analyse der inneren Situation. Im nächsten Schritt geht es darum, den Blick der Coachee auf das eigene Innere Team und damit auch auf die Situation zu verändern. Dies geschieht, indem die positiven Funktionen der einzelnen Teammitglieder herausgearbeitet werden. Dadurch werden die Werte deutlich, die hinter diesen stehen und die berücksichtigt werden müssen, um eine tragfähige, von allen Inneren Teammitgliedern akzeptierte Lösung zu finden. Dadurch wird ein erster Schritt getan, um Lösungsoptionen zu entwickeln.

Positive Funktionen herausarbeiten

Trainer: *„Grundsätzlich ist es so, dass alle Inneren Teammitglieder ihre Berechtigung haben. Wir können kein Inneres Teammitglied entlassen oder rausschmeißen. Um einen inneren Konflikt zu bewältigen, geht es vielmehr darum, alle inneren Anteile zu verstehen und einzubeziehen. Nur dann können wir den inneren Konflikt lösen. Die Grundregel ist: Jedes Teammitglied hat einen Zipfel der Wahrheit. Und nur, wenn wir die positive Funktion beachten, die jeder Anteil hat, können wir den inneren Konflikt konstruktiv auflösen."*

Die Coachee und einige Teilnehmer nicken. Der Trainer fährt fort.

Trainer: *„Die Frage ist also: Wozu ist das jeweilige Innere Teammitglied gut? Die Frage richtet sich zum einen an Sie, Frau Brause. Oft weiß man aber selbst nicht genau, was das Gute an manchen Anteilen ist, gerade wenn man sie selbst nicht so mag. Deshalb sind auch die anderen gefragt. Fangen wir mit der Ängstlichen an. Welche Funktion hat die Ängstliche?"*

Die Coachee arbeitet die positiven Funktionen der verschiedenen Inneren Teammitglieder heraus, gegebenenfalls mit Unterstützung der anderen Teilnehmer. Der Trainer moderiert den Prozess und achtet darauf, dass Frau Brause jene Aspekte, die von den anderen Teilnehmern genannt werden, versteht und ihnen zustimmt, bevor er sie aufschreibt. Ist die Coachee mit der Formulierung einverstanden, wird die positive Funktion mit grünem Stift zum jeweiligen Teammitglied geschrieben.

Abb.: Der Trainer arbeitet zusammen mit der Coachee und den anderen Teilnehmern die positiven Funktionen der verschiedenen Inneren Teammitglieder heraus und schreibt sie mit grünem Stift auf das Flipchart.

Folgende positive Funktionen werden herausgearbeitet:

- Die Ängstliche: Sorgt dafür, dass Frau Brause ihre Kollegen achtsam behandelt und sie nicht verletzt.
- Die Ambitionierte: Sorgt für die hohe Arbeitsqualität von Frau Brause. Achtet darauf, dass die gesamte Abteilung eine gute Arbeit macht.
- Die Wütende: Erzeugt Energie, um Konflikte anzugehen.
- Frau Freundlich: Schafft ein gutes Klima. Fühlt sich in andere ein.

Das Innere Team überprüfen und verändern

Trainer: *„Nun ist die Frage: Wie müssten Sie innerlich aufgestellt sein, damit Sie die Situation mit dem Kollegen gut bewältigen können? Welche Inneren Teammitglieder müssten nach vorne kommen und den Kontakt zu Herrn Jung gestalten? Und welche müssten sich eher im Hintergrund halten?"*

Coachee: *„Hm. Die Ängstliche und die Wütende hätte ich gerne mehr im Hintergrund."*

Der Trainer zeichnet mit einem grünen Stift Pfeile ein, die signalisieren, dass diese beiden Anteile in den Hintergrund gehören.

Coachee: *„Und die Ambitionierte und die Gutmütige können nach vorne gehen."*

Der Trainer zeichnet die Pfeile entsprechend ein.

Abb.: Die Coachee sagt dem Trainer, wie ihr Inneres Team aufgestellt sein soll, damit sie den Konflikt gut bewältigen kann. Der Trainer zeichnet mit Pfeilen die Veränderungen ein, welche die Coachee im Inneren Team vornehmen will.

Trainer: *„Jetzt besteht noch die Möglichkeit, ein neues Inneres Teammitglied einzustellen. Am besten einen Anteil, den Sie aus anderen Situationen von sich kennen, aber in Bezug auf Ihren Kollegen im Moment nicht zur Verfügung haben. Haben Sie eine Idee?"*

Coachee: *„Hm. Nein, also, damit bin ich jetzt überfordert."*

Trainer: *„Haben die anderen Vorschläge?"*

Die Teilnehmer machen verschiedene Vorschläge. Die Teilnehmerin entscheidet sich, eine „Sachliche" einzustellen.

Trainer: *„Wie lautet die Botschaft der Sachlichen?"*

Coachee: *„Prüf genau den Sachverhalt, schreib Dir die Dinge auf, die Du besprechen willst und dann trag Deine Argumente sachlich vor und suche Lösungen."*

Trainer: *„Gibt es ein Symbol für die Sachliche?"*

Coachee: *„Ja, eine Waage. Weil die Sachliche alle Argumente genau abwägt."*

Trainer: *„Wo soll der Platz von der Sachlichen sein?"*

Coachee: *„Ganz weit vorne. Neben der Ambitionierten und Frau Freundlich."*

Der Trainer zeichnet „Die Sachliche" mit grünem Stift ein und versieht sie mit ihrem Namen und ihrer Botschaft.

Trainer: *„Ist die innere Aufstellung so gut?"*

Coachee: *„Ja, ich glaube schon."*

Abb.: Die Coachee hat ein neues Inneres Teammitglied „eingestellt", mit dessen Unterstützung sie die Konfliktsituation besser bewältigen kann.

GROW: Way forward – Umsetzung

Nun geht es darum, eine Zwischenbilanz zu ziehen und das weitere Vorgehen abzustimmen: *„Ihr Ziel war ja, herauszufinden, wie Sie mit Ihrem Kollegen umgehen wollen. Wie lautet denn bis hierhin Ihre Bilanz?"*

Zwischenbilanz und Abstimmung

Wenn die Coachee ihr Ziel bereits zu diesem Zeitpunkt als erreicht ansehen würde, wäre die Beratung hiermit beendet. Der Trainer würde dann noch ein Sharing und eventuell eine Ergebnissicherung anschließen (siehe Seite 177).

Falls die Coachee noch weiteren Klärungsbedarf anmeldet, kann der Trainer eine „Diskussion mit dem Inneren Team" anschließen. Diese Methode wird im folgenden Kapitel beschrieben.

Hinweise

- Die Beratung mit dem Inneren Team ist eine sehr persönliche Form der Bearbeitung von Anliegen. Schließlich kehrt der Coachee hier sein Innerstes nach außen. Der Trainer muss sich daher sicher sein, dass sowohl beim Coachee als auch bei den anderen Teilnehmern die Bereitschaft für diese intime Form der Fallarbeit vorhanden ist. Außerdem muss sich der Trainer mit der Anwendung der Methode sicher sein und sollte entsprechende Fortbildungen absolviert haben.
- Oft ist die Arbeit am Flipchart zum Inneren Team bereits ausreichend, damit der Coachee eine innere Klärung erreicht, insbesondere dann, wenn er anschließend noch Feedback aus der Gruppe erhält. Nur manchmal ist es notwendig, einen weiteren Schritt anzuschließen und eine Diskussion mit dem *Inneren Team* zu führen.
- Der Trainer sollte das Zeichnen Innerer Teammitglieder vor dem Seminar üben. Die Zeichnungen müssen nicht schön sein, auch mit bescheidenen künstlerischen Fähigkeiten kann man hilfreiche Visualisierungen erstellen.

Literatur

- Schulz von Thun, Friedemann: Miteinander reden, Band 3. Das Innere Team und situationsgerechte Kommunikation. Rowohlt, Reinbek, 1998.
- Schulz von Thun, Friedemann/Stegemann, Wibke (Hrsg.): Das Innere Team in Aktion. Praktische Arbeit mit dem Modell. Rowohlt, Reinbek, 2004.
- Schulz von Thun, Friedemann: Praxisberatung in Gruppen. Beltz, Weinheim; Basel, 1996.

12. Innere Klarheit finden: Innere Teambesprechung

Indikation

Die „Innere Teambesprechung" eignet sich zur Fortsetzung der Arbeit mit dem „Inneren Team", sofern dadurch das Anliegen des Coachee noch nicht vollständig bearbeitet werden konnte.

Ziele

- Der Coachee findet eine Lösung, die von allen inneren Anteilen mitgetragen wird.
- Andere Teilnehmer können von der Arbeit mit dem Inneren Team profitieren, indem sie den lösungsorientierten Dialog mit inneren Anteilen auf eigene Themen übertragen.

Zeit

60-75 Minuten

Material

Stühle, einen Tisch sowie „Namensschilder" für die Inneren Teammitglieder

Überblick

- Jedes Innere Teammitglied wird durch einen Rollenspieler dargestellt.
- Briefing („Eindoppeln") der Rollenspieler.
- Diskussion des Coachee mit seinen Inneren Teammitgliedern.
- Der Coachee bezieht abschließend Stellung.
- Auswertung: Sharing.

Erläuterung

Die Innere Teambesprechung setzt die Arbeit mit dem Inneren Team am Flipchart in erlebnisaktivierender Form fort. Während die inneren Anteile bei der Arbeit am Flipchart noch aus sicherer Distanz analysiert werden, schlüpft der Coachee hier in jeden Anteil hinein, besetzt seine Inneren Teammitglieder – wie im Psychodrama üblich – mit Rollenspielern und findet durch die Diskussion mit ihnen eine tragfähige Lösung für das jeweilige Anliegen. Damit ist die Innere Teambesprechung im

Grunde die Erweiterung der Methode der Stuhlarbeit (Seite 276). Während der Coachee dort mit zwei Anteilen diskutiert, findet hier das Gespräch mit mehreren Teammitgliedern statt.

Vorgehen

Die Erhebung der Inneren Teammitglieder ist die Voraussetzung für die Diskussion mit dem Inneren Team. Daher wird das Vorgehen im Weiteren anhand des im vorangegangenen Kapitels dargestellten Falls von Frau Brause beschrieben. Ihr Anliegen lautete: „Wie kann ich gelassener mit meinem Kollegen umgehen?" Alle Inneren Teammitglieder wurden herausgearbeitet (siehe Seite 289 ff.), ihre positiven Funktionen analysiert und ein weiteres Teammitglied („Die Sachliche") eingestellt. Auf dieser Basis wird nun weitergearbeitet.

Trainer: *„Lassen Sie uns noch einen Schritt weitergehen, damit Sie mehr Klarheit bekommen. Dazu möchte ich Ihnen Gelegenheit geben, sich mit Ihren einzelnen Inneren Teammitgliedern auseinanderzusetzen."*

Besetzung der Rollen

Coachee: *„O.K. Aber ich habe keine Ahnung, wie das gehen soll."*

Trainer an die Gruppe: *„Dazu brauchen wir Ihre Mithilfe. Wir brauchen für jedes Innere Teammitglied eine Person, die sich in diese Rolle hineinversetzt und aus der Rolle heraus argumentiert. Alle Rollenspieler bekommen Instruktionen, sodass Sie dann wissen, was sie zu tun haben. Sie haben also einen leichten Job. Wer möchte welche Rolle übernehmen?"*

Hier kann es einen Moment dauern, bis alle Rollen vergeben sind. Aber nach einigem Werben finden sich meist genügend Teilnehmer bereit, sodass auch die vermeintlich unattraktiven Rollen (hier: „die Ängstliche" oder „die Wütende") vergeben werden können. In den Hinweisen am Ende dieses Kapitels (Seite 309 f.) finden Sie mögliche Optionen, wie Sie damit umgehen können, falls Sie auf Schwierigkeiten stoßen, Rollenspieler zu gewinnen.

Das Innere Team am Besprechungstisch

Trainer (zu den Rollenspielern): *„Nehmen Sie bitte Ihren Stuhl mit und einen Tisch vom Rand und setzen Sie sich um diesen Tisch zusammen."*

Die Coachee, der Trainer und die Rollenspieler setzen sich um den Besprechungstisch zusammen. Dann verteilt der Trainer Kärtchen, Stifte und Klebestreifen an die Teilnehmer, damit sie sich „Namensschilder" basteln können, auf denen ihre Rolle steht.

Trainer (zu den Rollenspielern): *„Schreiben Sie bitte Ihre Rolle auf das Kärtchen und kleben es sich an."*

Trainer (zur Coachee): *„Und Sie setzen sich mit Ihren Inneren Teammitgliedern zusammen und führen ein Gespräch mit ihnen. Ich setze mich neben Sie, um Sie dabei zu unterstützen."*

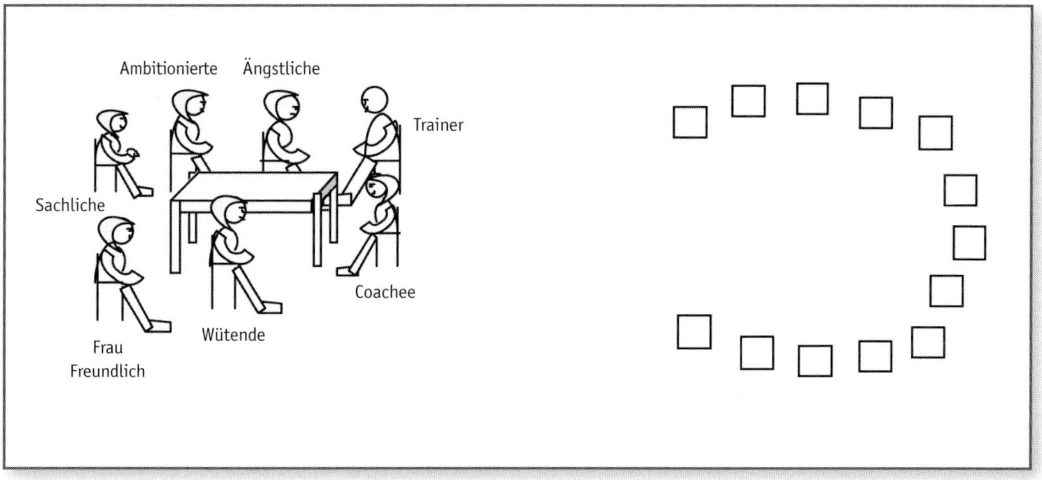

Abb.: Bei der Diskussion mit dem Inneren Team leitet die Coachee mit Unterstützung des Trainers eine Besprechung mit ihren Inneren Teammitgliedern, die von verschiedenen Teilnehmern gespielt werden.

GROW: Goal – Zielvereinbarung

Klärung des Ziels

Auch wenn alle Coaching-Phasen im Rahmen der vorangegangenen Arbeit mit dem Inneren Team bereits durchlaufen wurden, muss nun zunächst noch einmal die Zielvereinbarung überprüft werden.

Trainer (zur Coachee): *„So wie eine gute Führungskraft bei einer Entscheidung alle Mitarbeiter miteinbezieht, ist es jetzt Ihr Job, allen Inneren ‚Mitarbeitern' gut zuzuhören und dann eine Entscheidung zu treffen, die möglichst alle berücksichtigt. Ist Ihr Ziel nach wie vor, herauszufinden, wie Sie mit dem Kollegen umgehen wollen? Oder ist Ihr Ziel mittlerweile noch konkreter geworden?"*

Coachee: *„Ich weiß schon, dass ich ihn ansprechen werde. Aber ich habe noch nicht so klar, wie ich das Gespräch angehen werde."*

Trainer: *„Gut. Das Ziel ist also, herauszufinden, wie Sie das Gespräch mit dem Kollegen führen möchten?"*

Coachee: *„Ja."*

Trainer: *„Zu dieser Frage können Sie jetzt ein Inneres Teammitglied nach dem anderen befragen. Ihr Job ist es, nachzufragen, gut zuzuhören und das zu berücksichtigen, was von jedem Einzelnen kommt. Ich unterstütze Sie dabei. Erst wenn wir alle inneren Stimmen angehört haben, geht es um eine Lösung."*

Coachee: *„O.K."*

---

*GROW: **R**eality – Situationsanalyse*

Nun müssen die Rollenspieler noch in ihre Rolle eingewiesen werden. Da die zentralen Botschaften der verschiedenen Inneren Teammitglieder bereits herausgearbeitet worden sind und auf dem Flipchart stehen, ist hier nur ein kurzes Briefing („Eindoppeln") der Rollenspieler erforderlich.

Briefing der Rollenspieler

Trainer (zur Coachee): *„Die Rollenspieler brauchen jetzt noch Ihre Instruktionen, damit sie wissen, was sie gleich sagen sollen. Dazu möchte ich Sie bitten, dass Sie sich nacheinander kurz hinter jeden Rollenspieler stellen, sich in dessen Rolle versetzen und in der Ich-Form die wichtigsten Botschaften des jeweiligen Inneren Teammitglieds sagen. Fangen wir mal mit der ‚Ängstlichen' an. Stellen Sie sich mal hinter die Rollenspielerin des ängstlichen Anteils und sagen Sie als ‚die Ängstliche', wie Frau Brause das Gespräch mit dem Kollegen führen sollte."*

Coachee (brieft „die Ängstliche"): *„Ich finde, sie sollte das Gespräch überhaupt nicht führen. Das gibt doch nur Ärger."*

Abb.: Die Rollenspieler erhalten ein kurzes Briefing.

Die Botschaften der inneren Anteile müssen lösungsorientiert sein

Trainer: *„Das wäre der Ängstlichen am liebsten, ich weiß. Das geht aber nicht. Denn Frau Brause hat sich schon entschieden, dass sie das Gespräch führen will. Wenn Sie als Ängstliche davon mal ausgehen, was würden Sie ihr dann raten, wie sie dabei vorgehen sollte?"*

Coachee (brieft „die Ängstliche"): *„Dann sollte sie auf jeden Fall ihre Kritik nicht zu hart formulieren und sie ihn nicht vor den Kopf stoßen. Sie sollte freundlich bleiben."*

Trainer (zur Rollenspielerin): *„Haben Sie noch Fragen zu Ihrer Rolle?"*
Rollenspielerin (die Ängstliche): *„Nein."*

Die Coachee doppelt in ähnlicher Weise alle Rollenspieler ein. Der Trainer achtet darauf, dass die Botschaften, welche die Inneren Teammitglieder erhalten, für die Lösung des Anliegens der Coachee hilfreich sind. Außerdem vergewissert er sich, ob die Instruktionen für die Rollenspieler ausreichend klar sind.

---

*GR**O**W: **O**ptions – Lösungsoptionen*

Trainer (zu den Rollenspielern): *„Ihr Job ist es, sich mithilfe der Vorgaben von Frau Brause aus Ihrer Rolle heraus an der Diskussion zu beteiligen und zu einer Lösung beizutragen. Haben Sie noch Fragen zu Ihrer Rolle?"*

Rollenspielerin (die Wütende): *„Wie heftig soll ich denn meine Rolle spielen?"*

Trainer: *„Na ja, Sie sollen den Seminarraum und die Teilnehmer schon heil lassen. Aber Ihre Meinung können Sie deutlich sagen, nicht wahr, Frau Brause?"*

Coachee (grinst): *„Auf jeden Fall."*

Trainer (zur Coachee): *„Legen wir los. Sie sind der Boss und können jeweils sagen, wer an der Reihe ist."*

Coachee: *„Ich möchte wissen, wie ich das Gespräch mit meinem Kollegen gut führen kann. Was meinst Du dazu, Ambitionierte?"*

Ambitionierte: *„Du musst ihm sagen, dass das so nicht weitergeht. Dass er nicht so schludern kann. Das musst Du ihm mal stecken. Und wenn er das nicht begreift, dann gehst Du eben zum Chef!"*

Der Trainer sorgt für konstruktive Kommunikation im Inneren Team

Trainer (zur Ambitionierten): *„Jetzt haben Sie als Ambitionierte gesagt, wie Sie es am liebsten hätten, wenn es nur nach Ihnen ginge. Was wäre denn Ihre Mindestforderung an Frau Brause, wenn Sie die Interessen der anderen Inneren Teammitglieder berücksichtigen?"*

Ambitionierte: *„Meine Mindestforderung ist, dass Frau Brause Herrn Jung klar und deutlich sagt, was sie als die Ziele der Fortbildungen ansieht ..."*

Trainer (zur Ambitionierten): *„Sagen Sie es ihr direkt."*

Ambitionierte: *„Du musst ihm klar sagen, wo Du die Ziele der Fortbildungen siehst und wo Du bei ihm Abweichungen erkennst."*

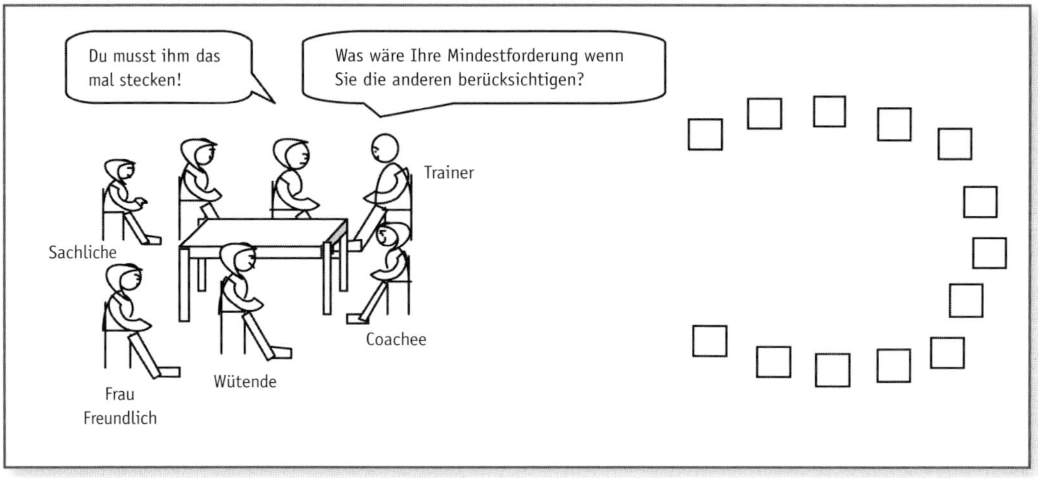

Abb.: Wenn Innere Teammitglieder „über die Stränge schlagen" und nicht mehr lösungsorientiert argumentieren, werden sie vom Trainer „eingefangen".

Coachee: *„Mhm. Ja, das klingt gut. Und was meinst Du, Ängstliche?"*
Ängstliche: *„Ich finde, Du kannst nicht gleich Forderungen stellen. Du musst schon vorsichtig sein. Du darfst ihn nicht vor den Kopf stoßen."*
Coachee (ärgerlich): „Ach, das regt mich auf. Warum musst Du immer so ängstlich sein! Stell Dich doch nicht so an!"

Der Trainer sorgt für die Integration aller Inneren Teammitglieder

Wenn das „Oberhaupt" des Inneren Teams ein Inneres Teammitglied offenkundig missbilligt, muss der Trainer intervenieren und dafür sorgen, dass dieser innere Anteil respektiert und einbezogen wird. Nur dann ist eine dauerhaft tragfähige Lösung möglich, bei der die Coachee auch langfristig „mit sich im Reinen" ist.

Trainer (zur Coachee): *„Es fällt Ihnen nicht leicht, diesen ängstlichen Anteil zu akzeptieren, nicht wahr?"*

Die Coachee nickt.

Trainer: *„Was ist denn Wahres dran, an dem, was sie sagt?"*
Coachee: *„Was ich schon akzeptieren kann, ist, dass ich nicht zu heftig werden darf und ihn nicht vor den Kopf stoßen sollte."*
Trainer (zur Coachee): *„Das heißt also, dass es Sinn macht, die Kritik konstruktiv auszusprechen?"*
Coachee: *„Klar."*

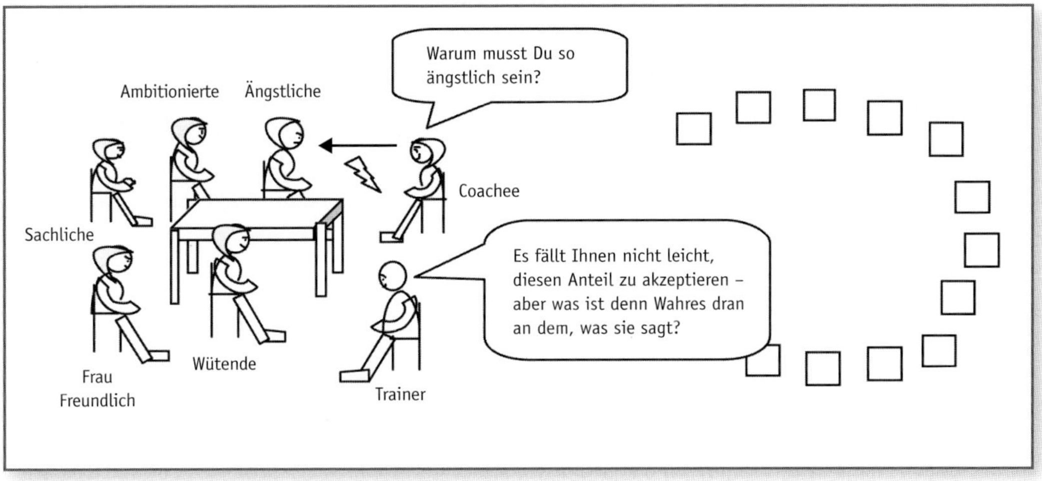

Abb.: Wenn ein Inneres Teammitglied vom Coachee missbilligt wird, interveniert der Trainer.

Trainer (zur Coachee): „*Wen fragen Sie als Nächstes?*"

Coachee: „*Frau Freundlich. Was meinst Du?*"

Frau Freundlich: „*Ich sehe das ähnlich. Ich fände es gut, wenn Du zuerst das Positive sagst. Es gibt doch bestimmt einiges, was Dir an ihm oder an seiner Arbeit gefällt. Das solltest Du zuerst sagen. Dann kannst Du ja auch was Kritisches ansprechen.*"

Coachee: „*Das ist eine gute Idee, dass ich erst das Positive anspreche. Und Du, Wütende, was meinst Du?*"

Wütende: „*Ich finde, Du musst aber auch klar und deutlich bleiben. Und nicht um den heißen Brei drumherum reden.*"

Coachee: „*Das stimmt auch. Und Du, Sachliche, was meinst Du?*"

Sachliche: „Ich finde auch gut, wenn Du erst das Positive und dann das Kritische sagst. Außerdem solltest Du Dir vor dem Gespräch eine Liste machen, welche Punkte Du ansprechen willst und was Du erreichen willst. Und Du musst aufpassen, dass Du Herrn Jung nicht abwertest. Vielleicht kannst Du Dich ja auch vorher mal in seine Lage hineinversetzen."

Coachee: „*Ja, das finde ich gut. Eine Liste zu machen ist auf jeden Fall hilfreich, mir erst mal klarzumachen, was genau ich erreichen will. Und das mit dem Hineinversetzen ist bestimmt gut, auch wenn ich nicht weiß, ob es mir gelingt.*"

Trainer: „*Dann sagen Sie Ihrem Inneren Team mal, wie Sie in das Gespräch gehen wollen. Wie könnte eine Lösung aussehen, die alle Inneren Teammitglieder berücksichtigt?*"

Coachee: „*Grundsätzlich werde ich klar sagen, was mich stört. Aber zunächst möchte ich das Positive ansprechen, denn das gibt es ja weiß*

Gott auch. Das Gespräch werde ich gut vorbereiten und schauen, welche Punkte ich auf jeden Fall ansprechen will. Mir ist wichtig, dass ich einige Punkte kläre, aber auch, dass ich mit Herrn Jung weiter gut zusammenarbeiten kann. Der Gesprächsleitfaden wird mir da sicher eine Hilfe sein."

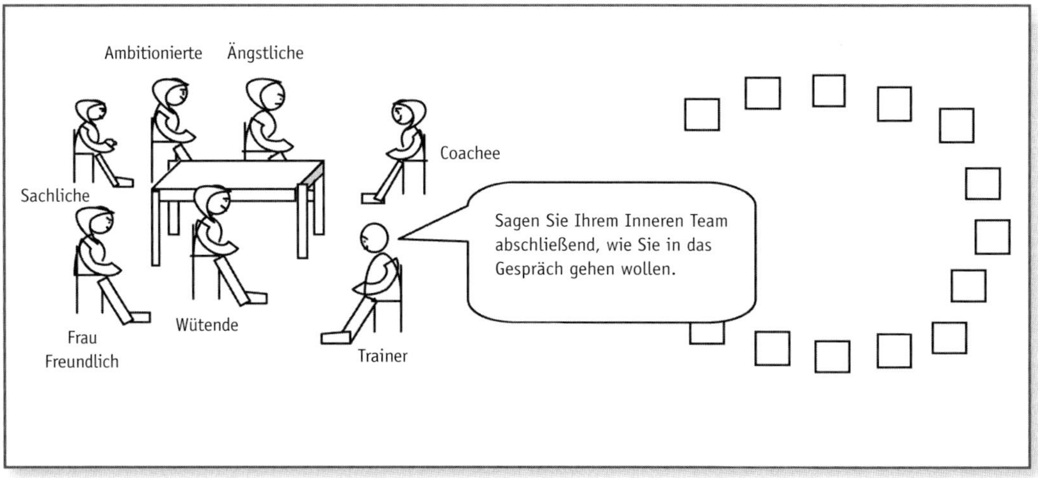

Abb.: Zum Abschluss der Inneren Teambesprechung hat die Coachee das letzte Wort.

Trainer: *„Können wir damit einen Punkt machen?"*
Coachee: *„Ja. Vielen Dank an alle."*
Trainer (zu den Rollenspielern): *„Dann können Sie Ihre Schilder abnehmen, als Zeichen, dass Sie jetzt auch Ihre Rolle wieder abgeben. Vielen Dank."*

GROW: Way forward – Umsetzung

Zur Auswertung der Beratungsarbeit mit dem Inneren Team eignet sich erneut das Sharing: *„Ich möchte auch an diesen Praxisfall gerne wieder ein sogenanntes ‚Sharing' anschließen. Die Fragen dazu sind: ‚Welche ähnlichen Situationen habe ich erlebt?', ‚Welche Inneren Teammitglieder kenne ich?'"*

Hier ist es hilfreich, wenn sich möglichst viele Teilnehmer beteiligen, Wiederholungen schaden nicht. Der Trainer kann dies entsprechend unterstützen.

Zum Abschluss der Praxisberatung geht es darum, vom individuellen Fall zu abstrahieren und allgemeingültige Schlüsse zu ziehen. Bei der Fallarbeit mit dem Inneren Team ist es ratsam, zunächst einige Erläuterungen zu dem theoretischen Modell zu geben:

„Ich denke, es ist sinnvoll, wenn ich Ihnen ein paar Sätze zu dem Modell sage, mit dem wir gerade gearbeitet haben. Dieses Modell des Inneren Teams veranschaulicht die Erkenntnis, dass in uns allen unterschiedliche Regungen, Strebungen und innere Anteile existieren, die miteinander in Konflikt geraten können. Diese unterschiedlichen Anteile können wir uns als Innere Teammitglieder vorstellen, und uns selbst als Chef dieses Inneren Teams.

Die Inneren Teammitglieder von Frau Brause, die wir jetzt kennenlernen durften, können bei anderen Menschen in ähnlicher Weise auch existieren. So hat wohl jeder Mensch ängstliche, wütende oder freundliche Anteile. Allerdings gibt es auch viele Unterschiede von Mensch zu Mensch. Jeder hat sein eigenes individuelles Inneres Team mit ganz persönlichen Inneren Teammitgliedern. So hat vielleicht der eine einen stark ausgeprägten distanzierten, reservierten Anteil, der im Umgang mit Menschen zunächst die Bühne betritt, während jene Inneren Teammitglieder, die sich nach Kontakt und Nähe suchen, viel Zeit brauchen, um sich nach vorne zu wagen. Bei anderen ist genau das Gegenteil der Fall. Da tritt im Kontakt mit anderen Menschen stets ein freundliches, offenes Teammitglied auf, während jene Inneren Teammitglieder, die dafür sorgen, sich abzugrenzen und auch mal ‚Nein' zu sagen, sich kaum einmal nach vorne wagen.

Es ist keine Seltenheit, dass unsere unterschiedlichen Inneren Teammitglieder miteinander in Konflikt geraten. Das kann dann dazu führen, dass wir in der Kommunikation unklar und widersprüchlich werden. Deshalb ist es wichtig für uns, ein gutes Gespür für unsere Inneren Teammitglieder zu entwickeln, um klar und stimmig zu kommunizieren. Welche Fragen und Anmerkungen gibt es dazu?"

Hinweise

- Sowohl für den Coachee als auch für die anderen Teilnehmer ist es in der Regel sehr ungewohnt und befremdlich, die Rolle eines inneren Anteils zu übernehmen und aus dieser Perspektive in der Ich-Form zu sprechen. Daher muss der Trainer hier besonders gut erklären, was die Teilnehmer zu tun haben und was der Sinn und Zweck des Ganzen ist.
- Falls sich für die Diskussion mit dem Inneren Team nicht genügend Rollenspieler finden, hat der Trainer mehrere Möglichkeiten, zu reagieren:
  1. Der Trainer kann werben, etwa mit den folgenden Worten: *„Ich möchte Sie bitten, Frau Brause zu unterstützen und eine Rolle zu*

Wenn sich nicht genügend Rollenspieler finden

übernehmen, damit wir noch einen Schritt weitergehen können und Frau Brause für sich Klarheit findet. Sie müssen nichts Besonderes leisten. Sie kriegen ein paar Sätze vorgegeben und bekommen gesagt, was zu tun ist. Da kann überhaupt nichts schiefgehen."

2. Der Trainer wärmt die Teilnehmer an, indem er sie dazu auffordert, aufzustehen, durch den Raum zu gehen und dabei nacheinander die Körperhaltung der verschiedenen inneren Anteile einzunehmen, hier also der Ängstlichen, der Ambitionierten, der Wütenden usw. Nach dieser Anwärmung kann er noch mal fragen, wer welche Rolle übernimmt.

3. Der Trainer lässt den Coachee bestimmen, welches Innere Teammitglied von welchem Teilnehmer gespielt wird.

- Manchmal taucht nach den theoretischen Erläuterungen am Ende der Fallarbeit die Frage auf, wie man denn ohne einen Berater oder Trainer das Modell für sich selbst nutzen könne. Hier kann der Trainer zunächst die anderen Teilnehmer fragen, welche Ideen sie haben und schließlich ergänzen: *„Gerade in schwierigen Situationen, in denen Sie merken, dass Sie mit sich selbst nicht im Reinen sind, nehmen Sie sich die Zeit, um alle unterschiedlichen inneren Anteile, die Sie spüren, aufzuschreiben und ihre Botschaften festzuhalten. Das schafft innere Klarheit. Dann geht es darum, zu prüfen, welchen ‚Zipfel der Wahrheit' jeder Anteil hat und schließlich zu einer Lösung zu kommen, die diese Aspekte berücksichtigt."*

Varianten

Skulptur des Inneren Teams

Alternativ zur Inneren Teambesprechung kann der Trainer eine Skulptur des Inneren Teams aufbauen lassen.

Das methodische Vorgehen ist dabei identisch mit der Skulpturarbeit, wie sie im siebten Abschnitt dieses Kapitels beschrieben wird (ab Seite 231) – nur dass statt realen Personen innere Anteile dargestellt werden.

Zwar sind Innere Teamskulpturen für die Teilnehmer deutlich gewöhnungsbedürftiger als die Innere Teambesprechung, bei der es ja ähnlich zugeht wie im Arbeitsleben (auch wenn es sich um innere Anteile handelt). Auf der anderen Seite ist die Skulpturarbeit wesentlich ausdrucksstärker, da jedes Innere Teammitglied eine Körperhaltung und einen nonverbalen Ausdruck erhält, was die Selbstexploration und Selbsterkenntnis deutlich fördert. Wenn die Teilnehmer also bereits mit der Methode der Skulpturarbeit vertraut sind, so setze ich sie auch in der Arbeit mit dem Inneren Team gerne ein, da sie sehr plastisch und eindrucksvoll ist und dadurch neue Erkenntnisse noch effektiver zu Tage fördert. Insbesondere das Schlussbild eines „Wunsch-Teams der Inneren Teammitglieder" ist für die Coachees meist sehr einprägsam und hilfreich.

Literatur

- Schulz von Thun, Friedemann: Miteinander reden, Band 3. Das Innere Team und situationsgerechte Kommunikation. Rowohlt, Reinbek, 1998.
- Schulz von Thun, Friedemann/Stegemann, Wibke (Hrsg.): Das Innere Team in Aktion. Praktische Arbeit mit dem Modell. Rowohlt, Reinbek, 2004.
- Schulz von Thun, Friedemann: Praxisberatung in Gruppen. Beltz, Weinheim; Basel, 1996.
- Benien, Karl: Beratung in Aktion. Windmühle, Hamburg, 2003.

13. Walt-Disney-Strategie – Online-Ressource

Indikation

Die Walt-Disney-Strategie ist hilfreich, wenn es darum geht, Ziele und Visionen zu konkretisieren und alltagstauglich zu gestalten. Wenn also ein Coachee vor einem Problem steht und zwar erste Ideen hat, diese aber noch unklar und unausgereift sind, ist die Disney-Methode gut geeignet, um zu mehr Klarheit beizutragen.

Ziele

- Der Coachee generiert Lösungsideen zu einem Problem.
- Er prüft diese Ideen sorgfältig und entwickelt einen durchdachten Umsetzungsplan.

Material

4 Stühle, ein Flipchart mit Instruktionen, vier Notizblöcke und Stifte für den Coachee und die drei Rollenspieler, um alle Aspekte zu protokollieren

Überblick

- Der Coachee stellt vier Stühle für die neutrale Position, die Phasen des Träumens, Planens und Kritischen Überprüfens.
- Für jede Phase wird ein Rollenspieler gewählt.
- Der Coachee beschreibt das Problem und die Ausgangsfrage auf dem neutralen Stuhl.
- Der Coachee nimmt die Position des „Träumens" ein und wird interviewt, während der entsprechende Rollenspieler auf die neutrale Position wechselt und die Aussagen des Träumers mitprotokolliert.
- Im Anschluss wechseln Coachee und Rollenspieler wieder auf ihre ursprünglichen Plätze zurück und der Rollenspieler wiederholt die wichtigsten Aussagen.
- Ebenso wird mit der Phase „Planen" und „Überprüfen" verfahren.
- Anschließend wird der Coachee befragt, wo er in Bezug auf sein Anliegen steht.
- Weitere offene Punkte werden nach dem gleichen Prinzip (Träumen – Planen – Überprüfen) bearbeitet, bis der Coachee das Gefühl hat, einen deutlichen Schritt weitergekommen zu sein.
- Feedback der Rollenspieler und Beobachter.
- Der Coachee hat das letzte Wort.

Erläuterung

Die Walt-Disney-Strategie ist eine Kreativitätstechnik aus dem Neurolinguistischen Programmieren (NLP), die Robert Dilts und Todd Epstein (1991) aus der Analyse von Walt Disneys Arbeitsweise entwickelt haben. Sie stellten fest, dass Disney drei herausragende Qualitäten hatte, die zu seiner einzigartigen Kreativität beitrugen. Dilts beschreibt, es schien als gebe es „drei Walts, den Träumer, den Realisten und den Kritiker“:

1. Der Träumer oder Visionär entwickelt Bilder und Ideen, wie das Problem gelöst werden kann. Wie bei einem Brainstorming entwickelt er zahlreiche, zum Teil auch verrückte Ideen, auf der Basis, dass alles möglich und machbar ist.
2. Der Realist oder Praktiker denkt und handelt so, dass die Umsetzung des Traums möglich wird. Dabei hat er die Rahmenbedingungen, innerhalb derer die Umsetzung erfolgen muss, im Blick. Er überlegt sorgfältig die einzelnen Schritte zur Verwirklichung. Er überlegt, wie ein Ziel zu erreichen ist und woran das Erreichen zu erkennen ist.
3. Der Kritiker analysiert mögliche Probleme und Risiken bei der Umsetzung aus einer kritischen Distanz (Meta-Position) heraus. Mit der inneren Grundhaltung, dass der Traum machbar ist, untersucht er die Pläne der Realisten, um Risiken und Herausforderungen zu identifizieren und zu bewältigen.

Dilts und Epstein entwickelten dieses Prinzip zu einer Kreativitätstechnik weiter, die darauf basiert, die verschiedenen Elemente voneinander zu trennen und nacheinander zu durchlaufen. Die Technik lässt sich sowohl in der Einzelberatung als auch im Gruppencoaching einsetzen. In der Arbeit mit Gruppen hat man den Vorteil, dass man die Rollen mit Teilnehmern besetzen kann, die oft zusätzliche Impulse beitragen.

Vorgehen

Das Vorgehen der Walt-Disney-Strategie wird Ihnen am Beispiel von Herrn Marx erläutert. Dieser überlegt, ein IT-Beratungsunternehmen zu gründen. Seine Frage lautet nun: „Wie kann ich mich erfolgreich selbstständig machen?“

Wie der Trainer das Anliegen bearbeitet, lesen Sie in den Online-Ressourcen. Den Download-Link finden Sie in der Umschlagklappe.

Coaching-Methoden für alle Fälle

14. Reflecting Team – Online-Ressource

Indikation

Das „Reflektierende Team“ kann bei einer Vielzahl von Themen eingesetzt werden; die Methode ist nicht an bestimmte Fragestellungen gebunden und kann daher als „Methode für alle Fälle“ bezeichnet werden. Sie ist insbesondere dann geeignet, wenn der Coachee eigene Anteile am Problem bislang wenig reflektieren kann und Feedback aus der Gruppe helfen kann, andere Sichtweisen auf das eingebrachte Thema und das eigene Verhalten zu finden.

Ziele

- Der Coachee erhält Feedback von anderen Teilnehmern.
- Er entwickelt neue Sichtweisen auf die eigene Fragestellung und kann Lösungsmöglichkeiten finden.

Material

Keines

Überblick

- Die Seminargruppe setzt sich im Kreis zusammen; Trainer und Coachee sitzen außerhalb des Kreises.
- Die Teilnehmer tauschen sich zu verschiedenen Fragestellungen oder Satzanfängen aus, die der Trainer anleitet, zum Beispiel:
- Wahrnehmungen und Hypothesen: „Mir fällt auf, dass ...“ und „Ich könnte mir vorstellen, dass ...“
- Identifikations-Feedback: „Wenn ich mich mit dem Coachee/den anderen Beteiligten identifiziere, fühle ich mich ...“

- Lösungen und Stolpersteine: „Was die Situation verbessern könnte, ist ...“ und „Was die Situation verschlimmern könnte, ist ...“
- Am Ende jeder Reflexionsrunde schildert der Coachee, was er aus der Runde mitnimmt.

Erläuterung

Die Methode des „Reflecting Teams“ stammt aus der systemischen Beratung und wurde von dem norwegischen Familientherapeuten Tom Andersen (1990) entwickelt. Es basiert auf der Annahme, dass Veränderungen optimal dort entstehen, wo es „einen Freiraum für den Gedankenaustausch zwischen zwei oder mehreren Menschen gibt, und wo die individuelle Integrität beider oder aller gesichert ist“ (Andersen, zit. nach v. Schlippe/Schweitzer 2002, S. 199). Dabei geht es nicht darum die „Wahrheit“ herauszufinden, sondern unterschiedliche Wahrnehmungen und Hypothesen nebeneinander stehen und gelten zu lassen. Die Existenz einer objektiven Wahrheit und „richtigen“ Sicht der Dinge wird in der konstruktivistischen Sichtweise dieses Beratungsansatzes radikal infrage gestellt. Vielmehr geht es darum, einen lebendigen Austausch zu ermöglichen und die Perspektive des Ratsuchenden zu erweitern, sodass neue Denk- und Handlungsmöglichkeiten entstehen können. Konkret funktioniert die Arbeit mit dem Reflektierenden Team so, dass ein Beraterteam den Beratungsprozess zwischen Berater und Klienten verfolgt und nach Aufforderung durch den Berater ein Gespräch über das Wahrgenommene, d.h. ein Gespräch über das Gespräch, in Gang bringt. Dabei sprechen die Berater nicht zu den Klienten, sondern tauschen untereinander ihre Wahrnehmungen und Hypothesen aus, wobei sie darauf achten, dass sie stets wertschätzend über die Klienten sprechen und ihre Aussagen als Vermutungen und nicht als Feststellungen formulieren. Anschließend haben die Klienten die Möglichkeit, über das Gehörte und die Wirkung auf sie zu sprechen.

Vorgehen

Der Trainer bearbeitet die Methode anhand des Falls von Frau Sonnleitner, einer Controlling-Mitarbeiterin eines Dienstleistungsunternehmens. Ihr Thema lautet: „Nett aber nervig – Warum nervt mich mein Kollege so?“ Die komplette Darstellugn lesen Sie in den Online-Ressourcen. Den Download-Link finden Sie in der Umschlagklappe.

15. Kollegiales Coaching

Indikation

„Kollegiales Coaching" ist immer dann indiziert, wenn die Teilnehmer bereits mit der Coaching-Methode vertraut und in der Lage sind, einander gegenseitig ohne Anleitung des Trainers zu beraten. Dies macht im Kontext eines Seminars oder Workshops insbesondere dann Sinn, wenn noch mehrere Anliegen auf der Agenda stehen, aber die Zeit nicht mehr ausreicht, um sie im Plenum zu bearbeiten. Dann bietet es sich an, die Anliegen in Kleingruppen bearbeiten zu lassen. Hierfür stellt der Trainer den Teilnehmern eine klare Struktur zur Verfügung, damit die Session möglichst effektiv verläuft.

Ziele

Die Teilnehmer entwickeln Lösungsmöglichkeiten für individuelle Anliegen und Fragen.

Zeit

60 Minuten (5 Min. Themenwahl, 45 Min. Kollegiales Coaching, 10 Min. Bericht der Coachees)

Material

Flipchart und Arbeitsblatt „Kollegiales Coaching"

Überblick

- Der Trainer stellt eine Struktur zum Kollegialen Coaching am Flipchart vor und teilt die Arbeitsblätter aus.
- Die Teilnehmer teilen sich per soziometrischer Wahl in Kleingruppen auf.
- Kollegiales Coaching in Kleingruppen anhand der vorgestellten Struktur.
- Die Coachees berichten im Plenum von den Anregungen, die sie erhalten haben.

Erläuterung

Beim Kollegialen Coaching beraten sich die Teilnehmer gegenseitig anhand einer vorgegebenen Struktur, ohne dass ein Leiter anwesend ist. Die angegebene Struktur dient dazu, die Beratungssequenz effizient zu gestalten und typische Fallstricke wie das Erteilen von „Rat-Schlägen" zu vermeiden. Dies funktioniert in der Regel nur dann, wenn die Teilnehmer zuvor bereits Erfahrung in der Bearbeitung von Anliegen gesammelt haben und zentrale Kompetenzen, wie das konstruktive Geben und Nehmen von Feedback, erworben haben. In der Literatur wird Kollegiales Coaching auch als kollegiale (Fach-)Beratung, Peer-Supervision oder Intervision bezeichnet (vgl. Lippmann 2004). Es gibt verschiedene Methoden und Vorgehensweisen zur Gestaltung des Kollegialen Coachings. Im Folgenden wird eine Struktur vorgestellt, die das GROW-Modell mit Elementen des Reflecting Teams kombiniert. Das GROW-Modell dient als Grundstruktur. In den Phasen „Reality" und „Options" wird jeweils eine Sequenz eingefügt, bei der die Coachs – wie es für das Reflecting Team typisch ist – ihre Wahrnehmungen und Hypothesen untereinander austauschen, ohne mit dem Coachee zu interagieren. Die Interaktion zwischen den Beratern und dem Coachee wird in diesen Momenten gezielt unterbrochen, um den Coachee dazu zu bringen, sich auf alternative Wahrnehmungen und Interpretationsmuster gezielt einzulassen. Der Coachee wird praktisch dazu genötigt, von den eigenen Deutungsmustern Abstand zu nehmen und sich auf andere Weltsichten einzulassen. Dies kann dazu beitragen, dass sich dem Coachee neue Sichtweisen und Handlungsoptionen erschließen.

Vorgehen

Besonders gut in der Schlussphase geeignet

Wie dargestellt, bietet sich die Methode des Kollegialen Coachings insbesondere in der Schlussphase eines Trainings oder Workshops an, wenn die Zeit für die noch zu bearbeitenden Anliegen knapp wird. Dann können die offenen Fragestellungen in Kleingruppen bearbeitet werden. Im folgenden Beispiel sind nach der Mittagspause eines Führungstrainings noch drei Anliegen offen.

„Wir haben nun noch drei Anliegen auf der Agenda stehen. Um sie im Plenum zu bearbeiten, wird die Zeit nicht mehr auseichen. Deshalb schlage ich vor, die Coaching Sessions in Kleingruppen zu verlagern. Dies hat zum einen den Vorteil, dass alle potenziellen Coachees noch Anregungen zu ihrer Fragestellung erhalten können. Alle anderen werden als Coach fungieren und haben dadurch die Gelegenheit, die eigenen Coaching Skills weiter zu trainieren, was im Führungsalltag bei Mitarbeitergesprächen sehr hilfreich sein kann."

Vorgehen beim Kollegialen Coaching

Nach dieser Einleitung und der Darstellung des Nutzens der Methode für die Teilnehmer, erläutert der Trainer das Vorgehen beim Kollegialen Coaching anhand des GROW-Modells am Flipchart:

„Sie werden insgesamt ***45 Minuten*** *Zeit für diese Sequenz haben. Es gibt in jeder Kleingruppe einen Coachee, der seine Fragestellung einbringt und drei Coachs. Klären Sie bitte gleich zu Beginn, wer von den Coachs auf die Zeit und die Einhaltung der Struktur achtet.*

Die Struktur orientiert sich am GROW-Modell:

1. Goal

*In der ersten Phase geht es – wie immer – um das ‚**Goal**', das Ziel. Ist das Ziel bereits klar, konkret und realistisch? Falls nicht, haken die Coachs hier nach, um dies sicherzustellen. Dies sollte nicht mehr als fünf Minuten in Anspruch nehmen.*

2. Reality

*In der zweiten Phase geht es um ‚**Reality**' – die Analyse der Situation. Diese gliedert sich in zwei Teile. Im ersten Teil erläutert der Coachee die Situation. Die Coachs dürfen lediglich Fragen stellen, eigene Vorschläge oder Lösungsideen sind strengstens verboten. Alle offenen Fragen, die zur Klärung und Analyse der Situation dienen, sind hingegen erwünscht. Ich werde Ihnen gleich ein Arbeitsblatt austeilen, auf dem Sie einige Beispiele für solche Fragen finden. Diese Phase sollte maximal 15 Minuten dauern.*

Im zweiten Teil der Situationsanalyse erfolgt das Feedback der Coachs. Dieses erfolgt allerdings indirekt: Die Coachs sprechen den Coachee nicht direkt an, sondern reden miteinander und tun so, als sei der Coachee gar nicht da. Die Coachs sprechen darüber, was ihnen auffällt, welche Beobachtungen sie gemacht haben, welche Hypothesen sie gebildet haben und wie es ihnen geht, wenn sie sich in den Coachee und in die anderen Beteiligten hineinversetzen. Für den Coachee ist das eine besonders spannende Phase, denn er erfährt ungefiltert, was die anderen in der Gruppe denken. Damit dies funktioniert, muss der Coachee allerdings hier der Versuchung widerstehen, nachzufragen oder mitzudiskutieren. Er darf hier nur zuhören. Dieses indirekte Feedback sollte maximal fünf Minuten dauern.

3. Options

*In der dritten Phase geht es um ‚**Options**' – Lösungsoptionen. Auch diese Phase gliedert sich wieder in zwei Teile: Im ersten Teil stellen die Coachs wieder alle möglichen Fragen, die diesmal darauf abzielen, Lösungsoptionen zu sammeln und zu analysieren. Einige dieser Fragen finden Sie wieder auf dem Arbeitsblatt, das ich Ihnen gleich gebe.*

Anschließend geben die Coachs wieder indirektes Feedback, indem sie sich miteinander über die unterschiedlichen Lösungsoptionen und ihren möglichen Auswirkungen austauschen. Auch hier darf der Coachee wieder nur zuhören und nicht mitdiskutieren. Für die Phase ‚Options' stehen insgesamt 15 Minuten zur Verfügung – zehn für die Fragen und fünf für das indirekte Feedback.

4. Way forward

*In der vierten und letzten Phase ‚**Way forward**' – Umsetzung – gibt der Coachee eine Rückmeldung dazu, wo er in Bezug auf das anfangs formulierte Ziel steht. Dann geht es darum, die nächsten Schritte zu planen."*

Abb.: Das Flipchart „Kollegiales Coaching" gibt den Teilnehmern ein Schema an die Hand, mit dessen Hilfe sie sich gegenseitig konstruktiv beraten können.

Wenn es hierzu keine Fragen gibt, leitet der Trainer die Aufteilung in Kleingruppen an. Hier empfiehlt es sich, den Teilnehmern zu ermöglichen, sich mit jenen Themen zu beschäftigen, die sie am meisten interessieren. Daher wählt der Trainer hier ein soziometrisches Vorgehen. Allerdings muss gleichzeitig gewährleistet sein, dass sich die Teilnehmer gleichmäßig verteilen.

Der Trainer bittet die Coachees, ihr Thema mit ein oder zwei Stichworten auf eine Moderationskarte zu schreiben und die Fragestellung ggf. kurz zu erläutern. Dann sorgt der Trainer dafür, dass die Moderationskarten mit den Themen gleichmäßig auf dem Boden verteilt werden und fordert die Teilnehmer auf, sich gleichmäßig zu den drei Themen aufzuteilen.

Abb.: Die Teilnehmer teilen sich nach Interesse am Thema zum Kollegialen Coaching auf.

Während des anschließenden Kollegialen Coachings steht der Trainer zur Verfügung, um die Kleingruppen bei Bedarf unterstützen zu können.

Nachdem die Teilnehmer ihre Session in den Kleingruppen beendet haben, folgt ein kurzer Bericht im Plenum.

Hinweise

- Aus meiner Sicht ist es sehr empfehlenswert, die Methode des Kollegialen Coachings gegen Ende eines Workshops oder Seminars einzusetzen, da damit der Übergang in den Alltag eingeleitet wird, in dem kein Trainer mehr zur Verfügung steht. Die Teilnehmer beraten sich untereinander anhand einer strukturierten Methode. Dies kann den Boden bereiten, um sich später ggf. weiterhin zu treffen und zu relevanten Themen auszutauschen. Kollegiales Coaching kann dadurch als zentrale Methode der Personal- und Organisationsentwicklung in die Organisation getragen werden.
- Wie bereits geschildert, bietet das Kollegiale Coaching darüber hinaus den Vorteil, dass die Coachs ihre Coaching-Kompetenzen trainieren können. Wenn die Session abschließend im Plenum reflektiert wird, erhalten sie auch noch ein Feedback, inwiefern ihr Coaching für den Coachee von Nutzen war.

Varianten

Die Auswertung der Kleingruppen-Arbeit kann auch per „Fish Bowl“ durchgeführt werden. Bei dieser (auch Innen-/Außenkreis-Methode genannten) Technik spricht eine Kleingruppe im Innenkreis (im „Goldfischglas“) miteinander, während die übrigen Teilnehmer in einem Außenkreis die Diskussion beobachten.

„Jede Kleingruppe hat Gelegenheit zu berichten, wie die Coaching-Sequenz gelaufen ist. Dazu möchte ich zunächst die Kleingruppe zum Thema A bitten, sich in einem kleinen Kreis in der Mitte zusammenzusetzen. Ich erkläre gleich, wie es weitergeht.“

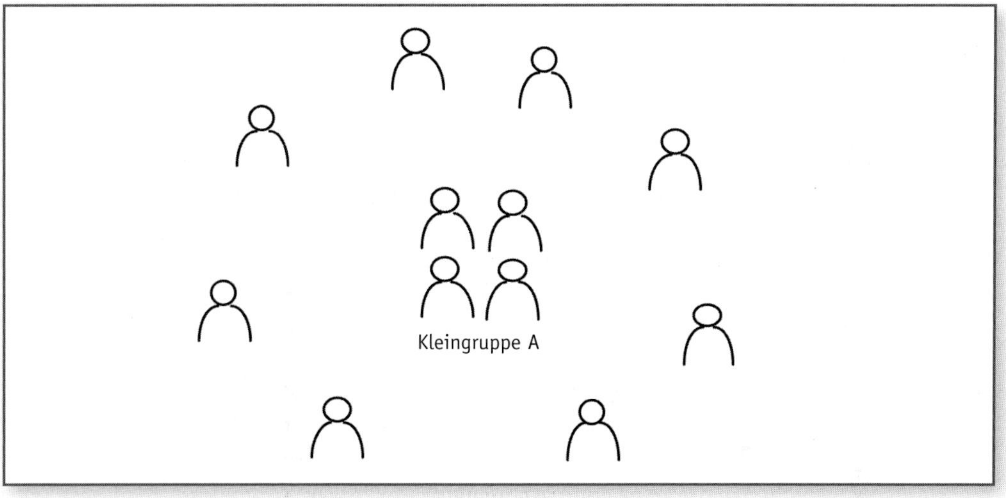

Abb.: Bei der Auswertung im Fish Bowl setzen sich die Mitglieder einer Kleingruppe in die Mitte des Kreises und sprechen miteinander darüber, wie sie das Kollegiale Coaching erlebt haben. Sie tun dabei so, als seien sie unter sich.

Sobald die Mitglieder der Kleingruppe zum Thema A im Innenkreis Platz genommen haben, wird die Instruktion fortgeführt: *„Ich möchte Sie bitten, sich innerhalb der Gruppe darüber auszutauschen, wie Sie die Coaching Session erlebt haben. Dabei tun Sie so, als wären wir außen gar nicht da. Zunächst schildern die Coachs kurz, wie es ihnen in ihrer Rolle als Coach ergangen ist. Zum Schluss würde ich gerne vom Coachee wissen, was er von der Session mitgenommen hat.“*

Literatur

- Tietze, Kim-Oliver/Schulz von Thun, Friedemann: Kollegiale Beratung: Problemlösungen gemeinsam entwickeln. Rowohlt. Reinbek, 2003.
- Lippmann, Eric: Intervision. Kollegiales Coaching professionell gestalten. Springer. Berlin, Heidelberg, 2004.

Leitfaden zum Kollegialen Coaching

Nehmen Sie sich insgesamt **45 Minuten** Zeit für diese Sequenz. Klären Sie untereinander, wer von den Coachs auf die Zeit und die Einhaltung der Struktur achtet. Es ist wichtig, dafür zu sorgen, dass auch für die letzten beiden Phasen noch ausreichend Zeit zur Verfügung steht.

Gehen Sie beim Kollegialen Coaching anhand des GROW-Modells vor.

1. Goal - Zielvereinbarung (max. 5 Minuten)
Der Coachee formuliert sein Ziel: Was möchte er in dieser Session erreichen? Die Coachs fragen ggf. nach und überprüfen, inwiefern das Ziel klar, konkret und realistisch ist.

2. Reality – Ist-Analyse (max. 20 Minuten)
Diese Phase gliedert sich in zwei Teile: Fragen (15 Min.) und Feedback (5 Min.)
Der Coachee erläutert die Situation. Die Coachs dürfen lediglich Fragen stellen, eigene Vorschläge oder Lösungsideen sind strengstens verboten. Alle Fragen, die zur Klärung und Analyse der Situation dienen, sind erwünscht. Hier einige Beispiele zur Anregung:

- Wie ist die Situation genau?
- Worin äußert sich das „Problem"? Wann äußert es sich, wann nicht? Wann ist es anders?
- Wie ist der Verlauf? Wie war es am Anfang? Welche Veränderungen gab es? Wie ist es aktuell? Wann und wodurch traten Veränderungen auf?
- Wer ist beteiligt? Wer ist indirekt betroffen? Wenn ich die anderen Beteiligten fragen würde, wie würden sie die Situation beschreiben? Wie würden sie indirekt Beteiligte beschreiben?
- Wer hat welche Interessen? Wer hat welchen Nutzen aus der Situation?
- Was haben Sie dazu beigetragen, dass die Situation so ist, wie sie ist?

Feedback (5 Min.) Die Coachs sprechen miteinander über die Situation und schildern ihre Eindrücke, Beobachtungen und Hypothesen. Folgende Aspekte können hierbei u.a. thematisiert werden:

- Was fällt mir auf?
- Welche Hypothesen habe ich dazu, wie der Coachee selbst zu der Situation beigetragen hat?
- Wie geht es mir, wenn ich mich mit dem Coachee/den anderen Beteiligten identifiziere?

Die Coachs tun in dieser Phase so, als sei der Coachee nicht anwesend. Der Coachee hingegen darf lediglich zuhören, aber keine Fragen stellen oder ins Gespräch einsteigen.

3. Options – Lösungsoptionen (max. 15 Minuten)
Auch diese Phase gliedert sich wieder in zwei Teile:
Fragen (10 Min.) Die Coachs stellen Fragen, die dazu beitragen sollen, Lösungsoptionen zu sammeln und zu analysieren. Auch diesmal dürfen sie zur Klärung und Analyse der Lösungsoptionen lediglich Fragen stellen. Eigene Vorschläge oder Lösungsideen sind strengstens verboten. Alle Fragen, die zur Klärung und Analyse der Situation dienen, sind erwünscht. Hier einige Beispiele zur Anregung:

- Was haben Sie bereits unternommen, um das Problem zu lösen? Mit welchem Ergebnis?
- Was müssten Sie tun, um das Problem zu verschlimmern?
- Wenn über Nacht ein Wunder geschehen würde, wie wäre die Situation dann?
- Wer könnte Ihnen helfen?
- Angenommen, das Problem ist gelöst und Sie schauen zurück, was haben Sie als Erstes getan?
- Wenn Sie später Ihren Enkeln von dem Problem erzählen, welche positiven Seiten hat es gehabt?

Feedback (5 Min.) Die Coachs sprechen miteinander über die unterschiedlichen Lösungsoptionen und über mögliche Auswirkungen: Was würde aus ihrer Sicht die Situation verbessern bzw. verschlimmern? Welche Lösungsmöglichkeiten wurden ggf. übersehen und könnte es noch geben? Auch hier darf der Coachee lediglich zuhören.

4. Way forward – Umsetzung (max. 5 Minuten)
Der Coachee schildert, wo er in Bezug auf das anfangs formulierte Ziel steht. Bei der Planung der Umsetzung können die Coachs etwa durch folgende Fragen helfen:

- Was werden Sie konkret tun?
- Was ist Ihr erster Schritt?
- Welche Hindernisse könnten auftreten und wie gehen Sie damit um?
- Wo holen Sie sich Unterstützung?
- Woran werden Sie merken, dass Sie Ihr Ziel erreicht haben?
- Auf einer Skala von 0-10, wie viel Energie haben Sie für die Umsetzung?

Zum Einsatz der Coaching-Methoden

Glossar der verwendeten Interventionstechniken – und wie Sie diese im Management-Training einsetzen

Methode	Definition	Wie im Management-Training einsetzen?
Aufbau der Szene	Um am Thema des Coachee praxisorientiert zu arbeiten, ist es wichtig, seine subjektive Realität „in den Seminarraum zu holen". Dies geschieht, indem die jeweilige Szene mit einfachen Mitteln und Gegenständen aufgebaut wird.	*„Wo findet das Gespräch statt?"* *„Wie sieht es dort aus?"* *„Damit wir uns die Situation vorstellen können, nehmen Sie sich bitte Stühle und weitere Gegenstände und bauen Sie sie hier auf."*
Rollen besetzen	Damit eine Situation aus dem echten Leben simuliert werden kann, müssen die dazugehörenden Personen durch Rollenspieler dargestellt werden.	*„Wer ist in dieser Situation anwesend?"* *„Bitte wählen Sie jemand für X (Y, Z)."* Wichtig ist, dass der Coachee die Rollenspieler bestimmt, damit die Szene für ihn „stimmig" ist.
Vorstellen im Rollentausch	Um die Rollenspieler zu instruieren und um sich in die anderen Akteure einzufühlen, übernimmt der Coachee zunächst kurz die jeweilige Rolle und demonstriert das Verhalten der betreffenden Person. Der Rollenspieler verlässt so lange seinen Platz, um das Verhalten des Coachee im Rollentausch beobachten und anschließend nachahmen zu können.	Zum Coachee: *„Jetzt brauchen die Rollenspieler noch Instruktionen. Deshalb möchte ich Sie bitten, kurz Ihren Platz einzunehmen und sich in die jeweilige Rolle zu versetzen. Schlüpfen Sie kurz in die Rolle und stellen sie uns vor, indem Sie in der Ich-Form sprechen."*

Methode	Definition	Wie im Management-Training einsetzen?
Eindoppeln (Instruieren/ Briefen)	Um den Rollenspieler zu instruieren, stellt sich der Coachee hinter ihn und stellt die Person aus der Ich-Perspektive vor, die dieser darstellen soll. Der Trainer kann ihn hierbei interviewen.	*„Damit wir ein Gefühl dafür bekommen, wie diese Person die Situation sieht, möchte ich Sie bitten, sie uns kurz vorzustellen. Bitte stellen Sie sich dazu hinter den Rollenspieler. Schlüpfen Sie kurz in diese Rolle und stellen Sie sie vor, indem Sie in der Ich-Form sprechen."* Der Trainer interviewt den Coachee in Bezug auf die jeweilige Person und Rolle, ihre Beziehung zum Coachee und ihre Einstellung zum Anliegen.
Kernbotschaft (Haupt-Statement)	Zum Schluss des Eindoppelns kann der Leiter den Coachee auffordern, die Aussagen der jeweiligen Rolle in einer Kernbotschaft – einem Haupt-Statement – zu verdichten. Dieses Statement bringt auf den Punkt, welche die (vom Coachee vermutete) Antwort der jeweiligen Person auf die Leitfrage ist. Diese Technik wird insbesondere bei der Skulpturarbeit eingesetzt.	*„Wenn Sie nur einen ehrlichen und unverblümten Satz zu der Ausgangsfrage sagen würden, wie würde er lauten?"* Der Trainer achtet darauf, dass der Coachee jeweils eine kurze und prägnante Kernbotschaft zu jeder Rolle findet. Sobald diese gefunden ist, bittet er den Rollenspieler, sie zu wiederholen und ggf. aufzuschreiben, damit dieser sie sich einprägen kann.
Rollenwechsel	Beim Rollenwechsel übernimmt der Coachee die Rolle einer anderen Person, ohne dass ein anderer Teilnehmer in die Rolle des Coachee schlüpft.	*„Damit wir uns besser vorstellen können, wie X die Situation sehen würde, schlüpfen Sie bitte in die Rolle von X. Versuchen Sie, sich voll und ganz in diese Rolle hineinzuversetzen, indem Sie in der Ich-Form als X sprechen."*
Rollentausch	Der Coachee und ein Rollenspieler tauschen ihre Rollen. Hierdurch kann der Coachee eine andere Perspektive übernehmen und die Wirkung des eigenen Handelns aus dieser Sicht erleben.	*„Tauschen Sie doch mal kurz die Rolle mit X, damit Sie sehen, wie die Situation aus dessen Perspektive wirkt."*

Methode	**Definition**	**Wie im Management-Training einsetzen?**
Doppeln	Beim Doppeln stellt sich der Trainer oder ein Teilnehmer hinter bzw. neben den Coachee und spricht aus dessen Rolle in der Ich-Form Gedanken und Gefühle aus, die er beim Coachee wahrzunehmen glaubt. Die gedoppelten Inhalte kann der Coachee aufgreifen und weiterentwickeln oder ablehnen. Sie dienen dem Coachee in jedem Falle dazu, eigene Gefühle und Interessen zu erforschen, zu erkennen und zu artikulieren.	Um als Trainer das Doppeln des Coachee anzukündigen: *„Ich werde Sie unterstützen, indem ich mich neben Sie stelle und Ihnen Vorschläge mache, was Sie noch sagen könnten. Sie können das dann aufgreifen oder verwerfen."* Wenn die Teilnehmer doppeln sollen (zum Coachee): *„Falls Sie nicht weiterwissen, können Sie sich jemand aus der Gruppe holen, der Sie unterstützt. Er stellt sich dann hinter Sie und sagt ein paar Sätze für Sie. Wenn Sie die stimmig finden, können Sie sie übernehmen."*
Innerer Monolog („Lautes Denken")	Der Trainer hält die Szene an und bittet den Coachee, die Gedanken und Gefühle, die er in der echten Situation nicht geäußert hat, zu verbalisieren.	*„Denken Sie mal laut."* Anschließend fragt der Trainer nach, hört aktiv zu und doppelt. Ziel ist es, eine innere Klärung herbeizuführen, um anschließend auch nach außen hin klarer kommunizieren zu können.
Spiegeln	Die Rolle des Coachee wird von einem Rollenspieler übernommen, der dessen Verhalten nachahmt (spiegelt). Der Coachee beobachtet die Szene von außen, sodass er sich wie in einem Spiegel sehen kann.	Zum Coachee: *„Gehen Sie bitte raus aus der Szene und schauen sie sich von außen an. Suchen Sie sich einen Platz, von dem Sie einen guten Überblick haben."* Zum Rollenspieler („Doppelgänger"): *„Nehmen Sie bitte den Platz des Coachee ein und versuchen Sie, möglichst genauso zu handeln, wie er es eben getan hat."*

Methode	Definition	Wie im Management-Training einsetzen?
Entrollen	Wenn die methodische Bearbeitung beendet ist, werden alle Rollenspieler aus ihren Rollen „entlassen". Dies formuliert der Trainer, wenn er die Szene auflöst und ein Platzwechsel vorgenommen wird. Dadurch wird sichergestellt, dass sie sich bewusst von der Rolle disidentifizieren und lösen.	*„Herr X, vielen Dank, dass Sie die Rolle als Y übernommen haben. Sie sind nun aus der Rolle entlassen und sind jetzt wieder Herr X. Nehmen Sie nun gerne wieder im Stuhlkreis Platz."*
Sharing	In der Auswertung teilen die Gruppenmitglieder eigene Erfahrungen mit, die jenen des Coachee ähneln. Dadurch erfährt der Coachee, dass er mit seinem „Problem" nicht alleine dasteht. Moreno spricht davon, dass der Coachee, der sich in der Arbeit seelisch „ausgezogen" und viel von sich gezeigt hat, im Sharing wieder „angezogen" wird.	*„Im nächsten Schritt geht die Frage an alle: Woher kennen Sie Situationen, in denen Sie Ähnliches erlebt haben wie der Coachee? Welche Aspekte können Sie teilen? Wo ist es Ihnen schon einmal ähnlich ergangen?"* Wichtig ist, dass hier keine Ratschläge gegeben werden, sondern ähnliche Erlebnisse oder Gefühle geteilt werden.
Rollen-Feedback	Die Rollenspieler schildern, wie es ihnen in ihrer Rolle ergangen ist und wie sie den Coachee aus dieser Perspektive wahrgenommen haben.	*„Welche Rückmeldungen haben Sie aus Ihren Rollen? Was ist Ihnen aufgefallen? Was möchten Sie dem Coachee aus der Perspektive der Rolle, die Sie übernommen hatten, mitteilen?"*
Beobachter-Feedback	Beim Beobachter-Feedback werden jene Teilnehmer gebeten, die nicht als Rollenspieler involviert waren, dem Coachee ein Feedback zu geben. Dies erfolgt nach dem „Sharing" und dem „Rollen-Feedback".	*„Was ist Ihnen von außen aufgefallen? Welche Rückmeldungen haben Sie an den Coachee?"* Der Trainer achtet dabei konsequent auf die Einhaltung der Feedback-Regeln. Insbesondere besteht er darauf, dass Beobachtungen und nicht Bewertungen zurückgemeldet werden.

Dos und Don'ts

Coaching-Sequenzen im Seminar anzuleiten gehört zu den anspruchsvollsten Aufgaben eines Trainers. Auch wenn dies einer fundierten Ausbildung bedarf, so gibt es doch eine Reihe von Leitlinien, an denen man sich orientieren kann, um die wichtigsten Hindernisse erfolgreich zu meistern.

Den Auftrag klären und immer im Blick haben

O.K. zum Vorgehen einholen

Die wichtigste Grundlage des Coachings ist stets das Ziel, das der Coachee in der ersten Phase („Goal") definiert. Hier wird geklärt, was der Coachee für sich herausfinden möchte. Oft kann der Coachee dies nicht auf Anhieb sagen und fängt stattdessen an, das Problem ausführlich darzustellen oder nennt gleich eine Reihe möglicher Ziele. Hier ist es elementar, dass der Trainer freundlich, aber bestimmt darauf besteht, ein konkretes Ziel für die Coaching-Sitzung zu vereinbaren. Auf dieser Basis erfragt er dann Informationen („Reality") und bietet anschließend eine Methode an, um in Bezug auf das Ziel einen Schritt weiterzukommen. Der Trainer holt vom Coachee das „O.K." zum Vorgehen ein, bevor er loslegt. Dabei nennt er nicht den Fachbegriff für die jeweilige Methode, sondern formuliert seinen Vorschlag in möglichst einfachen, verständlichen Worten.

Beispiel: *„Ich schlage vor, dass Sie dieses schwierige Gespräch mit Ihrem Mitarbeiter hier probehalber durchführen und sich danach Feedback von den Kollegen einholen."*

Anschließend setzt der Trainer „auftragsgemäß" die gewählte Methode ein und überprüft während der Bearbeitung, was in Bezug auf das Ziel weitere sinnvolle Schritte sind. Am Ende wird kontrolliert, ob der Auftrag erledigt ist: *„Wo stehen Sie in Bezug auf Ihr Ziel?"*

Es ist also fast wie beim Handwerker: Der Kunde muss am Anfang klar sagen, was er will. Der Handwerker sagt, wie er den Auftrag bearbeiten möchte und fragt, ob dies im Sinne des Kunden ist. Ist dies der Fall, wird „gewerkelt" (wobei der Kunde im Coaching mitarbeiten muss).

Zwischendurch überprüft der Handwerker, ob er auf dem richtigen Weg ist. Und zum Schluss wird geklärt, ob der Auftrag erledigt ist oder noch daran gefeilt werden muss.

Der Trainer ist für den Prozess verantwortlich, nicht für die Lösung

„Trust the process"

Dies ist ein alter, bekannter Leitsatz – und doch ist es gar nicht so leicht, ihn umzusetzen. Auch wenn man sich dieses Prinzips in der Theorie bewusst ist, baut sich beim Anleiten einer Fallarbeit doch regelmäßig der Druck auf, das „Problem" des Coachee „lösen" zu wollen. Man glaubt zu wissen, was für den Coachee gut ist, wird ungeduldig oder verzweifelt ob der Schwierigkeit des Anliegens. All diese Gefühle spiegeln letztlich nur die – nicht immer bewusste – Annahme, dass man selbst das Problem des Coachee lösen könnte bzw. sollte. Tatsächlich kann dies jedoch nur der Coachee selbst. Deshalb gilt es, die beschriebenen Impulse zu registrieren, ohne ihnen nachzugeben. Der Trainer ist ausschließlich für den Prozess verantwortlich, der Coachee hingegen für die Inhalte und Lösungen. Sich dies immer wieder bewusst zu machen, kann helfen, sich zu entspannen, allen Lösungsdruck loszulassen und sich ganz auf die Begleitung des Coachee zu konzentrieren. Um es mit den Worten von Fritz Perls, dem Begründer der Gestalttherapie, zu sagen: „Trust the process."

Anweisungen statt Fragen

Glasklare Anweisungen

Der Trainer ist zwar „nur" für den Prozess verantwortlich, diesen muss er jedoch mit klaren Instruktionen gestalten und steuern. Seine Interventionen während der Fallarbeit sollten aus klaren Anweisungen bestehen: *„Wählen Sie jemand, der die Rolle Ihres Chefs übernimmt"*, ist daher eine bessere Formulierung als *„Wollen Sie mal jemand aussuchen, der Ihren Chef spielen kann?"* – *„Nehmen Sie die Rolle Ihres Mitarbeiters ein"*, ist besser als *„Möchten Sie vielleicht mal die Rolle Ihres Mitarbeiters einnehmen?"*

Wenn der Trainer während der Fallarbeit dem Teilnehmer die Frage stellt, ob er diese oder jene Intervention durchführen möchte, so wird dieser darüber nachdenken, wie er die vorgeschlagene Intervention bewertet und ob er dazu Lust hat – und steigt damit aus der Fallarbeit aus. Er denkt über die Methode nach, statt sich auf die Lösung zu konzentrieren. Damit dies nicht geschieht, ist es wichtig, Anweisungen zu geben – und zwar glasklare Anweisungen: *„Zeigen Sie uns mal, wie Ihr Mitarbeiter sich in der Besprechung verhält"*, *„Sagen Sie Ihrem Chef, was Sie denken"*, *„Denken Sie mal laut"*. Diese direktive Art der Kommunikation ist vielen Trainern eher fremd. Sie ist jedoch notwendig, um den Prozess zu steuern und es dem Coachee zu ermöglichen, sich ganz darauf zu konzentrieren, wofür er verantwortlich ist: die Lösung seines Anliegens.

Den Nutzen erklären

Den Nutzen aufseiten des Trainers und der Gruppe kommunizieren

Damit Coachee und Gruppe dem Trainer folgen und bei den – aus ihrer Sicht oft befremdlichen – Methoden wie etwa einer Skulpturarbeit mitmachen, ist es notwendig, herauszustellen, wozu die jeweilige Methode gut ist. Nutzen-Formulierungen, die oft mit „Damit" oder „Um ... zu" beginnen, sind hierbei hilfreich: *„Damit Sie für das Gespräch gewappnet sind, schlage ich vor, es hier zu simulieren." – „Um hier eine Lösung zu finden, schlage ich vor, dass Sie mal schauen, wie die Kollegen das machen würden."*

Diese Formulierungen machen deutlich, wozu die folgende Intervention gut ist und schaffen dadurch Akzeptanz. Wenn der Trainer stattdessen sagt: *„Machen wir doch mal ein Rollenspiel zu diesem Gespräch"*, so ist die Wahrscheinlichkeit deutlich größer, dass er damit auf Widerstand stößt, weil es für die Teilnehmer nicht nachvollziehbar ist, wozu die Methode „Rollenspiel" dient. Der Trainer muss also stets erklären, wozu die von ihm gewählten Methoden gut sind. Dabei muss der Nutzen nicht unbedingt aufseiten des Coachee liegen. Beispiel: *„Damit wir uns besser vorstellen können, wie das Gespräch war, stellen Sie es bitte kurz nach."* Hierbei liegt der Nutzen aufseiten des Trainers und der Gruppe. Da Menschen meist hilfsbereit sind, funktioniert aber auch diese Formulierung so gut wie immer und der Coachee stimmt meist bereitwillig zu.

Die Sprache der Teilnehmer sprechen

„Psycho-Jargon" vermeiden

Auch diese Regel mag selbstverständlich erscheinen – und wird doch so oft gebrochen. Wer Psycho-Jargon („anwärmen", „reinspüren", „mitschwingen"), Fachbegriffe („Psychodrama", „Eindoppeln", „Entrollen") oder Reizwörter („Spiel", „Rollenspiel") verwendet, braucht sich nicht zu wundern, wenn die Teilnehmer skeptisch und verschlossen sind. Stattdessen gilt es, schon im Vorfeld wichtige Begriffe der Zielgruppe kennenzulernen, zu verstehen und einsetzen zu können. Ansonsten hilft eine klare, unprätentiöse Sprache, um Akzeptanz zu schaffen.

Im Kontakt mit dem Coachee bleiben

Auf Signale achten

Während der Fallarbeit ist es wichtig, in gutem Kontakt mit dem Coachee zu stehen, um zu spüren, ob man als Leiter auf dem richtigen Weg ist oder ob sich beim Coachee Widerstand oder Unbehagen regt. Schon zu Beginn des Coachings gilt es, einen guten „Rapport" zum Coachee aufzubauen, etwa durch offene Fragen, Aktives Zuhören und das Sich-Einstellen auf den Coachee. Das kann sich unter anderem durch das Aufgreifen von Begriffen und Redewendungen des Coachee und durch den angemessenen Einsatz von Humor zeigen. Bei der Methodenwahl holt der Coach das Einverständnis des Coachee ein, um sicherzustellen, dass die Methode für ihn passt und er sich mit ihr wohlfühlt. Während der Fallarbeit achtet der Trainer auf die nonverbalen Signale des Coachee, um sie bei Bedarf aufgreifen und auf die Gefühle des Coachee eingehen zu können.

Die Gruppe einbeziehen

Alle werden eingebunden

Auch wenn der Coachee während der Fallarbeit im Mittelpunkt steht, muss gleichzeitig stets die Gruppe miteinbezogen werden. Schließlich sollen alle Teilnehmer – nicht nur der Coachee – von der Coaching-Sequenz profitieren können. Um dies sicherzustellen, ist es zunächst wichtig, die Gruppe bei der Wahl des Themas mitbestimmen zu lassen. Auch in allen weiteren Phasen muss die Gruppe konsequent einbezogen werden. So fragt in der „Reality"-Phase nicht nur der Trainer, sondern alle Teilnehmer stellen Fragen. Während der methodischen Bearbeitung werden alle Rollen mit Teilnehmern besetzt. Sie erhalten klare Instruktionen, aber auch den Freiraum, die jeweilige Rolle ausgestalten zu können. Die Teilnehmer, die nicht direkt involviert sind, werden durch Beobachtungsaufgaben eingebunden. Während der methodischen Bearbeitung muss der Blick des Trainers immer wieder vom Coachee zu den anderen Teilnehmern wandern, um sicherzustellen, dass noch alle „mit im Boot" sind. Wenn Unruhe entsteht, sollte der Trainier sicherstellen, dass sich diese wieder legt und alle Teilnehmer auf die Fallarbeit konzentriert sind. In der „Options"-Phase werden Rückmeldungen und Ideen aller Teilnehmer erfragt. Beim Sharing können ähnliche Erfahrungen, wie sie der Coachee erlebt hat, mitgeteilt und somit der eigene Bezug zum Anliegen bewusst gemacht werden. Während der Phase „Way forward" wird erarbeitet, was alle Teilnehmer aus der Fallarbeit für ihren Alltag mitnehmen können.

V. Real Life Scenarios

Schnellfinder

V. Real Life Scenarios: Wie Sie maßgeschneiderte Rollenspiele entwickeln

V. Real Life Scenarios:
Wie Sie maßgeschneiderte Rollenspiele entwickeln

Ziele

- Die Teilnehmer trainieren Kernkompetenzen, die für ihre jeweiligen Funktionen relevant sind.
- Die Rollenspiel-Akteure erhalten Feedback zu ihrem Gesprächsverhalten.
- Die Beobachter lernen „am Modell".

Zeit

45-105 Minuten (Vorbereitung: 15-30 Minuten,
Durchführung: 15-45 Minuten, Auswertung: 15-30 Minuten)

Material

- Rollenspielinstruktionen
- Beobachterbögen
- Feedback-Regeln
- Stühle und ggf. Tisch

Überblick

- Rollen (Akteure und Beobachter) festlegen.
- Protagonisten, Antagonisten und Beobachter instruieren.
- Rahmen festlegen: Raum, Zeit etc.
- Rollenspiel durchführen und ggf. methodische Varianten einsetzen (z.B. Stopptaste, Publikumsjoker, Souffleure, Kontinuierliches Rollenspiel).
- Rollenspiel auswerten: 1. Spieler, 2. Beobachter, 3. Trainer
- Ggf. weiteren Durchgang anschließen (z.B. in Kleingruppen).

1. Erläuterung

Wozu Rollenspiele einsetzen?

Die Arbeit an den persönlichen Fragestellungen und Situationen der Teilnehmer ist aus meiner Sicht der Königsweg, um Seminare realitätsnah durchzuführen. Gleichzeitig ist dies aus unterschiedlichen Gründen nicht immer möglich:

Coaching passt nicht immer

- Das Seminar ist zu kurz, um den individuellen Anliegen der Teilnehmer gerecht zu werden.
- Die Gruppe ist zu groß, um an den Themen der einzelnen Personen arbeiten zu können.
- Es müssen zu viele Inhalte abgedeckt werden.
- Es gibt zu wenig Vertrauen untereinander.
- Die Teilnehmer sind unfreiwillig im Seminar und haben daher keine Motivation, eigene Anliegen einzubringen.

In solchen Situationen kann das Rollenspiel die Methode der Wahl sein, wenn es um handlungsorientiertes Training jenseits der Fallarbeit geht. Rollenspiele dienen dazu, Schlüsselkompetenzen gezielt zu trainieren. Hierzu werden im Vorfeld des Seminars Rollenspiel-Instruktionen vorbereitet, die typische, kritische Situationen aus der Berufspraxis der Teilnehmer abbilden, um aus ihnen lernen zu können.

Es gibt eine Reihe von Studien, welche die Wirksamkeit von Rollenspielen belegen. So konnten Mann & Mann bereits 1959 nachweisen, dass das Spielen einer bestimmten Rolle im Rollenspiel die Übernahme dieser Rolle im späteren Alltag erleichtert (vgl. Stadler & Spörrle 2008). Neue Anforderungen werden erfolgreicher erfüllt, wenn sie in einer Simulation erprobt werden können.

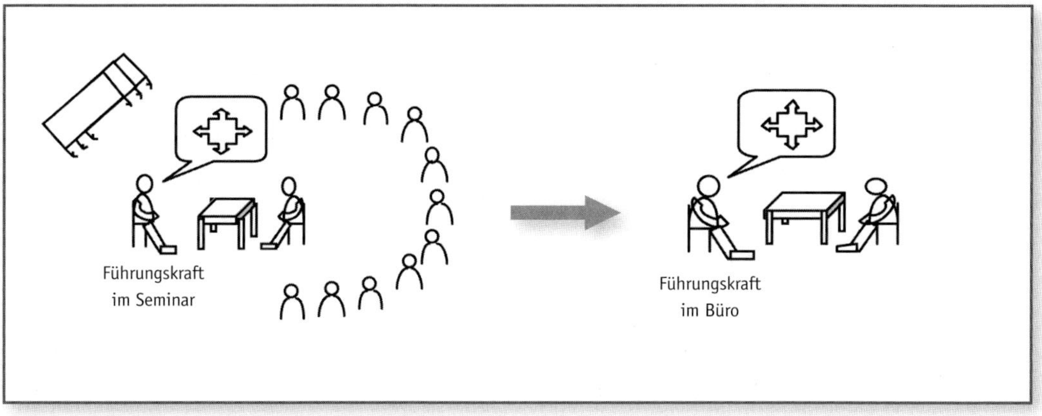

Abb.: Das Trainieren einer Rolle im Rollenspiel erleichtert erwiesenermaßen die Rollenübernahme in der Praxis.

Spielgelneurone

Aus der Sicht der Neurowissenschaften lässt sich dies plausibel erklären: Ob eine bestimmte Handlung in einem Rollenspiel erprobt oder im Alltag ausgeführt wird, die neuronalen Muster sind die gleichen. Daher ist das Trainieren bestimmter Verhaltensweisen im Seminar – sei es das Halten einer Präsentation, die Durchführung eines Mitarbeitergesprächs oder das Führen einer Verhandlung so effektiv. Dies gilt nicht nur für diejenigen, die das Rollenspiel durchführen, sondern auch für alle, die es beobachten. Bei den Beobachtern werden, über die sogenannten „Spiegelneurone", die gleichen neuronalen Netzwerke aktiviert wie bei den Akteuren. So konnte in Experimenten etwa gezeigt werden, dass exakt die gleichen neuronalen Muster gebildet werden, wenn Versuchspersonen Gitarrengriffe selbst übten, wie wenn sie andere bei der Einübung der Akkorde beobachteten (vgl. Bauer 2005). Diese Forschungsergebnisse veranschaulichen, warum Lernen durch Beobachtung effektiv funktioniert.

Es profitiert also stets die gesamte Gruppe von Rollenspielen (wie auch bei einer Fallarbeit) – die Hauptakteure sicherlich am meisten, weil sie Feedback zu ihrem Verhalten erhalten und dieses entsprechend anpassen können, aber die Beobachter lernen ebenfalls daraus.

Abb.: Über die sogenannten „Spiegelneurone“ werden bei den Beobachtern die gleichen neuronalen Netzwerke aktiviert wie bei den Akteuren. Daher lernen die Beobachter durch Lernen am Modell bei einem Rollenspiel.

Warum Rollenspiele so unbeliebt sind – und was man dagegen tun kann

„Bloß keine Rollenspiele“

Wenn Rollenspiele so effektiv sind, warum sind sie dann so unbeliebt? Jeder Trainer kennt sie, die Teilnehmer-Äußerung: „Bloß keine Rollenspiele!“ Rollenspiele genießen keinen guten Ruf, aber warum eigentlich? Es gibt wohl eine Reihe von Gründen:

- *„Wie peinlich“*
  Wer an einem Rollenspiel teilnimmt, exponiert sich. Man wird von einer Reihe von Kollegen beobachtet und bewertet. Das heißt, man ist sehr angreifbar. Man kann sich blamieren, man kann bloßgestellt, möglicherweise lächerlich gemacht werden. Das alles muss nicht passieren, aber es ist eine Möglichkeit. Und da der Mensch ein soziales Wesen ist, ist die Angst vor Gesichtsverlust eine Ur-Angst des Menschen: Die Angst vor dem „sozialen Tod“ – der Ablehnung der Gruppe. Deshalb ist es die vielleicht wichtigste Aufgabe des Leiters bei Rollenspielen, die Teilnehmer vor Gesichtsverlust zu schützen.

- *„Das ist doch kindisch"*
  Rollenspiele durchzuführen, ist ein wichtiger Bestandteil der kindlichen Entwicklung. Erste Formen von Rollenspielen können bei Kleinkindern bereits zwischen dem 8. und 16. Lebensmonat beobachtet werden (vgl. Stadler und Spörrle 2008) und nehmen anschließend an Komplexität und Bedeutung im kindlichen Spiel zu. Insbesondere im Vorschulalter werden Rollenspiele von Kindern gerne gespielt. In der Regel hat dadurch jeder Mensch Erfahrungen mit Rollenspielen gemacht – in seiner Kindheit. Deswegen sind Rollenspiele auch in erster Linie mit der Kindheit assoziiert. Es ist nicht erstaunlich, wenn es als Zumutung erlebt wird, im Rahmen eines beruflichen Seminars auf Kindergarten-Niveau regredieren zu sollen. Deshalb ist es umso wichtiger, den Einsatz von Rollenspielen gut zu begründen und den Nutzen für den beruflichen Alltag deutlich zu machen.

- *„Das ist doch unrealistisch"*
  Dieser Vorbehalt begegnet einem seltener, wenn man sich die Mühe macht, die Szenarios wirklich optimal auf den Bedarf der Teilnehmer zuzuschneiden. Auch trägt eine gute „Anwärmung" der Teilnehmer für die Rollenspiele dazu bei, dass sie sich besser auf die Situationen einlassen können. Dennoch, selbst wenn Sie Rollenspiele nach allen Regeln der Kunst einsetzen, kann Ihnen dieser Einwand begegnen. Denn die Realität jedes einzelnen Teilnehmers ist anders und selbst die identische Realität würde von jedem Menschen unterschiedlich wahrgenommen werden. Daher ist es angemessen, als Trainer einzugestehen, dass man im Seminar mit einer Simulation und nicht mit der Realität arbeitet, aber eine typische Situation abbildet, um aus ihr lernen zu können.

- *„Ich bin doch kein Schauspieler"*
  Viele Teilnehmer fühlen sich unter Druck gesetzt, eine gute schauspielerische Leistung abliefern zu müssen, wenn sie unverhofft auf die „Bühne" gebeten werden. Wenn der Trainer dies wahrnimmt, sollte er klarstellen, dass es keineswegs um eine gute Schauspiel-leistung geht, sondern darum, sich in eine bestimmte Rolle hineinzuversetzen, etwa in die eines Kunden oder Mitarbeiters – und daraus zu lernen. Für den Kundenbetreuer ist es wichtig zu wissen, was beim Kunden wie ankommt. Die Führungskraft sollte sich – nicht nur, aber auch im Rollenspiel – in Mitarbeiter hineinversetzen können. Für den Protagonisten – also die Person, die eine bestimmte Kompetenz im Rahmen des Rollenspiels trainiert – geht es ohnehin nicht darum, zu „schauspielern", sondern spontan und authentisch zu agieren, um hilfreiches Feedback bekommen zu können.

- *„Nicht schon wieder"*
  Möglicherweise haben Teilnehmer in der Vergangenheit tatsächlich die Erfahrung gemacht, in Rollenspielen bloßgestellt zu werden oder zumindest Kritik zu erfahren, die für sie schwer verdaulich war. Vielleicht haben sie auch einfach erlebt, dass Rollenspiele mit unklaren Instruktionen eingesetzt oder nicht systematisch ausgewertet wurden. Leider werden Rollenspiele in Seminaren oft nicht besonders professionell eingesetzt, sodass es regelmäßig vorkommt, dass Teilnehmer mit negativen Vorerfahrungen in ein Seminar kommen. Da hilft es nur, zu fragen, was hinter den Vorbehalten steckt, um dann – hoffentlich glaubhaft – versichern zu können, dass der Einsatz in diesem Seminar anders, professioneller und besser erfolgen wird.

Wenn das auch nicht hilft und Teilnehmer nicht beim Rollenspiel mitmachen möchte? Dann ist es eben so und der Trainer hat es zu akzeptieren. Schließlich ist der Trainer für den Teilnehmer da – und nicht umgekehrt.

Abb.: Widerstände von Teilnehmern gegenüber Rollenspielen im Überblick.

2. Maßgeschneiderte Rollenspiel-Szenarios konzipieren

Wie bei allen Elementen eines Trainings ist es entscheidend, die Ziele der Sequenz zunächst klar zu definieren. Was soll mit dem Rollenspiel erreicht werden? Was sollen die Teilnehmer hinterher können? Woran kann man das festmachen? Wie lassen sich die geforderten Kompetenzen operationalisieren, das heißt, wie lassen sie sich konkret beobachten?

Kritische Situationen erfragen und verdichten

Wenn dies definiert ist, können typische kritische Situationen erfragt und beschrieben werden, in denen die geforderten Kompetenzen genannt sind. Diese Situationen können per Fragebogen oder Interview – bzw. idealerweise einer Kombination aus beidem – erfragt werden (siehe *Kapitel I*). Die verschiedenen realen Situationen können dann kombiniert und verdichtet werden, um Fälle zu konstruieren, in denen sich die geforderten Kompetenzen gut beobachten lassen. Selbstverständlich müssen alle Details, die Hinweise auf reale handelnde Personen anonymisiert werden – es sei denn, die betreffenden Personen sind damit einverstanden, dass ihr „Fall" im Seminar verwendet wird.

In der Regel gibt es einen „Protagonisten", einen Hauptdarsteller, der eine typische kritische Situation absolvieren muss und der bezüglich der geforderten Kompetenzen beobachtet wird. Eine Ausnahme bildet die Gruppenübung, bei der gleich mehrere Teilnehmer eingebunden sind und beobachtet werden.

Die Rollenspiel-Instruktionen für den Protagonisten müssen ausreichend Informationen bieten, damit er sich in die Situation hineinversetzen kann. Oft kranken Rollenspiel-Instruktionen daran, dass sie zu vage bleiben und dem Protagonisten nicht ausreichend „Material" liefern, um das Rollenspiel realitätsnah durchführen zu können. Wenn z.B. die Führungskraft den Mitarbeiter kritisiert, weil dieser Fehler gemacht hat, dann muss der Fehler auch genau beschrieben sein und gegebenenfalls die entsprechenden Belege – wie etwa ein fehlerhaftes Dokument – zur Verfügung gestellt werden. Fachliche Bezüge und die branchen- und firmenspezifische Terminologie sollten verwendet werden, um das Gefühl entstehen zu lassen, dass die Situation „aus dem Leben gegriffen" ist. Suboptimal sind dagegen Rollenspiele „von der Stange", die nicht auf das jeweilige Unternehmen zugeschnitten sind.

Maßgeschneiderte Rollenspiele entwickeln

Zuweilen kann es zwar erhellend sein, den Blick auf eine andere Branche zu werfen, um daraus für den eigenen Bereich zu lernen. Wenn man dies tut, muss man allerdings sehr genau auf den Transfer eingehen und ableiten, was dies für die eigene Praxis bedeutet. Effektiver ist es, eine Situation zu wählen, die der Zielgruppe im Alltag begegnet.

Gleichzeitig dürfen die Instruktionen dem Protagonisten kein starres Korsett aufzwingen, es müssen genügend Handlungsoptionen vorhanden sein, um die Situation auf unterschiedliche Arten bewältigen zu können. Außerdem sollten die Beschreibungen der Rolle nur äußerliche Rahmenbedingungen, nicht aber bestimmte Persönlichkeitsmerkmale vorschreiben, damit der Teilnehmer seine Rolle frei und spontan gestalten und aus dem Feedback etwas über die Wirkung des eigenen Verhaltens erfahren kann.

Selbstverständlich muss klar sein, wer Protagonist ist und authentisch agieren kann, wer zu seinem Verhalten Feedback erhält und wer „nur" eine Rolle spielt. Der Antagonist („Gegenspieler"), also beispielsweise der Kunde bei einem Kundengespräch oder der Mitarbeiter bei einem Mitarbeitergespräch, hat eine „Dienstleisterfunktion". Er soll das Lernen des Protagonisten und der Gruppe ermöglichen, indem er eine bestimmte Rolle möglichst entsprechend der getroffenen Vorgaben spielt. Idealerweise ermöglicht er dadurch ein „mittleres Anspruchsniveau": Er soll den Protagonist fordern, ohne ihn zu überfordern. Die Rollenspiel-Instruktionen sollten dies erleichtern. Sie sollten möglichst genau seine Grundeinstellungen, seine Persönlichkeitszüge und seine konkreten Verhaltensweisen beschreiben. Mögliche Gesprächsentwicklungen – beispielsweise mögliche Argumente des Protagonisten – sollten bereits vorweggenommen und der Rollenspieler mit entsprechenden Argumentationshilfen versorgt werden.

Checkliste zur Konzeption von Rollenspielen

Bereits im ersten Kapitel wurde erläutert, was der Trainer im Vorfeld tun muss, um die erforderlichen Informationen für die Entwicklung von Rollenspielen, Case Studies und anderen Übungsmaterialien zu erhalten (siehe Seite 21 ff.). Folgende Aspekte gilt es insbesondere zu berücksichtigen:

- Die Teilnehmer und ihre Stakeholder (z.B. Vorgesetzte) befragen, welches die wichtigsten Fähigkeiten sind, die in Bezug auf das Thema relevant sind bzw. in Zukunft relevant sein werden. Diese Informationen dienen zur Definition der Beobachtungskriterien.

- Die Teilnehmer und ihre Stakeholder befragen, welche typischen schwierigen Situationen im Alltag in Bezug auf das Thema auftreten bzw. in Zukunft vermutlich auftreten werden. Diese Informationen dienen zur Konzeption der Rollenspiel-Instruktionen.

Wie sieht eine gute Rollenspiel-Instruktion aus?

- Sie ist möglichst kurz und prägnant, umfasst max. 1-1,5 Seiten.
- Sie sollte eine überschaubare Anzahl von Problem- und Aufgabenstellungen enthalten – üblicherweise nicht mehr als drei zu klärende Themenbereiche pro Rollenspiel.
- Sie enthält alle nötigen Informationen, damit die Spieler handlungsfähig sind und sie nicht dazu verleitet werden, Lücken zu füllen und Informationen zu erfinden.
- Sie lässt genügend Handlungsspielraum für unterschiedliche Lösungsoptionen.
- Es gibt nicht nur „Probleme" – etwa Kritikpunkte bei einem Kritikgespräch –, sondern immer auch positive Aspekte.
- Der Rahmen ist klar definiert: Die Rollen, die Aufgaben- und Zielstellung, der räumliche und zeitliche Rahmen werden klargestellt.
- Ein Rollenspiel sollte nicht länger als 30 Minuten bei einem Zweiergespräch und nicht länger als 45 Minuten bei einer Gruppendiskussion dauern.
- Für die Auswertung sollte genauso viel Zeit eingeplant werden wie für die Durchführung.

Wie sollten Rollenspiel-Instruktionen aufgebaut sein?

- Eine Rollenspiel-Instruktion gliedert sich wie ein klassischer Aufsatz in Einleitung, Hauptteil und Schluss, ggf. ergänzt durch einen Anhang.
- Einleitung: Informationen zur Person, Rolle und ihren Aufgaben, zum Unternehmen und zur aktuellen Situation.
- Hauptteil: Problem- und Aufgabenstellung, Darstellung der Historie und Genese der Probleme, Zusammenhänge und Hintergründe werden skizziert, wichtigste Fakten und Personen werden vorgestellt. Der Hauptteil beansprucht 50-75% der Instruktionen.
- Schluss: Anlass und Ziele des Gesprächs werden genannt. Der Gesprächsrahmen – wie etwa die Dauer – werden definiert.
- Anhang: Im Anhang können ggf. fachliche Informationen, Zahlen, Statistiken und Hintergrundinformationen dargestellt werden, die den Hauptteil der Instruktionen sprengen würden. Dies ist dann erforderlich, wenn der Trainer von heterogenem Wissensstand der Teilnehmer ausgehen muss. Auch Fachbegriffe und Abkürzungen können ggf. erläutert werden. Für die „Antagonisten-Rolle" – wie den „schwierigen Mitarbeiter" bei einem Kritikgespräch – hat es sich bewährt, die wichtigsten Argumente noch einmal in Stichpunkten zusammenzufassen.

Diese Struktur können Sie auch anhand der beiden Rollenspiele „Mitarbeitergespräch" und „Kollegengespräch" (beide in den Online-Ressourcen) nachvollziehen.

3. Rollenspiele professionell anleiten

Rollenspiele – keine kinderleichte Methode

Beim Einsatz von Rollenspielen kann man einiges falsch machen – und mein Eindruck ist, dass dies oft auch geschieht. Das soll nicht arrogant klingen. Einige der Leitlinien, die ich im Folgenden beschreibe, sind auch aus eigener, leidvoller Erfahrung entstanden. Ich glaube, dass die Methode des Rollenspiels leicht unterschätzt werden kann, weil sie so verbreitet ist und so (kinder-)leicht erscheint. Aber das ist ein Trugschluss. Rollenspiele sind eine komplexe pädagogische Intervention und meist nur dann erfolgreich, wenn eine Reihe von Faktoren berücksichtigt werden. Ich hoffe, dass Ihnen die hier aufgeführten Punkte helfen, einige Stolpersteine zu umgehen und erfolgreich mit Rollenspielen zu arbeiten.

Die Teilnehmer „anwärmen"

Wie bereits erwähnt, ist es essentiell, die Teilnehmer Schritt für Schritt an handlungsorientiertes Lernen heranzuführen. Neben interaktiven Einheiten zum Kennenlernen und dem thematischen Einstieg sollten Sequenzen eingesetzt werden, in denen kurz realitätsnahe Situationen simuliert werden und die Teilnehmer „in Aktion" treten müssen. Mini-Cases, wie sie im dritten Abschnitt beschrieben werden, sind hierzu bestens geeignet. Dadurch wird die Hemmschwelle, sich auf ein „richtiges" Rollenspiel einzulassen, deutlich herabgesetzt.

Auf die eigene Sprache achten

Mitentscheidend für die Akzeptanz von Rollenspielen ist es, wie sie vom Trainer eingeleitet werden. Es ist wichtig, genau auf die eigene Sprache zu achten und die Bilder, die hierdurch suggeriert werden, zu berücksichtigen. So klingt der Begriff „Rollenspiel" für viele Menschen nach „Vater-Mutter-Kind spielen" und sollte daher nicht gebraucht werden. Stattdessen können die Begriffe „Szenario", „Simulation" oder „Case Study" verwendet werden. Sie klingen – im Gegensatz zum „Rollenspiel" – nach betriebswirtschaftlich orientierten Methoden und führen daher zu deutlich größerer Akzeptanz in einem Business-Training. Auch das Wort „spielen" sollte vermieden werden – es klingt für mache Menschen verdächtig nach „Kindergeburtstag". Statt zu sagen „Wir spielen jetzt ein Verkaufsgespräch", sollte der Trainer etwa eher formulieren, dass „wir jetzt ein Verkaufsgespräch durchführen". Auch Formulierungen aus dem Psycho-Jargon – z.B., dass man „hinspüren" solle, was man noch „braucht" – sollten gemieden werden, möchte man als seriös und professionell wahrgenommen werden.

Den Nutzen klar machen

Nutzenformulierungen

Was für jede Instruktion des Trainers gilt, ist aufgrund der vielen potenziellen Widerstände bei Rollenspielen besonders wichtig: Der Trainer muss überzeugend vermitteln, was die Teilnehmer davon haben, sich darauf einzulassen. Mögliche Nutzenformulierungen können folgendermaßen lauten:

- In der folgenden Übung haben Sie die Möglichkeit, den vorgestellten Gesprächsleitfaden praktisch umzusetzen. Dadurch wird es Ihnen leichter fallen, ihn im Alltag umzusetzen.
- Ich habe Ihnen einige Szenarios mitgebracht, in denen der Umgang mit schwierigen Kunden (Mitarbeitern, Vorgesetzten etc.) praxisnah trainiert werden kann, sodass Sie im Anschluss an das Seminar auf diese Situation optimal vorbereitet sind.
- Es hat sich herausgestellt, dass die Fähigkeit, Einwände zu behandeln (Feedback zu geben, aktiv zuzuhören etc.), am effektivsten verbessert werden kann, indem man sie praktisch übt. Genau das werden wir im nächsten Schritt tun. Ich habe Szenarios vorbereitet, die genau auf Ihre Situation als Kundenbetreuer abgestimmt sind.
- Im nächsten Schritt geht es darum, Mitarbeitergespräche (Verhandlungen, Verkaufs-/Kundengespräche etc.) zu führen. Wir werden dies anhand von Case Studies tun, in denen reale Situationen aus Ihrem Unternehmen beschrieben werden. Die Gespräche werden wir dann gemeinsam auswerten, sodass Sie für sich eine Gesprächsstruktur entwickeln können, die für Sie am besten passt.

Die Rollen strukturiert vergeben

Ein Stolperstein in der Durchführung eines Rollenspiels ist die Vergabe der Rollen. Wenn der Trainer offen fragt, wer die Rolle des Hauptakteurs – etwa der Führungskraft in einem Führungstraining – übernehmen möchte, muss er mit Schweigen und „Wegducken" rechnen.

Abb.: Wenn der Trainer fragt, wer die Rolle des Hauptakteurs übernimmt, muss er mit Schweigen und „Wegducken" rechnen.

Also braucht der Trainer einen Plan B. Folgende Vorgehensweisen haben sich bewährt:

Soziometrische Wahl

Bei jedem Rollenspiel gibt es mindestens drei Rollen zu verteilen: Zwei (oder mehr) Akteure und einen (oder mehrere) Beobachter. Die Rolle des Beobachters kann man weiter differenzieren, indem man unterschiedliche Beobachtungsaufgaben stellt (z.B. verbale vs. nonverbale Ebene, Sachebene vs. Beziehungsebene etc.). Wenn man zwei Rollenspielakteure benötigt und den Beobachtern zwei unterschiedliche Aufgaben zuweist, entstehen vier Alternativen, die der Trainer durch die vier Ecken des Raumes symbolisiert. Indem er die Teilnehmer anweist, sich gleichmäßig aufzuteilen, überlässt er die Entscheidung, wer die Rolle des Hauptakteurs übernimmt, der Gruppe. Falls anschließend das Rollenspiel nur einmal im Plenum durchgeführt wird, kann er die Entscheidung darüber, wer jeweils das Rollenspiel durchführt, den Kleingruppen überlassen. Alternativ können auch zwei oder mehrere Runden durchgeführt werden.

Abb.: Die Soziometrie eignet sich, um zu entscheiden, wer welche Rolle beim Rollenspiel übernimmt.

Entscheidung nach Lernzielen

Manchmal passt eine Rollenspiel-Sequenz thematisch optimal zu den Lernzielen eines oder mehrerer Teilnehmer. Dann kann der Trainer dies ansprechen: *„Frau Meier, Sie hatten als Lernziel genannt, Kritikgespräche souveräner zu führen. In der nächsten Übung gibt es die Gelegenheit, das anhand einer Fallstudie auszuprobieren. Möchten Sie das tun?"* Dies kann der Trainer auch in einer Pause absprechen, um dem Teilnehmer den Druck zu nehmen, sich vor der Gruppe entscheiden zu müssen.

Lose ziehen

Natürlich kann der Trainer die Rollen auch einfach auslosen.

Genügend Zeit zur Vorbereitung geben

Je nach Komplexität des Rollenspiels und Umfang der Instruktionen empfiehlt es sich, 15-20 Minuten zur Vorbereitung einzuräumen. Mehr Zeit ist erforderlich, wenn die Teilnehmer die einzelnen Rollen in Kleingruppen vorbereiten und das Gespräch gemeinsam planen. Auch wenn die Gesprächsvorbereitung selbst ein expliziter inhaltlicher Bestandteil ist, der im Seminar trainiert wird, muss hierfür angemessen Zeit eingeräumt werden. Alle Parteien, Protagonist, Antagonist und Beobachter, sollten vor Beginn des Rollenspiels Gelegenheit haben, dem Trainer Fragen stellen zu können, ohne dass die anderen Parteien dies mithören können. Daher empfiehlt es sich, die Gruppen bei der Gesprächsvorbereitung räumlich zu trennen.

Die Antagonisten „briefen“

Die Rolle des „Gegenspielers“ (z.B. schwieriger Kunde, schwieriger Mitarbeiter) sollte in den Instruktionen so klar beschrieben sein, dass die Person, welche die Rolle spielt, weiß, wie sie sich zu verhalten hat. Dies schließt Persönlichkeitsmerkmale, Grundeinstellungen ebenso ein wie konkrete Verhaltensweisen, wörtliche Zitate, Argumente und mögliche Gegenargumente. Dennoch ist es hilfreich, nachzufragen, ob es Fragen gibt und gegebenenfalls kurz zu „üben“, indem der Trainer fragt, wie der Antagonist auf zu erwartende Aktionen des Protagonisten reagiert.

Die Beobachter „briefen“

Die Beobachter erhalten die Instruktionen aller Rollenspiel-Parteien und ihren Beobachtungsbogen (siehe Seite 353). Falls Feedback-Regeln vorab noch nicht thematisiert worden sind, so sollten diese auf dem Beobachtungsbogen zu finden sein. Der Bogen kann etwa folgendermaßen aussehen, wobei die Kriterien – je nach Zielsetzung – noch ergänzt werden müssen.

„Ihre Aufgabe als Beobachter ist es, den Gesprächspartnern Feedback dazu zu geben, wie ihr Verhalten auf Sie wirkt. Damit Sie eine fundierte Rückmeldung geben können, ist es hilfreich, wenn Sie sich während des Gesprächs notieren, was Ihnen auffällt.“

Wenn Teilnehmer Feedback geben sollen, achten Sie als Trainer bitte auf die folgenden Hinweise:

Feedback-Regeln

- Beschreiben Sie, was Sie wahrgenommen haben, und wie dies auf Sie persönlich gewirkt hat, anstatt die Gesprächspartner zu bewerten.
- Bleiben Sie bei Ihrer Rückmeldung konkret. Treffen Sie keine verallgemeinernden Aussagen (z.B. „Du bist unsicher“).
- Sagen Sie immer auch, was Ihnen gefallen hat.
- Geben Sie direkt Feedback. Sprechen Sie denjenigen an, auf den Sie sich beziehen. Geben Sie jedem der Gesprächspartner ein individuelles Feedback.
- Geben Sie ein kurzes und prägnantes Feedback, sodass alle Beobachter Gelegenheit haben, zu Wort zu kommen.

Den Raum „einrichten"

Bevor das Rollenspiel beginnt, ist es hilfreich, den Raum so einzurichten, dass man sich die Gesprächssituation gut vorstellen kann. In der Regel reichen hierfür Stühle und ein Tisch. Im Zweifel kann man die Haupt-Akteure fragen, wo ein solches Gespräch in der Realität stattfinden würde und wie es dort aussehen würde. Dies kann man dann mit einfachen Mitteln „nachbauen".

Nach Lernzielen fragen

Bevor das Rollenspiel beginnt, kann der Leiter den Haupt-Akteur fragen, was er in dem Rollenspiel erreichen möchte und wozu er anschließend Feedback erhalten will.

Zeitlichen Rahmen vorgeben

Der Trainer muss deutlich machen, wie viel Zeit für das Rollenspiel zur Verfügung steht. Kurz vor Ablauf der Zeit kann er gegebenenfalls ein Zeichen geben, damit das Gespräch zum Abschluss gebracht werden kann. Auch dies sollte er vor Beginn bereits ankündigen.

4. Rollenspiele variantenreich durchführen

Es ist sinnvoll, nicht immer mit der „klassischen Variante" im Plenum zu arbeiten, bei der ein Gespräch von Anfang bis Ende ohne Unterbrechung durchgeführt und anschließend ausgewertet wird. Dies ist schon aus Zeitgründen nicht effektiv. Es empfiehlt sich stattdessen, verschiedene Varianten einzusetzen.

Varianten

Hier einige Beispiele:

- „Stopptaste"
  Für den Hauptakteur ist es entlastend zu wissen, jederzeit aus dem Rollenspiel aussteigen zu können. So hat er jederzeit die Kontrolle über das Geschehen und muss es nicht „auf Biegen und Brechen" zu Ende führen. Deshalb gebe ich vor Beginn eines Rollenspiels gerne folgende Instruktion: *„Sie haben jederzeit die Möglichkeit, die Stopptaste zu drücken, wenn Sie nicht mehr weiterwissen und sich Ideen von der Gruppe zu holen. Dann können Sie an der Stelle wieder einsteigen, an der Sie aufgehört haben oder Sie können ‚zurückspulen' und zu einem früheren Zeitpunkt wieder beginnen."*

- „Publikumsjoker"
  Auch hier kann der Hauptakteur die „Stopptaste" drücken und vorübergehend aus dem Spiel aussteigen, wenn er nicht mehr weiterweiß. Zusätzlich darf er einen „Publikumsjoker" ziehen und einen anderen Teilnehmer (der sich ebenfalls auf diese Rolle vorbereitet hat) bitten, vorübergehend einzuspringen. Er darf auch noch weitere Publikumsjoker nehmen, bis er eine Strategie gesehen hat, die er selbst ausprobieren möchte. Im Gegensatz zur „Stopptaste" nimmt der Protagonist hier vorübergehend eine Beobachter-Position ein und schaut sich alternative Vorgehensweisen von außen an – wie bei der Coaching-Methode des „Actstormings" (Seite 201 ff.). Hier kehrt der Protagonist allerdings anschließend wieder in die Hauptrolle zurück und kann dabei auf die Handlungsentwürfe zurückgreifen, die er beobachtet hat. Der Trainer sorgt dafür, dass die „Joker" nur eine kurze Sequenz spielen (max. 2 Minuten) und der Hauptakteur dann zurück „in den Ring" steigt. Die Instruktion kann folgendermaßen lauten: *„Sie haben jederzeit die Möglichkeit, die Stopptaste zu drücken, wenn Sie nicht mehr weiterwissen und*

einen oder mehrere Teilnehmer einzuladen, an Ihrer Stelle einen Versuch zu machen. Sie können sich das für einen Moment von außen anschauen und sich von den Kolleginnen und Kollegen inspirieren lassen. Dann steigen Sie selbst wieder ins Geschehen ein."

- „Souffleure"
  Bei dieser Variante haben die anderen Teilnehmer die Möglichkeit, die „Stopptaste" zu drücken und das Spiel anzuhalten. Sie stellen sich dann hinter den Hauptakteur und schlagen ihm eine Formulierung vor.[18] Der Protagonist kann die Reaktion des Gegenspielers abwarten und dann entscheiden, ob er den Vorschlag des Souffleurs annimmt. Im Gegensatz zum Publikumsjoker liegt hier die Möglichkeit zur Initiative bei den anderen Teilnehmern - der Protagonist hat aber immer noch die Möglichkeit, Vorschläge aufzugreifen oder abzulehnen.

Trainer: *„Bei dem folgenden Gespräch haben Sie als Zuschauer die Möglichkeit, die ‚Stopptaste' zu drücken, wenn Sie das Gefühl haben, dass das Gespräch ins Stocken gerät und Sie denken, dass Sie eine gute Idee haben, wie Sie es in andere Bahnen lenken können. Sie rufen dann einfach ‚Stopp!', dann wird das Gespräch angehalten, Sie stellen sich hinter den Stuhl von Herrn X (dem Protagonisten) und machen ihm einen Formulierungsvorschlag. Diesen können Sie, Herr X, dann aufgreifen, indem Sie die jeweilige Botschaft mit eigenen Worten wiedergeben und weitermachen. Oder Sie können sie verwerfen und das Gespräch so fortsetzen, wie Sie es für stimmig empfinden."*

18 Diese Intervention wird im Psychodrama als „Doppeln" bezeichnet (siehe „Übendes Rollenspiel" - Seite 164). Beim Doppeln spricht ein Teilnehmer oder der Leiter Gedanken und Gefühle des Coachee aus, die er bei diesem zu erkennen glaubt, obwohl sie nicht geäußert werden. Bei der hier vorgestellten Vorgehensweise werden die Teilnehmer eingeladen, auch eigene Gedanken einzubringen, die nicht unbedingt aufgrund der Einfühlung in den Coachee geäußert werden, da das Ziel des Rollenspiels vor allem darin liegt, ein effektives Rollenhandeln zu ermöglichen. Dazu können auch andere Strategien beitragen als jene, die dem Coachee potenziell zur Verfügung stehen. Durch die Option für den Coachee, gedoppelte Äußerungen zurückzuweisen, wird dennoch ermöglicht, dass dieser selektieren kann, welche Botschaften er als für sich stimmig erlebt.

Hierbei kann der Leiter selbstverständlich auch selbst Angebote machen und insbesondere solche Äußerungen verbalisieren, die er beim Protagonisten „zwischen den Zeilen" heraushört, die aber nicht geäußert werden, obwohl sie dem Gespräch eine positive Wendung geben könnten. Zusätzlich kann der Leiter auch dem Protagonisten die Möglichkeit eröffnen, sich bei Bedarf aktiv einen Souffleur zu holen: *„Sie, Herr X, können auch ‚Stopp!' sagen und sich jemand wünschen, der sich hinter Ihren Stuhl stellt und Ihnen einen Vorschlag ‚soufliert'. Sie können sich auch mehrere Alternativen einholen und dann entscheiden, wie Sie weitermachen."*

- Kontinuierliches Rollenspiel
  Hier wird von Anfang an festgelegt, dass sich das Spiel in verschiedene Phasen aufteilt und diese von unterschiedlichen Akteuren bestritten werden. So kann bei einem Mediationsgespräch jemand den Einstieg, eine zweite Person die Konfliktbearbeitung und eine dritte die Lösungssuche und den Abschluss übernehmen.

- Wechsel von Plenum und Kleingruppen
  Aus meiner Erfahrung empfiehlt es sich, Rollenspiele anfangs im Plenum durchzuführen, damit der Ablauf, insbesondere die systematische und konstruktive Auswertung, allen Teilnehmern vertraut ist. Anschließend ist es dann sinnvoll, weitere Durchgänge in Kleingruppen – etwa Triaden (Protagonist, Antagonist und Beobachter) – durchzuführen, um möglichst vielen Teilnehmern die Möglichkeit zu geben, die Übung aus der Protagonistenrolle durchzuführen und Feedback zu erhalten.

5. Rollenspiele strukturiert auswerten

Während das Rollenspiel durchgeführt wird, machen sich Beobachter und Trainer Notizen, um anschließend fundiert Rückmeldung geben zu können. Damit sich das Feedback auf jene Kompetenzen bezieht, die im Rollenspiel trainiert werden sollten, empfiehlt es sich, Beobachtungsbögen einzusetzen. Hier werden die jeweiligen Kriterien definiert und durch sogenannte „Verhaltensanker", möglichst sachlich formulierte Beschreibungen eines beobachtbaren Verhaltens, konkretisiert. Zusätzlich können Rating-Skalen eingesetzt werden, um das Feedback besonders klar zu gestalten. Dies würde ich allerdings eher in einem Development Center oder einem ähnlichen Format einsetzen als in einem normalen Seminar. Die Vergabe von „Noten" kann hier einen unnötigen Bewertungsdruck schaffen.

Verhaltensanker

Beobachtungsbögen

In den Online-Ressourcen zum Buch finden Sie *Vorlagen* für Beobachtungsbögen für die Kriterien Aktives Zuhören, Kritik konstruktiv ansprechen und Gespräche zielorientiert führen. Den Link zu den Ressorucen finden Sie in der Umschlagklappe.

Die Beobachtungsbögen sollten von den Beobachtern und vom Trainer verwendet werden. Es empfiehlt sich, die Dimensionen auf die Beobachter aufzuteilen, sodass jeder eine spezifische Beobachtungsaufgabe erhält. Nach dem Gespräch kann auch der Teilnehmer des Rollenspiels selbst aufgefordert werden, Beobachtungsbögen auszufüllen, um einen Abgleich zwischen Selbst- und Fremdeinschätzung zu erreichen.

Wenn das Gespräch beendet ist, sollte der Trainer einen Applaus für die Rollenspieler initiieren, um zu würdigen, dass sie sich exponiert haben und „in den Ring gestiegen" sind.

Die anschließende Auswertung muss nach einer klaren Struktur erfolgen. Aus meiner Sicht ist in der Regel die folgende Reihenfolge am effektivsten:

1. Selbsteinschätzung des Protagonisten

Der Protagonist hat den schwierigsten Part. Er exponiert sich und versucht, eine anspruchsvolle Gesprächssituation so gut wie möglich zu meistern. All das löst in der Regel Stress aus und wird oft wie eine Prüfungssituation erlebt. Daher hat der „Hauptdarsteller" im Anschluss an das Gespräch meist das Bedürfnis, über sein Erleben zu sprechen. Das hat den Vorteil, dass er hierdurch Distanz zu dem Geschehen herstellt, aus der Szene aussteigt und beginnt, sie zu reflektieren.

Nach dem Positiven fragen

Meistens sind die Selbsteinschätzungen der Protagonisten recht kritisch. Wenn nur negative Punkte geäußert werden, sollte der Trainer gezielt nach dem Positiven fragen, um eine realistisch-konstruktive Selbstwahrnehmung zu fördern.

Falls die Selbsteinschätzung hingegen allzu positiv ist (was seltener vorkommt), trauen sich die Beobachter oft kaum, die kritischen Aspekte zu äußern. Auch hier ist der Trainer gefordert, gegenzusteuern und zu fragen, was der Protagonist hätte anders machen können.

2. Feedback des Rollenspielers

Anschließend wird der (bzw. die) Rollenspieler befragt: „Wie haben Sie als Mitarbeiter (Kunde, Verhandlungspartner etc.) das Gespräch erlebt?" Falls die Antagonisten mehr zum eigenen Verhalten oder zur eigenen Rollengestaltung sagen als dass sie Feedback geben („Ich fand es ja ganz schwierig, mich in diese Rolle zu versetzen ..."), hakt der Trainer nach, um sicherzustellen, dass der Protagonist Feedback zu seiner Wirkung erhält. Zum Beispiel: *„Wie haben Sie Frau X als Ihre Vorgesetzte erlebt?"*

Wichtig ist, dass der Rollenspieler aus seiner Rolle sein Erleben schildert, statt ein distanziertes Beobachter-Feedback zu geben („Er hätte härter durchgreifen müssen"). Wenn dies geschieht, fragt der Trainer nach der Wahrnehmung aus der Rolle heraus (*„Wie haben Sie ihn denn aus der Mitarbeiterperspektive erlebt?"*).

„Entrollen" der Mitspieler

Am Ende des Feedbacks bedankt sich der Trainer für die Rollenübernahme und „entlässt" den Spieler aus seiner Rolle: *„Danke, dass Sie die Rolle des renitenten Mitarbeiters Meier übernommen haben. Jetzt können Sie die Rolle getrost wieder ablegen und sind – zum Glück – wieder Herr Schulz."* Ein solches „Entrollen" ist wichtig, damit Rollenaspekte nicht am Rollenspieler hängen bleiben und dieser nicht dauerhaft mit der übernommenen Rolle identifiziert wird. Sonst können sich Affekte, die sich auf den Charakter der Rolle beziehen, leicht auf die Person des Rollenspielers übertragen werden.[19]

3. Feedback der Beobachter

Anschließend bittet der Trainer die Beobachter, Feedback zu geben. Hierbei kann er entweder alle Beobachter zu Wort kommen lassen oder – etwa wenn die Zeit knapp ist – den Protagonist auffordern, sich eine bestimmte Anzahl von Feedback-Gebern auszusuchen (zum Beispiel „Nimm zwei").

Die zentrale Aufgabe des Leiters in dieser Phase ist es, den Protagonisten vor verletzendem Feedback zu schützen. Dazu helfen die beschriebenen Feedback-Regeln. Diese können auch vor Beginn der Feedback-Runde noch einmal explizit erläutert und auf einem Flipchart präsentiert werden.

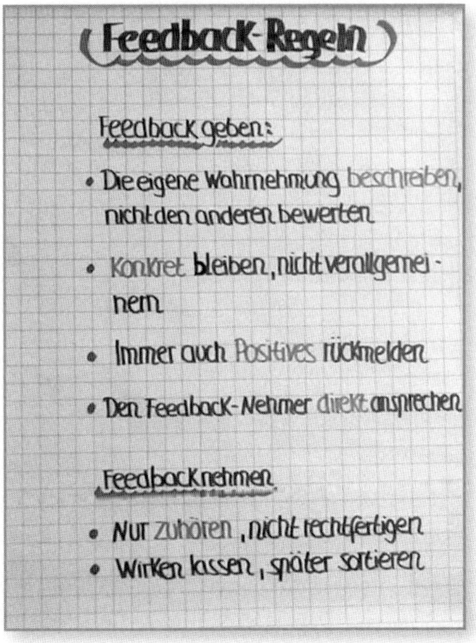

Abb.: Die Feedback-Regeln auf Flipchart.

19 Im Psychodrama wird daher jeder Rollenspieler in Form eines Rituals „entrollt", indem sowohl Antagonist als auch Protagonist bestätigen, dass man nun nicht mehr Person X sei – oft verbunden mit einer Geste, wie dem imaginären „Abstreifen" der Rolle oder einer Umarmung. Ein solches Vorgehen würde im Rahmen eines Business-Trainings befremdlich wirken, aber die – gerne mit Humor gepaarte – Bemerkung, dass die Rollenübernahme nun beendet ist, ist sinnvoll und angemessen.

Die Beachtung der Feedback-Regeln muss anschließend von Anfang an konsequent eingehalten werden. Wenn sie verletzt werden, ist es äußerst wichtig, sofort zu intervenieren. Wenn beispielsweise ein Beobachter sagt „Ich fand es nicht gut, dass Herr Müller seine Kritik so unklar geäußert hat", kann der Trainer etwa folgendermaßen reagieren: *„Geben Sie Ihr Feedback bitte direkt an Herrn Müller und versuchen Sie, auf Bewertungen zu verzichten. Es ist hilfreicher, wenn Sie ihm sagen, was Sie konkret beobachtet haben."*

Konsequent auf die Feedback-Regeln achten

Es ist manchmal mühsam, bei jeder Regel-Verletzung zu intervenieren. Daher ist die Verführung groß, das ein oder andere Mal lieber ein Auge zuzudrücken. Nach meiner Erfahrung rächt sich das jedoch. Wenn man die Feedback-Kultur in einer Gruppe nicht von Anfang an in konstruktive Bahnen lenkt, wird es später umso schwieriger, noch eine Veränderung herbeizuführen. Deshalb habe ich mir angewöhnt, bei der Einhaltung der Feedback-Regeln sehr genau zu sein.

Ebenso wichtig wie Regeln für die Feedback-Geber sind die Leitlinien für Feedback-Empfänger. Die natürliche Reaktion auf Rückmeldungen, insbesondere kritische, ist es, das eigene Verhalten zu erklären: *„Normalerweise würde ich natürlich mit einem Mitarbeiter nicht so umgehen, aber im echten Leben kennt man seine Pappenheimer ja auch; das ist ganz was anderes."* Diese Erklärungen dienen zum Selbstschutz, führen aber auch dazu, dass man das Feedback nicht wirklich an sich heranlässt und dadurch auch nicht daraus lernen kann. Um dem vorzubeugen, muss der Trainer vor der Auswertung auch Regeln für Feedback-Empfänger aufstellen und anschließend für ihre Einhaltung sorgen. Die wichtigste Regel lautet: *„Nur zuhören – keine Erklärungen oder Rechtfertigungen. Nachfragen ist dagegen selbstverständlich erwünscht."*

4. Feedback des Leiters

Das Feedback des Trainers ist für die Rollenspieler natürlich von besonderem Interesse. Es wird von ihm als „Experten" zu Recht erwartet, dass er ein fundiertes und differenziertes Feedback gibt. Eine Gefahr liegt allerdings darin, dass das Feedback des Trainers als unumstößliche Wahrheit empfunden wird, gerade wenn er Psychologe ist und ihm unterstellt wird, bis in jene dunklen Winkel der Seele schauen zu können, die einem selbst verborgen bleiben. Wenn ich das Gefühl habe, dass mein Feedback derart überbewertet wird, stelle ich klar, dass mein Feedback lediglich meine Wahrnehmung ist und die Sichtweisen der anderen Teilnehmer ebenso wichtig sind.

Hinweise

Videokamera einsetzen

Die Qualität der Auswertung kann durch den Einsatz einer Videokamera gesteigert werden. Die Videoauswertung hat den Vorteil, dass sich die Teilnehmer, die das Gespräch geführt haben, einen eigenen, objektiven Eindruck von ihrem Kommunikationsverhalten machen können. Allerdings haben viele Menschen eine Abneigung dagegen, sich auf Video zu sehen (und zu hören). Außerdem ist eine Videoauswertung zeitaufwendiger. Von daher gilt es den Mehrwert, den eine Videoaufzeichnung zweifellos liefert, gegen den Mehraufwand abzuwägen.

Was ist der Unterschied zwischen Rollenspielen, Szenarios und Case Studies?

In diesem Buch verwende ich diese drei Begriffe weitgehend synonym, auch wenn die fachlich korrekte Begriffsbezeichnung die des „Rollenspiels" ist, denn bei diesem geht es darum, bestimmte Rollen zu übernehmen und diese im Rahmen einer Simulation handelnd darzustellen.

Eine Case Study oder Fallstudie ist dagegen in der Pädagogik die Schilderung einer Situation und ihrer Einflussfaktoren, mit der sich die Lernenden diskursiv auseinandersetzen. Komplexe Situationen und Probleme werden dargestellt und die Lösung offen gelassen, sodass diese kontrovers diskutiert werden kann. Ihren Ursprung hat die „Case Study Method" in der juristischen Ausbildung in Harvard im 19. Jahrhundert. Heute spielt sie in vielen Studiengängen, insbesondere in der MBA-Ausbildung, eine große Rolle.

Der Begriff „Szenario" stammt aus der Theater- und Filmsprache und meint den Grobentwurf eines Handlungsablaufs, die Vorstufe eines Drehbuchs. Die Arbeit mit Szenarios wird im Militär eingesetzt, um mögliche Kriegskonstellationen zu antizipieren. In den Wirtschaftswissenschaften wurde der Begriff in den 1960er-Jahren eingeführt. Die Szenariotechnik ist hier eine Methode der Planung ökonomischer Entwicklungen, welche unterschiedliche Entwicklungsmöglichkeiten (z.B. Best-Case- vs. Worst-Case-Szenario) analysiert und Handlungsoptionen überprüft.

Sowohl bei der Case Study als auch in der Szenariotechnik geht es also um die theoretische Auseinandersetzung mit einem Thema. Es geht dagegen nicht um eine praktische, handlungsorientierte Vorgehensweise, bei der Situationen simuliert und „durchgespielt" werden. Daher ist einzig das „Rollenspiel" der fachlich korrekte Terminus. Und dennoch vermeide ich es, ihn vor Teilnehmern zu verwenden, da er negative Emotionen weckt. Im Seminar spreche ich in aller Regel davon, mit „Case Studies" zu arbeiten oder anhand von „Szenarios" zu lernen. Dies mag zwar fachlich nicht ganz korrekt sein, aber das interessiert die Teilnehmer weniger. Dafür können sie sich leichter auf die pädagogisch sinnvolle Methode einlassen – und das ist aus meiner Sicht entscheidend. Man könnte sagen, dass der Köder dem Fisch und nicht dem Angler schmecken muss. Dabei geht es nicht darum, den Teilnehmer zu etwas zu verführen, sondern lediglich darum, ihm ein praxisnahes, effektives Lernen zu erleichtern.

Vorlagen

Beobachtungsbögen

Unter folgendem Link finden Sie exemplarische Rollenspielszenarios für drei zentrale Gesprächsformen (Mitarbeitergespräch, Kollegengespräch und Gruppendiskussion). Meine Empfehlung ist, diese Instruktionen auf die jeweilige Zielgruppe zuzuschneiden und um unternehmens- und rollenspezifische Informationen zu ergänzen. Deshalb finden Sie die Rollenspiele als Word-Dokument zum Download, sodass Sie den Text beliebig überarbeiten und ergänzen können
Den Link zu den Ressorucen finden Sie in der Umschlagklappe.

As real as it can get – Die Arbeit mit professionellen Schauspielern

Eine hilfreiche Maßnahme, um Rollenspiele realitätsnah durchzuführen, ist der Einsatz professioneller Schauspieler. Wenn diese gut ausgebildet und mit dem Unternehmenskontext vertraut sind, wird das Rollenspiel durch sie um ein Vielfaches realitätsnäher. Denn für viele Menschen ist es doch recht schwer, sich vorzustellen, dass der nette Controller jetzt auf einmal ein schwieriger Kunde und die pfiffige Kollegin aus dem Marketing nun eine introvertierte Mitarbeiterin sein soll. Gerade wenn sich die Teilnehmer untereinander gut kennen, ist dies ein echtes Hindernis. Schauspieler sind den Teilnehmern unbekannt und daher neutral, außerdem ist es eben ihre Profession, andere Rollen glaubhaft darzustellen. Sie können es daher deutlich besser als der Durchschnittsbürger. Arbeitet man mit echten Profis, denen es gelingt, die jeweiligen Charaktere – Kunden, Mitarbeiter, Vorgesetzte – „zum Leben zu erwecken", hört man ihn kaum noch, den klassischen Einwand gegenüber Rollenspielen: „Das ist ja alles ganz anders als in der Wirklichkeit."

Literatur

- Neumann E./Heß, S.: Mit Rollen spielen: Rollenspielsammlung für Trainerinnen und Trainer. Bonn: managerSeminare, 2005, 4. Aufl.
- Neumann E./Heß, S.: Mit Rollen spielen II: 45 neue Rollenspiele für Trainerinnen und Trainer. Bonn: managerSeminare, 2010.
- Schaller, R.: Das große Rollenspiel-Buch. Grundtechniken, Anwendungsformen, Praxisbeispiele. Weinheim: Beltz, 2001.

VI. Real Life Development

Schnellfinder

VI. Real Life Development: Wie Sie Personalentwicklung nachhaltig gestalten

VI. Real Life Development: Wie Sie Personalentwicklung nachhaltig gestalten

In diesem Buch geht es um Methoden zum praxis- und handlungsorientierten Lernen. Alle Bausteine dienen dazu, die Realität der Teilnehmer „in den Seminarraum zu holen", um aus der Praxis für die Praxis lernen zu können. Durch diesen Fokus minimiert sich das „Transfer-Problem" des Trainings automatisch. Während es ansonsten bei Seminaren stets eine zentrale Schwierigkeit ist, die Theorie in die Praxis zu übertragen, wird im „Real Life Training" permanent die Praxis simuliert und daraus gelernt, um anschließend für den Alltag besser gewappnet zu sein (vgl. Kolb 1984). Der Blick richtet sich durchweg auf die „Realität dort draußen", sodass der Schritt zurück in den Alltag deutlich leichter fällt.

Dennoch läuft auch ein „Real Life Training" Gefahr, ein isolierter Lernprozess zu bleiben, wenn es als einmalige „One-off"-Veranstaltung durchgeführt wird. Stattdessen geht es darum, Personalentwicklungsprozesse und -programme zu schaffen, welche die permanente Weiterentwicklung der Mitarbeiter wie der Organisation unterstützen. Auf einige Aspekte, die mir in diesem Zusammenhang wichtig erscheinen, möchte ich zum Abschluss gerne eingehen.

Ausrichtung der Personalentwicklung an der Unternehmensstrategie

Aufgabe der Personalentwicklung ist es, dafür zu sorgen, dass die Mitarbeiter eines Unternehmens jene Kompetenzen erwerben, die für die Erreichung der Unternehmensziele erforderlich sind. Um dies zu gewährleisten, müssen alle Maßnahmen der Personalentwicklung eng mit der Unternehmensstrategie verzahnt werden. Wenn das Unternehmen Marktanteile erobern und neue Zielgruppen erschließen möchte, wird es unter anderem notwendig sein, die Vertriebskompetenzen der Mitarbeiter zu trainieren. Wenn die Service-Qualität verbessert werden soll, wird etwa an der Einstellung der Mitarbeiter zum Kunden oder am Umgang mit Einwänden und Beschwerden zu arbeiten sein.

Gleichzeitig muss die Personalentwicklung mit strukturellen Veränderungsprozessen verzahnt werden. Um neue Zielgruppen zu erschließen, muss möglicherweise die Angebotspalette des Unternehmens erweitert oder das Preisniveau angepasst werden. Um die Servicequalität zu verbessern, müssen gegebenenfalls Prozesse verändert, die IT oder die Kommunikationskanäle zum Kunden optimiert werden.

Das alles mag selbstverständlich klingen. Aber in der Realität kommt es nicht selten vor, dass Personalentwicklungsabteilungen relativ abgekoppelt von der Unternehmensstrategie ihr „eigenes Ding" machen und Projekte vorantreiben, die ihnen wichtig erscheinen, ohne dass diese an die Unternehmensziele gekoppelt sind. So entstehen „Parallelwelten" im Unternehmen, die zwar möglicherweise als angenehme „Inseln" des konstruktiven Miteinanders von Mitarbeitern geschätzt werden, aber die Frustration über die harte Realität im Unternehmen oft nur noch verstärken. Um dies zu vermeiden, ist es unabdingbar, die Prioritäten in Sachen Personalentwicklung eng an die Ziele des Unternehmens zu koppeln.

Abb.: Die Unternehmensstrategie ist die Basis der Personalentwicklungsstrategie und der einzelnen Personalentwicklungsmaßnahmen, aus denen sich dann die Ziele und Inhalte eines Trainings ableiten.

Aufbau einer integrierten Personalentwicklungsstrategie

Aus der Unternehmensstrategie muss sich die Personalentwicklungsstrategie ergeben. Die einzelnen Maßnahmen zur Umsetzung der Personalentwicklungsstrategie müssen wiederum aufeinander abgestimmt sein und zusammen ein sinnvolles Ganzes ergeben. Zum Beispiel: Im Kompetenzmodell des Unternehmens werden jene Kompetenzen operationalisiert und konkret definiert, die bestimmte Mitarbeiter erwerben müssen, um ihre Rollen erfolgreich zu erfüllen und zur Erreichung der Unternehmensziele beizutragen. Auf der Basis dieser Kompetenzen sollten sie eingestellt, weiterentwickelt und beurteilt werden. In den Jahresgesprächen sollte thematisiert werden, in welchen Bereichen der jeweilige Mitarbeiter die Erwartungen des Unternehmens erfüllt oder gar übererfüllt und welche Kompetenzen es weiterzuentwickeln gilt.

Unterschiedliche Instrumente können herangezogen werden

Auf dieser Grundlage sollten dann persönliche Entwicklungsziele definiert und Entwicklungspläne erstellt werden („Personal Development Plans"). Um den Mitarbeiter bei seiner Weiterentwicklung zu unterstützen, können unterschiedlichste Instrumente der Personalentwicklung herangezogen werden: reale Projekte, enge Kooperationen mit einem „Role Model" – einem erfahrenen Kollegen mit Vorbildfunktion, der in diesem Bereich besondere Fähigkeiten besitzt – oder eine „Tandem-Lösung", bei der zwei Mitarbeiter mit komplementären Fähigkeiten enger zusammenarbeiten, um gemeinsam bessere Ergebnisse zu erzielen und voneinander zu lernen. Coaching, Mentoring, Kollegiale Beratung oder Trainingsprogramme sind weitere Möglichkeiten, sich in einem strukturierten Rahmen weiterzuentwickeln. Entscheidend ist stets, dass sie eingebettet sind in den Kontext einer strategischen Personalentwicklung. Alle einzelnen Entwicklungsmaßnahmen müssen daran ausgerichtet sein, jene Kompetenzen zu fördern, die zur Erreichung der strategischen Personalentwicklungsziele erforderlich sind.

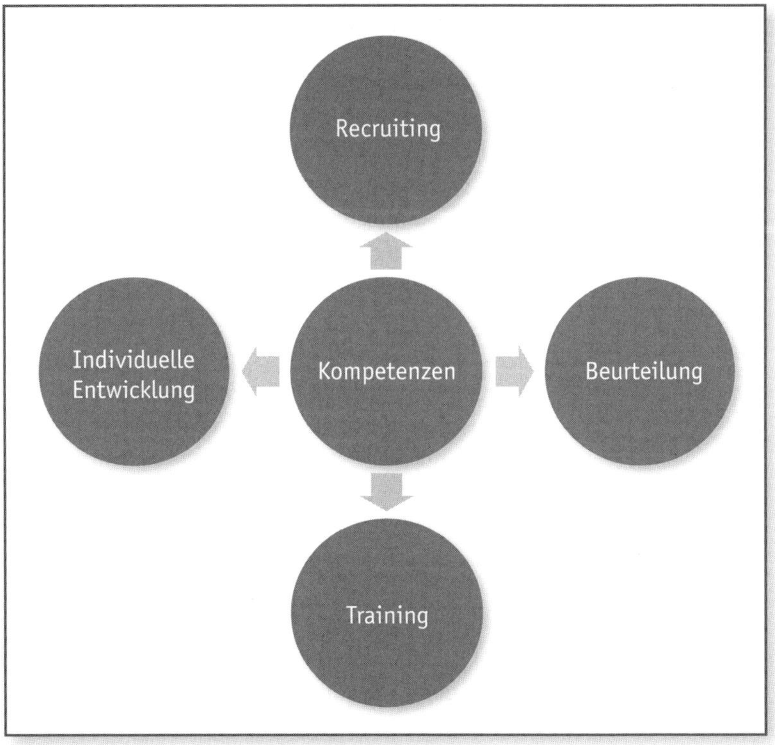

Abb.: Das Kompetenzmodell bildet die Basis für ein integriertes Personalentwicklungs-System – von der Einstellung über die Beurteilung, das Training und die individuelle Entwicklung der Mitarbeiter.

Das Training als Baustein einer integrierten Personalentwicklung

Trainings sind nur eine von zahlreichen möglichen Methoden der Personal-und Organisationsentwicklung. Oft wird voreilig fast reflexhaft daran gedacht, jemanden auf ein Seminar zu „schicken", um bestimmte Kompetenzen zu entwickeln. Das ist aus vielerlei Sicht problematisch: Zunächst muss der Mitarbeiter sich selbst entwickeln wollen – ohne Eigenmotivation wird die Teilnahme an einem Seminar zur Fehlinvestition. Zum anderen ist es häufig effizienter, reale Gelegenheiten zum Lernen am Arbeitsplatz zu nutzen und unterstützende Maßnahmen zur systematischen Reflexion des Gelernten einzuführen.

Dennoch: Das Lernen „off the job" – also jenseits des Büroalltags in Seminaren, Trainings oder Workshops – wird eine wichtige Quelle betrieblichen Lernens bleiben. Damit es funktioniert, muss es eng an die Realität im Unternehmen gekoppelt sein. Die Kompetenzen, die im Seminar entwickelt werden, müssen im „echten Leben" relevant sein. Sie müssen gewissermaßen in der „DNA" des Unternehmens tief verwurzelt sein.

Wenn etwa die Fähigkeit zum Aktiven Zuhören im Seminar trainiert, in der Unternehmens-Realität hingegen als „Psycho-Technik" belächelt wird, ist die entsprechende Session im Seminar nutzlos. Wenn Aktives Zuhören jedoch ein Aspekt des Beurteilungskriteriums „Kommunikationskompetenz" ist, anhand dessen die Seminarteilnehmer im Alltag gemessen werden, dann wird die Session – wenn sie gut war – für den Teilnehmer möglicherweise „Gold wert" sein.

Literatur

- Alke, Marit: Praxistransfer inklusive! vom Schwachpunkt zum Erfolgsfaktor: Transferphasen gezielt zum Aufbau sozialer Kompetenzen nutzen. managerSeminare, 2008.
- Einsiedler/Breuer/Hollstegge/Janusch: Organisation der Personalentwicklung. Strategisch ausrichten. Zielgenau Planen. Effektiv Steuern. Luchterhand, 2003.
- Kauffeld, Simone: Nachhaltige Weiterbildung. Betriebliche Seminare und Trainings entwickeln, Erfolge messen, Transfer sichern. Springer, 2010.
- Kolb, David: Experiential learning: Experience as the source of learning and development. Prentice-Hall, 1984.

Danke

Die wichtigste Inspirationsquelle für dieses Buch sind die Arbeiten von Jacob Levy Moreno zum Psychodrama. Mit dieser Methode hat mich mein langjähriger Psychodrama-Leiter Dr. Manfred Dietl vertraut gemacht. Er hat mich auf meinem persönlichen Weg über viele Jahre hinweg begleitet und mich dabei ebenso kompetent wie unterstützend zum Psychodramatiker ausgebildet. Daneben war mir insbesondere Marlies Arping eine beeindruckende, kluge und zugewandte Psychodrama-Lehrerin. Außerdem durfte ich viel von meinen verschiedenen Supervisoren, insbesondere von Dr. Ulrike Fangauf und Dr. Manfred Gellert, lernen. Auch von der Zusammenarbeit mit zahlreichen geschätzten Kolleginnen und Kollegen, wie etwa Kerstin Kuhn, Dr. Johannes Löhr, Matthias Kolb und anderen Mitgliedern der „Frankfurter Psychodramawerkstatt" habe ich sehr profitiert.

Ein weiteres wichtiges Fundament meiner Arbeit ist die Ausbildung bei Prof. Dr. Friedemann Schulz von Thun und seinen Kollegen und Kolleginnen vom Hamburger Arbeitskreis Kommunikation und Klärungshilfe, wobei ich hier insbesondere Roswitha Stratmann hervorheben möchte. Von „Friedo" und seinem Netzwerk habe ich in der Theorie und Praxis lernen können, wie die Methoden aus Psychodrama, Gestalttherapie und anderen Ansätzen der Humanistischen Psychologie im Management-Training erfolgreich eingesetzt werden können. Darüber hinaus haben die Weiterbildungen – auch aufgrund Friedos unnachahmlichem Humor, seiner brillanten Seminarleitung und seiner authentischen, warmherzigen Persönlichkeit – immer jede Menge Spaß gemacht.

Zahlreiche hilfreiche Rückmeldungen zu meinem Manuskript habe ich von meiner geschätzten Kollegin Julia Göbbels und meiner guten Freundin Karin Hofmann erhalten. Mein Vater Bernd Schmidt hat durch seine aufmerksame Lektüre dazu beigetragen, Fehler zu eliminieren und das Sprachniveau zu heben. Außerdem bedanke ich mich herzlich bei meinem Verleger Ralf Muskatewitz für die nach wie vor sehr angenehme und konstruktive Zusammenarbeit.

Mein innigster Dank gilt meiner Familie, meiner Frau Kathrin und meinen Söhnen Philipp und Leander für ihre Liebe und Unterstützung – und ihr Verständnis für die vielen Stunden, die ich statt mit ihnen mit dem Schreiben dieses Buches verbracht habe.

Thomas Schmidt

Stichwortverzeichnis